科學技術叢書

工程數學(上)

羅錦興 著

國家圖書館出版品預行編目資料

工程數學／羅錦興著.--初版.--臺北
市：三民，民86
　　冊：　　公分
ISBN 957-14-2272-X (上冊：平裝)
ISBN 957-14-2567-2 (下冊：平裝)

1.工程數學

440.11　　　　　　　　　　86002560

國際網路位址　http://sanmin.com.tw

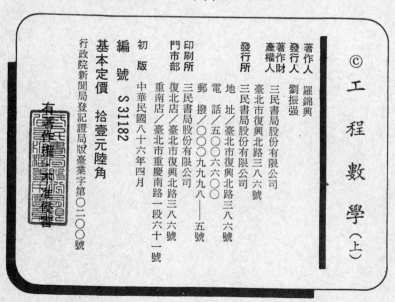

ⓒ 工程數學（上）

著作人　羅錦興
發行人　劉振強
著作財產權人　三民書局股份有限公司
發行所　三民書局股份有限公司
　　　　地址／臺北市復興北路三八六號
　　　　電話／五○○六六○○
　　　　郵撥／○○○九九九八——五號
印刷所　三民書局股份有限公司
門市部　復北店／臺北市復興北路三八六號
　　　　重南店／臺北市重慶南路一段六十一號
初版　中華民國八十六年四月
編　號　S 31182
基本定價　拾壹元陸角
行政院新聞局登記證局版臺業字第○二○○號

有著作權・不准侵害

ISBN 957-14-2272-X (上冊：平裝)

序

　　本書承蒙三民書局的厚愛及專精的編輯能力而得以完成，尤其編輯部同仁的體諒與鼓勵，使本人在百忙當中，陸陸續續歷經三年的親筆完成此鉅著（沒想到有這麼多）。也感謝太太李秀勳小姐面對四位頑皮兒子的辛苦持家，才能使本書安心的撰寫。本書的編寫完全出自個人多年教書的經驗，故不同於國外書籍編寫的次序，目的是希望讀者能夠容易了解工程數學的學習次序，進而喜歡數學。有一點需要跟讀者溝通的是，希望讀者把工程數學當作歷史來學習。基本上，隨著工程問題的歷史演進，數學也跟著變化，從這個脈絡，您會發現，數學就容易許多，因為我們感興趣的是工程問題，而非數學問題。就好比吃藥，若數學是苦藥，但用工程的糖衣包住，您吞下時仍是覺得甜甜的，而猶可回味，這是學好工程數學的方法，因此各位一定要重視每章中提及的工程應用章節（通常放在最後一節）。工程應用章節提醒各位該章所學到的數學，如何去解答那一些工程問題？以增加各位的印象。本書謹獻給各位讀者，願從各位的回應，使本書更加完善、易懂，以增進社會的研發能力。

羅錦興

1997 年 2 月

工程數學（上）

目　次

序

第零章　總論

第一章　一階常微分方程式

第二章　線性常微分方程式

第三章　拉卜拉斯轉換

第四章　傅立葉分析

附錄：六種轉換表

第零章

總論

　　談到數學，總會引起大部份學生的排斥或恐懼感。因為從小到大，它一直有作不完各式變化的問題困擾著大家。而大部份的我們除了成績這塊生硬的大餅外(不管好吃或不好吃，也得嚥下)，就幾乎沒有其他鼓勵的方式了。

　　但數學卻是幾乎所有學問的基礎，沒有它，現今的物質文明根本玩不下去。為了避免數學的深澀苦悶(指對數學沒興趣者而言)，工程數學就把常應用於工程上問題的數學收集起來，深入淺出的介紹之。所以各位一定要有基本認知，工程數學主要讓工程人員如何面對工程問題找出適當的數學工具解決之。因此工程數學首先將工程上常面對的數學加以分類，再談此類數學曾提出的解決方法，後針對此類型數學變化出各種題目來訓練解題的技巧。壞就壞在這些變化的題目搞得大家人仰馬翻，考的昏天地暗。

　　但別急，如果你現在的心裡不準備繼續研究深造，那不妨把工程數學當作歷史來看待，工程數學其實只是在解釋工程上於某時代碰到的難題，數學家如何發展工具來解決這些難題的歷史罷了。你若數學成績不佳，請不用灰心，把它當歷史看，對各位往後幫助會很大的。假若那天你對某問題有興趣，卻又需要用到工程數學的某一解題技巧，那奉勸諸位不要放棄，板起臉認真的自修，你才會發現你有多聰明。

　　一般工程數學不介紹方程式是怎麼得來的，而只介紹解題技巧，而方程式的由來則由相關的專門科目介紹之。這裡僅舉兩個例子，來作簡短說明。

【範例 1**】**電路模型

　　圖 0.1 是一般常見的 *RLC* 電路模型。

　　由迴路分析法(loop analysis)，可得方程式，

圖 0.1 *RLC* 電路模型

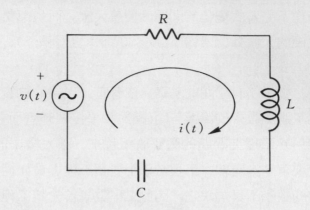

$$v(t) = iR + L\frac{di}{dt} + \frac{q}{C} \tag{0.1}$$

其中,

$$i = \frac{dq}{dt}$$

代入(0.1) 式,

$$v(t) = L\frac{d^2q}{dt^2} + R\frac{dq}{dt} + \frac{q}{C} \tag{0.2}$$

(0.2) 式為二階的微分方程式, 若欲了解本電路系統的響應, 就必須解此方程式以得到 $q(t)$, 再由 $i = \frac{dq}{dt}$ 得到 $i(t)$。至於如何由迴路分析法而得到 (0.1) 式就不是本課的範圍, 而本課只介紹解答各種方程式的技巧。

【範例 2】量血壓的導管感測系統

　　在醫療儀器設計上, 為量體內血管各處的壓力, 就必須把導管穿進血管內, 而在血管外用感測器量出血壓, 請看圖 0.2(a), 而其對等電路可模擬於圖 0.2(b), 至於模擬過程則不在本書範圍, 請參考有關醫療儀器書籍。

圖0.2　(a) 血壓導管感測系統，(b) 對等模擬電路

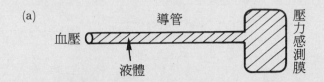

(a)

血壓　　　導管　　　　　壓力感測膜

液體

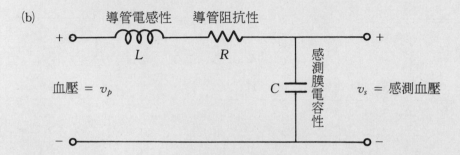

(b)

導管電感性　　導管阻抗性

L　　　R

血壓 $= v_p$

C　感測膜電容性　$v_s =$ 感測血壓

依據前面導過的(0.2)式，這裡同理可得，

$$v_p = L\frac{d^2q}{dt^2} + R\frac{dq}{dt} + \frac{q}{C} \tag{0.3}$$

得到 $q(t)$ 之後，即可求得 $v_s(t)$，

$$v_s(t) = \frac{q(t)}{C}$$

因此可以查得 $v_s(t)$ 對 $v_p(t)$ 之間的響應關係，是否感測到的血壓 $v_s(t)$ 逼真的重現欲量測的血管內血壓，$v_p(t)$。如果不逼真的重現，則依據響應關係圖，進行修改感測系統。因此，數學可以說是研發產品必備的基本工具。

第一章　一階常微分方程式

1.1　基本觀念

微分方程式可分為常微分和偏微分兩種。常微分是指函數 y 只含一個變數 x，則其一階微分即為

$$y' = \frac{dy}{dx}$$

而偏微分是指函數 y 含有兩個變數以上，如 x, t 等，則一階偏微分的定義為

$$\frac{\partial y}{\partial x} \quad 或 \quad \frac{\partial y}{\partial t}$$

因此，不含有偏微分，而只含有一階以下的常微分方程式稱之為一階常微分方程式。為簡化起見，可將其定義為

$$F(x, y, y') = 0$$

其中包含一獨立變數（或簡稱變數）x，依賴變數（即函數依賴 x）y 和一階常微分 y'。以下舉例說明之：

$$y' + 2x^2 - xy = 0$$

$$yy' + x^2 = 0$$

$$(y')^2 + xy + x^2 = 0$$

以上皆是不含偏微分的一階常微分方程式，且明顯含有變數 x。以下是不明顯含有變數 x 的方程式：

$$y' = 4$$

$$y' = -2y$$

至於微分方程式的解答，首先要定義其變數存在的區間。打個比喻說，如果 x 代表絕對溫度，則在實際的物理環境下，絕對溫度不會小於零，因此 x 定義的區間即為 $x \geq 0$，屬於半實數區間。但 x 若代表

攝氏溫度,則我們熟知絕對零度相當於 $-273\,°C$,因此 x 的區間定義為 $x \geq -273$。一般常微分方程式的解答都稱為普通答案(general solution),譬如

$$\frac{dy}{dx} + 3y = 9 \qquad 當\ x \geq 0 \tag{1.1}$$

其普通答案為

$$y = ce^{-3x} + 3 \qquad 當\ x \geq 0 \tag{1.2}$$

其中 c 為任意常數(定義為 $c \in R$)。

注意上面的 (1.2) 式當中,含有一任意常數,即表示普通答案有無窮多個。如果選定其中一個,那個即稱為特定答案(particular solution)。如選定 $c = 1$,則

$$y = e^{-3x} + 3$$

是上述微分方程式的特定答案。普通答案在平面上可形成一群曲線,稱為答案曲線或積分曲線(solution curves 或 integral curves)。而特定曲線則為答案曲線中的某一條,如圖 1.1 所示。

從圖 1.1 各位可以清楚的看出,在 x 很大的地方,所有答案曲線皆逼近於 $y = 3$ 這條線。在工程上,把 $y = ce^{-3x} + 3$ 的前半式 ce^{-3x} 稱之為暫態答案(transient solution),因為當 x 趨近無窮大時,其值為零;而後半式 $y = 3$ 稱之為穩態答案(steady-state solution)。由於所有的答案曲線皆相互獨立(就是彼此不相交),所以能夠找出通過平面某一點的唯一答案曲線,即前所述的特殊答案曲線。譬如通過 $y = e^{-3} + 3$ 當 $x = 1$ 的特殊曲線為 $y = e^{-3x} + 3$。通常我們稱

$$y(1) = e^{-3} + 3$$

為初值條件(initial condition),配合常微分方程式(1.1) 就是熟知的初值問題(initial value problem),表示如下:

$$y' + 3y = 9; \ y(1) = e^{-3} + 3 \qquad 當\ x \geq 0$$

而初值問題的解答,則先把普通答案解出來,即

圖 1.1   答案曲線或積分曲線

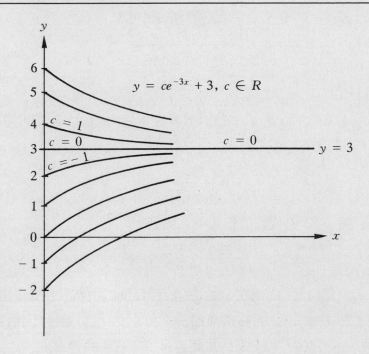

$$y(x) = ce^{-3x} + 3$$

再代入初值條件中,

$$y(1) = ce^{-3} + 3 = e^{-3} + 3$$

得到

$$c = 1$$

即所謂的特定答案,

$$y(x) = e^{-3x} + 3$$

由於微分方程的解答有時候不好求得, 所以在下面的章節裡, 介紹一些特定型態的微分方程式, 再根據這些型態, 探討解答的技巧和對策。而高階的微分方程式解決則在第二章描述之。

$$\boxed{\text{解題範例}}$$

【範例 1】

證明 $y = 1/(x^2 - 1)$ 是 $y' + 2xy^2 = 0$ 在 $x \in (-1,1)$ 區間的答案，在 $(-1,1)$ 區間之外則不是答案。

【解】

在 $(-1,1)$ 區間，$y = 1/(x^2 - 1)$ 和其微分 $y' = -2x/(x^2 - 1)^2$ 的定義存在。將 y 和 y' 代入方程式中，得到

$$y' + 2xy^2 = -\frac{2x}{(x^2 - 1)^2} + 2x\left(\frac{1}{x^2 - 1}\right)^2 = 0$$

因此，$y = 1/(x^2 - 1)$ 是在 $x \in (-1,1)$ 區間的答案。在此區間之外，則包括了點 $x = \pm 1$，而在這兩點，y 和 y' 都沒有定義(因為其值為 ∞)，故 $y = 1/(x^2 - 1)$ 不為區間包含 $x = \pm 1$ 的答案。

【範例 2】

求初值問題 $y' + y = 0$；$y(3) = 2$ 的答案，假設其普通答案為 $y(x) = ce^{-x}$，其中 c 為任意常數。

【解】

把 $y = ce^{-x}$ 代入初值條件中，則

$$y(3) = ce^{-3} = 2$$

得到

$$c = 2e^3$$

所以答案為

$$y = 2e^3 e^{-x} = 2e^{3-x}$$

$$\boxed{習\quad 題}$$

1. 決定下列函數 f 是否為常微分方程式的答案，c 為任意常數。

(a) $xy' + y = 3x^2$；$f(x) = x^2 + \dfrac{c}{x}$　當 $x \neq 0$

(b) $y' = -\dfrac{2y + e^x}{2x}$　當 $x > 0$；$f(x) = \dfrac{c - e^x}{2x}$　當 $x > 0$

(c) $xy' = x - y$；$f(x) = \dfrac{x^2 - 3}{2x}$　當 $x \neq 0$

(d) $x^2 yy' = -1 - xy^2$；$f(x) = \dfrac{4 - x^2}{2x}$　當 $x \neq 0$

(e) $\sinh(x)y' + y\cosh(x) = 0$；$f(x) = \dfrac{-1}{\sinh(x)}$

2. 找出所給函數中的 c_1 和 c_2 數值以吻合指定的初值條件。

(a) $y(x) = c_1 e^x + c_2 e^{-x} + 4\sin x$；$y(0) = 1$，$y'(0) = -1$

(b) $y(x) = c_1 x + c_2 + x^2 - 1$；$y(1) = 1$，$y'(1) = 2$

(c) $y(x) = c_1 e^x + c_2 e^{2x} + 3e^{3x}$；$y(0) = 0$，$y'(0) = 0$

(d) $y(x) = c_1 \sin x + c_2 \cos x + 1$；$y(\pi) = 0$，$y'(\pi) = 0$

(e) $y(x) = c_1 e^x + c_2 x e^x + x^2 e^x$；$y(1) = 1$，$y'(1) = -1$

3. 用微分方式證明下列所給的方程式隱含地定義出微分方程式的答案。

(a) $y^2 + xy - 2x^2 - 3x - 2y = c$；

$(y - 4x - 3) + (x + 2y - 2)y' = 0$

(b) $y^2 - 4x^2 + e^{xy} = c$；$(8x - ye^{xy}) - (2y + xe^{xy})y' = 0$

(c) $8\ln|x - 2y + 4| - 2x + 6y = c$；$y' = \dfrac{x - 2y}{3x - 6y + 4}$

(d) $\tan^{-1}\left(\dfrac{y}{x}\right) + x^2 = c$；$\dfrac{2x^3 + 2xy^2 - y}{x^2 + y^2} + \dfrac{x}{x^2 + y^2}y' = 0$

4. 對微分方程式 $y' + ay = 0$ 而言，其普通答案爲 $y = ce^{-ax}$，依此求下列微分方程的普通答案。

(a) $y' + 3y = 0$

(b) $y' - 3y = 0$

(c) $3y' - y = 0$

(d) $3y' + 2y = 0$

5. 以直接積分的方式求下列微分方程式的普通答案，並根據初值條件找出特定答案。同時畫出五條答案曲線，其中一條必須是屬於特定答案，而且標出設定初值條件的點。

(a) $y' = 0$, $y(2) = -5$

(b) $y' = \cos(x)$, $y(\pi) = 2$

(c) $y' = e^{-x}$, $y(0) = 2$

(d) $y' = 4\cos(x)\sin(x)$, $y\left(\dfrac{\pi}{2}\right) = 0$

6. 證明 $y' = 3x$, $y(0) = 0$, $y(1) = 50$ 沒有答案。

1.2 分離變數法

一微分方程 $F(x,y,y') = 0$ 如果可寫成型式如下：
$$p(y)y' = q(x) \tag{1.3}$$
即可稱之為可分離方程式，而解此型方程式的方法稱為分離變數法，意思是將 y 和 x 看作兩個獨立變數，分開在等號的兩邊，以求得普通答案。解法如下：

將上述(1.3) 式重寫成微分形式(即 $y' = \dfrac{dy}{dx}$)：
$$p(y)\frac{dy}{dx} = q(x)$$
得到
$$p(y)\,dy = q(x)\,dx$$
此時候將 y 和 x 看成兩獨立變數，進行積分，
$$\int p(y)\,dy = \int q(x)\,dx$$
假如令 $P'(y) = p(y)$ 且 $Q'(x) = q(x)$，則得到解答為
$$P(y) + c_1 = Q(x) + c_2$$
或
$$P(y) = Q(x) + c \tag{1.4}$$
其中，$c = c_2 - c_1$ 為任意常數。

上述(1.4) 式即為可分離方程式的普通答案，若有初值條件就可決定 c 值而找出特定答案。

◎ m 度同質性微分方程式

另外有一型微分方程式可寫成

$$\frac{dy}{dx} = \frac{M(x,y)}{N(x,y)} \tag{1.5}$$

乍看之下，無法進行變數分離。但是如果 $M(x,y)$ 和 $N(x,y)$ 具有所謂的 m 度同質性定義如下：

$$M(tx,ty) = t^m M(x,y)$$

$$N(tx,ty) = t^m N(tx,ty)$$

令 $t = x^{-1}$，則(1.5) 式可寫成

$$\frac{dy}{dx} = \frac{M\left(1, \dfrac{y}{x}\right)}{N\left(1, \dfrac{y}{x}\right)}$$

再利用轉換變數法，令 $u = \dfrac{y}{x}$，則

$$dy = u\,dx + x\,du \qquad (將 \ y = ux \ 微分之)$$

(1.5) 式可再變成

$$u + x\frac{du}{dx} = \frac{M(1,u)}{N(1,u)} = F(u)$$

至此已可變數分離成

$$\frac{du}{F(u) - u} = \frac{dx}{x} \tag{1.6}$$

解出 $u(x)$ 的普通答案後，再代入 $u = \dfrac{y}{x}$ 以得到解答。

$$\boxed{\text{解題範例}}$$

【範例 1】

解 $x\,dx - y^2\,dy = 0$

【解】

$$y^2\,dy = x\,dx$$

將 y 和 x 看成兩獨立變數，積分之，

$$\int y^2\,dy = \int x\,dx$$

得到

$$\frac{1}{3}y^3 = \frac{1}{2}x^2 + c_1$$

$$y = \left(\frac{3}{2}x^2 + c\right)^{\frac{1}{3}}, \ c = 3c_1$$

【範例 2】

解 $(x + 1)y' = 2y$

【解】

寫成微分形式，

$$(x + 1)\frac{dy}{dx} = 2y$$

分離變數之，

$$\frac{dy}{y} = \frac{2}{x + 1}\,dx$$

積分之，

$$\int \frac{dy}{y} = \int \frac{2}{x + 1}\,dx$$

得到

$$\ln|y| = 2\ln|x+1| + c_1$$
$$|y| = e^{c_1}(x+1)^2$$
$$y = \pm e^{c_1}(x+1)^2$$
$$y = c(x+1)^2, \text{ 其中 } c = \pm e^{c_1} \text{ 爲任意常數。}$$

【範例 3】

解 $2x^2 y' = x^2 + y^2$

【解】

將方程式重寫成

$$\frac{dy}{dx} = \frac{x^2 + y^2}{2x^2}$$

很顯然，等式右邊的分子和分母具有 2 度同質性，所以分子與分母各除以 x^2，則得到

$$\frac{dy}{dx} = \frac{1 + \left(\dfrac{y}{x}\right)^2}{2}$$

轉換變數 $u = \dfrac{y}{x}$，

$$u + x\frac{du}{dx} = \frac{1}{2}(1 + u^2)$$

整理後得到如 (1.6) 式的型式，

$$\frac{du}{\frac{1}{2}(1+u^2) - u} = \frac{dx}{x}$$

$$\frac{du}{u^2 - 2u + 1} = \frac{1}{2}\frac{dx}{x}$$

$$\frac{du}{(u-1)^2} = \frac{1}{2}\frac{dx}{x}$$

積分之，

$$\frac{-1}{u-1} = \frac{1}{2}\ln|x| + c_1$$

或

$$u = 1 - \frac{2}{\ln|x| + 2c_1}$$

代入 $u = \dfrac{y}{x}$ 和令 $c = 2c_1$，得到普通答案爲

$$y = x - \frac{2x}{\ln|x| + c}$$

【範例 4】

解 $\dfrac{dy}{dx} = \dfrac{2x + y - 1}{x - 2}$

【解】

等式右邊的分子與分母非常近似 1 度同質性，但卻有常數項從中阻礙。因此，兩方程式必須重新安排，令其爲 1 度同質性。

(1) 令 $X = x - 2$ 就去掉常數項。

(2) 代入，$\begin{aligned} m(x,y) &= 2x + y - 1 \\ &= 2(x + 2) + y - 1 \\ &= 2x + y + 3 \end{aligned}$

(3) 令 $Y = y + 3$，得到新方程式

$$M(X,Y) = 2X + Y$$
$$N(X,Y) = X$$

(4) 　　　$dY = d(y + 3) = dy$

　且

$$dX = d(x - 2) = dx$$

(5) 整理一下，得到 1 度同質性微分方程式：

$$\frac{dY}{dX} = \frac{2X + Y}{X} = 2 + \frac{Y}{X}$$

(6) 令 $u = \dfrac{Y}{X}$，代入(1.6) 式中，得到

$$\frac{du}{2} = \frac{dX}{X}$$

積分之，

$$u = \ln X^2 + c$$

代入 $u = \dfrac{Y}{X}$，$Y = y + 3$，$X = x - 2$，得到普通答案爲

$$y = (x - 2)\ln(x - 2)^2 + c(x - 2) - 3$$

$$\boxed{\text{習 題}}$$

1. 找出普通答案和特定答案如果初值條件給定時。如果無法進行變數
   分離，則勿給答案。

   (a) $x\,dx + y\,dy = 0$

   (b) $x\,dx - y^3\,dy = 0$

   (c) $\dfrac{1}{x}\,dx - \dfrac{1}{y}\,dy = 0$

   (d) $(x^2 + 1)\,dx + (y^2 + y)\,dy = 0$

   (e) $\cos(y)\,\dfrac{dy}{dx} = \sin(x + y)$

   (f) $yy' = 4x,\ y(1) = -3$

   (g) $\sin x\,dx + y\,dy = 0,\ y(0) = -2$

   (h) $\dfrac{dy}{dx} = 3 + 5y$

   (i) $xe^{x^2}dx + (y^5 - 1)\,dy = 0,\ y(0) = 0$

   (j) $\dfrac{dy}{dx} + y = y[\sin(x) + 1]$

   (k) $\ln(y^x)\,\dfrac{dy}{dx} = 3x^2 y$

   (l) $x\sin(y)\,\dfrac{dy}{dx} = \sec(y)$

2. 決定是否方程式具有同質性；如果是，求普通答案。

   (a) $y' = \dfrac{y - x}{x}$ (b) $y' = \dfrac{x^2 + 2y^2}{xy}$

   (c) $y' = \dfrac{x^2 + y^2}{2xy}$ (d) $y' = \dfrac{y}{x + \sqrt{xy}}$

   (e) $y' = \dfrac{y^2}{xy + (xy^2)^{1/3}}$ (f) $y' = \dfrac{x}{y} + \dfrac{y}{x}$

(g) $(x + y)y' = y$ (h) $xy' = x \cos\left(\dfrac{y}{x}\right) + y$

(i) $e^{y/x}y' = 2(e^{y/x} - 1) + \dfrac{y}{x}e^{y/x}$ (j) $xy' = y + (x^2 + y^2)^{1/2}$

3. 考慮近似同質性方程式的一般型式為

$$\frac{dy}{dx} = \frac{a_1 x + b_1 y + c_1}{a_2 x + b_2 y + c_2}$$

若欲將其轉換成同質性，則有兩種情況如下

(a) 若 $a_1 b_2 = a_2 b_1$，則證明令 $u = a_1 x + b_1 y + k$（k 為任意常數），可使方程式轉換為同質性。

(b) 若 $a_1 b_2 \neq a_2 b_1$，則證明令 $X = x + p$ 和 $Y = y + q$（p 和 q 為任意常數），可使方程式轉換為同質性。

4. 利用習題 3. 的結果，求出普通答案。

(a) $\dfrac{dy}{dx} = \dfrac{y + 2}{x + y + 1}$ (b) $\dfrac{dy}{dx} = \dfrac{2x + y - 1}{4x + 2y - 4}$

(c) $\dfrac{dy}{dx} = (y + 4x - 1)^2$ (d) $\dfrac{dy}{dx} = \dfrac{3(y - 3x + 2)}{y - 3x}$

(e) $\dfrac{dy}{dx} = \dfrac{y - 3}{x + y - 1}$ (f) $\dfrac{dy}{dx} = \dfrac{x + 2y + 7}{-2x + y - 9}$

(g) $\dfrac{dy}{dx} = \dfrac{3x - y - 9}{x + y + 1}$ (h) $\dfrac{dy}{dx} = \left(\dfrac{x - y + 1}{x + 1}\right)^2$

1.3　正合微分方程式

正合微分方程式的正合之意是整個微分方程式

$$F(x,y,y') = 0$$

或　　$$M(x,y) + N(x,y)y' = 0 \qquad (1.7)$$

正好可濃縮成全微分

$$d\phi(x,y) = 0 \qquad (1.8)$$

得到普通答案 $y(x)$ 則隱含在下列方程式中，

$$\phi(x,y) = c, \; c \; 為任意常數$$

由全微分的定義，

$$d\phi(x,y) = \frac{\partial\phi}{\partial x}\,dx + \frac{\partial\phi}{\partial y}\,dy = 0$$

或　　$$\frac{\partial\phi}{\partial x} + \frac{\partial\phi}{\partial y}y' = 0 \qquad (1.9)$$

比較(1.7) 和(1.9) 式，得到

$$\frac{\partial\phi}{\partial x} = M(x,y) \qquad (1.10a)$$

$$\frac{\partial\phi}{\partial y} = N(x,y) \qquad (1.10b)$$

再進行$\frac{\partial}{\partial y}$ 和$\frac{\partial}{\partial x}$ 偏微分，

$$\frac{\partial\phi}{\partial x \partial y} = \frac{\partial M}{\partial y}$$

$$\frac{\partial\phi}{\partial y \partial x} = \frac{\partial N}{\partial x}$$

因此得到判斷正合微分方程式的依據爲

$$\frac{\partial M}{\partial y} = \frac{\partial N}{\partial x} \qquad (1.11)$$

而算出 $\phi(x,y)$ 則可依據(1.10)式來積分得之。

對(1.10a)式作 dx 積分（或(1.10b)式作 dy 積分），

$$\phi(x,y) = \int M\,dx + f(y) \tag{1.12}$$

注意，對 $\phi(x,y)$ 作 $\dfrac{\partial}{\partial x}$ 偏微分時，$f(y)$ 當作常數項，所以反推回去，將(1.12)式作 $\dfrac{\partial}{\partial y}$ 偏微分就回到(1.10a)式了。

再將(1.12)式作 $\dfrac{\partial}{\partial y}$ 偏微分，對等於(1.10b)式，

$$\frac{\partial \phi}{\partial y} = \frac{\partial}{\partial y}\left(\int M\,dx\right) + f'(y) = N(x,y) \tag{1.13}$$

由(1.13)式可在含有 $f(y)$ 的微分方程式中求得普通答案 $f(y)$，再代入(1.12)式即得到 $\phi(x,y)$，而 $\phi(x,y) = c$ 即所要求的完整答案。反之，若對(1.10b)式作 dy 積分，則必得到 $f(x)$ 的微分方程式，亦可求得 $\phi(x,y)$。

◎ 積分因子(integrating factor)，$I(x,y)$

有時候正合條件(即 1.11 式)無法滿足，但乘上一項函數 $I(x,y)$ 之後，即原方程式(即(1.7)式)變成

$$IM(x,y) + IN(x,y)y' = 0$$

則新的正合條件卻吻合了如下：

$$\frac{\partial(IM)}{\partial y} = \frac{\partial(IN)}{\partial x} \tag{1.14}$$

令新 $m = IM$ 和 $n = IN$，則求得 $\phi(x,y)$ 的程序和前面相同。

至於如何選擇 $I(x,y)$ 則非常困難，一般只能憑經驗，而常用到的積分因子有 $x^a y^b$；$(x^2 + y^2)^n$，$n \leq -1$；e^{ax+by}；$x^a e^{by}$ 或 $y^a e^{bx}$ 等，這些會在習題或範例中介紹之。

解題範例

【範例 1】

解 $3x^2 - 2y^2 + (1 - 4xy)y' = 0$

【解】

由微分方程式得知,

$$M(x, y) = 3x^2 - 2y^2$$

$$N(x, y) = 1 - 4xy$$

檢查正合條件,

$$\frac{\partial M}{\partial y} = -4y = \frac{\partial N}{\partial x}$$

條件吻合之後, 則進行求普通答案:

(1) 對 M 做 dx 積分,

$$\phi(x, y) = \int (3x^2 - 2y^2)dx + f(y)$$
$$= x^3 - 2xy^2 + f(y)$$

(2) 將上式做 ∂y 微分

$$\frac{\partial \phi}{\partial y}(x, y) = -4xy + f'(y) = 1 - 4xy$$

　得到 $f(y)$ 的微分方程式,

$$f'(y) = 1$$

　其普通答案爲 $f(y) = y + c_1$, c_1 爲任意常數。

　得到

$$\phi(x, y) = x^3 - 2xy^2 + y + c_1$$

(3) 普通答案 $y(x)$ 就隱含在

$$\phi(x, y) = c_2$$

或

$$x^3 - 2xy^2 + y = c_2 - c_1 = c, \ c \text{ 和 } c_2 \text{ 為任意常數。}$$

(注意, 此後在 $\phi(x,y)$ 中有常數項就予略去, 免得重覆設定兩任意常數。)

【範例 2】

解 $(2 + y\,e^{xy}) + (x\,e^{xy} - 2y)y' = 0$

【解】

$$M(x,y) = 2 + y\,e^{xy}$$
$$N(x,y) = x\,e^{xy} - 2y$$
$$\frac{\partial M}{\partial y} = e^{xy} + xy\,e^{xy} = \frac{\partial N}{\partial x}$$

(1) 對 N 做 dy 積分,

$$\phi(x,y) = \int (xe^{xy} - 2y)dy + f(x)$$
$$= e^{xy} - y^2 + f(x)$$

(2) 將上式做 ∂x 微分,

$$\frac{\partial \phi(xy)}{\partial x} = y\,e^{xy} + f'(x) = 2 + y\,e^{xy}$$

得到 $f(x)$ 的微分方程式,

$$f'(x) = 2$$

其普通答案為

$$f(x) = 2x$$

(3) 普通答案 $y(x)$ 隱含在下述方程式中,

$$e^{xy} - y^2 + 2x = c, \ c \text{ 為任意常數}$$

【範例 3】

解 $\left(3x^2y + 6xy + \dfrac{1}{2}y^2\right) + (3x^2 + y)y' = 0$

【解】

$$M(x,y) = 3x^2y + 6xy + \frac{1}{2}y^2$$

$$N(x,y) = 3x^2 + y$$

這時候

$$\frac{\partial M}{\partial y} = 3x^2 + 6x + y \neq 6x = \frac{\partial N}{\partial x}$$

但是可得到

$$\frac{1}{N}\left(\frac{\partial M}{\partial y} - \frac{\partial N}{\partial x}\right) = \frac{1}{3x^2 + y}(3x^2 + y) = 1$$

則在習題第 2. 題中可得到積分因子為

$$\frac{I'(x)}{I} = \frac{1}{N}\left(\frac{\partial M}{\partial y} - \frac{\partial N}{\partial x}\right) = 1$$

或

$$\frac{dI(x)}{I} = dx$$

積分之,

$$\ln I(x) = x \quad 或 \quad I(x) = e^x$$

令

$$m(x,y) = IM = e^x\left(3x^2y + 6xy + \frac{1}{2}y^2\right)$$

$$n(x,y) = IN = e^x(3x^2 + y)$$

$$\frac{\partial m}{\partial y} = e^x(3x^2 + 6x + y) = \frac{\partial n}{\partial x}$$

⑴ 對 n 做 dy 積分,

$$\phi(x,y) = \int e^x(3x^2 + y)\, dy + f(x)$$

$$= e^x\left(3x^2y + \frac{1}{2}y^2\right) + f(x)$$

⑵ 將上式做 ∂x 微分,

$$\frac{\partial \phi}{\partial x} = e^x \left(3x^2 y + \frac{1}{2} y^2 + 6xy \right) + f'(x)$$

$$= e^x \left(3x^2 y + 6xy + \frac{1}{2} y^2 \right)$$

得到

$$f'(x) = 0$$

或

$$f(x) = c_1$$

得到

$$\phi(x, y) = e^x \left(3x^2 y + \frac{1}{2} y^2 \right) + c_1, \ c_1 \text{ 為任意常數}$$

而普通答案則隱含在下述方程式中

$$e^x \left(3x^2 y + \frac{1}{2} y^2 \right) = c, \ c \text{ 為任意常數}$$

【範例 4】

解 $1 + x^2 y^2 + xy' = 0$

【解】

$$M(x, y) = 1 + x^2 y^2 + y$$

$$N(x, y) = x$$

$$\frac{\partial M}{\partial y} = 1 + 2x^2 y \neq 1 = \frac{\partial N}{\partial x}$$

同時 $\left(\dfrac{\partial M}{\partial y} - \dfrac{\partial N}{\partial x} \right)$ 除以 M 或 N 都無法分離變數(見習題),因此必須另尋積分因子。在這裡要特別提醒,此只能憑經驗(從 M 和 N 去想),若無法想出來,就用後面章節提供的方法去解決。此題的積分因子為

$$I(x, y) = \frac{1}{1 + x^2 y^2}$$

得到新的函數

$$m = IM = 1 + \frac{y}{1 + x^2 y^2}$$

$$n = IN = \frac{x}{1 + x^2 y^2}$$

$$\frac{\partial m}{\partial y} = \frac{\partial n}{\partial x} = \frac{1 - x^2 y^2}{(1 + x^2 y^2)^2}$$

⑴ 對 n 做 dy 積分，

$$\phi(x,y) = \int \frac{x\,dy}{1 + x^2 y^2} = \tan^{-1}(xy) + f(x)$$

⑵ 將上式做 ∂x 微分，

$$\frac{\partial \phi}{\partial x} = \frac{y}{1 + x^2 y^2} + f'(x) = 1 + \frac{y}{1 + x^2 y^2}$$

得到

$$f'(x) = 1 \quad 或 \quad f(x) = x$$

$$\phi(x,y) = \tan^{-1}(xy) + x$$

普通答案 $y(x)$ 隱含在下述方程式中

$$\tan^{-1}(xy) + x = c$$

$$\boxed{\text{習　題}}$$

1. 決定下列是否為正合微分方程式，若是，求其普通答案或隱含普通答案的方程式。若有初值條件，求特定答案。

(a) $y' = \dfrac{2y^3 - 2xy^2}{4y^3 - 6xy^2 + 2x^2y}$

(b) $y' = \dfrac{-2xy}{1+x^2}$, $y(2) = -5$

(c) $y' = \dfrac{-y^2}{2xy+1}$, $y(1) = -2$

(d) $e^{x^3}(3x^2y - x^2) + e^{x^3}y' = 0$

(e) $(y\sin x + xy\cos x) + (x\sin x + 1)y' = 0$

(f) $(4x^3y^3 - 2xy) + (3x^4y^2 - x^2)y' = 0$

(g) $\dfrac{xy-1}{x^2y} - \dfrac{1}{xy^2}y' = 0$

(h) $(3x^2y^2 - 4xy)y' + 2xy^3 - 2y^2 = 0$

(i) $(x + y^2)y' + 2x^2y = 0$

(j) $(x^2 - y)y' + 2x^3 + 2xy = 0$

(k) $(y^3 - x^2y)y' - xy^2 = 0$

(l) $(2y^2 + y\,e^{xy}) + (4xy + xe^{xy} + 2y)y' = 0$

(m) $\cos y\,e^{x\cos y} - x\sin y\,e^{x\cos y}y' = 0$

(n) $\sinh(x)\sinh(y) + \cosh(x)\cosh(y)y' = 0$

(o) $\cos(4y^2) - 8xy\sin(4y^2)y' = 0$

(p) $e^y + (xe^y - 1)y' = 0$, $y(5) = 0$

(q) $2x - y\sin(xy) + [3y^2 - x\sin(xy)]y' = 0$, $y(0) = 2$

(r) $\cosh(x - y) + x\sinh(x - y) - x\sinh(x - y)y' = 0$, $y(4) = 4$

(s) $2y - y^2\sec^2(xy^2) + [2x - 2xy\sec^2(xy^2)]y' = 0, \quad y(1) = 2$

2. 試證明

(a) 若 $I(x,y)$ 不爲 y 的函數，即 $I(x,y) = I(x)$，則可求得

$$\frac{1}{I}\frac{dI}{dx} = \frac{1}{N}\left(\frac{\partial M}{\partial y} - \frac{\partial N}{\partial x}\right)$$

(b) 若 $I(x,y)$ 不爲 x 的函數，即 $I(x,y) = I(y)$，則可求得

$$\frac{1}{I}\frac{dI}{dy} = \frac{-1}{M}\left(\frac{\partial M}{\partial y} - \frac{\partial N}{\partial x}\right)$$

3. 試著找出積分因子或下列提供的因子求出普通答案或特定答案。

$I(x,y) = x^a y^b$、$(x^2 + y^2)$、$e^{ax}e^{by}$、$y^a e^{bx}$、$y^a e^{bx^2}$、$x^a e^{bx^2}$ 等。

(a) $y + 1 - xy' = 0$

(b) $y + x^4 y^2 + xy' = 0$

(c) $1 - 2xyy' = 0$

(d) $y + 3xy' = 0$

(e) $y + x^3 + xy^2 - xy' = 0$

(f) $(1 - xy)y' + y^2 + 3xy^3 = 0$

(g) $(x^3 + xy^2)y' - 3xy + 2y^3 = 0$

(h) $(x - 4x^2y^3)y' + 3x^4 - y = 0$

(i) $(2y^3 - x)y' + 3x^2y^2 + y = 0$

(j) $1 + (3x - e^{-2y})y' = 0$

(k) $2xy^2 + 2xy + (x^2y + x^2)y' = 0$

(l) $2x - 2y - x^2 + 2x(x - 2y - 1)y' = 0$

(m) $y(1 + x) + 2xy' = 0, \quad y(4) = 6$

(n) $2xy + 3y' = 0, \quad y(0) = 4$

(o) $2y(1 + x^2) + xy' = 0, \quad y(2) = 3$

(p) $4xy + 6y^2 + (x^2 + 6xy)y' = 0, \quad y(-1) = 2$

1.4 一階線性微分方程式和 柏努利方程式

n 階線性微分方程式的型式爲

$$a_0(x)y^{(n)} + a_1(x)y^{(n-1)} + \cdots + a_{n-1}(x)y' + a_n(x)y = f(x)$$

而一階方程式則爲

$$a_0(x)y' + a_1(x)y = f(x)$$

由於 $a_0(x)$ 不可以爲零，故一階常微分方程式可簡化爲

$$y' + p(x)y = q(x) \tag{1.15}$$

其中，$p(x) = \dfrac{a_1}{a_0}$，$q(x) = \dfrac{f}{a_0}$。

前面兩章節的微分方程式只要吻合上述 (1.15) 式的型式，即可用本章節的方法來求得普通答案，其解決方法如下：

(1.15) 式的積分因子爲

$$I(x) = e^{\int p(x)dx}$$

則 (1.15) 式成爲

$$I(x)\,dy + p(x)I(x)y\,dx = I(x)q(x)\,dx$$

或

$$d(Iy) = I(x)q(x)\,dx$$

積分之，

$$Iy = \int Iq\,dx + c\,,\ c \text{ 爲任意常數}$$

或

$$y(x) = I^{-1}\int Iq\,dx + cI^{-1} \tag{1.16a}$$

$$= e^{-\int p(x)dx}\int q(x)e^{\int p(x)dx}\,dx + ce^{-\int p(x)dx} \tag{1.16b}$$

◎ 柏努利方程式

柏努利方程式的型式為

$$y' + p(x)y = q(x)y^n \tag{1.17}$$

此式與(1.15)的線性方程式比較之後，只有等式的右邊有項 y^n 的差異，其餘皆相同，一般的解法是經由變數轉換將(1.17)式換成(1.15)的線性方程式，再解答案。

將(1.17)式的 y^n 換到等式的左邊即得到

$$y^{-n}y' + p(x)y^{1-n} = q(x)$$

令新的變數 $u = y^{1-n}$ 且 $du = (1-n)y^{-n}dy$，得到

$$\frac{1}{1-n}u' + p(x)u = q(x)$$

$$u' + (1-n)p(x)u = (1-n)q(x) \tag{1.18}$$

$$u' + P(x)u = Q(x)$$

其中，$P(x) = (1-n)p(x)$，且 $Q(x) = (1-n)q(x)$。

上式即標準的線性方程式。

解題範例

【範例 1】

解 $y' - 2xy = x$

【解】

$$p(x) = -2x$$

$$I(x) = e^{\int p(x)dx} = e^{-x^2}$$

原方程式乘以 $I(x)$，得到

$$e^{-x^2}y' - 2xe^{-x^2}y = xe^{-x^2}$$

或

$$d(e^{-x^2}y) = xe^{-x^2}dx$$

積分之，

$$e^{-x^2}y = \int xe^{-x^2}dx + c$$

或

$$e^{-x^2}y = -\frac{1}{2}e^{-x^2} + c$$

$$y = ce^{x^2} - \frac{1}{2}$$

【範例 2】

解 $(x + 1)y' - y = x$

【解】

先安排成標準式

$$y' - \frac{1}{x + 1}y = \frac{x}{x + 1}, \ x \neq -1$$

（因為 $x = -1$，y' 項會消失）

得到

$$p(x) = -\frac{1}{x+1}$$

$$q(x) = \frac{x}{x+1}$$

而積分因子為

$$I(x) = e^{\int -\frac{1}{x+1}dx} = e^{-\ln|x+1|}$$

$$= \frac{1}{|x+1|} = \pm\frac{1}{x+1}, \ x \neq -1$$

可直接將 $I(x)$ 代入(1.16a)式，

$$y(x) = I^{-1}\left[\int Iq\,dx + c\right]$$

$$= \left(\frac{\pm 1}{x+1}\right)^{-1}\int \frac{\pm 1}{x+1}\cdot\frac{x}{x+1}\,dx + c\left(\frac{\pm 1}{x+1}\right)^{-1}$$

或

$$y(x) = (x+1)\int \frac{x}{(x+1)^2}\,dx + c(x+1)$$

運用部份分式法，

$$y(x) = (x+1)\int\left(\frac{1}{x+1} - \frac{1}{(x+1)^2}\right)dx + c(x+1)$$

$$= (x+1)\left[\ln|x+1| + \frac{1}{x+1}\right] + c(x+1)$$

$$= 1 + c(x+1) + (x+1)\ln(x+1)$$

注意：基本上，作者不太贊同直接代入公式來解題目，各位應留心公式推導的過程；在人類腦部的記憶生理上，推理的事不但記起來輕鬆、耗能量低且可保持長久。這裡為節省篇幅起見，直接運用推導好的公式來解題目，因此特別叮嚀讀者不要仿效。推導熟了，公式自然記得，比強記好上千萬倍，切記！切記！

【範例 3】

解 $y' + xy = xy^2$

【解】

此型爲柏努利方程式，重新安排如下：

$$y^{-2}y' + xy^{-1} = x$$

令 $u = y^{-1}$ 且 $u' = -y^{-2}y'$，代入上式，得到

$$-u' + xu = x$$

或

$$u' - xu = -x$$

得知

$$p(x) = -x, \ q(x) = -x$$

積分因子則爲

$$I(x) = e^{\int p(x)dx} = e^{\int -xdx}$$

或

$$I(x) = e^{-\frac{1}{2}x^2}$$

代入(1.16a) 公式

$$\begin{aligned}
u(x) &= I^{-1}\int Iq \ dx + cI^{-1} \\
&= e^{\frac{1}{2}x^2}\int (-x)e^{-\frac{1}{2}x^2}dx + ce^{\frac{1}{2}x^2} \\
&= e^{\frac{1}{2}x^2} \cdot e^{-\frac{1}{2}x^2} + ce^{\frac{1}{2}x^2} \\
&= 1 + ce^{\frac{1}{2}x^2}
\end{aligned}$$

再代回 $y = u^{-1}$，得到普通答案爲

$$y(x) = (1 + ce^{\frac{1}{2}x^2})^{-1}$$

【範例 4】

解 $y^{-\frac{1}{3}}y' - \dfrac{3}{x}y^{-\frac{2}{3}} = x^4$

【解】

本題可直接判斷為柏努利方程式，若不太有信心，可先作整理成標準

型為 $y' - \dfrac{3}{x}y = x^4 y^{\frac{1}{3}}$ 即可得知。

令 $u = y^{-\frac{2}{3}}$ 且 $n = \dfrac{1}{3}$，直接代入 (1.18) 公式得到（記得不要死背公

式），

$$u' + (1-n) \cdot \left(-\frac{3}{x}\right)u = (1-n) \cdot x^4$$

或

$$u' + \left(-\frac{2}{x}u\right) = \frac{2}{3}x^4$$

得到積分因子，

$$I(x) = e^{\int -\frac{2}{x}dx} = e^{-\ln x^2}$$
$$I(x) = x^{-2}$$

微分方程式乘上積分因子，

$$x^{-2}u' - 2x^{-3}u = \frac{2}{3}x^2$$

得到

$$d(x^{-2}u) = \frac{2}{3}x^2\,dx$$

積分之，

$$x^{-2}u = \frac{2}{9}x^3 + c$$

或

$$u = \frac{2}{9}x^5 + cx^2$$

再代回 $y = u^{\frac{2}{3}}$，

$$y(x) = \left(\frac{2}{9}x^5 + cx^2\right)^{\frac{2}{3}}$$

$$\boxed{習　題}$$

1. 找出下列線性方程式的普通答案或特定答案。

   (a) $xy' + 2y = 4x^2$, $y(1) = 4$

   (b) $xy' + (x - 2)y = 3x^3 e^{-x}$

   (c) $x(\ln x)y' + y = 2\ln x$

   (d) $x(x + 1)y' - y = 2x^2(x + 1)$

   (e) $y' + y = \sin x$, $y(\pi) = 1$

   (f) $y' - 7y = e^x$

   (g) $y' - \dfrac{3}{x^2} y = \dfrac{1}{x^2}$

   (h) $2y' + 3y = e^{2x}$

   (i) $\sin(2x)y' + 2\sin^2(x)y = 2\sin(x)$

   (j) $y' + \dfrac{1}{x} y = 3e^{-x^2}$

   (k) $y' - 6y = x - \cosh(x)$

   (l) $y' - y = 2e^{4x}$, $y(0) = -3$

   (m) $y' + \dfrac{5y}{9x} = 3x^3 + x$, $y(-1) = 4$

   (n) $y' + \dfrac{1}{x - 2} y = 3x$, $y(3) = 4$

2. 求下列柏努利方程式的普通答案或特定答案。

   (a) $y' + xy = 6x \sqrt{y}$

   (b) $25T' + T = 80e^{-0.04t}$

   (c) $y' + \dfrac{2}{x} y = -x^9 y^5$, $y(-1) = 2$

   (d) $y' + y = 4\cos 2x$, $y(0) = 1$

(e) $xy' - (3x + 6)y = -9xe^{-x}y^{\frac{4}{3}}$

(f) $xyy' = y^2 - x^2$

(g) $xe^y y' - e^y = 3x^2$ （提示：令 $u = e^y$）

(h) $\dfrac{1}{y^2 + 1}\, y' + \dfrac{2}{x}\, \tan^{-1}y = \dfrac{2}{x}$

(i) $x^3 y' + x^2 y = 2y^{-\frac{4}{3}}$

(j) $x^2 y' - xy = y^3$

(k) $x^2 y' - xy = e^x y^3$

(l) $y' - 2y = 4xy^2$

(m) $y' + 8y = 2x^3 y^{\frac{3}{4}}$

3. 以一階線性常微分方程式爲例，證明線性方程式是重疊原理的必要條件。線性方程式中，

$$y' + p(x)y = q(x)$$

等式的左邊爲電路系統的特性，等式的右邊爲輸入的刺激，而 y 即爲系統的輸出反應。因此，若兩輸入刺激爲 $q_1(x)$ 和 $q_2(x)$，則分別解出的答案爲 $y_1(x)$ 和 $y_2(x)$，試問總輸出 y 是否爲 $y_1 + y_2$？此即重疊原理的重要依據。

1.5 工程上之應用

1. 電路系統

對於電路系統而言，適用於一階微分的電路如圖 1.2 的 *RL* 和圖
1.3 的 *RC* 電路。

圖 1.2

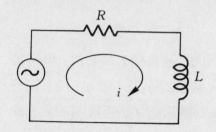

圖 1.3

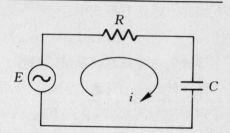

根據迴路分析法，則分別得到

$$E = iR + L\frac{di}{dt} \quad 和 \quad E = iR + \frac{1}{C}\int i\,dt$$

利用 $i = \dfrac{dq}{dt}$，則得到兩微分方程式，

$$\frac{di}{dt} + \frac{R}{L}\,i = \frac{E}{L} \tag{1.19a}$$

和

$$\frac{dq}{dt} + \frac{1}{RC}\,q = \frac{E}{R} \tag{1.19b}$$

2. 溫度擴散效應

由牛頓冷卻定律得知一物體的溫度變化速度比例於物體溫度(T)和週圍環境(T_0)之差。根據這項定義，其公式應為

$$\frac{dT}{dt} = - K(T - T_0) \tag{1.20}$$

其中，$\frac{dT}{dt}$ 為物體溫度變化速度，K 為正常數。

如果 $T > T_0$，表示週遭溫度較低，屬冷卻效應(因為$\frac{dT}{dt} > 0$)。如果 $T < T_0$，表示週遭溫度較高，屬加熱效應。這種題目最後的溫度一定停留在 T_0，不管是加熱或冷卻效應。

3. 增長和衰退的問題

這類型是談到結晶的成長、放射源的能量釋放，和生物族群的增加或衰減等典型的問題。假設物質質量(S)的變化速度為$\frac{dS}{dt}$，則質量變化速度正比於本身的質量，可公式化為

$$\frac{dS}{dt} = KS \tag{1.21}$$

其中，K 為任意常數；若 K 為正則屬增長，反之則衰減。因此本類型與溫度問題最大的不同是溫度的 K 常數一定是正的。

4. 垂直軌跡線

在 xy 平面上的一群軌跡線可用下述方程式代表之：

$$F(x,y,c) = 0, \quad c \text{ 為任意常數}$$

譬如, $y = cx^2$ 為一群拋物線如圖 1.4 的實線部份。

為求垂直軌跡線, 可先對 $F(x,y,c) = 0$ 作 dx 微分, 以求得軌跡線的斜率,

$$y' = f(x,y)$$

則 $F(x,y,c) = 0$ 的垂直軌跡線之斜率依定義是原軌跡線斜率的倒數又乘以 -1, 即

$$y' = \frac{-1}{f(x,y)}$$

由上式, 可求得垂直軌跡線的方程式。譬如拋物線 $y = cx^2$ 的斜率為 $y' = 2cx$, 所以垂直軌跡線的斜率為 $y' = -(2cx)^{-1}$, 其所求得的軌跡以虛線標示於圖 1.4。

圖 1.4　實線為 $y = cx^2$, 虛線為垂直軌跡線

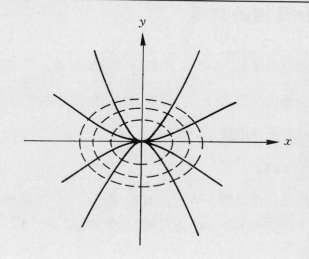

5. 方向場(direction fields)

　　方向場是用於指示場的作用方向，而物體通常會往場的作用方向移動。一般用於電場、磁力場、風力、水流向等。

　　方向場可以說是指示物體移動的傾向，而此傾向與斜率息息相關。譬如，拿一條線綁住一石頭，然後甩石頭成圓形，則石頭畫過的軌跡線可公式化為

$$y^2 + x^2 = c^2$$

其斜率則為(取其微分)

$$2yy' = -2x$$

或

$$y' = \frac{-x}{y}$$

或標準化為

$$y' = f(x,y)$$

對某一點而言，則可畫出一短線段(稱為線元素)，而此線段的斜率正好為 $f(x,y)$。以石頭畫過的圓軌跡為例，在 $x_0 = 0$, $y_0 = \pm c$ 和 $y_0 = 0$, $x_0 = \pm c$ 這四點的線元素為

　(1) $x_0 = 0$, $y_0 = \pm c$, $y' = 0$，代表平行 x 軸的線。

　(2) $x_0 = \pm c$, $y_0 = 0$, $y' = \infty$，代表平行 y 軸的線。

把這四條線元素畫在圖上，正好垂直圓軌跡線，見圖1.5。

　　線元素指某一瞬間，物體應走的軌跡，把所有線元素加起來就是整個軌跡線了。因此若在 $x_0 = 0, y_0 = c$ 的點上，把手放開，則石頭必會往線元素的方向飛出，即平行 y 軸的方向飛出。這會在向量場的章節中詳細說之。

圖 1.5

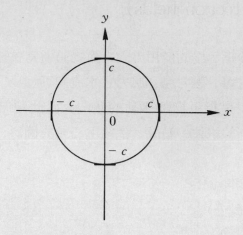

解題範例

【範例 1】

一 RL 電路，輸入電壓為 $\sin(2t)$ V，阻抗為 $5\ \Omega$，電感為 0.5 H，電感的起始電流為 2 A，求此電路的電流。

【解】

依迴路分析法得到的 (1.19a) 式來解答之。

$$\frac{di}{dt} + \frac{R}{L}i = \frac{E}{L}$$

代入 R，L 值，

$$\frac{di}{dt} + \frac{5}{0.5}i = \frac{\sin(2t)}{0.5}$$

或

$$\frac{di}{dt} + 10i = 2\sin(2t)$$

由正合條件，得到積分因子 $I(t) = e^{10t}$，

$$i(t) = e^{-10t}\int e^{10t} \cdot 2\sin(2t)\ dt + ce^{-10t}$$

$$= \frac{5}{26}\sin(2t) - \frac{1}{26}\cos(2t) + ce^{-10t}$$

代入初值條件 $i_L(0) = 2$ A，得到

$$i_L(0) = -\frac{1}{26} + c = 2$$

或

$$c = \frac{53}{26}$$

特定答案為

$$i(t) = \frac{5}{26}\sin(2t) - \frac{1}{26}\cos(2t) + \frac{53}{26}e^{-10t}$$

【範例 2】

如果有一物體被熱到 100 ℃，而放在室溫讓其冷卻，室溫為 20 ℃。20 分鐘後，物體降到 80 ℃，試問 (a) 物體花多少時間降到 40 ℃，(b) 40 分鐘後，物體溫度應為多少?

【解】

由牛頓冷卻定律衍生的公式為

$$\frac{dT}{dt} = -K(T - T_0)$$

依題目可知周圍溫度 $T_0 = 20$，初值條件為 $T(0) = 100$ 和 $T(20) = 80$

上述方程式的積分因子 $I(t) = e^{Kt}$，得到解答

$$T(t) = e^{-Kt} \int e^{Kt} \cdot KT_0 \, dt + ce^{-Kt} = 20 + ce^{-Kt}$$

代入初值條件，

$$T(0) = 100 \quad \text{和} \quad T(20) = 80$$

或

$$100 = 20 + c \quad \text{和} \quad 80 = 20 + ce^{-20K}$$

得到

$$c = 80, \quad K = \frac{1}{20} \ln \frac{4}{3}$$

$$T(t) = 20 + 80e^{-Kt}$$

(a) 降到 40 ℃ 所需時間應為

$$40 = 20 + 80e^{-Kt}$$

$$t = \frac{1}{K}\ln 4 \cong 96.4 \text{(分鐘)}$$

(b) 40 分鐘後，溫度降到

$$T(t) = 20 + 80e^{-K \cdot 40}$$

$$T(t) = 20 + 80 \cdot e^{-2\ln\frac{4}{3}} = 20 + 80 \cdot \left(\frac{3}{4}\right)^2$$

$$= 65 \text{(℃)}$$

【範例 3】

如果你有存款 10 萬元，而年息爲5%，(a)求4年後，存款應爲多少錢?

(b) 若要使存款加倍，須存多少年?

【解】

這是典型的計息方式，而公式的推導概念爲：設存款爲 S，則存款以

年爲單位的增加速度 $\left(\dfrac{dS}{dt}\right)$ 爲年息 $(0.05 \cdot S)$，化成公式，

$$\frac{dS}{dt} = 0.05S$$

其初值條件爲起始存款 10 萬元：$S(0) = 10$(萬元)。此方程式的積分

因子爲 $I(t) = e^{0.05t}$，而 $q(t) = 0$，故普通答案爲

$$S(t) = ce^{0.05t}$$

代入初值條件 $S(0) = 10$，得到

$$c = 10$$

或

$$S(t) = 10e^{0.05t}$$

(a) 第四年的存款應爲

$$S(4) = 10e^{0.05 \times 4} \cong 12.2(\text{萬元})$$

(b) 若欲累積到雙倍的錢(即 20 萬元)，則

$$20 = 10e^{0.05t}$$

$$t = \frac{1}{0.05}\ln 2 = 13.86(\text{年})$$

反之若以 5% 的每年通貨膨脹爲例，則約 14 年後，幣值應貶 1/2，表

示同樣的東西須花兩倍的錢購買。

【範例 4】

求出 $y = cx^2$ 諸拋物線的垂直軌跡線。

【解】

對 $y = cx^2$，則

$$F(x, y, c) = y - cx^2 = 0$$

微分之後，得到斜率爲

$$y' = 2cx$$

其垂直軌跡線的斜率爲

$$y' = \frac{-1}{2cx}$$

而 $c = y \cdot x^{-2}$ 代入上式，得到

$$y' = \frac{-1}{2yx^{-1}}$$

或

$$2yy' = -x$$

或

$$2y\, dy = -x\, dx$$

積分之，

$$y^2 = -\frac{1}{2}x^2 + K$$

或

$$y^2 + \frac{1}{2}x^2 = K \,,\quad K \text{ 爲任意常數}$$

由上述方程式得知垂直軌跡線爲橢圓線，如圖 1.4 中的虛線所示。

$$\boxed{\text{習 題}}$$

1. 一 RC 電路，電壓為 5 伏特，阻抗 10 歐姆，電容 0.01 法拉，且初電荷量 5 庫侖，求 (a) 暫態電流，(b) 穩態電流。

2. 一 RC 電路，電壓為 $10\sin(t)$ 伏特，阻抗 100 歐姆，電容 0.005 法拉且無初值電荷。求 (a) 電容的電荷變化，(b) 穩態電流。

3. 一 RL 電路，無電壓供應，阻抗 50 歐姆，電感 2 亨利且初值電流 10 安培。求電流的變化。

4. 一 RL 電路，電壓為 $4\sin(t)$ 伏特，阻抗 100 歐姆，電感 4 亨利且無初值電流。求電流的變化。

5. 一物體溫度 150 ℃ 放在 75 ℃ 的環境之下，若 10 分鐘後的溫度降到 125 ℃，求多少時間後溫度降到 100 ℃。

6. 一物體溫度 220 ℃ 放在 60 ℃ 的箱內。10 分鐘後降到 200 ℃，這時候打開冷氣設備，使箱溫降低的速度為 1 ℃/分。試問物體溫度降低的情形如何？

7. 一未知溫度的物體放在 0 ℃ 的冰箱，20 分後物體溫度為 40 ℃ 且 40 分後為 20 ℃。求物體的初始溫度。

8. 一杯茶用熱水煮過的溫度為 190 ℉，然後放在室溫為 72 ℉ 的空間冷卻之。2 分鐘後的茶水溫度 150 ℉，求 (a)5 分鐘後的溫度，(b) 多久後茶水可達 100 ℉。

9. 一溫度計從室溫為 70 ℉ 的房子拿到屋外量溫度，5 分鐘後溫度計讀數為 60 ℉，又過 5 分鐘則讀數變為 54 ℉，請問室外溫度應為多少？

10. 鈾－238 的半衰期為 4.5×10^9 年。試問一顆現在為 10 公斤的 U－238 鈾塊，在 10 億年前有多重？

11. 一細菌在培養皿裡的密度爲每平方英吋有 10^5 隻。假設星期二早上 10 點的 1 平方英吋細菌，到星期四中午長成 3 平方英吋。請問 (a) 到星期日下午 3 點，有多少細菌，假設細菌生長的速度和細菌數量成正比。(b) 到下星期一下午 4 點有多少細菌。

12. 如果想要 8 年內讓存款增加 2 倍，試問年息應多少?

13. 酵母菌生長的速度和其數量成正比，2 個小時後，酵母數量增加 2 倍，試問幾小時後變成 3 倍?

14. 求垂直軌跡線

   (a) $x + 2y = c$ (b) $x^2 - 3y^2 = c$

   (c) $x + 2y^2 = c$ (d) $y = e^{cx}$

   (e) $y = \dfrac{1 + cx}{1 - cx}$ (f) $y^2 = cx^3$

   (g) $x^2 - cy = 1$ (h) $x^2 + y^2 = cy$

15. 對下列微分方程式，(1) 試畫足夠的線元素來描述通過所給點的答案曲線，(2) 解微分方程式，以求特殊答案且畫出曲線。

   (a) $y' = x + y$, $y(2) = 2$

   (b) $y' = e^{2x} + 2y$, $y(0) = 4$

   (c) $y' = xy$, $y(0) = 4$

   (d) $y' + \dfrac{1}{x} y = 2x$, $y(3) = 3$

   (e) $y' - \dfrac{3}{x} y = x^4 + 2$, $y(3) = 2$

   (f) $y' + 2xy = 4x$, $y(3) = 4$

第二章　線性常微分方程式

2.1　二階齊性線性微分方程式

在 1.4 節已對線性微分方程式作了定義，這裡以二階爲例來解釋何謂齊性(homogeneous)？二階線性微分方程式的型式爲

$$y'' + p(x)y' + q(x) = f(x) \tag{2.1}$$

其中，$f(x)$ 也稱爲強迫函數(forcing function)。若 $f(x) = 0$，則稱爲齊性線性方程式或自由振盪系統；反之若 $f(x) \neq 0$，則爲非齊性 (non-homogeneous) 線性方程式，或強迫振盪系統。如果 $p(x)$ 和 $q(x)$ 皆爲常數，則表示方程式具有常係數(constant coefficients)，反之則爲具有可變係數(variable coefficients)。

1. 線性獨立(linear independence)

若兩項函數 $y_1(x)$ 和 $y_2(x)$ 線性獨立在 $x \in [a,b]$ 區間，則關係式

$$c_1 y_1(x) + c_2 y_2(x) = 0$$

成立在 $x \in [a,b]$ 區間的所有常數 c_1 和 c_2 必都是零；反之，若存在任一常數 c_1 和 c_2 不爲零，則兩項函數爲線性相依(linear dependence)。

【定理 2.1】

二階齊性線性方程式會有二個線性獨立的答案：y_1 和 y_2。那麼方程式的普通答案 $y(x)$ 則爲

$$y(x) = c_1 y_1(x) + c_2 y_2(x)$$

其中 c_1 和 c_2 爲任意常數。

【證明】

以 $L(y) = 0$ 來代表二階齊性線性微分方程式，假如 y_1 和 y_2 為方程式的線性獨立答案，則

$$L(y_1) = 0 \quad 和 \quad L(y_2) = 0$$

而

$$
\begin{aligned}
L(c_1 y_1) &= (c_1 y_1)'' + p(x)(c_1 y_1)' + q(x)(c_1 y_1) \\
&= c_1 y_1'' + c_1 p(x) y_1' + c_1 q(x) y_1 \\
&= c_1 [y_1'' + p(x) y_1' + q(x) y_1] \\
&= c_1 L(y_1) \\
&= 0
\end{aligned}
$$

同理可證

$$L(c_2 y_2) = c_2 L(y_2) = 0$$

另外

$$
\begin{aligned}
L(y_1 + y_2) &= (y_1 + y_2)'' + p(x)(y_1 + y_2)' + q(x)(y_1 + y_2) \\
&= y_1'' + y_2'' + p(x) y_1' + p(x) y_2' \\
&\quad + q(x) y_1 + q(x) y_2 \\
&= (y_1'' + p(x) y_1' + q(x) y_1) \\
&\quad + (y_2'' + p(x) y_2' + q(x) y_2) \\
&= L(y_1) + L(y_2)
\end{aligned}
$$

故若 $y(x) = c_1 y_1 + c_2 y_2$，則可得證 $L(y) = 0$ 如下：

$$
\begin{aligned}
L(y) &= L(c_1 y_1 + c_2 y_2) \\
&= L(c_1 y_1) + L(c_2 y_2) \\
&= c_1 L(y_1) + c_2 L(y_2) \\
&= 0
\end{aligned}
$$

2. 隆斯基恩(Wronskian) 測試線性獨立

隆斯基恩測試是用來測定函數之間的獨立性。其基本原理依據如下：

兩函數 y_1 和 y_2，可以找出任意兩常數讓下列關係式成立，

$$c_1 y_1 + c_2 y_2 = 0$$

微分之，

$$c_1 y_1' + c_2 y_2' = 0$$

利用上述兩關係式，可解聯立方程式得到 c_1 和 c_2。由於等式的右邊皆為零，若要 c_1 和 c_2 同時為零，則需要

$$W[y_1, y_2] = \begin{vmatrix} y_1 & y_2 \\ y_1' & y_2' \end{vmatrix} \neq 0$$

上述的行列式即稱為隆斯基恩測試。反之，若 Wronskian 行列式值為零，則 c_1 和 c_2 不同時為零。根據線性獨立的定義，可得結論如下：

若 Wronskian 測試 $W[y_1, y_2] \neq 0$，則 y_1 和 y_2 線性獨立；反之，若 $W[y_1, y_2] = 0$，則 y_1 和 y_2 線性相依。

解題範例

【範例 1】

測試 $f_1(x) = x^2 - x$ 和 $f_2(x) = 2x^2$，是否線性獨立？

【解】

$$f_1'(x) = 2x - 1, \ f_2'(x) = 4x$$

隆斯基恩測試為

$$
\begin{aligned}
W[y_1, y_2, y_3] &= \begin{vmatrix} x^2 - x & 2x^2 \\ 2x - 1 & 4x \end{vmatrix} \\
&= 4x(x^2 - x) - 2x^2(2x - 1) \\
&= -2x^2
\end{aligned}
$$

因此，若 $f_1(x)$ 和 $f_2(x)$ 所定義的 x 區間不包括 $x = 0$ 此點，則 f_1 和 f_2 線性獨立，反之則線性相依。

【範例 2】

已知 $y_1(x) = e^x$, $y_2(x) = e^{2x}$ 為 $y'' - 3y' + 2y = 0$ 的答案，試證兩函數為線性獨立及方程式的普通答案。

【解】

運用 Wronskian 測試，

$$y_1' = e^x, \ y_2' = 2e^{2x}$$

$$W[y_1, y_2] = \begin{vmatrix} e^x & e^{2x} \\ e^x & 2e^{2x} \end{vmatrix} = e^{3x} \neq 0, \ 對所有 \ x \in R$$

得證 y_1 和 y_2 線性獨立。微分方程式的普通答案由定理 2.1 可得

$$y(x) = c_1 y_1(x) + c_2 y_2(x), \ c_1 和 c_2 為任意常數$$

$$\boxed{\text{習　題}}$$

1. 決定下列微分方程式爲線性或非線性、齊性或非齊性。

    (a) $y'' + xy' + 3y = 0$ (b) $y' + 5y = 0$

    (c) $y'' + 2xy' + y = 4xy^2$ (d) $y' - 2y = xy$

    (e) $y' + y(\sin x) = x$ (f) $y' + x(\sin y) = x$

    (g) $y'' + e^y = 0$ (h) $y'' + e^x = 0$

2. 判斷下列函數組是否線性獨立，$x \in R$(實數區間)。

    (a) $2x,\ x^2 + 1$ (b) $x^2 - x,\ x^2 + x,\ 2x^2 + 3x$

    (c) $x,\ |x|$ (d) $\sin x,\ \cos x,\ \cos\left(x - \dfrac{\pi}{3}\right)$

    (e) $e^x + e^{-x},\ e^x - e^{-x}$ (f) $x^2,\ -x^2$

    (g) $e^{2x},\ e^{-2x}$ (h) $x,\ 1,\ 2x - 7$

3. 證明 $y_1 = x^2$ 和 $y_2 = x|x|$ 是線性相依在 $[a,b]$ 區間如果 $a > 0$，但 y_1 和 y_2 是線性獨立若 $a < 0$ 且 $b > 0$。試解釋爲何本題無法用 Wronskian 測試來判斷線性獨立。

4. 若 y_1 和 y_2 爲 $y'' + p(x)y' + q(x)y = 0$ 的不同答案在 $[a,b]$ 區間。若某點 $x_0 \in (a,b)$，使 $y_1(x_0) = y_2(x_0) = 0$，證明 y_1 和 y_2 爲線性相依在 $[a,b]$ 區間。

5. 若 y_1 和 y_2 爲 $y'' + p(x)y' + q(x)y = 0$ 的答案在 (a,b) 區間，且 $x_0 \in (a,b)$，證明

$$W[y_1, y_2](x) = e^{-\int_{x_0}^{x} p(t)dt} W[y_1, y_2](x_0)$$

6. 運用第 5. 題的結果，證明 Wronskian 測試值若爲常數，則 $p(x) = 0$ 的條件必須成立。

2.2　微分降階法

在未介紹二階線性方程式的解法之前，我們先了解二階方程式 (不一定要線性) 的降階解題技巧。意思是說碰到某些情況下，可以將二階降成一階，解答起來就簡單多了。

共有三種情況可資運用降階技巧，各位也可將此推廣到多階以上。假如二階方程式以 $F(x, y, y', y'') = 0$ 來代表，則這三種情況為：

(1) 無獨立變數 x，即方程式變為 $F(y, y', y'') = 0$。

(2) 無依賴變數 y，即方程式變為 $F(x, y', y'') = 0$。

(3) 已知一個答案。

三種情況的解題技巧說明如下。

⑴ 無獨立變數 x，$F(y, y', y'') = 0$

令 $u = y'$ 為新依賴變數，y 則變為 u 的依賴變數。得到

$$\frac{du}{dy} = \frac{dy'}{dy} = \frac{dy'}{dx}\frac{1}{\frac{dy}{dx}} = \frac{y''}{y'} = \frac{y''}{u}$$

或

$$y'' = u\frac{du}{dy}$$

原方程式 $F(y, y', y'') = 0$ 則變為 $F(y, u, u') = 0$。以 $F(y, u, u') = 0$ 解出 $u(y)$ 後，再代入 $u = y'$，解出普通答案 $y(x)$。

⑵ 無依賴變數 y，$F(x, y', y'') = 0$

令 $u = y'$，得到 $u' = y''$ 和新方程式為 $F(x, , u, u') = 0$。依據 $F(x, u, u') = 0$ 解一階方程式得到 u，再代入 $u = y'$ 解另一階方程式得到普通答案 $y(x)$。

⑶ **已知一個答案 y_1，方程式為 $F(x,y,y',y'') = 0$**

　　令未知答案 $y_2(x) = u(x)y_1(x)$，$u(x)$ 為未知函數。

　　代入 $F(x,y,y',y'') = 0$ 會得新方程式 $F(x,u',u'') = 0$，注意其中的依賴變數換成 u 了，且方程式中也沒有依賴變數 u。所以問題又回到第 ⑵ 種情況的解題技巧了。

$$\boxed{\text{解題範例}}$$

【範例 1】

解 $y'' - 8yy' = 0$

【解】

此題明顯無獨立變數 x，故令 $u = y'$，推得 $y'' = u\dfrac{du}{dy}$，得到新方程式以 y 爲獨立變數，

$$u\frac{du}{dy} - 8yu = 0$$

用分離變數法，

$$u\frac{du}{dy} = 8yu$$

或

$$\frac{du}{dy} = 8y$$

得到

$$u(y) = 4y^2 + c_1, \; c_1 \text{ 爲任意常數}$$

代入 $u = \dfrac{dy}{dx}$，

$$\frac{dy}{dx} = 4y^2 + c_1$$

運用分離變數法，

$$\frac{dy}{4y^2 + c_1} = dx$$

積分之，

(1) 若 $c_1 > 0$，得到

$$\frac{1}{2\sqrt{c_1}}\tan^{-1}\left(\frac{2y}{\sqrt{c_1}}\right) = x + c_2$$

(2) 若 $c_1 = 0$，得到

$$-\frac{1}{4}\frac{1}{y} = x + c_2$$

(3) 若 $c_1 < 0$，得到

$$\frac{1}{2\sqrt{-c_1}}\tanh^{-1}\frac{2y}{\sqrt{-c_1}} = x + c_2$$

普通答案則爲

$$y(x) = \begin{cases} \dfrac{\sqrt{c_1}}{2}\tan(2\sqrt{c_1}x + 2\sqrt{c_1}c_2), & 若\ c_1 > 0 \\[3mm] \dfrac{-1}{4x + 4c_2}, & 若\ c_1 = 0 \\[3mm] \dfrac{\sqrt{-c_1}}{2}\tanh(2\sqrt{-c_1}x + 2\sqrt{-c_1}c_2), & 若\ c_1 < 0 \end{cases}$$

【範例 2】

解 $xy'' + 2y' = 5x^3$

【解】

此題明顯沒有依賴變數 y，故令 $u = y'$ 且 $u' = y''$，得到新一階方程式，

$$xu' + 2u = 5x^3$$

或

$$u' + \frac{2}{x}u = 5x^2$$

運用正合條件法得到積分因子

$$I(x) = e^{\int \frac{2}{x}dx} = e^{2\ln x} = x^2$$

將 $I(x) = x^2$ 乘入新方程式，

$$x^2 u' + 2xu = 5x^4$$

或

$$d(x^2 u) = 5x^4 dx$$

積分之，

$$x^2 u = x^5 + c_1, \quad c_1 \text{ 爲任意變數}$$
$$u = x^3 + c_1 x^{-2}$$

代入 $u = y'$，

$$y' = x^3 + c_1 x^{-2}$$

積分之，

$$y(x) = \frac{1}{4} x^4 - \frac{c_1}{x} + c_2, \quad c_2 \text{ 爲任意常數}$$

【範例 3】
解 $y'' + 6y' + 9y = 0$，已知 $y_1 = e^{-3x}$。

【解】

此題屬已知一個答案的解法。

令 $y_2 = u y_1(x)$ 代入方程式以得到 $F(x, u', u'') = 0$

$$y_2'' + 6y_2' + 9y_2 = 0 \quad \text{且} \quad y_1'' + 6y_1' + 9y_1 = 0$$

代入 $y_2 = u y_1$，

$$(u y_1)'' + 6(u y_1)' + 9(u y_1) = 0$$
$$u'' y_1 + 2u' y_1' + u y_1'' + 6(u' y_1 + u y_1') + 9(u y_1) = 0$$

整理得之，

$$y_1 u'' + (2y_1' + 6y_1) u' + (u y_1'' + 6u y_1' + 9u y_1) = 0$$

或

$$y_1 u'' + (2y_1' + 6y_1) u' + u(y_1'' + 6y_1' + 9y_1) = 0$$

已知 $y_1'' + 6y_1' + 9y_1 = 0$，故得 $F(x, u', u'') = 0$

$$y_1 u'' + (2y_1' + 6y_1)u' = 0$$

$$u'' + \left(6 + 2\frac{y_1'}{y_1}\right)u' = 0$$

代入 $y_1 = e^{-3x}$,

$$u'' + \left(6 + 2\frac{-3e^{-3x}}{e^{-3x}}\right)u' = 0$$

得到

$$u'' = 0$$

積分之,

$$u(x) = c_1 x + c_2, \ c_1 \text{ 和 } c_2 \text{ 爲任意常數}$$

選擇 $c_1 = 1$, $c_2 = 0$, $u(x) = x$ 而 $y_2(x) = xe^{-3x}$, 普通答案 $y(x)$
爲

$$y(x) = c_1 y_1(x) + c_2 y_2(x), \ c_1 \text{ 和 } c_2 \text{ 爲任意常數}$$

$$\boxed{\text{習 題}}$$

1. 用微分降階法，求下列方程式的普通答案。

(a) $2y'' + e^x = 3y'$ (b) $xy'' - 2y' = 1$

(c) $4y'' + y' - 1 = 0$ (d) $2y'' - y - 1 = 0$

(e) $yy'' + (y')^2 = 0$ (f) $yy'' - y^2y' - (y')^2 = 0$

(g) $y'' - (y')^2 = 0$ (h) $y'' + e^{2y}(y')^3 = 0$

(i) $yy'' + (y+1)(y')^2 = 0$ (j) $yy'' - (y')^3 = 0$

2. 用已知答案，解二階微分方程式。

(a) $y'' + \dfrac{1}{x} y' - \dfrac{8}{x^2} y = 0$, $y_1(x) = x^2$ 對 $x > 0$

(b) $y'' + \dfrac{2x}{1-x^2} y' - \dfrac{2}{1-x^2} y = 0$, $y_1(x) = x$ 對 $-1 < x < 1$

(c) $y'' - \dfrac{4x}{2x^2+1} y' + \dfrac{4}{2x^2+1} y = 0$, $y_1(x) = x$ 對 $x \in R$ (實數)

(d) $y'' + \dfrac{1}{x} y' + \left(1 - \dfrac{1}{4x^2}\right) y = 0$, $y_1(x) = \dfrac{1}{\sqrt{x}} \cos x$ 對 $x > 0$

(e) $y'' - \left(\dfrac{2}{x} + 2\tan x\right) y' + \left(\dfrac{2}{x^2} + \dfrac{2\tan x}{x}\right) y = 0$, $y_1(x) = x$

    對 $0 < x < \dfrac{\pi}{2}$

(f) $y'' + \dfrac{2x}{2x^2+3x+1} y' - \dfrac{2}{2x^2+3x+1} y = 0$, $y_1(x) = x$

    對 $x \in R$ 但 $x \neq -1$ 或 $-\dfrac{1}{2}$。

3. 證明 $y_1(x) = e^{-ax}$ $(a > 0)$ 是方程式的答案，

$$y'' + 2ay' + a^2 y = 0$$

再運用微分降階法，求出另一線性獨立答案。

2.3 二階常係數齊性線性微分方程式： 實根、複根、重根之討論

對二階齊性線性方程式 $y'' + p(x)y' + q(x)y = 0$ 而言，其通解並不容易得到，因此本章節先考慮最簡單的情況：

令 $p(x) = A$ 和 $q(x) = B$ 為任意實數常數，故稱為常係數方程式，來探討此最簡類型的答案。根據經驗得知此常係數齊性線性方程式的解答為

$$y(x) = e^{\lambda x}$$

其中 λ 可為複數且 $y(x) \neq 0$。代入方程式 $y'' + Ay' + By = 0$ 得到所謂的特性方程式(characteristic equation)：

$$\lambda^2 + A\lambda + B = 0 \tag{2.2}$$

上述特性方程式有二個根 λ_1 和 λ_2 為

$$\lambda_{1,2} = -\frac{A}{2} \pm \frac{1}{2}\sqrt{A^2 - 4B}$$

而二個根有三種不同情況的解：

(1) 若 $A^2 - 4B > 0$，則 λ_1 和 λ_2 為兩不同實數根，得到兩線性獨立答案為 $e^{\lambda_1 x}$ 和 $e^{\lambda_2 x}$，而方程式的普通答案為

$$y(x) = c_1 e^{\lambda_1 x} + c_2 e^{\lambda_2 x}$$

(2) 若 $A^2 - 4B < 0$，則 λ_1 和 λ_2 為共軛複數根(complex conjugate)，即 $\lambda_1 = a + ib$ 和 $\lambda_2 = a - ib$，a 和 b 為實數。普通答案則為

$$y(x) = c_1 e^{(a+ib)x} + c_2 e^{(a-ib)x}$$

或

$$y(x) = c_1 e^{ax}\cos bx + c_2 e^{ax}\sin bx$$

(3) 若 $A^2 - 4B = 0$，則 $\lambda_1 = \lambda_2 = \dfrac{-A}{2}$ 為重根，只能得知一答案為

$$y_1(x) = e^{\lambda_1 x}$$

另一答案 $y_2(x)$ 可運用 2.2 節提到的微分降階法求得

$$y_2(x) = xe^{\lambda_1 x}$$

則普通答案為

$$y(x) = c_1 e^{\lambda_1 x} + c_2 x e^{\lambda_1 x}$$

【證明】$y_2 = xe^{\lambda_1 x}$

令 $y_2 = uy_1$，代入 $y'' + Ay' + By = 0$ 且 $y_1'' + Ay_1' + By_1 = 0$，得到

$$(uy_1)'' + A(uy_1)' + B(uy_1) = 0$$

整理之，

$$y_1 u'' + (2y_1' + Ay_1)u' + u(y_1'' + Ay_1' + By_1) = 0$$

或

$$y_1 u'' + (2y_1' + Ay_1)u' = 0$$

代入 $y_1 = e^{\lambda_1 x} = e^{-\frac{A}{2}x}$，

$$e^{-\frac{A}{2}x}u'' + \left(2 \cdot -\frac{A}{2}e^{-\frac{A}{2}x} + Ae^{-\frac{A}{2}x}\right)u' = 0$$

$$u'' = 0$$

得到

$$u(x) = c_1 + c_2 x, \ c_1 \text{ 和 } c_2 \text{ 為任意常數}$$

選擇 $c_1 = 0$，$c_2 = 1$，$u(x) = x$，得證

$$y_2(x) = xe^{\lambda_1 x}$$

注意： 以上三種解法只適用於常係數方程式，若屬可變係數如 $y'' - 4x^2 y = 0$，由特性方程式得知 $\lambda_1 = 2x$ 和 $\lambda_2 = -2x$，則其普通答案並非 $y(x) = c_1 e^{\lambda_1 x} + c_2 e^{\lambda_2 x} = c_1 e^{-2x^2} + c_2 e^{2x^2}$，此類型問題將在未來章節以冪級數方式解答之。

解題範例

【範例 1】

解 $y'' - 2y' - 3y = 0$

【解】

特性方程式為

$$\lambda^2 - 2\lambda - 3 = 0 \quad 或 \quad (\lambda - 3)(\lambda + 1) = 0$$

得到 $\lambda_1 = 3$ 和 $\lambda_2 = -1$。

普通答案為

$$y(x) = c_1 e^{3x} + c_2 e^{-x}$$

【範例 2】

解 $y'' - 4y = 0$

【解】

特性方程式為

$$\lambda^2 - 4 = 0, \ \lambda = \pm 2$$

得到

$$y(x) = c_1 e^{2x} + c_2 e^{-2x}$$

亦可寫成雙曲線函數,

$$e^{2x} = \cosh(2x) + \sinh(2x) \quad 且 \quad e^{-2x} = \cosh(2x) - \sinh(2x)$$

$$y(x) = c_1 [\cosh 2x + \sinh 2x] + c_2 [\cosh 2x - \sinh 2x]$$

$$= (c_1 + c_2)\cosh 2x + (c_1 - c_2)\sinh 2x$$

$$= k_1 \cosh 2x + k_2 \sinh 2x$$

【範例 3】

解 $y'' + 4y' + 5y = 0$

【解】

特性方程式爲

$$\lambda^2 + 4\lambda + 5 = 0, \ \lambda = -2 \pm \sqrt{4 - 5} = -2 \pm i$$

普通答案爲

$$y(x) = c_1 e^{(-2+i)x} + c_2 e^{(-2-i)x} = k_1 e^{-2x}\cos x + k_2 e^{-2x}\sin x$$

【範例 4】

解 $y'' + 4y' + 4y = 0$

【解】

特性方程式爲

$$\lambda^2 + 4\lambda + 4 = 0, \ (\lambda + 2)^2 = 0$$

得到重根 $\lambda_1 = -2$ 及答案 $y_1(x) = e^{-2x}$，另一線性獨立答案 $y_2(x) = xe^{-2x}$，故普通答案爲

$$y(x) = c_1 e^{-2x} + c_2 x e^{-2x}$$

【範例 5】

上題若給定初值條件：$y(0) = 0$，$y'(0) = -3$，求特定答案。

【解】

代入 $y(0) = 0$ 得到

$$y(0) = 0 = c_1 + c_2, \ c_2 = -c_1$$

代入 $y'(0) = 1$，

$$y'(0) = -2c_1 + c_2 = -3$$

得到 $c_1 = 1$ 和 $c_2 = -1$。

故特定答案爲

$$y(x) = e^{-2x} - xe^{-2x} = e^{-2x}(1 - x)$$

$$\boxed{習\quad題}$$

1. 求微分方程式的普通答案。

(a) $y'' - y' - 6y = 0$

(b) $y'' + 2y' = 0$

(c) $y'' + 2y' + y = 0$

(d) $y'' - 2y' + y = 0$

(e) $y'' + 6y' + 9y = 0$

(f) $y'' - 10y' + 25y = 0$

(g) $y'' + y' + 2y = 0$

(h) $y'' - 5y' + 7y = 0$

(i) $y'' + 2y' + 9y = 0$

(j) $y'' - 16y' + 64y = 0$

(k) $y'' + 2y' - 16y = 0$

(l) $y'' - 14y' + 49y = 0$

(m) $y'' + 12y' + 36y = 0$

(n) $y'' + 22y' + 121y = 0$

(o) $y'' + 9y = 0$

(p) $y'' + 10y' + 29y = 0$

(q) $y'' - 4y' + 2y = 0$

(r) $y'' + 10y' - y = 0$

2. 求初值問題的解答。

(a) $y'' - 4y' + 3y = 0$, $y(0) = -1$, $y'(0) = 3$

(b) $y'' + 4y = 0$, $y(\pi) = 1$, $y'(\pi) = -4$

(c) $y'' - 4y' + 4y = 0$, $y(0) = 3$, $y'(0) = 5$

(d) $y'' - 2y' + y = 0$, $y(1) = y'(1) = 0$

(e) $y'' - 2y' - 5y = 0$, $y(0) = 0$, $y'(0) = 3$

(f) $y'' - 7y' + 2y = 0$, $y(2) = 1$, $y'(2) = 0$

(g) $y'' + 2y' - 3y = 0$, $y(0) = 0$, $y'(0) = -2$

(h) $y'' - 4y' + 4y = 0$, $y(0) = 3$, $y'(0) = 2$

(i) $y'' + 2y' + 4y = 0$, $y(0) = 1$, $y'(0) = 0$

(j) $y'' - y' - 6y = 0$, $y(1) = 4$, $y'(1) = 7$

3. 找出二階線性微分方程式具有下列答案。

(a) xe^{-2x}

(b) $x\sin 3x$

(c) $c_1 e^{-2x} + c_2 e^{3x}$

(d) $e^{-3x}(c_1\cos 2x + c_2\sin 2x)$

2.4　科煦－尤拉方程式
（Cauchy-Euler equation）

科煦－尤拉線性方程式的標準型爲

$$x^2 y'' + Axy' + By = 0 \tag{2.3}$$

乍看之下，此型方程式並不具有常係數，但其有非常重要的特點是各項(指 $x^2 y''$，xy'，y) 皆爲同次維，有時候科煦－尤拉方程式被稱爲同次維方程式(equidimensional equation)。若以泰勒級數來代表 $y(x) = \sum\limits_{n=0}^{\infty} a_n x^n$，則每微分一次會使 $y(x)$ 降一冪級數，故 $x^2 y''$，xy'，和 y 皆保持同一冪級數(即 x^n)。

由於科煦－尤拉方程式具此同次維特性，故經過變數轉換後，可使原可變係數方程式變爲常係數方程式，則解題技巧就可沿用 2.3 節介紹的方法。

令 $x = e^t$ 或 $t = \ln x$，則 $y(x) = y(e^t) = Y(t)$

$$
\begin{aligned}
x \frac{dy}{dx} &= x \frac{dY}{dt}\frac{dt}{dx} = x\frac{dY}{dt}\frac{1}{x} \\
&= \frac{dY}{dt}
\end{aligned} \tag{2.4}
$$

$$
\begin{aligned}
x^2 \frac{d^2 y}{dx^2} &= x^2 \frac{d}{dx}\left(\frac{dy}{dx}\right) \\
&= x^2 \frac{dt}{dx}\frac{d}{dt}\left(x^{-1}\frac{dY}{dt}\right) \\
&= x^2 \cdot x^{-1} \frac{d}{dt}\left(e^{-t}\frac{dY}{dt}\right) \\
&= e^t \cdot \left(e^{-t}\frac{d^2 Y}{dt^2} - e^{-t}\frac{dY}{dt}\right) \\
&= \frac{d^2 Y}{dt^2} - \frac{dY}{dt}
\end{aligned} \tag{2.5}
$$

將上述結果代入原方程式(2.3) 式，得到

$$\frac{d^2Y}{dt^2} - \frac{dY}{dt} + A\frac{dY}{dt} + BY = 0$$

或

$$\frac{d^2Y}{dt^2} + (A-1)\frac{dY}{dt} + BY = 0 \tag{2.6}$$

上式已變成常係數線性方程式了，再運用上節介紹的特性方程式解法求得普通答案 $Y(t)$，代入 $t = \ln x$，即得解答

$$y(x) = Y(t) = Y(\ln x) \tag{2.7}$$

濃縮一下解題程式則請看方程式(2.3) $\longrightarrow$ (2.6) $\longrightarrow$ (2.7)，變數轉換為 $x = e^t$ 或 $t = \ln x$，及(2.4) 式和(2.5) 式的推導。

$$\boxed{\text{解題範例}}$$

【範例 1】

解 $2x^2y'' - 5xy' + 3y = 0$

【解】

記得同次維方程式即爲科煦－尤拉方程式。

令 $x = e^t$ 或 $t = \ln x$ 且 $Y(t) = y(x) = y(e^t)$，把推導的(2.4) 式和 (2.5) 式的微分轉換關係式代入方程式，得到

$$2(Y'' - Y') - 5Y' + 3Y = 0$$

或

$$2Y'' - 7Y' + 3Y = 0$$

其特性方程式爲

$$2\lambda^2 - 7\lambda + 3 = 0$$
$$(2\lambda - 1)(\lambda - 3) = 0$$

解得 $\lambda_1 = \dfrac{1}{2}$，$\lambda_2 = 3$。

普通答案爲

$$Y(t) = c_1 e^{\frac{1}{2}t} + c_2 e^{3t}$$

代入 $y(x) = Y(\ln x)$，得到

$$y(x) = c_1 e^{\frac{1}{2}\ln x} + c_2 e^{3\ln x}$$
$$= c_1 x^{\frac{1}{2}} + c_2 x^3, \ x > 0$$

【範例 2】

解 $x^2y'' - xy' + 5y = 0$

【解】

典型的科煦－尤拉方程式。

令 $x = e^t$ 或 $t = \ln x$ 且 $Y(t) = y(x)$

得到

$$Y'' - 2Y' + 5Y = 0$$

其特性方程式爲

$$\lambda^2 - 2\lambda + 5 = 0$$

$$\lambda = 1 \pm 2i$$

普通答案爲

$$Y(t) = c_1 e^t \cos(2t) + c_2 e^t \sin(2t)$$

$$\begin{aligned} y(x) &= Y(t) \\ &= Y(\ln x) \\ &= c_1 x \cos(2\ln x) + c_2 x \sin(2\ln x) \end{aligned}$$

習　題

1. 求下列科煦－尤拉方程式的普通答案，假設 $x > 0$。

　(a) $3xy'' + 2y' = 0$

　(b) $4x^2y'' + y = 0$

　(c) $x^2y'' + xy' + 4y = 0$

　(d) $x^2y'' + 2xy' - 6y = 0$

　(e) $x^2y'' + 3xy' + y = 0$

　(f) $x^2y'' + xy' + 4y = 0$

　(g) $x^2y'' + 7xy' + 13y = 0$

　(h) $x^2y'' + 7xy' + 9y = 0$

　(i) $x^2y'' + 6xy' + 6y = 0$

　(j) $x^2y'' - 5xy' + 58y = 0$

　(k) $x^2y'' + 25y' + 144y = 0$

　(l) $x^2y'' - 11xy' + 35y = 0$

2. 找初值問題的答案，$x > 0$。

　(a) $x^2y'' + 4xy' + 2y = 0,\ y(1) = 1,\ y'(1) = 2$

　(b) $x^2y'' + xy' + 4y = 0,\ y(1) = 1,\ y'(1) = 4$

　(c) $x^2y'' + 3xy' + 2y = 0,\ y(1) = 3,\ y'(1) = 3$

　(d) $x^2y'' + 5xy' - 21y = 0,\ y(2) = 1,\ y'(2) = 0$

　(e) $x^2y'' + 25xy' + 144y = 0,\ y(1) = -3,\ y'(1) = 0$

　(f) $x^2y'' + xy' - y = 0,\ y(2) = 1,\ y'(2) = -3$

　(g) $x^2y'' - 3xy' + 4y = 0,\ y(1) = 4,\ y'(1) = 5$

　(h) $x^2y'' + 7xy' + 13y = 0,\ y(1) = 1,\ y'(1) = 3$

3. 證明下列方程式

$$A(ax + b)^2 y'' + B(ax + b)y' + cy = 0$$

經過 $t = ax + b$ 的變數轉換後變成科煦－尤拉方程式。

4. 運用第 3. 題的結論，求方程式的答案。

(a) $(x - 3)^2 y'' + 3(x - 3)y' + y = 0, \ x > 3$

(b) $(x + 2)^2 y'' - 4(x + 2)y' + 6y = 0, \ y(0) = -4, \ y'(0) = 8$

(c) $(3x - 4)^2 + 3(3x - 4)y' + 36y = 0,$

$$y\left(\frac{5}{3}\right) = 3, \ y'\left(\frac{5}{3}\right) = 12$$

2.5　自由振盪系統

在前面章節介紹二階常係數齊性線性方程式後，這裡則介紹其對應的物理環境系統。一般二階常係數齊性線性方程式為

$$y'' + Ay' + By = 0 \tag{2.8}$$

其所代表的系統稱為自由振盪系統，意思是說等式右邊的強迫函數 $f(x)$ 為零，故稱為自由系統；若 $f(x) \neq 0$，則稱為強迫系統。在某些條件下，系統會振盪，請見下列說明之。

1. 簡單振盪電路(simple harmonic circuit) 或 無阻尼電路(undamped circuit)

以圖 2.1 的 LC 電路為例，經迴路分析，其系統方程式為

$$L \frac{di}{dt} + \frac{q}{C} = 0$$

代入 $i = \dfrac{dq}{dt}$，整理之後得到

$$\frac{d^2q}{dt^2} + \frac{1}{LC} q = 0 \tag{2.9}$$

圖 2.1

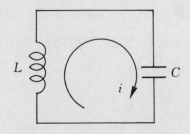

假設初值條件爲 $q(0) = q_0$ 和 $q'(0) = i_0$。令 $\omega_0^2 = \dfrac{1}{LC}$，則上述 (2.9) 式的特性方程式爲

$$\lambda^2 + \omega_0^2 = 0$$

$$\lambda = \pm\, i\omega_0$$

得到普通答案爲

$$q(t) = c_1\cos(\omega_0 t) + c_2\sin(\omega_0 t)$$

代入初值條件，得到

$$c_1 = q_0,\ c_2 = \dfrac{i_0}{\omega_0}$$

則特定答案爲

$$q(t) = q_0\cos(\omega_0 t) + \dfrac{i_0}{\omega_0}\sin(\omega_0 t),\ \omega_0 = \dfrac{1}{\sqrt{LC}}$$

由 $i = \dfrac{dq}{dt}$ 得到系統振盪電流爲

$$i(t) = i_0\cos(\omega_0 t) - q_0\omega_0\sin(\omega_0 t)$$

其中 $\omega_0 = 2\pi f_0$，ω_0 爲角頻率(angular frequency)，f_0 爲自然頻率 (natural frequency)。由答案得知，此系統在沒有能量支持下會持續振盪下去。

2. 阻尼振盪電路(damped harmonic circuit)

前面所提的持續振盪電路實際上幾乎不存在，因爲系統中並無能量的消耗，故不用供應能量，系統即能振盪。而實際上，不管電感或電容都會存在些電阻來消耗能量，故實際的電路系統應如圖2.2所示。

其系統方程式由迴路分析法得到，

$$L\dfrac{di}{dt} + iR + \dfrac{q}{C} = 0$$

圖2.2　*RCL* 串聯電路

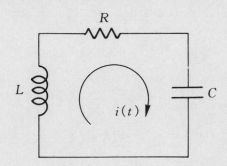

或

$$L\frac{d^2q}{dt^2} + R\frac{dq}{dt} + \frac{q}{C} = 0$$

整理之後，

$$\frac{d^2q}{dt^2} + \frac{R}{L}\frac{dq}{dt} + \frac{1}{LC}q = 0 \tag{2.10}$$

注意，上述(2.10) 式即為二階常係數齊性線性方程式，其可由 2.3 節的特性方程式解答之。

令 $\frac{R}{L} = A$，$\frac{1}{LC} = B$，則(2.10) 式對等於(2.8) 式，其特性方程式即為 2.3 節的(2.2) 式：

$$\lambda^2 + A\lambda + B = 0$$

其解之根為

$$\lambda_{1,2} = -\frac{A}{2} \pm \frac{1}{2}\sqrt{A^2 - 4B}$$

同樣的也分三種情況來分析此電路：

⑴ 低阻尼現象(underdamped case)，即 $A^2 - 4B < 0$

$A^2 - 4B < 0$ 得到共軛複數 $\lambda_1 = -\alpha + i\omega$，$\lambda_2 = -\alpha - i\omega$，其中

$\alpha = \frac{A}{2}$ 和 $\omega = \sqrt{B - \frac{A^2}{4}}$ 皆為正實數。則普通答案為

$$q(t) = c_1 e^{-\alpha t}\cos\omega t + c_2 e^{-\alpha t}\sin\omega t$$

或

$$q(t) = ke^{-at}\sin(\omega t + \theta_1) \tag{2.11a}$$

$$\theta_1 = \tan^{-1}\left[\frac{c_1}{c_2}\right], \ k = \sqrt{c_1^2 + c_2^2}$$

或

$$q(t) = ke^{-at}\cos(\omega t + \theta_2) \tag{2.11b}$$

$$\theta_2 = -\tan^{-1}\left[\frac{c_2}{c_1}\right], \ k = \sqrt{c_1^2 + c_2^2}$$

由(2.11)式的答案 $q(t)$ 可知其含有三項：振幅 k、衰退 e^{-at}，和振盪 $\cos(\omega t + \theta)$。假設 $\theta = 0$，則從 $t = 0$ 開始，系統以振幅 k 和頻率 ω 振盪，但其振幅卻隨著時間消逝，消逝速度由 e^{-at} 中的 α（阻尼係數）來決定之。其波形的振盪情形畫於圖 2.3。

圖 2.3　$q(t) = ke^{-at}\cos(\omega t)$ 的低阻尼振盪波形

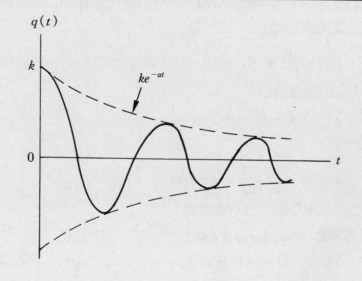

⑵ **臨界阻尼現象(critically damped case)**，即 $A^2 - 4B = 0$

$A^2 - 4B = 0$，則造成重根 $\lambda_{1,2} = -\alpha$ 且 $\omega = 0$，故系統並不能振盪。其普通答案應爲

$$q(t) = c_1 e^{-\alpha t} + c_2 t e^{-\alpha t}, \ \alpha = \frac{A}{2}$$

或

$$q(t) = e^{-\alpha t}(c_1 + c_2 t) \tag{2.12}$$

⑶ **過阻尼現象(overdamped case)**，即 $A^2 - 4B > 0$

$A^2 - 4B > 0$ 造成兩不同實根 $\lambda_{1,2} = -\alpha \pm \sqrt{\dfrac{A^2}{4} - B}$，普通答案爲

$$q(t) = c_1 e^{-(\alpha + \beta)t} + c_2 e^{-(\alpha - \beta)t} \tag{2.13}$$

其中 $\alpha = \dfrac{A}{2}$，$\beta = \sqrt{\dfrac{A^2}{4} - B}$，故 $\alpha \geq \beta$。

若將給予臨界阻尼和過阻尼相同的初值條件爲

$$q(0) = 1, \ q'(0) = 1$$

則得到

臨界阻尼 $q_1(t) = e^{-\alpha t}$

過阻尼 $q_2(t) = \dfrac{\alpha + \beta + 1}{2\beta} e^{-(\alpha - \beta)t} - \dfrac{\alpha + 1 - \beta}{2\beta} e^{-(\alpha + \beta)t}$

把 $q_1(t)$ 和 $q_2(t)$ 畫在同一圖形上，則得到圖 2.4。

圖 2.4　$q_1(t) = e^{-2t}$，$q_2(t) = 2e^{-t} - e^{-3t}$ （令 $\alpha = 2$，$\beta = 1$）

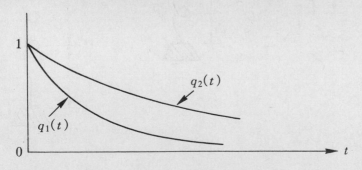

　　由圖 2.4 可得結論爲臨界阻尼是在沒有振盪情況之下, 系統可以最快速度趨近穩定狀態。若超過臨界阻尼則稱爲過阻尼, 系統就愈來愈慢達到穩定狀態了。

3. 彈簧運動系統(spring motion system)

　　二階的彈簧運動系統可由圖 2.5 推導之。圖 2.5(a) 表示一無重力的彈簧長度爲 L, 彈性常數爲 k。掛加一質量 m 的物體之後, 由引力作用使彈簧拉長了 d, 即圖 2.5(b)。給予一初值條件, 則系統即產生振盪, 分析如下:

　　根據彈性定律(Hook's law) 和牛頓定律分別爲

$$F = -kx \quad 和 \quad F = ma = m\frac{dx^2}{dt^2}$$

其中 x 爲彈簧被拉長的長度, 負號代表作用力方向與拉長的方向相反, 此即圖 2.5(c)。

圖 2.5

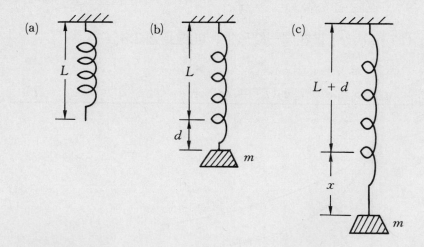

將兩定律的方程式合在一起，即得

$$mx'' + kx = 0$$

或

$$x'' + \frac{k}{m}x = 0 \qquad (2.14)$$

此型方程式和(2.9) 式的無阻尼電路系統是一樣的，會得到一持續振盪的系統。但是無阻尼狀態是不切實際的，基本上物體運動時，會感受到風的阻力，而這阻力和速度成正比且阻力方向與前進方向相反，即阻力 $= -cx'$，c 為阻力常數。圖 2.6 用一阻尼槽來控制阻力情況。這麼一來，則系統方程式變為

$$mx'' = -kx - cx'$$

或

$$x'' + \frac{c}{m}x' + \frac{k}{m}x = 0 \qquad (2.15)$$

此相同於(2.10) 式的阻尼振盪電路系統。

圖 2.6

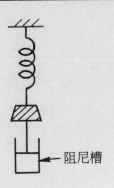

← 阻尼槽

$$\boxed{\text{解題範例}}$$

【範例 1】

一自由(即無電源供應)RCL 串聯電路，$R = 180 \, \Omega$，$C = \dfrac{1}{280}$ 法拉，L = 20 亨利。電容無初值電荷，電感有初值電流爲 1 安培，求電流的變化。

【解】

根據(2.10) 式，得到系統方程式爲

$$q'' + 9q' + 14q = 0, \quad q(0) = 0, \quad q'(0) = 1$$

其特性方程式爲

$$\lambda^2 + 9\lambda + 14 = 0$$
$$(\lambda + 2)(\lambda + 7) = 0$$
$$\lambda_1 = -2, \quad \lambda_2 = -7$$

得到普通答案

$$q(t) = c_1 e^{-2t} + c_2 e^{-7t}$$

代入初值條件

$$q(0) = c_1 + c_2 = 0$$
$$q'(0) = -2c_1 - 7c_2 = 1$$

求得 $c_1 = \dfrac{1}{5}$ 和 $c_2 = -\dfrac{1}{5}$，

$$q(t) = \frac{1}{5}(e^{-2t} - e^{-7t})$$

代入 $i(t) = \dfrac{dq}{dt}$，

$$i(t) = \frac{1}{5}(7e^{-7t} - 2e^{-2t})$$

【範例 2】

一自由 RCL 串聯電路，$R = 10\ \Omega$，$C = 10^{-2}$ 法拉，$L = \dfrac{1}{2}$ 亨利。電容的初值電荷為 0.1 庫侖，電感的初值電流為 1 安培，請以電流為依賴變數，求出系統方程式並解答之。

【解】

根據 (2.10) 式得到初值問題為

$$\frac{d^2 q}{dt^2} + 20\frac{dq}{dt} + 200q = 0$$

$$q(0) = 0.1,\ q'(0) = 1$$

將上述方程式運用 $i = \dfrac{dq}{dt}$ 改寫成

$$\frac{di}{dt} + 20i + 200q = 0 \tag{2.16}$$

微分之，得到

$$\frac{d^2 i}{dt} + 20\frac{di}{dt} + 200i = 0 \tag{2.17}$$

初值條件，$i(0) = q'(0) = 1$。而 $i'(0)$ 需要由 (2.16) 式求得，就是

$$i'(0) = -20i(0) - 200q(0) = -20 - 20 = -40$$

特性方程式為

$$\lambda^2 + 20\lambda + 200 = 0$$

$$\lambda_{1,2} = -10 \pm 10i$$

得到

$$i(t) = e^{-10t}(c_1\cos10t + c_2\sin10t)$$

代入初值條件，

$$i(0) = c_1 = 1$$

$$i'(0) = -10c_1 - 10c_2 = -40$$

得到 $c_1 = 1$，$c_2 = 3$，

$$i(t) = e^{-10t}(\cos10t + 3\sin10t)$$

【範例 3】

一質量 $\frac{1}{4}$ 公斤的物體造成彈簧拉長了 39.2 公分。物體若以初值速度 4 m/sec 往下走，且空氣阻力爲 $-2x'$ 牛頓。求物體自由振盪的情形。（設地心引力爲 9.8 m/sec^2）

【解】

由題目可知阻力常數爲 2，但彈簧常數則未知，故需要由彈性定律求之，即 $f = kl$。而 $f = mg$，故得到（用 MKS 制）

$$k = \frac{mg}{l} = \frac{\frac{1}{4} \cdot 9.8}{0.392} = 6.25$$

將質量、彈性和阻力常數代入 (2.15) 式，得到

$$x'' + 8x' + 25 = 0$$
$$x(0) = 0, \; x'(0) = 4$$

特性方程式爲

$$\lambda^2 + 8\lambda + 25 = 0$$
$$\lambda_{1,2} = -4 \pm 3i$$

普通答案爲

$$x(t) = e^{-4t}(c_1\cos 3t + c_2\sin 3t)$$

代入初值條件，得到 $c_1 = 0$，$c_2 = \frac{4}{3}$，

$$x(t) = \frac{4}{3}e^{-4t}\sin 3t$$

$$\boxed{習\quad 題}$$

1. 一自由 RCL 串聯電路，$R = 6\ \Omega$，$C = 0.02$ 法拉，$L = 0.1$ 亨利。電容初值電荷爲 0.1 庫侖，電感初值電流爲 0，求電荷變化。

2. 上題以電流爲依賴變數的方程式和初值條件，求電流的變化。

3. 同第 1. 題，(a) 若電容初值電荷爲 0 庫侖，電感初值電流爲 1 安培；或 (b) 若電容初值電荷爲 0.1 庫侖，電感初值電流爲 1 安培，求電流變化。

4. 一自由 RCL 串聯電路，$R = 1\ \text{k}\Omega$，$C = 4\ \mu\text{F(microfarad)}$，$L = 1$ H(亨利)。(a)電容初值電荷 $q_C(0)$ 爲 1 庫侖，電感初值電流 $i_L(0)$ 爲 0 安培；(b)$q_C(0) = 0$，$i_L(0) = 1$ 安培；(c)$q_C(0) = 1$，$i_L(0) = 1$，求三種情況的電流變化。

5. 一自由 RCL 串聯電路，$R = 16\ \Omega$，$C = 0.02$ F，$L = 2$ H。(a)$q_C(0) = 1$，$i_L(0) = 0$；(b)$q_C(0) = 0$，$i_L(0) = 1$；(c)$q_C(0) = 1$，$i_L(0) = 1$，求三種情況的電流變化。

6. 一自由 RCL 串聯電路，$R = 5\ \Omega$，$C = 0.01$ F，$L = \dfrac{1}{8}$ H，初值電荷和電流如第 5 題所示，求電路的穩態電流。

7. 一自由 LC 振盪電路，$L = 0.01$ H，$C = 1\ \mu\text{F}$，求 (a) 角頻率，(b) 自然頻率，(c)若初值電荷爲 10^{-4} 庫侖，初值電流 2 安培，求電流變化。

8. 一 $6\dfrac{1}{8}$ 公斤重(kgw)的物體掛在彈簧，其彈性常數爲 40 kgw/m。(a) 將彈簧拉長 $\dfrac{50}{3}$ cm 後放開；(b) 將彈簧縮短 $\dfrac{50}{3}$ cm 後，放開時給予向下 2 m/sec 的初速，求二種情況的物體運動情形（假設無阻力）。

9. 一 9.8 公斤重的物體將彈簧拉長 2 公尺 45 公分。將彈簧縮短 1 公尺後，放開時給予向下 2 m/sec 的初速，求物體運動的情形（假設無阻力）。

10. 一 8 磅重的物體將彈簧拉長 6 英吋，給予彈簧向上 4 呎/sec 的初速，求物體運動的變化（假設無阻力）。

11. 一 16 磅重的物體掛在彈性常數 6 lb/呎的彈簧。將彈簧拉長 6 英吋，阻尼常數為 4 lb·sec/呎，求物體運動的變化。

12. 一 $\frac{1}{2}$ 公斤重的物體掛在彈性常數 8 N/m（牛頓/公尺）的彈簧上。將彈簧縮短 10 cm 且給予向上 2 m/sec 的初速，阻力常數為 4 N·sec/m，求物體運動的變化。

13. 解第 12. 題，若彈性常數改為 8.01 N/m。

14. 解第 12. 題，若彈性常數改為 7.99 N/m。

15. 2 磅重的物體將彈簧拉長 $\frac{8}{3}$ 英吋。將彈簧再拉長 4 英吋後放開，求 (a) 物體運動的變化，(b) 放開後多少時間會第一次通過平衡點，(c) 第一次通過平衡點的速度多少？（無阻力）

16. 8 磅重的物體將彈簧拉長 6 英吋，給予向下 4 呎/sec 的初速，求 (a) 物體運動的變化。(b) 平衡點上面 3 英吋，物體往下掉的速度。(c) 振盪週期（假設無阻力）。

17. 4π 磅重的物體將彈簧拉長 $\frac{1}{\pi}$ 呎。現在把原物體拿下，換上新物體，往下拉 5 英吋後放鬆，得到振盪頻率為 4 Hz。求物體重（假設無阻力）。

18. 當 3 磅重的物體放在彈簧上，會使其拉長 1 英吋。現在換吊上 32 磅重的物體，並且浸入石油槽中，使其產生阻力常數為 12 磅·sec/呎。將物體往上提高 6 英吋後放開，求物體運動的變化且畫出波形。

19. 質量 1 克的物體掛在彈性常數 29 dynes/cm 的彈簧上。假設阻力常數為 10 dynes・sec/cm。將彈簧拉長 3 cm 且給予往上 1 cm/sec 的初速，求物體運動的變化且畫出波形。

20. 質量 1 公斤的物體掛在彈性常數 24 牛頓/m 的彈簧上。假設阻力常數為 11 N・sec/m。將彈簧拉長 $\frac{25}{3}$ cm 且給予向上 5 m/sec 的初速，求物體運動的變化且畫出波形。

2.6 n 階常係數齊性線性微分方程式

在本節之前，只介紹二階常係數齊性線性方程式，其解題方式可沿用到 n 階來。就是假設 $e^{\lambda x}$ 爲 n 階常係數齊性線性方程式

$$y^{(n)} + a_{n-1}y^{(n-1)} + \cdots + a_1 y' + a_0 = 0 \qquad (2.18)$$

的答案，則將 $e^{\lambda x}$ 代入方程式中，上述方程式變爲

$$[\lambda^n + a_{n-1}\lambda^{n-1} + \cdots + a_1\lambda + a_0]e^{\lambda x} = 0$$

既然 $e^{\lambda x} \neq 0$，所以得到 n 階方程式的特性方程式：

$$\lambda^n + a_{n-1}\lambda^{n-1} + \cdots + a_1\lambda + a_0 = 0$$

其解答可用 2.3 節討論的方法如下：

⑴若 λ_1, λ_2, $\cdots$, λ_n 爲不相同的實根或有不相同的共軛複數根，則普通答案爲

$$y(x) = c_1 e^{\lambda_1 x} + c_2 e^{\lambda_2 x} + \cdots + c_n e^{\lambda_n x}$$

其中若有共軛複數根 $\lambda_i = a \pm ib$，則 $y(x)$ 中必有兩項答案爲

$$e^{ax}(c_i \cos bx + c_j \sin bx)$$

⑵若 λ_1, λ_2, $\cdots$, λ_n 中有 p 個相同根爲 $(\lambda - \lambda_k)^p$，則普通答案 $y(x)$ 當中有 p 個答案爲

$$c_1 e^{\lambda_k x} + c_2 x e^{\lambda_k x} + \cdots + c_p x^{p-1} \cdot e^{\lambda_k x}$$

或

$$(c_1 + c_2 x + \cdots + c_p x^{p-1})e^{\lambda_k x}$$

（注意，上述的解答方式只對常係數齊性線性方程式有效。）

2.1 節提到的隆斯基恩(Wronskian)測試亦可沿用在三個以上函數的線性獨立判斷，只是行列式和微分階數則隨之增加。譬如判斷二項函數 y_1 和 y_2 線性獨立的 Wronskian 測試爲

$$W[y_1, y_2] = \begin{vmatrix} y_1 & y_2 \\ y_1{'} & y_2{'} \end{vmatrix}$$

其中有 2×2 的行列式和含有一階微分。若判斷三項函數 y_1、y_2 和 y_3 的線性獨立，則 Wronskian 測試為

$$W[y_1, y_2, y_3] = \begin{vmatrix} y_1 & y_2 & y_3 \\ y_1{'} & y_2{'} & y_3{'} \\ y_1{''} & y_2{''} & y_3{''} \end{vmatrix}$$

上述為 3×3 的行列式且含有二階微分。其他階以上依此類推之。

解題範例

【範例 1】

$y''' - 5y'' + 9y' - 5y = 0$，求其普通答案。

【解】

此爲常係數齊性線性方程式，其特性方程式爲

$$\lambda^3 - 5\lambda^2 + 9\lambda - 5 = 0$$

或

$$(\lambda - 1)(\lambda^2 - 4\lambda + 5) = 0$$

得到

$$\lambda = 1,\ 2 \pm i$$

普通答案爲

$$y(x) = c_1 e^x + c_2 e^{2x}\cos x + c_3 e^{2x}\sin x$$

【範例 2】

用 Wronskian 測試範例 1 所得到的答案爲線性獨立。

【解】

$$y_1(x) = e^x$$
$$y_2(x) = e^{2x}\cos x$$
$$y_3(x) = e^{2x}\sin x$$
$$y_1'(x) = e^x$$
$$y_2'(x) = e^{2x}(2\cos x - \sin x)$$
$$y_3'(x) = e^{2x}(2\sin x + \cos x)$$
$$y_1''(x) = e^x$$

$$y_2''(x) = e^{2x}(4\cos x - 2\sin x - 2\sin x - \cos x)$$
$$= e^{2x}(3\cos x - 4\sin x)$$
$$y_3''(x) = e^{2x}(4\sin x + 2\cos x + 2\cos x - \sin x)$$
$$= e^{2x}(3\sin x + 4\cos x)$$

$$W[y_1, y_2, y_3] = \begin{vmatrix} e^x & e^{2x}\cos x & e^{2x}\sin x \\ e^x & e^{2x}(2\cos x - \sin x) & e^{2x}(2\sin x + \cos x) \\ e^x & e^{2x}(3\cos x - 4\sin x) & e^{2x}(3\sin x + 4\cos x) \end{vmatrix}$$

$$= 2e^{5x} > 0 \quad 對任何\ x$$

所以 e^x, $e^{2x}\cos x$, $e^{2x}\sin x$ 線性獨立。

【範例 3】

解 $y^{(4)} + 8y''' + 24y'' + 32y' + 16y = 0$

【解】

特性方程式為

$$\lambda^4 + 8\lambda^3 + 24\lambda^2 + 32\lambda + 16 = 0$$

或

$$(\lambda + 2)^4 = 0$$

$$\lambda = -2\ 的 4 重根$$

所以普通答案為

$$y(x) = c_1 e^{-2x} + c_2 x e^{-2x} + c_3 x^2 e^{-2x} + c_4 x^3 e^{-2x}$$

【範例 4】

$$y^{(4)} - 8y''' + 32y'' - 64y' + 64y = 0$$

【解】

特性方程式為

$$\lambda^4 - 8\lambda^3 + 32\lambda^2 - 64\lambda + 64 = 0$$
$$(\lambda^2 - 4\lambda + 8)^2 = 0$$

$\lambda = 2 \pm 2i$ 的重根

普通答案爲

$$y(x) = e^{2x}(c_1\cos2x + c_2\sin2x) + xe^{2x}(c_3\cos2x + c_4\sin2x)$$

【範例 5】

若知普通答案爲 $y(x) = c_1e^{-2x} + c_2\cos x + c_3\sin x$，求其微分方程式。

【解】

由普通答案知方程式之根爲 -2，$\pm i$，所以特性方程式爲

$$(\lambda + 2)(\lambda^2 + 1) = 0$$

$$\lambda^3 + 2\lambda^2 + \lambda + 2 = 0$$

得到微分方程式爲

$$y''' + 2y'' + y' + 2y = 0$$

【範例 6】

解 $y^{(4)} - 4y^3 - 5y^2 + 36y' - 36y = 0$，假如已知有答案爲 xe^{2x}。

【解】

答案爲 xe^{2x}，則其對應的特性方程式爲 $(\lambda - 2)^2$。原微分式的特性方程式爲 $\lambda^4 - 4\lambda^3 - 5\lambda^2 + 36\lambda - 36 = 0$，將其除以 $(\lambda - 2)^2$ 得到 $\lambda^2 - 9$，故另兩根爲 $\lambda = \pm 3$。所以普通答案爲

$$y(x) = c_1e^{2x} + c_2xe^{2x} + c_3e^{3x} + c_4e^{-3x}$$

$$\boxed{\text{習 題}}$$

1. 求微分方程式的普通答案

   (a) $2y'' - 5y' + 2y = 0$

   (b) $y'' + 9y = 0$

   (c) $y'' - 6y' + 13y = 0$

   (d) $y^{(4)} + 2y'' + y = 0$

   (e) $y''' - 2y'' - y' + 2y = 0$

   (f) $y''' - y'' + y' - y = 0$

   (g) $y^{(4)} + 2y'' + y = 0$

   (h) $y^{(4)} - y = 0$

   (i) $y^{(4)} + 2y''' + 3y'' + 2y' + y = 0$

   (j) $y^{(6)} - 5y^{(4)} + 16y''' + 36y'' - 16y' - 32y = 0$

   (k) $y''' - 5y'' + 25y' - 125y = 0$

   (l) $y^{(4)} + 5y'' + 4y = 0$

   (m) $y''' + 4y'' - 11y' + 6y = 0$

   (n) $y^{(5)} - 8y''' + 16y = 0$

   (o) $y^{(4)} - 5y'' + 4y = 0$

   (p) $y^{(4)} + 2y'' + y = 0$

2. 求初值問題的答案

   (a) $y'' - 4y' + 3y = 0$, $y(0) = -1$, $y'(0) = 3$

   (b) $y'' + 4y = 0$, $y(\pi) = 1$, $y'(\pi) = -4$

   (c) $y''' + y'' = 0$, $y(0) = 2$, $y'(0) = 1$, $y''(0) = -1$

   (d) $y^{(3)} + 2y'' + 29y' + 148y = 0$, $y(\pi) = y'(\pi) = 0$, $y''(\pi) = 8$

   (e) $y^{(3)} - 14y'' + 69y' - 90y = 0$, $y(0) = y'(0) = 0$, $y''(0) = -4$

(f) $y^{(3)} - 8y'' + y' + 42y = 0$, $y(0) = -2$, $y'(0) = y''(0) = 3$

(g) $y^{(3)} + 17y'' + 40y' - 300y = 0$, $y(0) = y'(0) = y''(0) = -1$

3. 求下列之根的普通答案和其微分方程式

(a) $\lambda = 2$, 8, -14

(b) $\lambda = 0$, 0, $2 \pm i9$

(c) $\lambda = 5$, 5, 5, -5, -5

(d) $\lambda = -3 \pm i$, $-3 \pm i$, $3 \pm i$, $3 \pm i$

(e) $\lambda = -4$, -4, -4, -4, $-1 \pm \sqrt{2}i$

(f) $\lambda = \pm 2i$, $\pm 3i$

4. 若已知下列答案，找出其相對線性獨立的函數並且求出四階的常係數齊性線性微分方程式

(a) $x^3 e^{-x}$

(b) $\cos 4x$, $\sin 3x$

(c) $x \cos 4x$

(d) xe^{2x}, xe^{5x}

2.7　非齊性線性方程式

　　在2.1節已提到(2.1)式中若 $f(x) \neq 0$, (2.1)式即是二階非齊性線性方程式，反之若 $f(x) = 0$, 即為齊性線性方程式。而引申到 n 階非齊性線性方程式的型式則表示如下：

$$y^{(n)} + a_{n-1}(x)y^{(n-1)} + \cdots + a_1(x)y' + a_0y = f(x) \neq 0$$
$$(2.19)$$

其中 $a_{n-1}(x), \cdots, a_1(x), a_0(x)$ 等係數函數和強迫函數 $f(x)$ 是連續的。

　　對非齊性線性方程式，本節將介紹兩種解答方式，往後章節中會陸續介紹其他解答方式如：拉卜拉斯轉換、傅立葉轉換、冪級數等解法，各位一定要對各解法的應用時機作充分的比較與了解，才能掌握致勝之因。本節介紹的兩種解答方式：一為未定係數法(undetermined coefficients) 和參數變換法(variation of parameters)。此兩種方法是利用齊性線性方程式的解答來求得非齊性線性方程式的完整答案。其理論構想是非齊性線性方程式隱含著齊性線性方程式的答案，證明如下。

【定理 2.2】
　　非齊性線性方程式隱含齊性線性方程式的答案： $y = y_h + y_p$, 其中 y_h 為齊性答案, y_p 為特定答案。

【證明】
令非齊性線性方程式的強迫函數 $f(x) = 0$, 則成為齊性線性方程式

$$y^{(n)} + a_{n-1}(x)y^{(n-1)} + \cdots + a_1(x)y' + a_0(x)y = 0$$

$$(2.20)$$

假設其答案稱為齊性答案 y_h（homogeneous solution），y_h 中含有 n 項線性獨立函數 $(y_1, y_2, \cdots, y_n)$，就是 $y_h = c_1y_1 + c_2y_2 + \cdots + c_ny_n$，其中 c_1，c_2，$\cdots$，c_n 為 n 項任意常數，需由 n 項初值條件來決定。而對 n 階方程式而言，只有 n 項初值條件來決定 n 項任意常數。既然 n 項任意常數都已在齊性答案 y_h 中，則剩下的答案必無任意常數，故將其命名為特定答案 y_p，以符合第一章的定義。結論則非齊性線性方程式的完整答案 $y(x)$ 中應包含 y_h 和 y_p，即

$$y(x) = y_h + y_p$$

$$(2.21)$$

其中 $y_h = c_1y_1 + c_2y_2 + \cdots + c_ny_n$；$y_1, y_2, \cdots, y_n$ 為線性獨立答案；c_1，$c_2, \cdots, c_n$ 為任意常數，由初值條件決定之。將 (2.21) 式的 $y(x)$ 代入原方程式 (2.19) 式中，得到

$$(y_h + y_p)^{(n)} + a_{n-1}(x)(y_h + y_p)^{(n-1)} + \cdots + a_1(x)(y_h + y_p)'$$
$$+ a_0(x)(y_h + y_p) = 0$$

整理後，

$$y_h^{(n)} + a_{n-1}(x)y_h^{(n-1)} + \cdots + a_1(x)y_h' + a_0(x)y_h + y_p^{(n)}$$
$$+ a_{n-1}(x)y_p^{(n-1)} + \cdots + a_1(x)y_p' + a_0(x)y_p = f(x)$$

其中 $y_h^{(n)} + a_{n-1}y_h^{(n-1)} + \cdots + a_1y_h' + a_0y_h$ 即為齊性方程式 (2.20) 中等號的左邊，故其值應為零，故剩下

$$y_p^{(n)} + a_{n-1}(x)y_p^{(n-1)} + \cdots + a_1(x)y_p' + a_0(x)y_p = f(x)$$

$$(2.22)$$

本方程式和原非齊性方程式 (2.19) 完全毫無差別，除了將 $y(x)$ 換成 $y_p(x)$ 而已。故非齊性方程式中本就隱含著齊性方程式的答案，且所有任意常數皆在齊性答案中。

談到參數變換法是利用已知齊性答案 y_h 中的 n 項線性獨立答案

y_1，y_2，$\cdots$，y_n，而令特定答案 y_p 爲

$$y_p(x) = u_1(x)y_1(x) + u_2(x)y_2(x) + \cdots + u_n(x)y_n(x)$$

$$(2.23)$$

代入非齊性線性方程式中，把 $u_1(x)$，$u_2(x)$，$\cdots$，$u_n(x)$ 求出來以得到特定答案 $y_p(x)$。而未定係數法其實包含在參數變換法中。但因爲參數變換法比較複雜，倘若係數函數 a_n 爲常數且強迫函數 $f(x)$ 非常單純，則用較簡單的未定係數法來解答之。以下將此兩方法分別介紹之。

1. 未定係數法(method of undetermined coefficients)

未定係數法只侷限於解常係數非齊性線性方程式，而且強迫函數必須非常單純，否則就要動用參數變換法或其他以後章節介紹的方法。重寫 n 階常係數非齊性線性方程式如下：

$$y^{(n)} + a_{n-1}y^{(n-1)} + \cdots + a_1y_1 + a_0y_0 = f(x)$$

其中 a_{n-1}，$\cdots$，a_1，a_0 爲常數且 $f(x) \neq 0$。其必有齊性答案 $y_h = c_1y_1 + c_2y_2 + \cdots + c_ny_n$，而特定答案 y_p 則與強迫函數 $f(x)$ 同型式，即令

$$y_p(x) = \begin{cases} k\,\hat{f}(x), & \text{若 } f(x) \text{ 與 } y_h \text{ 不重根} \\ kx^m\hat{f}(x), & \text{若 } f(x) \text{ 與 } y_h \text{ 重根} \end{cases} \qquad (2.24)$$

其中 k 代表未定之常數，$\hat{f}(x)$ 是與 $f(x)$ 同型式之函數，x^m 中的 m 幂數由 $f(x)$ 爲 y_h 的第 m 重根決定之。

單純的函數一般是指下列三型函數或由此三型函數混合之。

型一： $f(x) = p_n(x)$，$p_n(x)$ 爲 n 度之多項式(即含有 x^n 項)，則

$$y_p = k_nx^n + k_{n-1}x^{n-1} + \cdots + k_1x + k_0$$

其中有 n 項未定之 k 係數。

型二：$f(x) = e^{\alpha x}$，屬指數函數，包括 $\cosh x$ 和 $\sinh x$。則

$$y_p = ke^{\alpha x}$$

或

$$y_p = k_1 \cosh x + k_2 \sinh x，若 f(x) = \cosh x 或 \sinh x。$$

型三：$f(x) = \cos\alpha x$ 或 $\sin\alpha x$，屬三角函數。則

$$y_p = k_1 \cos\alpha x + k_2 \sin\alpha x$$

型四：前面三型之混合，譬如 $f(x) = e^{\alpha x}\cos\beta x$，則

$$y_p = e^{\alpha x}(k_1 \cos\beta x + k_2 \sin\beta x)$$

型五：$f(x)$ 為 y_h 的第 m 重根，則 $y_p(x) = kx^m \hat{f}(x)$。譬如 $f(x) = e^{\alpha x}$，而 y_h 中有一個重根得到答案為 $e^{\alpha x}$ 和 $xe^{\alpha x}$，由於 $f(x)$ 屬於 $y(x) = y_h + y_p$ 答案中，故 $f(x)$ 變成 $y(x)$ 中的第二個重根(因 y_h 已有 y 的第一個重根了)，則得到

$$y_p = kx^2 e^{\alpha x}$$

2. 參數變換法(variation of parameters)

參數變換法通常用於常係數非齊性線性方程式，因為本方法須利用齊性答案 y_h，而當微分方程式的係數是常數時，比較容易得到齊性答案。參數變換法比未定係數法複雜許多，故須了解兩者運用的時機。在前面已介紹過未定係數法，其運用時機是強迫函數 $f(x)$ 要非常單純如其列出的五種型式，超出這五種型式則未定係數法無法發揮，故只好用參數變換法了，介紹如下：

假設已知 n 階非齊性線性方程式(2.19)式的齊性答案 $y_h = c_1 y_1 + c_2 y_2 + \cdots + c_n y_n$，則令其特定答案 y_p 為

$$y_p = u_1 y_1 + u_2 y_2 + \cdots + u_n y_n \tag{2.25}$$

此即(2.23)式，其中 $u_1, u_2, \cdots, u_n$ 是欲求得的 n 項函數。將 y_p 代

入原方程式中，得到

$$y_p^{(n)} + a_{n-1}y_p^{(n-1)} + \cdots + a_1y_p{}' + a_0y_p = f(x)$$

上式只是一項方程式，無法用來解 y_p 含有的 n 項 $u_n(x)$ 函數，故必須附帶一些假設條件如下：

$$y_p{}' = u_1{}'y_1 + \cdots + u_n{}'y_n + u_1y_1{}' + \cdots + u_ny_n{}'$$

令

$$u_1{}'y_1 + \cdots + u_n{}'y_n = 0$$

得

$$y_p{}' = u_1y_1{}' + \cdots + u_ny_n{}'$$

再由上式的 $y_p{}'$ 算出 $y_p{}''$，

$$y_p{}'' = u_1{}'y_1{}' + \cdots + u_n{}'y_n{}' + u_1y_1{}'' + \cdots + u_ny_n{}''$$

再令

$$u_1{}'y_1{}' + \cdots + u_n{}'y_n{}' = 0$$

得

$$y_p{}'' = u_1y_1{}'' + \cdots + u_ny_n{}''$$

依此類推，可求得 $(n-1)$ 項的假令方程式和 y_p 的 i 階微分為

$$y_p^{(i)} = u_1y_1^{(i)} + u_2y_2^{(i)} + \cdots + u_ny_n^{(i)}$$

$$y_1^{(i-1)}u_1{}' + y_2^{(i-1)}u_2{}' + \cdots + y_n^{(i-1)}u_n{}' = 0$$

$$i = 1, \cdots, (n-1)$$

其中 $y^{(i)}$ 代表 y 的 i 階微分，$i = 1, \cdots, (n-1)$。將上述的結果代入原方程式中，經一番整理，可得到最後一項方程式為

$$y_1^{(n-1)}u_1{}' + y_2^{(n-1)}u_2{}' + \cdots + y_n^{(n-1)}u_n{}' = f(x)$$

配合 $(n-1)$ 項的假令方程式總共組成 n 項方程式，恰可用聯立方程式的解法求得 n 項 $u_1, \cdots, u_n$ 的函數。其解答為

$$u_1{}' = \frac{1}{W} \begin{vmatrix} 0 & y_2 & \cdots & y_n \\ 0 & y_2{}' & \cdots & y_n{}' \\ \vdots & \vdots & \cdots & \vdots \\ f & y_2{}^{(n-1)} & \cdots & y_n{}^{(n-1)} \end{vmatrix}$$

$$u_2{}' = \frac{1}{W} \begin{vmatrix} y_1 & 0 & \cdots & y_n \\ y_1{}' & 0 & \cdots & y_n{}' \\ \vdots & \vdots & \cdots & \vdots \\ y_1{}^{(n-1)} & f & \cdots & y_n{}^{(n-1)} \end{vmatrix}$$

$$\vdots$$

$$u_n{}' = \frac{1}{W} \begin{vmatrix} y_1 & y_2 & \cdots & 0 \\ y_1{}' & y_2{}' & \cdots & 0 \\ \vdots & \vdots & \cdots & \vdots \\ y_1{}^{(n-1)} & y_2{}^{(n-1)} & \cdots & f \end{vmatrix}$$

其中分母 W 爲 Wronskian 行列式爲 $W[y_1, y_2, \cdots, y_n]$，

$$W[y_1, y_2, \cdots, y_n] = \begin{vmatrix} y_1 & y_2 & \cdots & y_n \\ y_1{}' & y_2{}' & \cdots & y_n{}' \\ \vdots & \vdots & \cdots & \vdots \\ y_1{}^{(n-1)} & y_2{}^{(n-1)} & \cdots & y_n{}^{(n-1)} \end{vmatrix}$$

注意其解答只求得 $u(x)$ 函數們的一階微分，所以尚須加以積分後才可得到 $u(x)$ 函數們，再代入(2.23) 式以求得特定答案 y_p。

【定理 2.3】重疊原理(principle of superposition)

重疊原理常為電路系統用來算多種輸入源的輸出答案，所以在利用重疊原理時，需要注意其系統的微分方程式必須是線性方程式。假設 y_{ip}, $i = 1, \cdots, m$ 是下述 n 階線性方程式的特定解答，

$$y^{(n)} + a_{n-1}(x)y^{(n-1)} + \cdots + a_1(x)y' + a_0(x)y = f_i(x)$$

其中 f_i, $i = 1, \cdots, m$ 為系統輸入函數，而 $a_{n-1}(x), \cdots, a_1(x)$, $a_0(x)$ 為決定系統特性的係數函數。則各輸入函數 $f_i(x)$ 引起的特定輸出答案之和(就是 $y_p(x) = y_{1p}(x) + y_{2p}(x) + \cdots + y_{mp}(x)$) 即是特定解答屬於輸入函數之和($f(x) = f_1(x) + f_2(x) + \cdots + f_m(x)$) 的非齊性線性方程式如下：

$$y^{(n)} + a_{n-1}(x)y^{(n-1)} + \cdots + a_1(x)y' + a_0(x)y$$

$$= f(x) = \sum_{i=1}^{m} f_i(x)$$

【證明】

將 $y_p(x) = \sum_{i=1}^{m} y_{ip}(x)$ 代入系統方程式中，

$$(\sum_{i=1}^{m} y_{ip}(x))^{(n)} + a_{n-1}(x)(\sum_{i=1}^{m} y_{ip})^{(n-1)} + \cdots$$
$$+ a_1(x)(\sum_{i=1}^{m} y_{ip})' + a_0(x)\sum_{i=1}^{m} y_{ip}$$

$$= \sum_{i=1}^{m} y_{ip}^{(n)} + \sum_{i=1}^{m} a_{n-1}(x)y_{ip}^{(n-1)} + \cdots + \sum_{i=1}^{m} a_1(x)y_{ip}'$$
$$+ \sum_{i=1}^{m} a_0(x)y_{ip}$$

$$= \sum_{i=1}^{m} (y_{ip}^{(n)} + a_{n-1}(x)y_{ip}^{(n-1)} + \cdots + a_1(x)y_{ip}' + a_0(x)y_{ip})$$

$$= \sum_{i=1}^{m} f_{ip}(x) = f(x), \text{ 得證}$$

解題範例

【範例 1】

$$y'' - y' - 2y = 10e^{4x}$$

【解】

其特性方程式爲

$$\lambda^2 - \lambda - 2 = 0$$
$$(\lambda - 2)(\lambda + 1) = 0 \tag{2.26}$$
$$\lambda = 2, -1$$

得到

$$y_h = c_1 e^{2x} + c_2 e^{-x}$$

由於沒有重根，將 $y_p(x) = Ae^{4x}$ 代入方程式中，得到

$$16Ae^{4x} - 4Ae^{4x} - 2Ae^{4x} = 10e^{4x}$$
$$10A = 10$$
$$A = 1$$

普通答案爲

$$y(x) = y_h + y_p = c_1 e^{2x} + c_2 e^{-x} + e^{4x}$$

【另解】

已知 $f(x) = Be^{\alpha x}$ 爲方程式

$$f' - \alpha f = 0$$

的解答，其特性方程式爲 $\lambda - \alpha = 0$。現在將原非齊性方程式 $y'' - y' - 2y = 10e^{4x}$ 代入上式，

$$(y'' - y' - 2y)' - \alpha(y'' - y' - 2y) = f' - \alpha f = 0$$
$$y''' - (\alpha + 1)y'' - (2 - x)y' + 2\alpha y = 0$$

得到一齊性方程式，其特性方程式變爲

$$(\lambda - 2)(\lambda + 1)(\lambda - \alpha) = 0 \qquad (2.27)$$

其普通答案爲

$$y(x) = c_1e^{2x} + c_2e - x + c_3e^{\alpha x}$$

其中 c_1，c_2，c_3 爲任意常數，但二階函數不可能有三個任意常數，其中屬於 $e^{\alpha x}$ 的 c_3 常數可將 $c_3e^{\alpha x}$ 代入原非齊性方程式求得。解答方式和上述求 A 一樣。注意(2.26) 式和(2.27) 式的主要差別是乘以$(\lambda - \alpha)$ 的因子，其乃由強迫函數所引起的。

【範例 2】

$$y'' - y' - 2y = \sin2x$$

【解】

特性方程式爲

$$\lambda^2 - \lambda - 2 = 0$$
$$(\lambda - 2)(\lambda + 1) = 0$$

齊性答案爲

$$y_h = c_1e^{2x} + c_2e^{-x}$$

特定答案爲(型三)

$$y_p = k_1\sin2x + k_2\cos2x$$

代入原方程式中，

$$-4k_1\sin2x - 4k_2\cos2x - 2k_1\cos2x + 2k_2\sin2x - 2k_1\sin2x$$
$$- 2k_2\cos2x = \sin2x$$

$$(2k_2 - 6k_1)\sin2x + (-6k_2 - 2k_1)\cos2x = \sin2x$$

$$2k_2 - 6k_1 = 1, \ 6k_2 + 2k_1 = 0$$

得到

$$k_1 = \frac{-3}{20}, \ k_2 = \frac{1}{20}$$

$$y_p = \frac{1}{20}\cos2x - \frac{3}{20}\sin2x$$

普通答案爲

$$y(x) = c_1 e^{2x} + c_2 e^{-x} + \frac{1}{20}\cos 2x - \frac{3}{20}\sin 2x$$

【另解】

方程式中 $\sin 2x$ 的根爲 $2i$，故其引起的特性方程式爲 $(\lambda^2 + 4)$，代入原非齊性方程式中，得到齊性特性方程式

$$(\lambda^2 + 4)(\lambda^2 - \lambda - 2) = 0$$
$$(\lambda - 2)(\lambda + 1)(\lambda^2 + 4) = 0$$
$$\lambda = 2, \; -1, \; \pm 2i$$

普通答案爲

$$y(x) = \underbrace{c_1 e^{2x} + c_2 e^{-x}}_{\text{齊性答案}} + \underbrace{k_1 \sin 2x + k_2 \cos 2x}_{\text{特定答案}}$$

將特定答案代入原方程式中，仍然得到

$$k_1 = \frac{-3}{20}, \; k_2 = \frac{1}{20}$$

$$y(x) = c_1 e^{2x} + c_2 e^{-x} - \frac{3}{20}\sin 2x + \frac{1}{20}\cos 2x$$

【範例 3】

$$y''' - 4y'' + y' + 6y = x^3 - 4x + 2$$

【解】

其齊性特性方程式爲

$$\lambda^3 - 4\lambda^2 + \lambda + 6 = 0$$
$$(\lambda - 2)(\lambda + 1)(\lambda - 3) = 0$$

齊性答案爲

$$y_h = c_1 e^{2x} + c_2 e^{-x} + c_3 e^{3x}$$

特定答案爲

$$y_p = k_3 x^3 + k_2 x^2 + k_1 x + k_0$$

$$y_p{'} = 3k_3x^2 + 2k_2x + k_1$$

$$y_p{''} = 6k_3x + 2k_2$$

$$y_p{'''} = 6k_3$$

代入原方程式，整理後，

$$6k_3x^3 + (3k_3 + 6k_2)x^2 + (-24k_3 + 2k_2 + 6k_1)x$$
$$+ (6k_3 - 8k_2 + k_1 + 6k_0) = x^3 - 4x + 2$$

得到

$$6k_3 = 1$$

$$3k_3 + 6k_2 = 0$$

$$-24k_3 + 2k_2 + 6k_1 = -4$$

$$6k_3 - 8k_2 + k_1 + 6k_0 = 2$$

解聯立方程式，

$$k_3 = \frac{1}{6}, \ k_2 = -\frac{1}{12}, \ k_1 = \frac{1}{36}, \ k_0 = \frac{11}{216}$$

特定答案爲

$$y_p = \frac{1}{6}\left(x^3 - \frac{1}{2}x^2 + \frac{1}{6}x + \frac{11}{36}\right)$$

普通答案爲

$$y(x) = y_h + y_p$$
$$= c_1e^{-x} + c_2e^{2x} + c_3e^{3x} + \frac{1}{6}\left(x^3 - \frac{1}{2}x^2 + \frac{1}{6}x + \frac{11}{36}\right)$$

【範例 4】

$$y'' - 4y' + 4y = 12xe^{2x}$$

【解】

$y'' - 4y' + 4y$ 的特性方程式爲 $\lambda^2 - 4\lambda + 4 = (\lambda - 2)^2$，強迫函數 xe^{2x} 導致的特性方程式爲 $(\lambda - 2)^2$，所以將原非齊性方程式變爲齊性特性方程式則爲

$$(\lambda - 2)^2(\lambda - 2)^2 = 0$$

$$(\lambda - 2)^4 = 0$$

$$\lambda = 2,\ 2,\ 2,\ 2$$

$$y(x) = \underbrace{c_1 e^{2x} + c_2 x e^{2x}}_{\text{齊性答案}} + \underbrace{k_1 x^2 e^{2x} + k_2 x^3 e^{2x}}_{\text{特定答案}}$$

將特定答案代入原方程式中，

$$y_p{}' = [2k_1 x + (2k_1 + 3k_2)x^2 + 2k_2 x^3]e^{2x}$$

$$y_p{}'' = [2k_1 + (8k_1 + 6k_2)x + (4k_1 + 12k_2)x^2 + 4k_2 x^3]e^{2x}$$

整理後，

$$2k_1 = 0$$

$$4k_1 + 6k_2 = 12$$

得到

$$k_1 = 0,\ k_2 = 2$$

普通答案為

$$y(x) = c_1 e^{2x} + c_2 x e^{2x} + 2x^3 e^{2x}$$

【範例 5】

$$x^2 y'' - 2xy' + 2y = 2\ln x$$

【解】

此為科煦－尤拉方程式，先變數轉換後再決定解題技巧。

令　　　　$t = \ln x$

$$Y(t) = y(x) = y(e^t)$$

$$\frac{dY}{dt} = \frac{dy}{dx}\frac{dx}{dt} = x\frac{dy}{dx}$$

$$\frac{d^2 Y}{dt^2} = \frac{d}{dx}\left(x\frac{dy}{dx}\right)\frac{dx}{dt} = x^2\frac{d^2 y}{dx^2} + x\frac{dy}{dx}$$

$$= x^2\frac{d^2 y}{dx^2} + \frac{dY}{dt}$$

代入原方程式，

$$\frac{d^2Y}{dt^2} - \frac{dY}{dt} - 2\frac{dY}{dt} + 2Y = 2t$$

$$Y'' - 3Y' + 2Y = 2t$$

其特性方程式為

$$\lambda^2 - 3\lambda + 2 = 0$$

$$(\lambda - 2)(\lambda - 1) = 0$$

故齊性答案為

$$Y_h = c_1 e^{2t} + c_2 e^t$$

特定答案為

$$Y_p = k_1 + k_2 t \qquad （直觀上，用未定係數法）$$

代入方程式中，

$$Y_p' = k_2, \ Y_p'' = 0$$

$$-3k_2 + k_1 = 0$$

$$k_2 = 2$$

$$k_1 = 6$$

故普通答案為

$$Y(t) = c_1 e^t + c_2 e^{2t} + 6 + 2t$$

代入 $t = \ln x$，得到

$$y(x) = Y(\ln x) = c_1 x + c_2 x^2 + 6 + 2\ln x$$

【範例 6】

$$y'' - 3y' + 2y = -\frac{e^{2x}}{e^x + 1}$$

【解】

齊性特性方程式 $\lambda^2 - 3\lambda + 2 = 0$，得到齊性答案為

$$y_h = c_1 e^x + c_2 e^{2x}$$

此題因爲強迫函數不單純，故用參數變換法，令

$$y_1 = e^x, \quad y_2 = e^{2x}$$

則

$$y_p = u_1(x)y_1 + u_2(x)y_2$$

得到 Wronskian 行列式爲

$$W[y_1, y_2] = \begin{vmatrix} y_1 & y_2 \\ y_1{'} & y_2{'} \end{vmatrix} = \begin{vmatrix} e^x & e^{2x} \\ e^x & 2e^{2x} \end{vmatrix} = e^{3x}$$

$$u_1{'} = \frac{1}{W} \begin{vmatrix} 0 & e^{2x} \\ \dfrac{-e^{2x}}{e^x+1} & 2e^{2x} \end{vmatrix} = e^{-3x} \cdot \frac{e^{4x}}{e^x+1} = \frac{e^x}{e^x+1}$$

$$u_2{'} = \frac{1}{W} \begin{vmatrix} e^x & 0 \\ e^x & \dfrac{-e^{2x}}{e^x+1} \end{vmatrix} = e^{-3x} \cdot \frac{-e^{3x}}{e^x+1} = \frac{-1}{e^x+1} = \frac{-e^{-x}}{1+e^{-x}}$$

積分之，得到

$$u_1 = \ln(e^x + 1)$$

$$u_2 = \ln(e^{-x} + 1)$$

故特定答案爲

$$y_p(x) = e^x\ln(e^x + 1) + e^{2x}\ln(e^{-x} + 1)$$

普通答案爲

$$y(x) = c_1 e^x + c_2 e^{2x} + e^x\ln(e^x + 1) + e^{2x}\ln(e^{-x} + 1)$$

【範例 7】

$$x^2 y'' + xy' - y = -2x^2 e^{2x}, \quad x > 0$$

【解】

乍看之下，似乎用未定係數法即可，但把它轉換成常係數方程式($t = \ln x$ 或 $x = e^t$)之後，得到

$$Y'' - Y = -2e^{2t}\exp(e^t)$$

則知強迫函數不單純，故用參數變換法。

齊性特性方程式為 $\lambda^2 - 1 = 0$，得到齊性答案為

$$Y_h(t) = c_1 e^t + c_2 e^{-t}$$

或

$$y_h(x) = c_1 x + c_2 x^{-1}$$

令

$$y_1(x) = x, \ y_2(x) = x^{-1}$$

且

$$y_p(x) = u_1(x)y_1 + u_2(x)y_2$$

則得到 Wronskian 行列式為

$$W[y_1, y_2] = \begin{vmatrix} y_1 & y_2 \\ y_1{}' & y_2{}' \end{vmatrix} = \begin{vmatrix} x & x^{-1} \\ 1 & -x^{-2} \end{vmatrix} = -2x^{-1}$$

注意，這裡必須把原方程式標準化，才能代入公式，

$$x^2 y'' + xy' - y = -2x^2 e^x$$

標準化為

$$y'' + \frac{1}{x}y' - \frac{1}{x^2}y = -2e^x = f(x)$$

所以強迫函數應用 $-2e^x$ 於公式中，

$$u_1{}' = \frac{1}{W}\begin{vmatrix} 0 & x^{-1} \\ -2e^x & -x^{-2} \end{vmatrix} = -\frac{1}{2}x \cdot 2x^{-1}e^x = -e^x$$

$$u_2{}' = \frac{1}{W}\begin{vmatrix} x & 0 \\ 1 & -2e^x \end{vmatrix} = -\frac{1}{2}x \cdot (-2)xe^x = x^2 e^x$$

積分之，

$$u_1(x) = -e^x$$

$$u_2(x) = e^x(x^2 - 2x + 2)$$

得到特定答案

$$y_p(x) = -xe^x + e^x(x^2 - 2x + 2)x^{-1} = 2e^x(x^{-1} - 1)$$

普通答案爲

$$y(x) = c_1 x + c_2 x^{-1} + 2e^x(x^{-1} - 1)$$

【範例 8】

$$x^2(x + 1)y'' - 2xy' + 2y = 0$$

【解】

此題既非科煦－尤拉方程式，又屬非常係數方程式，故到目前介紹的方法，似乎無法可用。但參數變換法和過去曾提到的微分降階法非常雷同，故可儘量找出一答案，再用一階的參數變換法（即微分降階法）試試看即可。由原方程式，從 $-2xy' + 2y = 0$ 可找出一答案 $y_1(x) = x$，故令完整答案 $y(x) = u_1(x)y_1$，代入原方程式中，

$$x^2(x + 1)(xu_1'' + 2u_1') - 2x(xu_1' + u_1) - 2xu_1 = 0$$

或

$$(x + 1)u_1'' + 2u_1' = 0$$

或

$$\frac{u_1''}{u_1'} = \frac{-2}{x + 1}$$

積分之，

$$\ln u_1' = -2\ln(x + 1) + k_1$$

$$u_1' = \frac{k_2}{(x + 1)^2}, \quad k_2 = e^{k_1}$$

再積分之，

$$u_1 = \frac{c_1}{x + 1} + c_2, \quad c_1 = -k_2$$

故齊性方程式（但不是線性方程式）的普通答案爲

$$y(x) = c_1 \frac{x}{x + 1} + c_2 x$$

$$\boxed{習 \quad 題}$$

請決定採用未定係數法或參數變換法去求方程式的普通答案。

1. $y'' - y' - 6y = 2$

2. $y'' - y' - 2y = -6xe^{-x}$

3. $y'' + 4y' + 3y = 6x^2 e^{-x}$

4. $y'' + y' = 3x^2$

5. $y'' - y' - 2y = 6e^{2x}$

6. $y'' + y = 4\cos x$

7. $x^2 y'' - 6y = 6x^4$

8. $x^2 y'' + 2xy' - 2y = 6x$

9. $y'' - y = \dfrac{2}{e^x + 1}$

10. $y'' + 2y' + y = 4e^{-x}\ln x$

11. $y'' + y = \csc x$

12. $y'' + 2y' + 2y = 2e^{-x}\tan^2 x$

13. $x^3 y'' + xy' - y = 0, \quad y_1 = x$

14. $2xy'' + (1 - 4x)y' + (2x - 1)y = e^x, \quad y_1 = e^x$

15. $y'' - 2y' + y = x^2 - 1$

16. $y'' - 2y' + y = 4\cos x$

17. $y'' - 2y' + y = xe^x$

18. $y''' - 3y'' + 3y' - y = e^x + 1$

19. $y'' - 2y' + y = x^{-5} e^x$

20. $y'' + \dfrac{1}{x} y' - \dfrac{1}{x^2} y = \ln x$

21. $x^2y'' - xy' = x^3e^x$

22. $y'' - 6y' + 9y = x^{-2}e^{3x}$

23. $y'' - 4y' + 3y = \dfrac{e^x}{1 + e^x}$

24. $(x^2 - 1)y'' - 2xy' + 2y = (x^2 - 1)^2, \ y_1 = x, \ y_2 = x^2 + 1$

25. $(x^2 + x)y'' + (2 - x^2)y' - (2 + x)y = x(x + 1)^2,$

   $y_1 = e^x, \ y_2 = \dfrac{1}{x}$

26. $y''' - 3y'' + 3y' - y = x^{-1}e^x$

27. $y''' + 6y'' + 12y' + 8y = 12e^{-2x}$

28. $y''' - 3y'' + 2y' = \dfrac{e^{3x}}{e^x + 1}$

29. $x^3y''' + 3x^2y'' = 1$

30. $y^{(5)} - 4y''' = 32e^{2x}$

31. $y'' + y = \sec x$

32. $y'' + 4y = 4\sec^2 2x$

33. $y'' - 2y' + 10y = 20x^2 + 2x - 8$

34. $y'' - 3y' + 2y = 10\sin x$

35. $y'' + 4y' = -3\cos(3x) + \sin(2x)$

36. $y'' + 2y' + y = -3e^{-x} + 8xe^{-x} + 1$

37. $y'' - 4y = 5\sinh(2x)$

38. $y'' + y = e^{-x}\sin x - e^{3x}\cos(5x)$

39. $x^2y'' + 10xy' + 20y = 4\ln(x) - x$

40. $y'' - 4y' + 3y = 2\cos(x + 3)$

41. $x^2y'' + xy' + 4y = \sin[2\ln(x)]$

42. $y'' + 9y = 3\sec(3x)$

43. $y'' - 3y' + 2y = \cos(e^{-x})$

44. $y'' - y = 5\sin^2(x)$

45. $x^2 y'' - 2xy' + 2y = 10\sin[\ln(x)]$

46. $(x^2 - 2x)y'' + 2(1 - x)y' + 2y = 6(x^2 - 2x)^2, \ y_1 = x^2,$

　　 $y_2 = x - 1$

47. $y^{(4)} - y = -4\cosh(2x)$

48. $y''' - 4y'' + 20y' = x^2 + 4x - 10$

49. $y''' - 2y'' + y' - 2y = x^2 - 2x + 4 - 3\cos(x)$

50. $y''' + y'' - 14y' - 24y = x^3 - 2\cos(x) + 7e^{4x}$

51. $x^3 y''' - 2x^2 y'' + 9xy' - 5y = 4\cos[\ln(x)] - 6\sin[\ln(x)] \ (x > 0)$

52. $x^4 y^{(4)} + 4x^3 y''' + x^2 y'' + xy' - y = 3\ln(x) \ (x > 0)$

53. $x^3 y''' + 5x^2 y'' + xy' - 4y = 6x\ln(x) \ (x > 0)$

54. $y''' - 4y'' - 3y' + 18y = x - e^{2x}$

55. $y''' + 9y'' + 15y' - 25y = x^2 + 2$

56. $y^{(4)} + 4y''' + 6y'' + 4y' + y = 3e^{-x}$

57. $x^3 y''' - x^2 y'' - 6xy' + 18y = \ln(x) - x^3$

58. $x^2 y''' - x(x + 2)y'' + (x + 2)y' = 6x^3, \ y_1' = x$

2.8 強迫振盪系統
（Forced Oscillation System）

在 2.5 節已介紹了兩種類型(彈性和電路) 的自由振盪系統，其對應的系統方程式即齊性線性方程式。而強迫振盪系統即在自由振盪的系統中加諸於動力或電源，使系統方程式的強迫函數不爲零，而成爲非齊性線性系統。這裡將有加上動力源的電路圖和彈簧運動圖描述在圖 2.7 和 2.8。

圖 2.7　強迫二階電路系統　　　　**圖 2.8　強迫二階彈性系統**

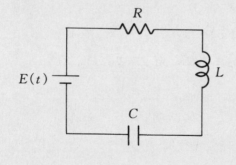 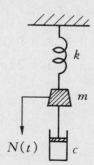

兩系統的非齊性線性方程式應爲〔看(2.10) 和(2.15) 式〕

$$Lq'' + Rq' + \frac{1}{C} q = E(t)$$

$$mx'' + cx' + kx = N(t)$$

或

$$q'' + \frac{R}{L} q' + \frac{1}{LC} q = \frac{E(t)}{L} \tag{2.28}$$

$$x'' + \frac{c}{m} x' + \frac{k}{m} x = \frac{N(t)}{m} \tag{2.29}$$

寫成上述所謂的標準式後，其強迫函數分別為 $\dfrac{E(t)}{L}$ 和 $\dfrac{N(t)}{m}$。方程式的解答分為齊性答案(y_h)和特定答案(y_p)。齊性答案是為系統本身的特性活動情形，而特定答案則由強迫函數迫使系統額外活動的情形。齊性答案的三種阻尼情況已在 2.5 節介紹過了，以二階為例，齊性答案皆為系統的暫態答案，就是時間過長，齊性反應皆隨之衰弱而致消失。本節則只著重強迫函數對特定答案的影響。

1. 簡單振盪電路或無阻尼電路

以圖 2.7 和圖 2.8 為例，假設阻抗或阻尼常數為零，則形成無阻尼電路，其系統方程式為

$$y'' + \omega_0^2 y = f(t)$$

(1) 假設 $f(t) = A\cos(\omega_1 t)$ 且 $\omega_1 \neq \omega_0$，則普通答案為

$$y(t) = c_1\cos(\omega_0 t) + c_2\sin(\omega_0 t) + \frac{A}{\omega_0^2 - \omega_1^2}\cos(\omega_1 t)$$

若 $y(0) = y'(0) = 0$，

$$y(t) = \frac{A}{\omega_0^2 - \omega_1^2}[\cos(\omega_1 t) - \cos(\omega_0 t)]$$

$$= \frac{2A}{\omega_0^2 - \omega_1^2}\sin\left(\frac{\omega_0 + \omega_1}{2}t\right)\sin\left(\frac{\omega_0 - \omega_1}{2}t\right)$$

結果得到所謂的振幅調變波形，如圖 2.9。

(2) 若 $f(t) = A\cos(\omega_0 t)$，則由於與齊性答案重根，故普通答案為

$$y(t) = c_1\cos(\omega_0 t) + c_2\sin(\omega_0 t) + \frac{A}{2\omega_0}t\sin(\omega_0 t)$$

結果得到系統共振(resonance)的一項 $t\sin(\omega_0 t)$，使系統趨向振幅飽和的現象如圖 2.10 所示。

圖 2.9   振幅調變波形

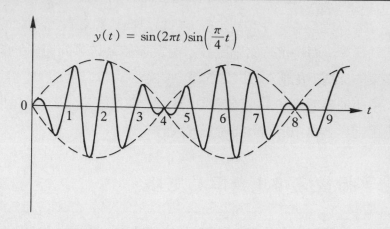

$$y(t) = \sin(2\pi t)\sin\left(\frac{\pi}{4}t\right)$$

圖 2.10   共振現象

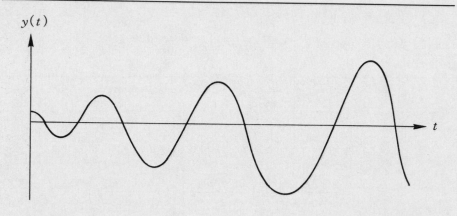

2. 強迫阻尼電路

當阻抗或阻尼常數不為零時，則系統的特性響應將分為三種現象：低阻尼、臨界阻尼、過阻尼響應。而由 2.5 節分析得知，這些系統的本質響應(即齊性答案) 都屬暫態的，就是經長時間後就消失了，但這與系統的穩定關連相當大。而經長時間後，就剩下強迫函數引起

的穩態響應了(即特定答案)，以下舉例說明之。

(1) 強迫過阻尼電路

假設其根爲 $\lambda = -1, -2$ 且 $f(t) = \sin(t)$，則系統方程式應爲

$$y'' - 3y' + 2y = \sin(t)$$

普通答案爲

$$y(t) = c_1 e^{-t} + c_2 e^{-2t} + k_1\cos(t) + k_2\sin(t)$$

若 $y(0) = y'(0) = 0$，則完整答案爲

$$y(t) = 0.5e^{-t} - 0.2e^{-2t} - 0.3\cos(t) + 0.1\sin(t)$$

由答案可知，長時間之後，齊性答案(即 e^{-t} 和 e^{-2t} 項) 則消失，而系統被強迫作出 $\cos(t)$ 或 $\sin(t)$ 的方式振盪，與原輸入函數(即強迫函數) 只有相角的差別。

(2) 強迫臨界阻尼電路

假設其根爲 $\lambda = -1, -1$ 且 $f(t) = \sin(t)$，則系統方程式應爲

$$y'' - y = \sin(t)$$

普通答案爲

$$y(t) = c_1 e^{-t} + c_2 te^{-t} + k_1\cos(t) + k_2\sin(t)$$

若 $y(0) = y'(0) = 0$，則

$$y(t) = -te^{-t} + \sin(t)$$

同理，當 $t \to \infty$ 時，te^{-t} 仍是消失，僅留穩態答案 $\sin(t)$，請見圖 2.11。

(3) 強迫低阻尼電路

假設其根爲 $\lambda = -1 \pm i$ 且 $f(t) = \sin\left(\dfrac{\pi}{2}t\right)$，則系統方程式爲

$$y'' + 2y' + 2y = \sin\left(\frac{\pi}{2}t\right)$$

普通答案爲

$$y(t) = e^{-t}\left[c_1\cos(t) + c_2\sin(t)\right] + k_1\cos\left(\frac{\pi}{2}t\right) + k_2\sin\left(\frac{\pi}{2}t\right)$$

圖 2.11 強迫臨界阻尼響應

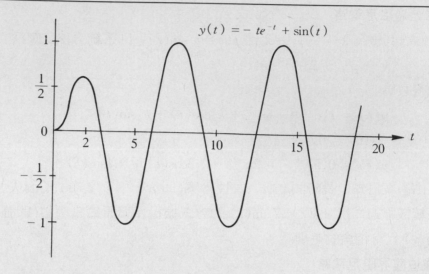

$$y(t) = -te^{-t} + \sin(t)$$

若 $y(0) = y'(0) = 0$,

$$y(t) = e^{-t}[0.31\cos(t) + 0.38\sin(t)]$$

$$- 0.31\cos\left(\frac{\pi}{2}t\right) - 0.046\sin\left(\frac{\pi}{2}t\right)$$

雖然答案中有兩項不同頻率的波形: 一爲 $\frac{1}{2\pi}$ 赫茲, 另一爲 0.25 赫茲, 但 $\frac{1}{2\pi}$ 赫茲的波形隨著時間消逝, 僅剩強迫函數所引起的波形頻率爲 0.25 赫茲。

解題範例

【範例 1】

一 *RCL* 串聯電路，$R = 10 \, \Omega$，$C = 0.01 \, F$，$L = 0.5 \, H$，$E(t) = 12$ 伏特。假設初值條件爲零，求電荷和電流的變化。

【解】

將 *RCL* 數值代入 (2.28) 式，系統方程式爲

$$q'' + 20q' + 200q = 24$$

$$q(0) = q'(0) = 0$$

其特性方程式爲

$$\lambda^2 + 20\lambda + 200 = 0$$

齊性根爲

$$\lambda = -10 \pm 10i$$

齊性答案爲

$$q_h = e^{-10t}(c_1\cos10t + c_2\sin10t)$$

由於強迫函數爲常數，故特定函數亦爲常數，即

$$q_p = k$$

代入方程式，得到

$$q_p = k = \frac{3}{25}$$

故普通答案爲

$$q = e^{-10t}(c_1\cos10t + c_2\sin10t) + \frac{3}{25}$$

代入初值條件 $q(0) = q'(0) = 0$，

$$c_1 = -\frac{3}{25}, \ c_2 = \frac{3}{25}$$

$$q(t) = \frac{3}{25}e^{-10t}(\sin 10t - \cos 10t) + \frac{3}{25}$$

電流變化

$$i(t) = \frac{dq}{dt} = \frac{12}{5}e^{-10t}\sin(10t)$$

【範例 2】

如圖 2.12，求系統中的電荷和迴路電流。

圖 2.12

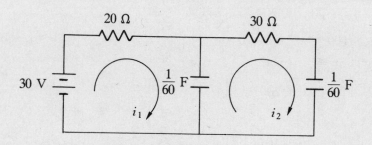

【解】

令 $i_1 = q_1'$ 且 $i_2 = q_2'$，由迴路分析法，得到

$$30 = 20i_1 + 60(q_1 - q_2)$$

$$60(q_1 - q_2) = 30i_2 + 60q_2$$

或

$$2q_1' + 6q_1 - 6q_2 = 3$$

$$q_2' + 4q_2 - 2q_1 = 0$$

將上兩式微分後，

$$q_1'' + 3q_1' - 3q_2' = 0$$

$$q_2'' + 4q_2' - 2q_1' = 0$$

代入

$$q_2' = -4q_2 - 2q_1 \quad 和 \quad q_2 = \frac{1}{3}q_1' + q_1 - \frac{1}{2}$$

$$q_1' = 3q_2 - 3q_1 + \frac{3}{2} \quad 和 \quad q_1 = \frac{1}{2}q_2' + 2q_2$$

分別得到

$$q_1'' + 7q_1' + 6q_1 = 6$$

$$q_2'' + 7q_2'' + 6q_2 = 3$$

q_1 和 q_2 得到相同的特性方程式

$$\lambda^2 + 7\lambda + 6 = 0$$

$$(\lambda + 6)(\lambda + 1) = 0$$

$$\lambda = -1, -6$$

普通答案爲

$$q_1 = c_1 e^{-t} + c_2 e^{-6t} + 1$$

$$q_2 = d_1 e^{-t} + d_2 e^{-6t} + \frac{1}{2}$$

將上式代入原始方程式 $q_2' + 4q_2 - 2q_1 = 0$, 得到

$$(3d_1 - 2c_1)e^{-t} + (-2d_2 - 6c_2)e^{-6t} = 0$$

求得

$$3d_1 - 2c_1 = 0 \quad 且 \quad 2d_2 + 6c_2 = 0$$

或

$$d_1 = \frac{2}{3}c_1, \ d_2 = -3c_2$$

若給初值條件 $q_1(0) = q_2(0) = 1$,

$$c_1 + c_2 = 0$$

$$\frac{2}{3}c_1 - 3c_2 = \frac{1}{2}$$

得到

$$c_1 = \frac{3}{22}, \ c_2 = -\frac{3}{22}$$

$$q_1 = \frac{3}{22}e^{-t} - \frac{3}{22}e^{-6t} + 1$$

$$q_2 = \frac{1}{11}e^{-t} + \frac{9}{22}e^{-6t} + \frac{1}{2}$$

迴路電流為

$$i_1 = \frac{dq_1}{dt} = -\frac{3}{22}e^{-t} + \frac{9}{11}e^{-6t}$$

$$i_2 = -\frac{1}{11}e^{-t} - \frac{27}{11}e^{-6t}$$

【範例 3】

一 10 公斤質量的物體掛在彈性常數 140 N/m 的彈簧上。假設空氣阻力為 $-90x'$ 牛頓。若物體從平衡點給予向上 1 m/sec 的初速並且施加外力 $N(t) = 5\sin(t)$，求物體振動情形。

【解】

由題目得知 $m = 10$，$k = 140$，$c = 90$，$N(t) = 5\sin(t)$。
代入(2.29) 式，

$$x'' + 9x' + 14x = \frac{1}{2}\sin(t)$$

齊性特性方程式為

$$\lambda^2 + 9\lambda + 14 = 0$$

$$(\lambda + 2)(\lambda + 7) = 0$$

$$\lambda = -2, -7$$

齊性答案為

$$x_h = c_1 e^{-2t} + c_2 e^{-7t}$$

特定答案 $x_p = k_1\cos(t) + k_2\sin(t)$，代入原方程式，得到

$$k_1 = -\frac{9}{500}, \ k_2 = \frac{13}{500}$$

普通答案為

$$x = c_1 e^{-2t} + c_2 e^{-7t} - \frac{9}{500}\cos(t) + \frac{13}{500}\sin(t)$$

由題目得知初值條件為

$$x(0) = 0, \ x'(0) = 1$$

得到

$$c_1 + c_2 - \frac{9}{500} = 0$$

$$-2c_1 - 7c_2 + \frac{13}{500} = 0$$

$$c_1 = \frac{-90}{500}, \ c_2 = \frac{99}{500}$$

$$x = \frac{1}{500}(99e^{-7t} - 90e^{-2t} - 9\cos t + 13\sin t)$$

【範例 4】

一 RCL 串聯電路，$R = 10\ \Omega$，$C = 10^{-2}\,\mathrm{F}$，$L = \frac{1}{2}\,\mathrm{H}$，電壓源 $E = 12$ 伏特。假設初值電流和電荷皆為零，求電壓供應後，電荷和電流變化的情形。

【解】

將 RCL 和 E 代入(2.28) 式，

$$q'' + 20q' + 200q = 24$$

齊性特性方程式為

$$\lambda^2 + 20\lambda + 200 = 0$$

$$\lambda = -10 \pm 10i$$

齊性答案為

$$q_h = e^{-10t}(c_1\cos 10t + c_2\sin 10t)$$

特定答案為

$$q_p = \frac{24}{200} = \frac{3}{25}$$

普通答案爲

$$q = e^{-10t}(c_1 \cos 10t + c_2 \sin 10t) + \frac{3}{25}$$

初值條件爲 $q(0) = q'(0) = 0$

$$c_1 = c_2 = \frac{-3}{25}$$

答案爲

$$q(t) = \frac{3}{25}[1 - e^{-10t}(\cos 10t + \sin 10t)]$$

迴路電流爲

$$i(t) = q'(t) = \frac{12}{5} e^{-10t} \sin(10t)$$

習 題

1. 對 *RCL* 串聯電路，假設初值電流和電荷都為零，求下列之電流變化。

(a) $R = 5\ \Omega,\ C = 400\ \mu\text{F},\ L = 0.05\ \text{H},\ E(t) = 110\ \text{V}$

(b) $R = 4\ \Omega,\ C = \dfrac{1}{26}\ \text{F},\ L = 0.5\ \text{H},\ E(t) = 16\cos(2t)$

(c) $R = 20\ \Omega,\ C = 100\ \mu\text{F},\ L = 0.05\ \text{H},\ E(t) = 100\cos(200t)$

(d) $R = 2\ \Omega,\ C = \dfrac{1}{260}\ \text{F},\ L = 0.1\ \text{H},\ E(t) = 100\sin(60t)$

(e) $R = 400\ \Omega,\ C = 4000\ \mu\text{F},\ L = 0.12\ \text{H},\ E(t) = 120\sin(20t)$

(f) $R = 200\ \Omega,\ C = 6000\ \mu\text{F},\ L = 0.1\ \text{H},\ E(t) = te^{-t}$

(g) $R = 450\ \Omega,\ C = 7000\ \mu\text{F},\ L = 0.95\ \text{H},\ E(t) = e^{-t}$

(h) $R = 150\ \Omega,\ C = 0.05\ \text{F},\ L = 0.2\ \text{H},\ E(t) = 1 - e^{-t}$

2. 求下圖的迴路電流，假設初值條件為零。

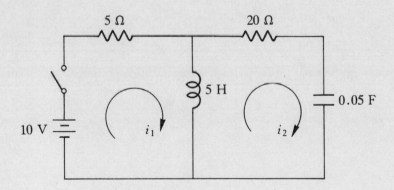

3. 一 0.5 公斤質量的物體掛在彈性常數 6 N/m 的彈簧上，給予外力
$N(t) = 24\cos(3t) - 33\sin(3t)$，求物體的位移變化。假設阻力為

$-3x'$ 牛頓。

4. 一 16 磅重的物體掛在彈簧上，使彈簧拉長 6 英吋。在平衡點往下拉 3 英吋，於釋放時給予施加外力 $0.25\cos(6t)$。

(a) 若無阻力，畫出物體位移的變化。

(b) 若阻力爲 $-8x'$ 磅，畫出物體的位移變化。

5. 64 磅重的物體將彈簧拉長 1.28 呎，靜止後施予外力 $N(t) = 4\sin(2t)$，求物體的位移變化。

6. 128 磅重的物體將彈簧拉長 2 呎。在平衡點向上提 6 吋，再施予外力 $N(t) = 8\sin(4t)$，求物體位移的變化。

7. 16 磅重的物體將彈簧拉長 1.6 呎，在平衡點向上提 9 吋且施予外力 $N(t) = 5\cos(2t)$，求物體位移的變化。假設阻力爲 $-2x'$ 磅。

8. 給予 m，c，k，$N(t)$，和初值條件，求暫態和穩態答案。

(a) $m = k = 1$，$c = 2$，$N(t) = 2\sin(t)$，$y(0) = 2$，$y'(0) = 1$

(b) $m = k = 2$，$c = 5$，$N(t) = \sin(4t)$，$y(0) = y'(0) = A$

(c) $m = 5$，$c = 7$，$k = 2$，$N(t) = t + e^{-t}$，$y(0) = y'(0) = A$

(d) $m = 1$，$c = 2$，$k = 4$，$N(t) = 3\sin(4t)$，$y(0) = 2$，$y'(0) = 0$

第三章

拉卜拉斯轉換

3.1　基本觀念與定義

　　轉換最大的目的是將微分型式的方程式轉換成幾何型式的方程式，使解方程式的問題簡化為加減乘除而已。再運用反轉換的方式求得解答，其流程可標示如圖 3.1。因此可知，解微分方程式的困難度經轉換後移給反轉換的過程。而反轉換過程則由數學家提供轉換表，工程人員只要查表即可求得答案，而不用去解反轉換所帶來的困難度。

圖 3.1　微分方程的解答轉換流程圖

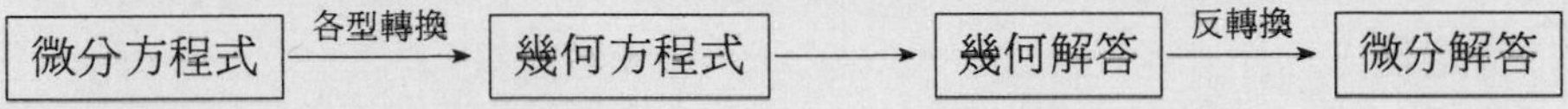

　　拉卜拉斯轉換的適用範圍為函數 $f(t)$ 定義在區間 $0 \leq t < \infty$，而應用的微分方程式大都限定為常係數方程式或經變數轉換後可成為常係數方程式的非常係數方程式。在後面的章節，我們會介紹其他型式的轉換及其適用時機。

【定義】

　　令 $f(t)$ 定義在 $0 \leq t < \infty$ 區間，s 為任意實數。$f(t)$ 的拉卜拉斯轉換定義為 $\mathscr{L}\{f(t)\}$ 或 $F(s)$，

$$\mathscr{L}\{f(t)\} = F(s) = \int_0^\infty e^{-st}f(t)dt \quad s \in S \qquad (3.1)$$

其中 S 是上述積分的收斂區間。打個比喻，對 $f(t) = e^{at}$ 的拉卜拉斯轉換為

$$
\begin{aligned}
F(s) &= \int_0^\infty e^{-st}e^{at}\,dt \\
&= \int_0^\infty e^{-(s-a)t}\,dt \\
&= -\frac{1}{s-a}\,e^{-(s-a)t}\,\Big|_0^\infty \\
&= \frac{1}{s-a} - \lim_{t\to\infty} e^{-(s-a)t} \\
&= \frac{1}{s-a} \qquad \text{假如 } s > a
\end{aligned}
\tag{3.2}
$$

為確保 $F(s)$ 不發散，則 $\lim\limits_{t\to\infty} e^{-(s-a)t}$ 必需為零的條件是把 s 限定在 $s > a$ 的區間，這點是用拉卜拉斯轉換必需注意的事項。

【定理 3.1】

假設 $\mathscr{L}[f(t)] = F(s)$ 且 $\mathscr{L}[g(t)] = G(s)$ 當 $s \in S$，則對任何常數 c_1 和 c_2，下列條件成立，

$$
\mathscr{L}[c_1 f(t) + c_2 g(t)] = c_1 F(s) + c_2 G(s) \qquad \text{當 } s \in S
$$

【證明】

$$
\begin{aligned}
\mathscr{L}[c_1 f(t) + c_2 g(t)] &= \int_0^\infty e^{-st}[c_1 f(t) + c_2 g(t)]dt \\
&= \int_0^\infty c_1 e^{-st} f(t)dt + \int_0^\infty c_2 e^{-st} g(t)dt \\
&= c_1 \int_0^\infty e^{-st} f(t)dt + c_2 \int_0^\infty e^{-st} g(t)dt \\
&= c_1 \mathscr{L}[f(t)] + c_2 \mathscr{L}[g(t)] \\
&= c_1 F(s) + c_2 G(s)
\end{aligned}
$$

【定理 3.2】拉卜拉斯轉換的存在

　　令 $f(t)$ 爲片斷連續(piecewise continuous) 在$[0,\ \infty)$ 區間，若存在常數 M，a，t_0，使得 $f(t) = O(e^{at})$ 定義爲

$$|f(t)| \le Me^{at} \qquad 對\ t > t_0$$

則 $\mathscr{L}\{f(t)\}$ 存在對 $s > a$。

【證明】

從上面(3.2) 式的運算得知，Me^{at} 有其對應的拉卜拉斯轉換在 $s > a$ 區間收斂。由於 $f(t)$ 的拉卜拉斯轉換值小於 Me^{at}，故可得證。

$$\begin{aligned}
\mathscr{L}\{f(t)\} &= \int_0^\infty f(t)e^{-st}\,dt \\
&= \int_0^{t_0} f(t)e^{-st}\,dt + \int_{t_0}^\infty f(t)e^{-st}\,dt \\
&\le \int_0^{t_0} f(t)e^{-st}\,dt + \int_{t_0}^\infty |f(t)|e^{-st}\,dt \\
&\le \int_0^{t_0} f(t)e^{-st}\,dt + \int_{t_0}^\infty Me^{at}e^{-st}\,dt
\end{aligned}$$

已知$\int_{t_0}^\infty Me^{at}e^{-st}\,dt$ 收斂在 $s > a$ 之區間，故同理得到 $\mathscr{L}\{f(t)\}$ 收斂在 $s > a$ 區間。

　　反拉卜拉斯轉換的定義爲

$$\mathscr{L}^{-1}\{F(s)\} = f(t)$$

反拉卜拉斯轉換並無法從積分的定義去求得，而是直接用查表的方式得之。譬如已知 $\mathscr{L}\{e^{at}\} = \dfrac{1}{s-a}$，因此

$$\mathscr{L}^{-1}\left\{\dfrac{1}{s-a}\right\} = e^{at}$$

　　附錄一提供一些熟知函數的對等拉卜拉斯轉換。

【定理 3.3】

如果 $\mathscr{L}^{-1}[F]$，$\mathscr{L}^{-1}[G]$，和 $\mathscr{L}^{-1}[F+G]$ 皆存在，則

$$\mathscr{L}^{-1}[c_1 F + c_2 G] = c_1 \mathscr{L}^{-1}[F] + c_2 \mathscr{L}^{-1}[G]$$

【證明】

將上式取拉卜拉斯轉換，得到

$$\mathscr{L}\{\mathscr{L}^{-1}[c_1 F + c_2 G]\} = \mathscr{L}\{c_1 \mathscr{L}^{-1}[F] + c_2 \mathscr{L}^{-1}[G]\}$$

$$c_1 F + c_2 G = c_1 \mathscr{L}\{\mathscr{L}^{-1}[F]\} + c_2 \mathscr{L}\{\mathscr{L}^{-1}[G]\}$$

（由定理 3.1）

上述方程式的左右式相等，故得證。

$$\boxed{\text{解題範例}}$$

【範例 1】

$$\mathscr{L}\{1\} = \frac{1}{s}, \ s > 0$$

【解】

$$\mathscr{L}\{1\} = \int_0^\infty 1 \cdot e^{-st}\, dt = -\frac{1}{s}\, e^{-st}\, \Big|_0^\infty$$

$$= \frac{1}{s} \qquad \text{當 } s > 0, \ 則 \lim_{T \to \infty} \frac{1}{s}\, e^{-sT} = 0$$

【範例 2】

$$\mathscr{L}\{t^n\} = \frac{n!}{s^{n+1}}, \ s > 0, \ n \text{ 是正整數。}$$

【解】

$$c_n = \mathscr{L}\{t^n\} = \int_0^\infty t^n e^{-st}\, dt$$

$$= -\frac{1}{s}\, e^{-st} t^n\, \Big|_0^\infty + \frac{n}{s} \int_0^\infty t^{n-1} e^{-st}\, dt$$

$$= \frac{n}{s}\, \mathscr{L}\{t^{n-1}\} \qquad \text{當 } s > 0, \ 則 -\frac{1}{s}\, e^{-st} t^n\, \Big|_0^\infty = 0$$

得到

$$c_n = \frac{n}{s}\, c_{n-1}$$

由此遞回式可得

$$c_n = \frac{n!}{s^n}\, c_0$$

其中

$$c_0 = \mathscr{L}\{t^0\} = \mathscr{L}\{1\} = \frac{1}{s}, \ s > 0$$

故得證

$$\mathscr{L}[t^n] = \frac{n!}{s^{n+1}}, \ s > 0$$

【範例 3】

$$\mathscr{L}[t^a] = \frac{\Gamma(a+1)}{s^{a+1}}, \ s > 0, \ a > 0$$

【解】

$$\mathscr{L}[t^a] = \int_0^\infty t^a e^{-st} \, dt$$

令 $st = x$，則 $dt = \dfrac{dx}{s}$，得到

$$\mathscr{L}[t^a] = \int_0^\infty \left(\frac{x}{s}\right)^a e^{-x} \frac{dx}{s} = \frac{1}{s^{a+1}} \int_0^\infty x^a e^{-x} \, dx$$

$$= \frac{1}{s^{a+1}} \Gamma(1+a)$$

其中 $\Gamma(a) = \displaystyle\int_0^\infty x^{a-1} e^{-x} \, dx$ 為熟知的甘碼(gamma) 函數。其最大特色為

$$\Gamma(1+a) = \int_0^\infty x^a e^{-x} \, dx$$

$$= -e^{-x} x^a \Big|_0^\infty + a \int_0^\infty x^{a-1} e^{-x} \, dx \qquad (a > 0)$$

得到

$$\Gamma(1+a) = a\Gamma(a)$$

若 a 為正整數 n，則

$$\Gamma(1+n) = n\Gamma(n) = n(n-1)\Gamma(n-1)$$

$$= n!\Gamma(1) = n! \qquad (其中 \ \Gamma(1) = 1)$$

故範例第 2 題，可由此得證為

$$\mathscr{L}[t^n] = \frac{\Gamma(1+n)}{s^{n+1}} = \frac{n!}{s^{n+1}}$$

【範例 4】

$$\mathcal{L}[\cos(\omega t)] = \frac{s}{s^2 + \omega^2}, \quad \mathcal{L}[\sin(\omega t)] = \frac{\omega}{s^2 + \omega^2}$$

【解】

我們知道 $e^{i\omega t} = \cos(\omega t) + i\sin(\omega t)$

$$\begin{aligned}
\mathcal{L}[e^{i\omega t}] &= \mathcal{L}[\cos(\omega t) + i\sin(\omega t)] \\
&= \mathcal{L}[\cos(\omega t)] + i\mathcal{L}[\sin(\omega t)]
\end{aligned}$$

$$\begin{aligned}
\mathcal{L}[e^{i\omega t}] &= \int_0^\infty e^{i\omega t} e^{-st}\,dt = \int_0^\infty e^{-(s-i\omega)t}\,dt \\
&= -\frac{1}{s - i\omega}\, e^{-(s-i\omega)t}\bigg|_0^\infty = \frac{1}{s - i\omega} \quad (s > 0) \\
&= \frac{s + i\omega}{s^2 + \omega^2} = \frac{s}{s^2 + \omega^2} + i\,\frac{\omega}{s^2 + \omega^2} \\
&= \mathcal{L}[\cos(\omega t)] + i\mathcal{L}[\sin(\omega t)]
\end{aligned}$$

故得證

$$\mathcal{L}[\cos(\omega t)] = \frac{s}{s^2 + \omega^2}, \quad \mathcal{L}[\sin(\omega t)] = \frac{\omega}{s^2 + \omega^2} \quad (s > 0)$$

【範例 5】

求 $\mathcal{L}[f(t)]$，假如 $f(t)$ 是一片斷連續函數為

$$f(t) = \begin{cases} e^t, & 0 \le t < 1 \\ 2, & t \ge 1 \end{cases}$$

【解】

$$\begin{aligned}
\mathcal{L}[f(t)] &= \int_0^\infty f(t)e^{-st}\,dt \\
&= \int_0^1 e^t e^{-st}\,dt + \int_1^\infty 2e^{-st}\,dt \\
&= \frac{1}{1 - s}\, e^{(1-s)t}\bigg|_0^1 + \left(-\frac{2}{s}\right)e^{-st}\bigg|_1^\infty
\end{aligned}$$

$$= \frac{1}{1-s}(e^{(1-s)} - 1) + \frac{2}{s}e^{-s}$$

$$\left(s > 0, \ \text{則} \lim_{T \to \infty} -\frac{2}{s}e^{-sT} = 0\right)$$

【範例 6】

求 $\mathscr{L}^{-1}\left[\dfrac{s+3}{(s+1)(s+2)}\right]$

【解】

運用部份分式法，

$$\frac{s+3}{(s+1)(s+2)} = \frac{2}{s+1} - \frac{1}{s+2}$$

$$\mathscr{L}^{-1}\left[\frac{2}{s+1} - \frac{1}{s+2}\right]$$

$$= \mathscr{L}^{-1}\left[\frac{2}{s+1}\right] - \mathscr{L}^{-1}\left[\frac{1}{s+2}\right] \qquad (\text{定理 } 3.3)$$

$$= 2e^{-t} - e^{-2t}$$

$$\boxed{習\quad題}$$

1. 求下列函數的拉卜拉斯轉換。

   (a) $3t + 4$

   (b) $2\sinh(t) - 4$

   (c) $t^2 + at + b$

   (d) $t^3 - 3t + \cos(4t)$

   (e) $\cos(\omega t + \theta)$

   (f) $f(t) = \begin{cases} 1, & 0 \le t \le 1 \\ 0, & t > 1 \end{cases}$

   (g) $\cos^2(\omega t)$

   (h) $f(t) = \begin{cases} t, & 0 \le t \le 1 \\ 2 - t, & 1 < t \le 2 \\ 0, & t > 2 \end{cases}$

   (i) $\sinh^2(2t)$

   (j)

   (k) $\sin(t)\cos(t)$

   (l) $3e^{-t} + \sin(6t)$

2. 求反拉卜拉斯轉換。

   (a) $\dfrac{5}{s + 3}$

   (b) $\dfrac{-2s + 31}{s^2 + 5s - 14}$

   (c) $\dfrac{1}{s^2 + 25}$

   (d) $\dfrac{2s - 5}{s^2 + 16}$

   (e) $\dfrac{1}{s(s + 1)}$

   (f) $\dfrac{3}{s - 7} + \dfrac{1}{s^2}$

   (g) $\dfrac{9}{s^2 + 3s}$

   (h) $\dfrac{1}{s - 4} - \dfrac{6}{(s - 4)^2}$

   (i) $\dfrac{s}{s^2 + 4}$

   (j) $\dfrac{s - 4}{(s^2 + 5)^2} + \dfrac{s}{s^2 + 2}$

3. 證明 $\Gamma\left(\dfrac{1}{2}\right) = \sqrt{\pi}$。

4. 運用習題 3.和解題範例3的結果，求下列函數的拉卜拉斯轉換。假

設 $\Gamma(t) = \dfrac{1}{t}\Gamma(t+1)$，如果 $t < 0$。

(a) $f(t) = \sqrt{t}$

(b) $f(t) = \dfrac{1}{\sqrt{t}}$

(c) $f(t) = t^{-\frac{3}{2}}$

(d) $f(t) = t^{\frac{3}{2}}$

5. 直接用拉卜拉斯轉換的定義和部份積分法，求 $\mathscr{L}\{\sin(at)\}$。

6. 直接用拉卜拉斯轉換的定義和部份積分法，求 $\mathscr{L}\{\cos(at)\}$。

3.2　微分式和積分式的拉卜拉斯轉換

　　在 3.1 節提到轉換最大的目的是將微分方程式變成幾何方程式，以簡化解題過程。本章節則來說明如何運用拉卜拉斯轉換變換微積分函數。

【定理 3.4】 t-軸微分轉換定理

　　假設 $f(t)$ 連續在 $t \geq 0$ 區間，$f(t) = O[e^{at}]$ 定義在定理 3.2，且 $f'(t)$ 片斷連續在 $t \geq 0$ 區間，則 $\mathscr{L}[f']$ 存在，當 $s > a$，且

$$\mathscr{L}[f'] = s\mathscr{L}[f] - f(0) \tag{3.3}$$

【證明】

$$\mathscr{L}[f'] = \int_0^\infty f' e^{-st}\, dt = f(t)e^{-st}\Big|_0^\infty + s\int_0^\infty f e^{-st}\, dt$$

由定理 3.2，得知 $|f(t)| \leq Me^{at}$，故

$$\lim_{T \to \infty} f(t)e^{-sT} \leq \lim_{T \to \infty} Me^{aT}e^{-sT} = \lim_{T \to \infty} Me^{-(s-a)T}$$

$$= 0 \qquad 當\ s > a$$

因此，得證

$$\mathscr{L}[f'] = s\mathscr{L}[f] - f(0)，當\ s > a$$

同理可得證

$$\mathscr{L}[f''] = s\mathscr{L}[f'] - f'(0)$$
$$= s[s\mathscr{L}[f] - f(0)] - f'(0)$$
$$= s^2 F(s) - sf(0) - f'(0)$$

【定理 3.4.1】(n 階微分的拉卜拉斯轉換)

　　假如 f, f', f'', …, $f^{(n-1)}$ 是連續的在 $t \geq 0$ 區間, 且符合定理3.2, $f^{(n)}$ 為片斷連續在 $t \geq 0$ 的每一片斷區間, 則 $\mathscr{L}\{f^{(n)}\}$ 存在當 $s > a$, 且其公式為

$$\mathscr{L}\{f^{(n)}\} = s^n F(s) - s^{n-1}f(0) - s^{n-2}f'(0) - \cdots - f^{n-1}(0)$$

$$(3.4)$$

【定理 3.5】t-軸積分轉換定理

　　假如 $f(t)$ 片斷連續且 $f(t) = O(e^{at})$, 則

$$\mathscr{L}[\int_0^t f(\tau)d\tau] = \frac{1}{s}F(s), \ s > a$$

【證明】

設

$$g(t) = \int_0^t f(\tau)d\tau$$

$$f(t) = O(e^{at}), \ \text{即} \left| f(t) \right| \leq Me^{at}$$

則

$$g(t) = \int_0^t f(\tau)d\tau \leq \int_0^t \left| f(\tau) \right| d\tau$$

$$\leq \int_0^t Me^{a\tau} d\tau = \frac{M}{a}e^{at}$$

故

$$g(t) = O(e^{at}), \ \text{order of } e^{at}$$

同時

$$g(0) = \int_0^0 f(\tau)d\tau = 0$$

由以上兩項結論，再運用定理 3.4 的微分轉換定理，得知

$$g'(t) = f(t)$$

$$\mathscr{L}[f(t)] = \mathscr{L}[g'(t)] = s\mathscr{L}[g(t)] - g(0), \ (s > a)$$

得到

$$\mathscr{L}[g(t)] = \mathscr{L}\left[\int_0^t f(\tau)d\tau\right] = \frac{1}{s}F(s) \qquad (\because g(0) = 0)$$

　　在本章最前面曾提過拉卜拉斯轉換所應用的最佳時機是屬常係數微分方程式，因此下面將舉二階常係數方程式來說明之。

　　考慮初值問題如下：

$$y'' + ay' + by = f(t), \ y(0) = A, \ y'(0) = B$$

其中等式左邊為系統方程式，y 為輸出反應，$f(t)$ 乃輸入函數，即前面曾提及的強迫函數。

　　取拉卜拉斯轉換後，

$$[s^2 Y(s) - sy(0) - y'(0)] + a[sY(s) - y(0)] + bY(s) = F(s)$$

整理後，

$$Y(s)[s^2 + as + b] = F(s) + y(0)(a + s) + y'(0)$$

若定義轉移函數(transfer function)H 為

$$H(s) = \frac{Y(s)}{F(s)} = \frac{1}{s^2 + as + b}, \ \text{當} \ y(0) = y'(0) = 0$$

則可得結果

$$Y(s) = F(s)H(s) + [(a + s)y(0) + y'(0)]H(s)$$

解題範例

【範例 1】

$f(t) = t^2$，求 $\mathscr{L}[f(t)]$。

【解】

已知 $f(0) = 0$，$f'(0) = 0$，$f''(t) = 2$

$$\mathscr{L}[f''(t)] = \mathscr{L}[2] = \frac{2}{s} = s^2 F(s) - sf(0) - f'(0)$$
$$= s^2 F(s)$$

得證

$$F(s) = \frac{2}{s^3}$$

【範例 2】

$f(t) = \sin^2(2t)$，求 $\mathscr{L}[f(t)]$。

【解】

已知 $f(0) = 0$，$f'(t) = 4\cos(2t)\sin(2t) = 2\sin(4t)$

$$\mathscr{L}[f'(t)] = \mathscr{L}[2\sin(4t)] = \frac{2 \cdot 4}{s^2 + 4^2}$$
$$= sF(s) - f(0) = sF(s)$$

得證

$$F(s) = \frac{8}{s(s^2 + 16)}$$

【範例 3】

$y' + y = 1$，$y(0) = 2$

【解】

取 $\mathcal{L}$,

$$sY(s) - y(0) + Y(s) = \frac{1}{s}$$

$$Y(s)(s+1) = \frac{1}{s} + 2$$

$$Y(s) = \frac{1}{s(s+1)} + \frac{2}{s+1}$$

$$Y(s) = \left(\frac{1}{s} - \frac{1}{s+1}\right) + \frac{2}{s+1} = \frac{1}{s} + \frac{1}{s+1}$$

取 $\mathcal{L}^{-1}$,

$$y(t) = 1 + e^{-t}$$

【範例 4】

$$y'' + y = 2t, \quad y\left(\frac{1}{4}\pi\right) = \frac{1}{2}\pi, \quad y'\left(\frac{1}{4}\pi\right) = 2 - \sqrt{2}$$

【解】

首先作變數移位，使

$$x = t - \frac{1}{4}\pi \quad 且 \quad Y(x) = y(t)$$

則

$$\frac{dy}{dt} = \frac{dY}{dt} = \frac{dY}{dx}\frac{dx}{dt} = \frac{dY}{dx}$$

$$\frac{d^2y}{dt^2} = \frac{d}{dt}\frac{dy}{dt} = \frac{d}{dx}\left(\frac{dY}{dx}\right)\frac{dx}{dt} = \frac{d^2Y}{dx^2}$$

$$Y(0) = y\left(\frac{1}{4}\pi\right) = \frac{\pi}{2}, \quad Y'(0) = y'\left(\frac{1}{4}\pi\right) = 2 - \sqrt{2}$$

微分方程式變爲

$$Y'' + Y = 2\left(x + \frac{1}{4}\pi\right)$$

取 $\mathcal{L}$,

$$s^2 Y(s) - sY(0) - Y'(0) + Y(s) = \frac{2}{s^2} + \frac{\pi}{2s}$$

$$Y(s)(s^2+1) = \frac{2}{s^2} + \frac{\pi}{2s} + \frac{\pi s}{2} + 2 - \sqrt{2}$$

$$Y(s) = \frac{2}{s^2(s^2+1)} + \frac{\pi}{2s(s^2+1)} + \frac{\pi s}{2(s^2+1)} + \frac{2-\sqrt{2}}{s^2+1}$$

$$= 2\left(\frac{1}{s^2} - \frac{1}{s^2+1}\right) + \frac{\pi}{2s} + \frac{2-\sqrt{2}}{s^2+1}$$

得到

$$Y(s) = \frac{2}{s^2} + \frac{\pi}{2s} - \frac{\sqrt{2}}{s^2+1}$$

取 $\mathscr{L}^{-1}$,

$$Y(x) = 2x + \frac{\pi}{2} - \sqrt{2}\sin x$$

已知 $t = x + \frac{1}{4}\pi$,

$$y(t) = Y(x)\Big|_{x=t-\frac{1}{4}\pi} = 2\left(t - \frac{\pi}{4}\right) + \frac{\pi}{2} - \sqrt{2}\sin\left(t - \frac{1}{4}\pi\right)$$

$$= 2t - \sqrt{2}\sin\left(t - \frac{1}{4}\pi\right)$$

或

$$= 2t - \sqrt{2}\left[\sin t \cos\frac{1}{4}\pi - \cos t \sin\frac{1}{4}\pi\right]$$

$$= 2t - \sin t + \cos t$$

【範例 5】

求 $\mathscr{L}^{-1}\left[\dfrac{2}{s(s^2+4)}\right]$

【解】

已知

$$\mathscr{L}^{-1}\left[\frac{2}{s^2+4}\right] = \sin(2t) = 2\cos(t)\sin(t)$$

由積分轉換定理,

$$\mathscr{L}^{-1}\left[\frac{2}{s(s^2+4)}\right] = \int_0^t 2\cos(\tau)\sin(\tau)d\tau = \sin^2(\tau)$$

【範例6】

假設 $f(t)$ 有斷點在 t_0，則微分轉換定理變爲

$$\mathscr{L}\{f'\} = sF(s) - f(0) - e^{-st_0}[f(t_{0+}) - f(t_{0-})]$$

圖3.2　$f(t)$ 有斷點在 t_0

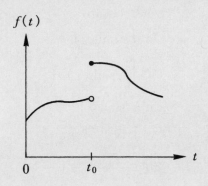

【解】

從拉卜拉斯轉換的基本定義，

$$\mathscr{L}\{f'\} = \int_0^\infty f'e^{-st}dt = \int_0^{t_{0-}} f'e^{-st}\,dt + \int_{t_{0+}}^\infty f'e^{-st}dt$$

$$= f(t)e^{-st}\Big|_0^{t_{0-}} + s\int_0^{t_{0-}} fe^{-st}\,dt +$$

$$f(t)e^{-st}\Big|_{t_{0+}}^\infty + s\int_{t_{0+}}^\infty fe^{-st}\,dt$$

$$= f(t_{0-})e^{-st_0} - f(0) - f(t_{0+})e^{-st_0} +$$

$$s\int_0^\infty f(t)e^{-st}dt,\ (當\ s > a)$$

$$= sF(s) - f(0) - e^{-st_0}[f(t_{0+}) - f(t_{0-})]$$

同理可證知，若 $f(t)$ 有 n 個斷點在 t_i, $i = 1,\cdots,n$, 則

$$\mathscr{L}\{f'(t)\} = sF(s) - f(0) - \sum_{i=1}^n e^{-st_i}[f(t_{i+}) - f(t_{i-})]$$

習 題

1. 運用微分和積分轉換定理，求拉卜拉斯轉換。

(a) $\cos^2 t$

(b) $t\cos(3t)$

(c) $2t^2\cosh(t)$

(d) $t\cosh(at)$

(e) te^{at}

(f) $\int_0^t \tau\sinh(\tau)d\tau$

(g) $\cosh^2(2t)$

(h) $t^2\sin(4t)$

2. 運用積分轉換定理，求反拉卜拉斯轉換。

(a) $\dfrac{3}{s^2+s}$

(b) $\dfrac{2}{s^3+4s}$

(c) $\dfrac{8}{s^4-2s^3}$

(d) $\dfrac{4}{s^4-4s^2}$

(e) $\dfrac{2s-\pi}{s^3(s-\pi)}$

(f) $\dfrac{2}{s^2}\left(\dfrac{s+1}{s^2+1}\right)$

3. 解初值問題。

(a) $y' + 4y = 1,\ y(1) = -3$

(b) $y'' + 4y = 0,\ y(1) = 2,\ y'(0) = -8$

(c) $y' + 4y = \cos(t),\ y(0) = 0$

(d) $y'' + \omega^2 y = 0,\ y(0) = A,\ y'(0) = B$

(e) $y' - 2y = 1 - t,\ y(0) = 1$

(f) $y'' + 5y' + 6y = 0,\ y(0) = 0,\ y'(0) = 1$

(g) $y'' - 4y' + 4y = 1,\ y(0) = 1,\ y'(0) = 4$

(h) $y'' + 25y = t,\ y(0) = 1,\ y'(0) = 0.04$

(i) $y'' + 16y = 1 + t,\ y(0) = y'(0) = 0$

(j) $y'' + ay' - 2a^2 y = 0,\ y(0) = 2,\ y'(0) = 2a$

4. 運用範例 6 之斷續函數的微分轉換定理，求下列函數的拉卜拉斯轉換。

$$f(t) = \begin{cases} t, & 0 \le t < 1 \\ 1, & 1 \le t < 2 \\ 0, & t \ge 2 \end{cases}$$

5. 證明 $f(t)$ 若有 n 個斷點在 t_i，$i = 1, 2, \cdots, n$，則微分轉換定理變為

$$\mathcal{L}\{f'(t)\} = sF(s) - f(0) - \sum_{i=1}^{n} e^{-st_i}[f(t_{i+}) - f(t_{i-})]$$

3.3　部份分式法

　　由於部份分式法在往後求反拉卜拉斯轉換常運用到，故提前在此介紹。部份分式法雖在高中數學有介紹，但本節則是介紹部份分式法如何用來解答微分方程式，故最好不要跳過本節。

　　部份分式法運用的時機是在用各型轉換來解微分方程式之後，結果往往得到下列幾何方程式，

$$Y(s) = \frac{F(s)}{Q(s)} + \frac{IV(s)}{Q(s)} \tag{3.5}$$

其中 $Q(s)$ 是系統特性多項式，其倒數爲 $H(s) = Q(s)^{-1}$，往往被稱爲轉移函數(transfer function)；$F(s)$ 爲強迫函數，相當於系統的輸入；$IV(s)$ 代表系統的初值條件；$Y(s)$ 則爲系統的輸出函數。假如初值條件爲零，則 $IV(s) = 0$，

$$Y(s) = \frac{F(s)}{Q(s)}$$

以此爲例，爲求反拉卜拉斯轉換，則需要得知 $Q(s)$ 的因子(factor)，即

$$Q(s) = (s - a_1)(s - a_2)\cdots(s - a_n)$$

其中 $a_1, \cdots, a_n$ 爲 $Q(s)$ 的因子，其可爲複數。求得 $Q(s)$ 之因子後，$Y(s)$ 可寫爲(假設因子不重覆)

$$Y(s) = \frac{b_1}{s - a_1} + \frac{b_2}{s - a_2} + \cdots + \frac{b_n}{s - a_n} \tag{3.6}$$

以上即所謂的部份分式法。再將上式取反拉卜拉斯轉換，就可得到 $y(t)$ 的答案了。然而 $Q(s)$ 的因子有四種型態需要分別探討之：(1)實數不重根，(2)實數重根，(3)複數不重根，(4)複數重根。

1. 實數不重根, $(s-a)$

$Q(s)$ 當中有一個 $(s-a)$ 的因子, 則 $Y(s)$ 可寫成

$$Y(s) = \frac{b}{s-a} + R(s) \tag{3.7}$$

其中 $R(s)$ 的分母沒有 $(s-a)$ 的因子。取反轉換, 則 $y(t)$ 當中必有答案

$$be^{at} \tag{3.8a}$$

而 b 可由喜福賽 (Heaviside) 公式求得爲

$$b = \lim_{s \to a} \frac{(s-a)F(s)}{Q(s)} \tag{3.8b}$$

【證明】

$$\begin{aligned}
\lim_{s \to a}(s-a)Y(s) &= \lim_{s \to a}\frac{(s-a)F(s)}{Q(s)} \\
&= \lim_{s \to a}[b + (s-a)R(s)]
\end{aligned}$$

〔由 (3.7) 式得來〕

其中 $\lim_{s \to a}(s-a)R(s) = 0$, 因爲 $R(s)$ 的分母中並無 $(s-a)$ 的因子, 故得證

$$b = \lim_{s \to a} \frac{(s-a)F(s)}{Q(s)}$$

2. 實數重根, $(s-a)^m$, $m \geq 2$

$Q(s)$ 當中有 m 個 $(s-a)$ 重複因子 $(m \geq 2)$, 則 $Y(s)$ 可寫成

$$Y(s) = \frac{B_1}{s-a} + \frac{B_2}{(s-a)^2} + \cdots + \frac{B_m}{(s-a)^m} + R(s)$$

其中 $R(s)$ 的分母中沒有 $(s-a)$ 的因子。取反轉換和運用移位定理 (下一節介紹) 可得

$$e^{at}\left[B_1 + B_2\frac{t}{1!} + \cdots + B_m\frac{t^{m-1}}{(m-1)!}\right] \qquad (3.9\text{a})$$

或

$$e^{at}\sum_{k=1}^{m}B_k\frac{t^{k-1}}{(k-1)!}$$

而 B_k 的喜福賽公式爲

$$B_k = \frac{1}{(m-k)!}\lim_{s\to a}\frac{d^{m-k}}{ds^{m-k}}\left[\frac{(s-a)^mF(s)}{Q(s)}\right] \qquad (3.9\text{b})$$

【證明】

$$(s-a)^mY(s) = B_1(s-a)^{m-1} + B_2(s-a)^{m-2} + \cdots$$
$$+ B_k(s-a)^{m-k} + \cdots + B_m + R(s)(s-a)^m$$

$$\frac{d^{m-k}}{ds^{m-k}}(s-a)^mY(s) = [(m-1)\cdot(m-2)\cdots k]B_1(s-a)^k$$
$$+ [(m-2)(m-3)\cdots(k-1)]B_2(s-a)^{k-1} + \cdots + (m-k)!B_k + [(m\cdot(m-1)\cdots(k+1)]R(s)(s-a)^{k+1}$$

$$\lim_{s\to a}\frac{d^{m-k}}{ds^{m-k}}(s-a)^mY(s) = (m-k)!B_k$$

故得證(3.9b) 式。

3. 複數不重根

$Q(s)$ 當中有一個 $(s-a)$ 的因子，其中 a 爲複數，但由於微分方程式的答案屬實數，故必有另一共軛複數的因子爲 $(s-\bar{a})$，使 $Q(s)$ 可找出一個 $(s-\alpha)^2 + \beta^2$ 的因子，其中 $a = \alpha + i\beta$，$\bar{a} = \alpha - i\beta$。

【證明】

$$(s-a)(s-\bar{a}) = s^2 - (a+\bar{a})s + a\bar{a}$$
$$= s^2 - 2\alpha s + \alpha^2 + \beta^2$$

$$= (s - \alpha)^2 + \beta^2$$

故 $Y(s)$ 可寫成

$$Y(s) = \frac{As + B}{(s - \alpha)^2 + \beta^2} + R(s)$$

其中 $R(s)$ 的分母沒有 $(s - \alpha)^2 + \beta^2$ 的因子。取反轉換可得

$$\frac{1}{\beta} e^{\alpha t} [\beta A \cos(\beta t) + (\alpha A + B)\sin(\beta t)] \qquad (3.10a)$$

而其中 βA 與 $(\alpha A + B)$ 的喜福賽公式可簡化為

$$\beta A = \mathrm{Im}\left\{ \lim_{s \to \alpha + i\beta} \frac{[(s - \alpha)^2 + \beta^2]F(s)}{Q(s)} \right\}$$

$$\alpha A + B = \mathrm{Re}\left\{ \lim_{s \to \alpha + i\beta} \frac{[(s - \alpha)^2 + \beta^2]F(s)}{Q(s)} \right\} \qquad (3.10b)$$

【證明】

$$\frac{As + B}{(s - \alpha)^2 + \beta^2} = \frac{A(s - \alpha) + A\alpha + B}{(s - \alpha)^2 + \beta^2}$$

取反轉換和運用移位定理，

$$Ae^{\alpha t}\cos(\beta t) + \frac{A\alpha + B}{\beta} e^{\alpha t}\sin(\beta t)$$

$$= \frac{e^{\alpha t}}{\beta}[A\beta\cos(\beta t) + (A\alpha + B)\sin(\beta t)]$$

得證(3.10a) 式。

$$\lim_{s \to \alpha + \beta i} \frac{[(s - \alpha)^2 + \beta^2]F(s)}{Q(s)}$$

$$= \lim_{s \to \alpha + \beta i} [As + B + R(s)[(s - \alpha)^2 + \beta^2]]$$

$$= A(\alpha + \beta i) + B$$

$$= (A\alpha + B) + A\beta i$$

得證(3.10b) 式。

其實我們可以將共軛複數的根看成另一不重複的根，則其解可回到第一種的實數不重根方式。

$$Y(s) = \frac{b_1}{s-a} + R_1(s)$$

$$Y(s) = \frac{b_2}{s-\bar{a}} + R_2(s)$$

取反轉換之解為

$$b_1 e^{(\alpha+i\beta)t} + b_2 e^{(\alpha-i\beta)t}$$

其中 b_1 和 b_2 可為複數，其喜福賽公式如同(3.8b) 式為

$$b_1 = \lim_{s \to \alpha+i\beta} \frac{(s-a)F(s)}{Q(s)}$$

$$b_2 = \lim_{s \to \alpha-i\beta} \frac{(s-\bar{a})F(s)}{Q(s)}$$

依此公式也能得到答案，雖然手續較複雜，但可以不用背公式，在公式忘記時，不妨一試。

4. 複數重根，$\left[(s-\alpha)^2 + \beta^2\right]^m$，$m \geq 2$

複數重根的公式計算相當繁複，以下舉例 $m = 2$ 的情形，則 $Y(s)$ 可寫成

$$Y(s) = \frac{As+B}{(s-\alpha)^2+\beta^2} + \frac{Cs+D}{\left[(s-\alpha)^2+\beta^2\right]^2} + R(s)$$

取反轉換及運用移位定理可得

$$\frac{e^{\alpha t}}{\beta}\left[A\beta\cos(\beta t) + (\alpha A + B)\sin(\beta t)\right] + \frac{e^{\alpha t}}{2\beta^3}\left[\beta^2 Ct\sin(\beta t) + \right.$$
$$\left. (\alpha C + D)(\sin(\beta t) - \beta t\cos(\beta t))\right] \tag{3.11a}$$

令

$$W(s) = \frac{\left[(s-\alpha)^2+\beta^2\right]^2 F(s)}{Q(s)}$$

則

$$\beta^2 C = \text{Im}[\lim_{s \to \alpha + \beta i} \beta W(s)]$$

$$\alpha C + D = \text{Re}[\lim_{s \to \alpha + \beta i} W(s)]$$

$$A\beta = \frac{1}{2\beta}\{C - \text{Re}[\lim_{s \to \alpha + \beta i} W'(s)]\}$$

$$\alpha A + B = \frac{1}{2\beta}\text{Im}[\lim_{s \to \alpha + \beta i} W'(s)] \qquad (3.11b)$$

各位可以了解上述公式的複雜度，因此作者仍然建議不妨用實數重根的方式來求得解答，雖然計算複雜些，但可以忘掉那些複雜難背的公式。

解題範例

【範例 1】

$Y(s) = \dfrac{s+3}{s^2 - s - 2}$, 求反轉換。

【解】

$$\frac{s+3}{s^2 - s - 2} = \frac{s+3}{(s-2)(s+1)} = \frac{b_1}{s-2} + \frac{b_2}{s+1}$$

$$b_1 = \lim_{s \to 2} \frac{s+3}{s+1} = \frac{5}{3}$$

$$b_2 = \lim_{s \to -1} \frac{s+3}{s-2} = -\frac{2}{3}$$

得到

$$y(t) = \frac{5}{3}e^{2t} - \frac{2}{3}e^{-t}$$

【範例 2】

解 $y'' - 3y' + 2y = 2t$, $y(0) = 1$, $y'(0) = -1$。

【解】

取拉卜拉斯轉換

$$s^2 Y(s) + sy(0) + y'(0) - 3sY(s) + 3y(0) + 2Y(s) = \frac{2}{s^2}$$

$$(s^2 - 3s + 2)Y(s) = \frac{2}{s^2} + s - 4$$

$$Y(s) = \frac{2}{s^2(s-2)(s-1)} + \frac{s-4}{(s-2)(s-1)}$$

$$= \frac{A}{s-1} + \frac{B}{s-2} + \frac{C}{s^2} + \frac{D}{s}$$

$$A = \lim_{s \to 1}(s-1)Y(s) = -2 + 3 = 1$$

$$B = \lim_{s \to 2}(s - 2)\,Y(s) = \frac{1}{2} - 2 = -\frac{3}{2}$$

$$C = \lim_{s \to 0}\left[\frac{2}{(s - 1)(s - 2)}\right] = 1$$

$$D = \lim_{s \to 0}\left[\frac{d}{ds}\frac{2}{(s - 1)(s - 2)}\right]$$

$$= \lim_{s \to 0}\frac{-2(2s - 3)}{[(s - 1)(s - 2)]^2}$$

$$= \frac{3}{2}$$

$$y(t) = e^t - \frac{3}{2}e^{2t} + 1 + \frac{3}{2}t$$

【範例 3】

求 $\mathscr{L}^{-1}\left[\dfrac{2s}{(s + 1)(s^2 - 2s + 5)}\right]$

【解】

$$Y(s) = \frac{2s}{(s + 1)(s^2 - 2s + 5)} = \frac{A}{s + 1} + \frac{Bs + C}{s^2 - 2s + 5}$$

$$= \frac{A}{s + 1} + \frac{Bs + C}{(s - 1)^2 + 2^2}$$

$$A = \lim_{s \to -1}\frac{2s}{s^2 - 2s + 5} = -\frac{1}{4}$$

若背得住(3.10) 公式，B 與 C 不用找，只要求得

$$\lim_{s \to 1 + 2i}\frac{2s}{s + 1} = \frac{2(1 + 2i)}{2 + 2i} = \frac{(1 + 2i)(1 - i)}{(1 + i)(1 - i)}$$

$$= \frac{3}{2} + \frac{1}{2}i$$

$$y(t) = -\frac{1}{4}e^{-t} + \frac{1}{2}e^t\left[\frac{1}{2}\cos(2t) + \frac{3}{2}\sin(2t)\right]$$

$$= -\frac{1}{4}e^{-t} + \frac{1}{4}e^t[\cos(2t) + 3\sin(2t)]$$

若對背公式沒興趣，則採取下列策略爲

$$Y(s) = \frac{A}{s+1} + \frac{B}{s-1-2i} + \frac{C}{s-1+2i}$$

$$A = \lim_{s \to -1}(s+1)Y(s) = \lim_{s \to -1}\frac{2s}{s^2 - 2s + 5} = -\frac{1}{4}$$

$$B = \lim_{s \to 1+2i}\frac{2s}{(s+1)(s-1+2i)} = \frac{2(1+2i)}{(2+2i)4i}$$

$$= \frac{2-i}{4(1+i)} = \frac{(2-i)(1-i)}{8} = \frac{1}{8}(1-3i)$$

$$C = \lim_{s \to 1-2i}\frac{2s}{(s+1)(s-1-2i)} = \frac{2(1-2i)}{(2-2i)(-4i)}$$

$$= \frac{2+i}{4(1-i)} = \frac{(2+i)(1+i)}{8} = \frac{1}{8}(1+3i)$$

可知 $B = \bar{C}$

$$y(t) = -\frac{1}{4}e^{-t} + \frac{1}{8}(1-3i)e^{(1+2i)t} + \frac{1}{8}(1+3i)e^{(1-2i)t}$$

$$= -\frac{1}{4}e^{-t} + \frac{1}{8}e^{t}[(1-3i)(\cos2t + i\sin2t)$$

$$+ (1+3i)(\cos2t - i\sin2t)]$$

$$= -\frac{1}{4}e^{-t} + \frac{1}{8}e^{t}[2\cos(2t) + 6\sin(2t)]$$

$$= -\frac{1}{4}e^{-t} + \frac{1}{4}e^{t}[\cos(2t) + 3\sin(2t)]$$

各位可依此解題範例，自己決定是否要不要用背公式的方式來解複數不重根的題目，其實上述解題仍可簡化，因爲 C 可以不用求，直接用 $C = \bar{B}$ 即可。

另一解題策略爲

$$Y(s) = \frac{A}{s+1} + \frac{Bs+C}{s^2 - 2s + 5}$$

$$A = \lim_{s \to -1}(s+1)Y(s) = \lim_{s \to -1}\frac{2s}{s^2 - 2s + 5} = -\frac{1}{4}$$

則

$$\frac{2s}{(s+1)(s^2-2s+5)} = \frac{-\dfrac{1}{4}}{s+1} + \frac{Bs+C}{s^2-2s+5}$$

$$= \frac{-\dfrac{1}{4}(s^2-2s+5) + (Bs+C)(s+1)}{(s+1)(s^2-2s+5)}$$

$$2s = \left(-\frac{1}{4}+B\right)s^2 + \left(\frac{1}{2}+B+C\right)s - \frac{5}{4}+C$$

得到

$$-\frac{1}{4}+B = 0$$

$$\frac{1}{2}+B+C = 2$$

$$-\frac{5}{4}+C = 0$$

故

$$B = \frac{1}{4}, \; C = \frac{5}{4}$$

$$Y(s) = \frac{-\dfrac{1}{4}}{s+1} + \frac{\dfrac{1}{4}s+\dfrac{5}{4}}{s^2-2s+5}$$

$$= \frac{-\dfrac{1}{4}}{s+1} + \frac{\dfrac{1}{4}(s-1)}{(s-1)^2+2^2} + \frac{6}{4}\cdot\frac{1}{2}\cdot\frac{2}{(s-1)^2+2^2}$$

取反轉換,

$$y(t) = -\frac{1}{4}e^{-t} + \frac{1}{4}e^t[\cos(2t) + 3\sin(2t)]$$

習　題

1. 用部份分式法求反拉卜拉斯轉換。

(a) $\dfrac{1}{(s-4)(s-1)}$　　　　(b) $\dfrac{3s^2}{(s^2+1)^2}$

(c) $\dfrac{s+13}{s^2+2s+10}$　　　　(d) $\dfrac{1}{2s^2+1}$

(e) $\dfrac{1}{s^2+4s+12}$　　　　(f) $\dfrac{s+3}{s^2+2s+5}$

(g) $\dfrac{1}{s^2+6s+7}$　　　　(h) $\dfrac{s+1}{s^2+3s+5}$

(i) $\dfrac{10-4s}{(s-2)^2}$　　　　(j) $\dfrac{1}{s^2-1}$

(k) $\dfrac{s^2+s-2}{(s+1)^3}$　　　　(l) $\dfrac{2}{(s^2+1)(s-1)^2}$

(m) $\dfrac{s+2}{s^2+6s+1}$　　　　(n) $\dfrac{s^3+6s^2+14s}{(s+2)^4}$

(o) $\dfrac{2s+4}{s^2-4s+4}$　　　　(p) $\dfrac{2s^2-3s}{(s-2)(s-1)^2}$

(q) $\dfrac{-2s^3+26s}{s^4-10s^2+9}$　　　　(r) $\dfrac{s+2}{s^3}$

(s) $\dfrac{s^3+3s^2-s-3}{(s^2+2s+5)^2}$　　　　(t) $\dfrac{2s-13}{s(s^2-4s+13)}$

2. 用拉卜拉斯轉換解答初值問題。

(a) $y'' + 6y' + 2y = 1$；$y(0) = 1$，$y'(0) = -6$

(b) $y' - 2y = 2$；$y(0) = -3$

(c) $y' + y = te^{-t}$；$y(0) = -2$

(d) $y' + 3y = e^{2t}$；$y(0) = -1$

(e) $y'' + 8y' + 15y = 2$; $y(0) = 1$, $y'(0) = -4$

(f) $y'' + 3y' + 2y = 6e^t$; $y(0) = 2$, $y'(0) = -1$

(g) $y'' + 2y' - 3y = \sin(2t)$; $y(0) = y'(0) = 0$

(h) $y'' + 4y = 8\sin(t)$; $y(0) = 0$, $y'(0) = 2$

(i) $y'' - 10y' + 26y = 4$; $y(0) = 3$, $y'(0) = 15$

(j) $y'' + y = \sin(t)$; $y(0) = 0$, $y'(0) = 2$

(k) $y'' - 6y' + 8y = e^t$; $y(0) = 3$, $y'(0) = 9$

(l) $y'' + y' + y = 0$; $y(0) = 4$, $y'(0) = -3$

(m) $y''' + 2y'' + y' + 2y = 2$; $y(0) = 3$, $y'(0) = -2$, $y''(0) = 3$

(n) $y'' + y = 0$; $y(\pi) = 0$, $y'(\pi) = -1$

(o) $y'' + 4y' + 3y = t$; $y(0) = 9$, $y'(0) = -18$

(p) $y'' + 8y' + 25y = 0$; $y(\pi) = 0$, $y'(\pi) = 6$

3.4 s 軸及 t 軸上之移位定理

從拉卜拉斯轉換表(附錄一)上，可以得到基本對等的熟知函數轉換和反轉換的方式。但事實上，單從附錄一是無法轉換所有函數，所以以下三節將介紹一些轉換常用的定則。

【定理 3.6】s-軸移位定理(或第一移位定理)

若 $F(s) = \mathscr{L}\{f(t)\}$ 存在當 $s > a$，則

$$\mathscr{L}\{e^{bt}f(t)\} = F(s - b) \qquad 當 s > a + b$$

意思是說，若要在 s-軸上產生位置的平移(看圖 3.3)，則需在 t 軸上乘上 e^{bt}。

圖 3.3　s-軸移位定理

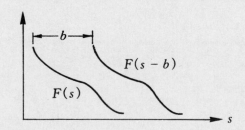

【證明】

$$F(s) = \int_0^\infty f(t)e^{-st}\,dt,\; s > a$$

$$\mathscr{L}\{e^{bt}f(t)\} = \int_0^\infty e^{bt}f(t)e^{-st}\,dt = \int_0^\infty f(t)e^{-(s-b)t}\,dt$$

$$= F(s - b),\; s - b > a$$

反過來說，反轉換可得到

$$\mathscr{L}^{-1}[F(s-b)] = e^{bt}f(t)$$

◎ 單階函數 $u(t-a)$

單階函數(unit step function) 有時稱爲喜福賽函數(Heaviside function)，其定義爲

$$u(t-a) = \begin{cases} 0, & \text{若 } t < a \\ 1, & \text{若 } t > a \end{cases}$$

亦可見圖 3.4。

圖 3.4 單階函數 $u(t-a)$

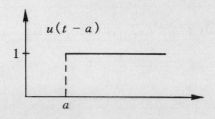

【定理 3.7】t-軸移位定理(或第二移位定理)
　　若 $\mathscr{L}[f(t)] = F(s)$，則
　　$$e^{-as}F(s) = \mathscr{L}[f(t-a)u(t-a)]$$
意思是說，在 s-軸乘上 e^{-as} 造成 t-軸上的移位 $f(t-a)$ 再乘以 $u(t-a)$，即移位後 $t < a$ 之區間皆爲零。相對的，這比 s-軸移位定理來說，則多一項 $u(t-a)$，而這一項可從下列證明中得知。

【證明】

$$e^{-as}F(s) = e^{-as}\int_0^\infty e^{-st}f(\tau)d\tau$$

$$= \int_0^\infty e^{-s(a+\tau)}f(\tau)d\tau$$

令 $t = a + \tau$ 或 $\tau = t - a$,

$$e^{-as}F(s) = \int_a^\infty e^{-st}f(t-a)dt$$

$$= \int_0^a e^{-st} \times 0 \ dt + \int_a^\infty e^{-st}f(t-a)dt$$

$$= \int_0^\infty e^{-st}f(t-a)u(t-a)dt$$

$$= \mathscr{L}\{f(t-a)u(t-a)\}$$

$f(t)$ 和 $f(t-a)u(t-a)$ 的關係圖可見圖 3.5。

圖 3.5　t-軸移位定理$(a > 0)$

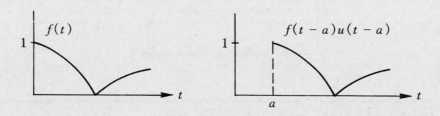

解題範例

【範例 1】

求 $\mathscr{L}\{e^{-2t}\sin(4t)\}$

【解】

由查表或求證可得

$$F(s) = \mathscr{L}\{\sin(4t)\} = \frac{4}{s^2 + 4^2}$$

再運用 s-軸移位定理,

$$\mathscr{L}\{e^{-2t}\sin(4t)\} = F(s - (-2)) = F(s + 2)$$
$$= \frac{4}{(s + 2)^2 + 16}$$

【範例 2】

求 $\mathscr{L}\{u(t - a)\}$

【解】

$$u(t - a) = 1 \times u(t - a)$$

已知 $\mathscr{L}\{1\} = \dfrac{1}{s}$, 運用 t-軸移位定理,

$$\mathscr{L}\{(t - a) \times 1\} = \frac{1}{s}e^{-as}$$

【範例 3】

求 $\mathscr{L}^{-1}\left\{\dfrac{se^{-2s}}{s^2 + 4}\right\}$

【解】

首先求

$$\mathscr{L}^{-1}\left\{\frac{s}{s^2+4}\right\} = \cos(2t)$$

再運用 t-軸移位定理

$$\mathscr{L}^{-1}\left\{\frac{s}{s^2+4}e^{-2s}\right\} = \cos[2(t-2)]u(t-2)$$

【範例 4】

若 $f(t) = \begin{cases} 0, & t < 1 \\ 2, & 1 \le t < 4, \\ 0, & 4 \le t \end{cases}$

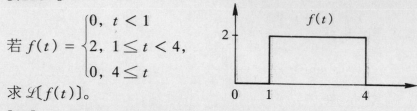

求 $\mathscr{L}\{f(t)\}$。

【解】

首先必需把 $f(t)$ 化成熟知的單階梯函數，即

$$f(t) = 2[u(t-1) - u(t-4)]$$

取拉卜拉斯轉換，

$$\mathscr{L}\{f(t)\} = 2(\mathscr{L}\{u(t-1)\} - \mathscr{L}\{u(t-4)\})$$

$$= 2\left(\frac{1}{s}e^{-s} - \frac{1}{s}e^{-4s}\right) = \frac{2}{s}(e^{-s} - e^{-4s})$$

【範例 5】

若 $f(t) = \begin{cases} 0, & t < 2 \\ t-1, & 2 \le t < 3, \\ -2, & t \ge 3, \end{cases}$　求 $\mathscr{L}\{f(t)\}$。

【解】

$f(t)$ 可化成兩項函數之和為

$$f(t) = (t-1)[u(t-2) - u(t-3)] - 2u(t-3)$$

$$= (t-1)u(t-2) - (t+1)u(t-3)$$

再將上述寫成 t-軸移位定理可運用的型式為

$$f(t) = (t-2)u(t-2) + u(t-2) - (t-3)u(t-3)$$
$$+ 4u(t-3)$$
$$= (t-2)u(t-2) - (t-3)u(t-3) + u(t-2)$$
$$+ 4u(t-3)$$

取 $\mathscr{L}$ 得

$$\mathscr{L}[f(t)] = \frac{1}{s^2}e^{-2s} - \frac{1}{s^2}e^{-3s} + \frac{1}{s}e^{-2s} + \frac{4}{s}e^{-3s}$$
$$= \frac{1}{s^2}[e^{-2s} - e^{-3s}] + \frac{1}{s}[e^{-2s} + 4e^{-3s}]$$

【範例 6】

求 $\mathscr{L}^{-1}\left(\dfrac{3s-2}{s^2+4s+20}\right)$

【解】

首先將 $s^2 + 4s + 20$ 寫成標準式爲

$$s^2 + 4s + 20 = (s+2)^2 + 16$$

則將原式化爲

$$\frac{3s-2}{(s+2)^2+16} = \frac{3(s+2)-8}{(s+2)^2+16} = F(s+2)$$

先在 s-軸上移位成

$$F(s) = \frac{3s-8}{s^2+16}$$

取 $\mathscr{L}^{-1}$ 得

$$\mathscr{L}^{-1}[F(s)] = 3\cos(4t) - 2\sin(4t)$$

再運用 s-軸移位定理,

$$\mathscr{L}^{-1}[F(s+2)] = e^{-2t}[3\cos(4t) - 2\sin(4t)]$$

【範例 7】

$$\mathcal{L}\{\delta(t - a)\} = e^{-as}$$

其中 $\delta(t)$ 爲單位脈衝函數(unit impulse function) 或 Dirac delta function

【解】

$\delta(t)$ 的基本定義爲

$$\delta(t) \doteqdot \lim_{\varepsilon \to 0} \frac{1}{\varepsilon} \{u(t) - u(t - \varepsilon)\}$$

其圖形可見圖 3.6。

圖 3.6   單位脈衝函數

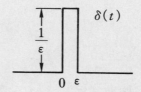

由圖可知，$\delta(t)$ 所構成的面積爲 1，所以

$$\int_0^\infty \delta(t) = 1$$

因此，

$$\delta(t - a) = \lim_{\varepsilon \to 0} \frac{1}{\varepsilon} \{u(t - a) - u(t - a - \varepsilon)\}$$

取拉卜拉斯轉換且由前面範例 2 可得到，

$$\mathcal{L}\{\delta(t - a)\} = \lim_{\varepsilon \to 0} \frac{1}{\varepsilon} \left(\frac{1}{s} e^{-as} - \frac{1}{s} e^{-(a+\varepsilon)s} \right)$$

$$= e^{-as} \lim_{\varepsilon \to 0} \frac{1 - e^{-\varepsilon s}}{\varepsilon s} \quad （分子和分母各取微分）$$

$$= e^{-as} \lim_{\varepsilon \to 0} \frac{s e^{-\varepsilon s}}{s}$$

$$= e^{-as}$$

習 題

1. 運用移位定理，求拉卜拉斯轉換。

(a) te^{-2t}

(b) $e^{2t}\sin(3t)$

(c) $e^{4t}[t - \cos(t)]$

(d) $e^{-3t}t^4$

(e) $e^t[1 - \cosh(t)]$

(f) $e^{2t}\sqrt{t}$

(g) $e^{-t}\sin(2t)$

(h) $(t-1)u(t-1)$

(i) $e^{-5t}\sqrt{t}$

(j) $(t-1)^2 u(t-1)$

(k) $f(t) = \begin{cases} 1, & 0 \le t \le 1 \\ e^t, & 1 < t \le 4 \\ 0, & t > 4 \end{cases}$

(l) $e^t u\left(t - \dfrac{1}{2}\right)$

(m) $f(t) = \begin{cases} 2t, & 0 \le t \le 2 \\ 4, & 2 < t \end{cases}$

(n) $u(t - \pi)\cos(t)$

(o) $f(t) = \begin{cases} e^t, & 0 \le t \le 1 \\ 0, & 1 < t \end{cases}$

(p) $f(t) = \begin{cases} 0, & 0 \le t \le 1 \\ t^2, & 1 < t \end{cases}$

(q) $f(t) = \begin{cases} t, & 0 \le t \le a \\ 0, & a < t \end{cases}$

(r) $f(t) = \begin{cases} 0, & 0 \le t \le 5 \\ 1 - t, & 5 < t \end{cases}$

(s) $f(t) = \begin{cases} 0, & 0 \le t \le 1 \\ 2\cos(\pi t), & 1 < t \le 2 \\ 0, & 2 < t \end{cases}$

(t) $f(t) = \begin{cases} 0, & 0 \le t \le 3 \\ t + t^2, & 3 < t \le 4 \\ 2 + t, & 4 < t \end{cases}$

(u) $f(t) = \begin{cases} 0, & 0 \le t \le 2 \\ 1, & 2 < t \end{cases}$

(v) $f(t) = \begin{cases} 0, & 0 \le t \le 3\pi \\ \sin(t), & 3\pi < t \end{cases}$

2. 運用移位定理，求反拉卜拉斯轉換。

(a) $\dfrac{e^{-3s}}{s^2}$

(b) $\dfrac{1}{s^2+4}e^{-\pi s}$

(c) $\dfrac{3(e^{-4s}-e^{-s})}{s}$

(d) $\dfrac{2}{s-3}e^{-2s}$

(e) $\dfrac{se^{-\pi s}}{(s^2+4)}$

(f) $\dfrac{1}{s^3}e^{-5s}$

(g) $\dfrac{e^{-s}}{s^4}$

(h) $\dfrac{3}{s+2}e^{-5s}$

(i) $\dfrac{8}{s+3}e^{-s}$

(j) $\dfrac{1}{s(s^2+16)}e^{-4s}$

(k) $\dfrac{1}{(s-2)^2}e^{-s}$

3. 求 $\displaystyle\int_0^\infty \frac{\sin(t)}{t}\,\delta\left(t-\frac{\pi}{2}\right)dt$

4. 解下列初值問題。

(a) $y''+2y'+2y=\delta(t-2\pi);\ y(0)=1,\ y'(0)=-1$

(b) $y''+5y'+6y=3\delta(t-2)-4\delta(t-5);\ y(0)=y'(0)=0$

(c) $y''+2y'-3y=-8e^{-t}-\delta\left(t-\dfrac{1}{2}\right);\ y(0)=3,\ y'(0)=-5$

(d) $y^{(3)}+4y''+5y'+2y=6\delta(t);\ y(0)=y'(0)=y''(0)=0$

(e) $y''+2y'+5y=25t-\delta(t-\pi);\ y(0)=-2,\ y'(0)=5$

3.5　拉卜拉斯轉換之微分及積分

以下介紹拉卜拉斯轉換的微分與積分的型式和運用。

【定理 3.8】s- 軸微分轉換定理

假設 $F(s) = \mathscr{L}\{f(t)\}$ 存在當 $s > s_0$，則

$$\mathscr{L}\{tf(t)\} = -\frac{dF(s)}{ds} \text{ 或 } -F'(s), \text{ 當 } s > s_0$$

或

$$\mathscr{L}\{t^n f(t)\} = (-1)^n \frac{d^n F(s)}{ds^n}, \text{ 當 } s > s_0$$

【證明】

從拉卜拉斯轉換的基本定義，

$$F(s) = \int_0^\infty f(t)e^{-st}\,dt$$

可知，

$$
\begin{aligned}
\frac{dF(s)}{ds} &= \frac{d}{ds}\int_0^\infty f(t)e^{-st}\,dt \\
&= \frac{\partial}{\partial s}\int_0^\infty f(t)e^{-st}\,dt \\
&= \int_0^\infty f(t)\frac{\partial}{\partial s}\{e^{-st}\}\,dt \\
&= \int_0^\infty \{-tf(t)\}e^{-st}\,dt \\
&= -\mathscr{L}\{tf(t)\}
\end{aligned}
$$

同理可證

$$\frac{d^2F(s)}{ds^2} = (-1)^2 \mathcal{L}\{t^2 f(t)\}$$

或

$$\mathcal{L}\{t^n f(t)\} = (-1)^n \frac{d^n F(s)}{ds^n}$$

【定理 3.9】s-軸積分轉換定理

假設 $F(s) = \mathcal{L}\{f(t)\}$ 存在當 $s > s_0$，則

$$\mathcal{L}\left\{\frac{f(t)}{t}\right\} = \int_s^\infty F(\bar{s}) d\bar{s}，當 \ s > s_0 \ 且 \lim_{t \to 0^+} \frac{f(t)}{t} \ 存在$$

【證明】

由拉卜拉斯轉換的基本定義，

$$\int_s^\infty F(\bar{s}) d\bar{s} = \int_s^\infty \left[\int_0^\infty f(t) e^{-\bar{s}t} dt\right] d\bar{s}$$

$$= \int_0^\infty f(t) \left[\int_s^\infty e^{-\bar{s}t} d\bar{s}\right] dt$$

$$= \int_0^\infty f(t) \left[-\frac{1}{t} e^{-\bar{s}t} \Big|_s^\infty\right] dt$$

$$= \int_0^\infty f(t) \frac{1}{t} e^{-st} dt$$

$$= \int_0^\infty \left(\frac{f(t)}{t}\right) e^{-st} dt$$

$$= \mathcal{L}\left\{\frac{f(t)}{t}\right\}$$

解題範例

【範例 1】

求 $\mathscr{L}\{t\sin 2t\}$

【解】

已知

$$\mathscr{L}\{\sin 2t\} = \frac{2}{s^2 + 4}$$

故

$$\mathscr{L}\{t\sin 2t\} = -\frac{d}{ds}\left(\frac{2}{s^2 + 4}\right) = \frac{4s}{(s^2 + 4)^2}$$

【範例 2】

求 $\mathscr{L}^{-1}\left\{\ln\dfrac{s - 1}{s - 2}\right\}$

【解】

$$\frac{d}{ds}\left(\ln\frac{s - 1}{s - 2}\right) = \frac{1}{s - 1} - \frac{1}{s - 2}$$

由此可得

$$\int_s^\infty \left(\frac{1}{\bar{s} - 1} - \frac{1}{\bar{s} - 2}\right)d\bar{s} = \ln\frac{\bar{s} - 1}{\bar{s} - 2}\bigg|_s^\infty$$

$$= \lim_{\bar{s}\to\infty}\ln\frac{\bar{s} - 1}{\bar{s} - 2} - \ln\frac{s - 1}{s - 2}$$

$$= -\ln\frac{s - 1}{s - 2}$$

$$\left(\lim_{\bar{s}\to\infty}\ln\frac{\bar{s} - 1}{\bar{s} - 2} = \ln\left(\lim_{\bar{s}\to\infty}\frac{\bar{s} - 1}{\bar{s} - 2}\right) = \ln 1 = 0\right)$$

即

$$\ln \frac{s-1}{s-2} = -\int_s^\infty \left(\frac{1}{\bar{s}-1} - \frac{1}{\bar{s}-2}\right)d\bar{s} = \int_s^\infty \left(\frac{1}{\bar{s}-2} - \frac{1}{\bar{s}-1}\right)d\bar{s}$$

已知

$$\mathscr{L}^{-1}\left(\frac{1}{s-2} - \frac{1}{s-1}\right) = e^{2t} - e^t$$

而

$$\lim_{t\to 0}\frac{e^{2t} - e^t}{t} = \lim_{t\to 0}(2e^{2t} - e^t) = 1$$

存在，故得知

$$\mathscr{L}^{-1}\left\{\ln\frac{s-1}{s-2}\right\} = \mathscr{L}^{-1}\left\{\int_s^\infty \left(\frac{1}{\bar{s}-2} - \frac{1}{\bar{s}-1}\right)d\bar{s}\right\} = \frac{1}{t}(e^{2t} - e^t)$$

【範例 3】

求 $\mathscr{L}^{-1}\left\{\ln\left(1 + \frac{\omega^2}{s^2}\right)\right\}$

【解】

$$-\frac{d}{ds}\ln\left(1 + \frac{\omega^2}{s^2}\right) = -\frac{-2\frac{\omega^2}{s^3}}{1 + \frac{\omega^2}{s^2}} = \frac{2\omega^2}{s(s^2 + \omega^2)} = \frac{2}{s} - 2\frac{s}{s^2 + \omega^2}$$

運用 s- 軸微分轉換定理，

$$\mathscr{L}[tf(t)] = -\frac{d}{ds}F(s)$$

令 $g(t) = tf(t)$，則 $G(s) = -\frac{d}{ds}F(s)$

$$\mathscr{L}^{-1}[G(s)] = \mathscr{L}^{-1}\left[\frac{2}{s} - 2\frac{s}{s^2 + \omega^2}\right] = 2 - 2\cos(\omega t)$$
$$= g(t) = tf(t)$$

故得到

$$f(t) = \frac{2}{t}[1 - \cos(\omega t)]$$

【範例 4】

求 $\mathcal{L}[ty']$、$\mathcal{L}[ty'']$ 和 $\mathcal{L}[t^2y']$

【解】

(a)$\mathcal{L}[ty'] = -\dfrac{d}{ds}\{\mathcal{L}[y']\}$

$\qquad = -\dfrac{d}{ds}\{sY(s) - y(0)\}$

$\qquad = -Y(s) - sY'(s)$

(b)$\mathcal{L}[ty''] = -\dfrac{d}{ds}\{\mathcal{L}[y'']\}$

$\qquad = -\dfrac{d}{ds}\{s^2Y(s) - sy(0) - y'(0)\}$

$\qquad = -s^2Y'(s) - 2sY(s) + y(0)$

(c)$\mathcal{L}[t^2y'] = \dfrac{d^2}{ds^2}\{\mathcal{L}[y']\}$

$\qquad = \dfrac{d^2}{ds^2}\{sY(s) - y(0)\}$

$\qquad = \dfrac{d}{ds}\{Y(s) + sY'(s)\}$

$\qquad = sY''(s) + 2Y'(s)$

習 題

1. 運用 s- 軸微分轉換定理，求拉卜拉斯轉換。

(a) $2t\cos(2t)$　　　　　　　　(b) $t^5 e^{-t}$

(c) $t^2 e^t$　　　　　　　　　　(d) $2t^2\cosh(t)$

(e) $t\sinh(3t)$　　　　　　　　(f) $2t^2 e^{-t}\cosh(t)$

(g) $t\sin(\omega t)$　　　　　　　(h) $t^2\sin(4t)$

(i) $t^2\cos(t)$　　　　　　　　(j) $\displaystyle\int_0^t x\sinh(x)\,dx$

(k) $\dfrac{1}{2}te^{-2t}\sin(t)$

2. 運用 s- 軸積分或微分轉換定理，求反拉卜拉斯轉換。

(a) $\dfrac{s}{(s^2+9)^2}$　　　　　　(b) $\dfrac{s^2}{(s+1)^3}$

(c) $\dfrac{\pi}{2}-\tan^{-1}\left(\dfrac{s}{3}\right)$　　　(d) $\ln\dfrac{s+1}{s+2}$

(e) $\dfrac{(s+1)^2-4}{[(s+1)^2+4]^2}$　　　(f) $\ln\dfrac{s}{s-1}$

(g) $\dfrac{2}{(s+1)^2}$　　　　　　(h) $\ln\dfrac{s^2+1}{(s-1)^2}$

(i) $\dfrac{2s}{(s^2-4)^2}$　　　　　　(j) $\cot^{-1}\left(\dfrac{s}{\omega}\right)$

3. 用拉卜拉斯轉換，求解方程式。

(a) $t^2 y'' - 2y = 2$

(b) $y'' + 2ty' - 4y = 6;\ y(0) = y'(0) = 0$

(c) $y'' - 8ty' + 16y = 3;\ y(0) = y'(0) = 0$

(d) $y'' - 4ty' + 4y = 0;\ y(0) = 0, y'(0) = 10$

(e) $ty'' + (t-1)y' + y = 0;\ y(0) = 0$

3.6　週期函數之拉卜拉斯轉換

　　週期函數是常見的信號，譬如一般家用交流電源為 60 Hz 正弦信號，心臟跳動約為 1 Hz 的複合波形信號，神經細胞也是週期性的發出信號以維持身體的生理平衡等。因此，週期函數也常在工程問題上出現的，故其拉卜拉斯轉換特別在本節介紹之。

　　週期函數可定義為

$$f(t + T) = f(t), \ t > 0$$

其中 T 為週期，就是函數的波形，每 T 時間重複一遍。

【定理 3.10】

　　對片斷連續(piecewise continuous) 的週期函數 $f(t)$，週期為 T，則其拉卜拉斯轉換為

$$\mathscr{L}\{f\} = \frac{1}{1 - e^{-sT}} \int_0^T f(t) e^{-st} \, dt$$

【證明】

由於 $f(t)$ 每 T 時間重複一遍，所以可將每 T 片段積分之，則

$$\mathscr{L}\{f\} = \int_0^\infty f(t) e^{-st} \, dt$$

$$= \int_0^T f(f) e^{-st} \, dt + \int_T^{2T} f(t) e^{-st} \, dt + \int_{2T}^{3T} f(t) e^{-st} \, dt + \cdots$$

對第一、二、三項片斷積分，分別轉換變數為 $t = \tau$、$t = \tau + T$、$t = \tau + 2T$。第四項以後的片斷積分依此類推的轉換變數，則上述積分

變爲

$$\mathcal{L}[f] = \int_0^T f(\tau)e^{-s\tau}d\tau + \int_0^T f(\tau + T)e^{-s(\tau+T)}d\tau$$

$$+ \int_0^T f(\tau + 2T)e^{-s(\tau+2T)}d\tau + \cdots$$

由於 $f(\tau) = f(\tau + T) = f(\tau + 2T) = \cdots$, 得到

$$\mathcal{L}[f] = \int_0^T f(\tau)e^{-s\tau}d\tau + e^{-sT}\int_0^T f(\tau)\,e^{-s\tau}d\tau$$

$$+ e^{-2sT}\int_0^T f(\tau)e^{-s\tau}d\tau + \cdots$$

再令 $\tau = t$, 整理一下, 得

$$\mathcal{L}[f] = (1 + e^{-sT} + e^{-2sT} + \cdots)\int_0^T f(t)e^{-st}\,dt$$

$$= (\sum_{n=0}^{\infty} e^{-nsT})\int_0^T f(t)e^{-st}\,dt$$

$$= \frac{1}{1 - e^{-sT}}\int_0^T f(t)e^{-st}\,dt$$

因爲 $\sum\limits_{n=0}^{\infty} e^{-nsT}$ 爲一收斂的系列。

解題範例

【範例 1】

求鋸齒波(sawtooth wave) 如圖 3.7 的拉卜拉斯轉換。

圖 3.7　鋸齒波

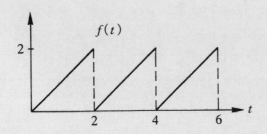

【解】

由圖 3.7 知，週期 $T = 2$，則

$$\int_0^T f(t) e^{-st}\, dt = \int_0^2 t e^{-st}\, dt = -\frac{t}{s} e^{-st}\Big|_0^2 + \frac{1}{s}\int_0^2 e^{-st}\, dt$$

$$= -\frac{2}{s} e^{-2s} - \frac{1}{s^2} e^{-st}\Big|_0^2 = \frac{1 - (1 + 2s) e^{-2s}}{s^2}$$

故得

$$\mathscr{L}[f] = \frac{1}{1 - e^{-2s}} \cdot \frac{1 - (1 + 2s) e^{-2s}}{s^2}$$

$$= \frac{1}{1 - e^{-2s}} \cdot \left(\frac{1 - e^{-2s}}{s^2} - \frac{2}{s} e^{-2s} \right)$$

$$= \frac{1}{s^2} - \frac{2}{s}\frac{e^{-2s}}{1 - e^{-2s}}$$

【範例 2】

求 $F(s) = \dfrac{1}{s^2} - \dfrac{2}{s}\dfrac{e^{-2s}}{1 - e^{-2s}}$ 的反拉卜拉斯轉換。

【解】

此題乃從範例 1 倒過來驗證如何求出週期函數。

從 $F(s)$ 中第二項的 $\dfrac{1}{1 - e^{-2s}}$ 得知其週期為 $T = 2$，再將 $\dfrac{1}{1 - e^{-2s}}$ 還原成 $(1 + e^{-2s} + e^{-4s} + \cdots)$，則

$$F(s) = \frac{1}{s^2} - \frac{2}{s} e^{-2s}(1 + e^{-2s} + e^{-4s} + \cdots)$$

$$= \frac{1}{s^2} - \frac{2}{s}(e^{-2s} + e^{-4s} + e^{-6s} + \cdots)$$

取反拉卜拉斯轉換，$\mathscr{L}\left\{\dfrac{2}{s^2}\right\} = t$ 且 $\mathscr{L}\left\{\dfrac{1}{s}\right\} = 2u(t)$，再運用移位定理，得

$$f(t) = t - 2[u(t - 2) + u(t - 4) + u(t - 6) + \cdots]$$

由於每 $T = 2$ 重覆一次波形，故只要求一個週期的波形即可，如 $0 \le t < 2$ 或 $2 \le t < 4$。

對 $0 \le t < 2$，

$$f(t) = t，波形如圖\ 3.8(a)$$

對 $2 \le t < 4$，

$$f(t) = t - 2u(t - 2)，波形如圖\ 3.8(b)$$

依此類推，可得原始週期波形如圖 3.7。

圖 3.8

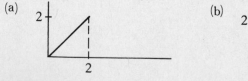
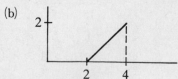

【範例 3】

求階梯函數(staircase function) 如圖 3.9 的拉卜拉斯轉換。

圖 3.9　階梯函數

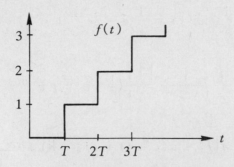

【解】

$f(t)$ 可由單階函數(unit step function) 合成爲

$$f(t) = u(t - T) + u(t - 2T) + u(t - 3T) + \cdots$$

運用移位定理，

$$\mathcal{L}\{f(t)\} = \frac{1}{s}(e^{-sT} + e^{-2sT} + e^{-3sT} + \cdots)$$

$$= \frac{1}{s}e^{-sT}(1 + e^{-sT} + e^{-2sT} + \cdots)$$

$$= \frac{1}{s}\frac{e^{-sT}}{1 - e^{-sT}}$$

【範例 4】

求 $\dfrac{1}{s}\tanh(s)$ 的反拉卜拉斯轉換。

【解】

$$\tanh(s) = \frac{\sinh(s)}{\cosh(s)} = \frac{e^s - e^{-s}}{e^s + e^{-s}} = \frac{1 - e^{-2s}}{1 + e^{-2s}}$$

$$= -\frac{(1-e^{-2s})^2}{(1-e^{-2s})(1+e^{-2s})}$$

$$= \frac{1-2e^{-2s}+e^{-4s}}{1-e^{-4s}}$$

故得到

$$F(s) = \frac{1}{s}\tanh(s) = \frac{1}{s}(1-2e^{-2s}+e^{-4s})\cdot\frac{1}{1-e^{-4s}}$$

其中,

$$F_1(s) = \frac{1}{s}\frac{1}{1-e^{-4s}} = \frac{1}{s}(1+e^{-4s}+e^{-8s}+\cdots)$$

取反拉卜拉斯轉換, 得

$$f_1(t) = u(t) + u(t-4) + u(t-8) + \cdots$$

若

$$F_2(s) = -\frac{2}{s}e^{-2s}\frac{1}{1-e^{-4s}}$$

且

$$F_3(s) = \frac{1}{s}e^{-4s}\frac{1}{1-e^{-4s}}$$

則

$$f_2(t) = -2f_1(t-2),\ f_3(t) = f_1(t-4)$$

故其波形請見圖 **3.10**。

圖 3.10 範例 4 的 $f(t)$ 波形

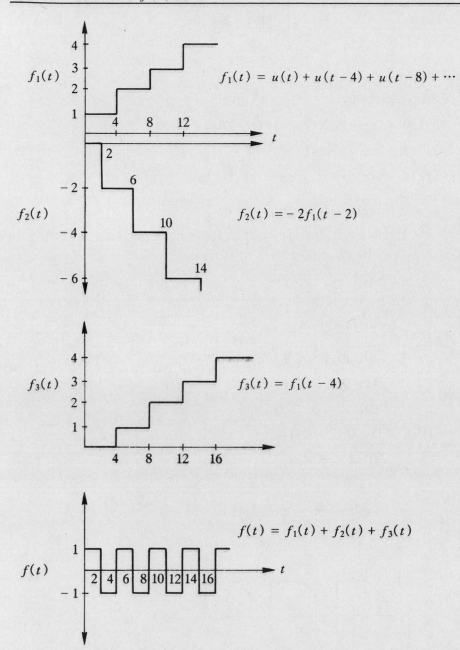

習　題

1. 求拉卜拉斯轉換。

(a) $f(t) = \pi - t$, $f(t) = f(t + 2\pi)$

(b) $f(t) = |E\sin(\omega t)|$

(c) $f(t) = 4\pi^2 - t^2$, $f(t) = f(t + 2\pi)$

(d) $f(t) = \begin{cases} E\sin(\omega t), \text{ 當 } 0 \leq t < \dfrac{T}{2} \\ 0, \text{ 當 } \dfrac{T}{2} \leq t < T \end{cases}$, $f(t) = f(t + T)$

(e) $f(t) = e^t$, $f(t) = f(t + 2\pi)$

(f) $f(t) = \begin{cases} \dfrac{3}{2}t, \ 0 \leq t < 2 \\ 0, \ 2 \leq t < 8 \end{cases}$, $f(t) = f(t + 8)$

(g) $f(t) = \begin{cases} t, \ 0 \leq t < \pi \\ 0, \ \pi < t \leq 2\pi \end{cases}$, $f(t) = f(t + 2\pi)$

(h) $f(t) = \begin{cases} 1, \ 0 \leq t < 1 \\ 0, \ 1 \leq t < 2 \end{cases}$, $f(t) = f(t + 2)$

(i) $f(t) = \begin{cases} t, \ 0 \leq t < \pi \\ \pi - t, \ \pi \leq t < 2\pi \end{cases}$, $f(t) = f(t + 2\pi)$

(j)

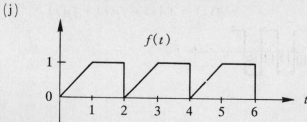

(k)

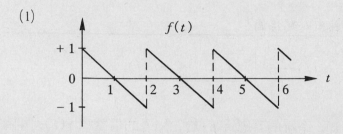

(l)

2. 求反拉卜拉斯轉換。

(a) $\dfrac{1}{s(1-e^{-s})}$

(b) $\dfrac{\pi}{(s^2+\pi^2)(1-e^{-s})}$

(c) $\dfrac{1}{s(1+e^{-s})}$

(d) $\dfrac{1}{s}\tanh\left(\dfrac{s}{2}\right)$

(e) $\dfrac{1}{s^2(1-e^{-s})}$

(f) $\dfrac{1}{s^2}\tanh\left(\dfrac{\pi s}{2}\right)$

(g) $\dfrac{1}{s+1}\cdot\dfrac{1}{1-e^{-2s}}$

(h) $\dfrac{1}{s}\left(\dfrac{1-e^{-2s}}{1-e^{-3s}}\right)$

(i) $\dfrac{1}{s+1}\left(\dfrac{1-e^{-2(s+1)}}{1-e^{-2s}}\right)$

(j) $\dfrac{1}{s^2(1+e^{-s})}-\dfrac{e^{-s}}{s(1-e^{-2s})}$

3.7　迴旋定理及其應用

迴旋(convolution) 在工程上存在的意義可由圖 3.11 表示之。

圖 3.11　系統的輸出入關係圖

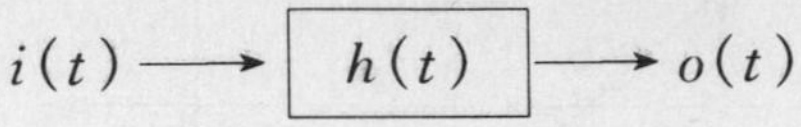

$$i(t) \longrightarrow \boxed{h(t)} \longrightarrow o(t)$$

由圖 3.11 可知, 系統的響應爲 $h(t)$, 輸入的信號爲 $i(t)$, 則輸出的信號 $o(t)$ 爲

$$o(t) = i(t) * h(t) = \int_0^t i(t - \tau)h(\tau)d\tau$$

上式中 $i(t) * h(t)$ 即代表 $i(t)$ 和 $h(t)$ 的迴旋。迴旋的物理意義可由圖 3.12 和圖 3.13 解釋之。假設 $i(t)$ 和 $h(t)$ 的信號波形如圖 3.12, 則用迴旋求得的 $o(t)$ 與 $i(t - \tau)$, $h(\tau)$ 的關係波形請見圖 3.13。$i(t - \tau)$ 是將 $i(t)$ 轉換成 $i(-\tau)$ 後(即令 $t = -\tau$), 再向右移 t 時間, 此時的變數爲 τ, 而 t 爲常數(譬如 $t = 2$ 於圖 3.13(a) 中)。$h(\tau)$ 則由 $h(t)$ 轉換而得(即令 $t = \tau$)。$i(t - \tau)$ 和 $h(\tau)$ 相乘所得到的結果(圖 3.13(c)), 再積分之, 就可求得在 $t = 2$ 這時刻的輸出值, 即圖 3.13(d) 中, 打 × 的點。

圖 3.12 (a)$i(t)$ 的波形　(b) 系統響應的波形

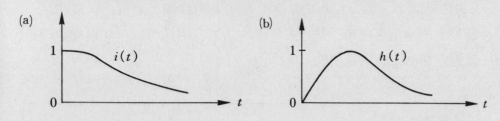

圖 3.13 迴旋的示意圖

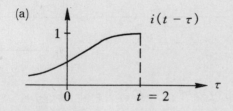

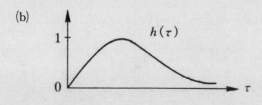

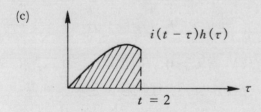

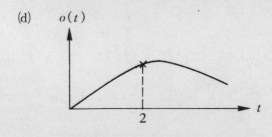

由以上關係圖說明，在 $t = 2$ 這時刻的輸出響應是由 $t = 0$ 到 $t = 2$ 這段時間中，輸入和系統響應相乘結果的總和。簡言之，現在某一時刻 t 的輸出響應值，是過去累積的結果，由此可以得知迴旋定理是普遍存在於工程問題上的。

【定理 3.11】

令 $\mathscr{L}[f(t)] = F(s)$, $\mathscr{L}[g(t)] = G(s)$，當 $t \geq 0$，則
$$\mathscr{L}[f * g] = F(s)G(s)$$

【證明】

$$F(s) = \int_0^\infty f(t)e^{-st}\,dt, \ G(s) = \int_0^\infty g(t)e^{-st}\,dt$$

$$F(s)G(s) = F(s)\int_0^\infty g(t)e^{-st}\,dt$$

$$= \int_0^\infty e^{-st}F(s)g(t)\,dt$$

（因為 $F(s)$ 在 t 中被視為常數）

$$= \int_0^\infty e^{-st}F(s)g(\tau)\,d\tau \qquad (\text{令 } t = \tau)$$

已知 $F(s) = \mathscr{L}[f(t)]$ 當 $t \geq 0$，可將當 $t \geq 0$ 寫在拉卜拉斯轉換中，則成為 $F(s) = \mathscr{L}[f(t)u(t)]$。運用移位定理，
$$e^{-s\tau}F(s) = \mathscr{L}[f(t - \tau)u(t - \tau)]$$
則得到

$$F(s)G(s) = \int_0^\infty \mathscr{L}[f(t - \tau)u(t - \tau)]g(\tau)\,d\tau$$

$$= \int_0^\infty \int_0^\infty f(t - \tau)u(t - \tau)e^{-st}\,dt\,g(\tau)\,d\tau$$

$$= \int_0^\infty \int_\tau^\infty e^{-st} f(t - \tau) g(\tau) \, dt \, d\tau$$

上式中，先積 t 的範圍為 $t = \tau \to \infty$，後再積 τ 的範圍為 $\tau = 0 \to \infty$，則其積分區域在 (t, τ) 平面中如圖 3.14 所示的陰影部份。圖中的兩條橫線代表當 $\tau = 1$(或 $\tau = 2$)時，t 從 1(或 2)積到 ∞，故 $\tau = 0$ 到 ∞ 時，t 從 τ 積到 ∞ 所形成的無限多條橫線造成積分區域如圖 3.14 陰影部份所示且以 $t = \tau$ 為界線。反過來，我們可以先積 τ，再積 t(即將 $dt \, d\tau$ 對調成 $d\tau \, dt$)，則為使得到相同的積分區域，則可得到 $\tau = 0$ 到 t，而 $t = 0$ 到 ∞。圖 3.14 中顯示的兩條直線即代表當 $t = 1$(或 $t = 2$)時，τ 從 0 積到 1(或 2)，故 $t = 0$ 到 ∞ 時，τ 從 0 積到 t 所形成的無限多條直線也可造成相同的積分區域如圖 3.14 之陰影部份。所以得到結論，

$$\begin{aligned}
F(s)G(s) &= \int_0^\infty \int_0^t e^{-st} f(t - \tau) g(\tau) \, d\tau \, dt \\
&= \int_0^\infty e^{-st} \int_0^t f(t - \tau) g(\tau) \, d\tau \, dt \\
&= \int_0^\infty f * g \, e^{-st} \, dt \\
&= \mathscr{L}[f * g]
\end{aligned}$$

圖 3.14 (t, τ) 的積分平面

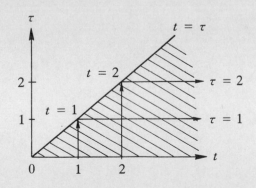

【定理 3.12】迴旋的互換性(commutativity)

$$f * g = g * f$$

【證明】

$$f * g(t) = \int_0^t f(t - \tau)g(\tau)d\tau$$

令 $z = t - \tau$，則 $\tau = t - z$ 且 $d\tau = -dz$，上式轉換為

$$f * g(t) = \int_t^0 f(z)g(t - z)(-dz)$$

$$= \int_0^t g(t - z)f(z)dz$$

$$= g * f(t)$$

$$\boxed{\text{解題範例}}$$

【範例 1】

求 $\mathscr{L}^{-1}\left(\dfrac{1}{s(s-2)^2}\right)$

【解】

令 $F(s) = \dfrac{1}{s}$, $G(s) = \dfrac{1}{(s-2)^2}$

$$f(t) = \mathscr{L}^{-1}[F(s)] = 1, \quad g(t) = te^{2t}$$

運用迴旋定理,

$$\mathscr{L}^{-1}[FG] = f * g = 1 * te^{2t}$$

$$= \int_0^t 1 \cdot \tau e^{2\tau}\, d\tau = \frac{1}{2}e^{2\tau} \cdot \tau \Big|_0^t - \frac{1}{2}\int_0^t e^{2\tau}\, d\tau$$

$$= \frac{1}{2}te^{2t} - \frac{1}{4}e^{2\tau}\Big|_0^t = \frac{1}{2}e^{2t}\left(t - \frac{1}{2}\right) + \frac{1}{4}$$

注意, 如果用 $te^{2t} * 1$ 仍然會得到相同答案, 但運算過程較複雜。

【範例 2】

求 $\mathscr{L}^{-1}\left(\dfrac{1}{(s^2+1)^2}\right)$

【解】

令 $F(s) = G(s) = \dfrac{1}{s^2+1}$, 則

$$f(t) = g(t) = \sin(t)$$

$$\mathscr{L}^{-1}[FG] = \sin(t) * \sin(t) = \int_0^t \sin(t) \cdot \sin(t - \tau)\, d\tau$$

$$= \int_0^t \frac{1}{2}[\cos(2\tau - t) - \cos(t)]\, d\tau$$

$$= \left[\frac{1}{4}\sin(2\tau - t) - \frac{1}{2}\tau\cos(t) \right]\Big|_0^t$$

$$= \frac{1}{4}\sin(t) - \frac{1}{2}t\cos(t) - \frac{1}{4}\sin(-t)$$

$$= \frac{1}{2}\sin(t) - \frac{1}{2}t\cos(t)$$

【範例 3】

求 $f * g(t)$，當 $f(t) = e^{3t}$ 和 $g(t) = e^{2t}$。

【解】

$$f * g(t) = \int_0^t e^{3t}e^{2(t-\tau)}d\tau = \int_0^t e^{2t} \cdot e^{\tau}d\tau = e^{2t}\int_0^t e^{\tau}d\tau$$

$$= e^{2t} \cdot e^{\tau}\Big|_0^t = e^{2t}(e^t - 1) = e^{3t} - e^{2t}$$

【範例 4】

求 $t * t^2$

【解】

$$t * t^2 = t^2 * t = \int_0^t \tau^2 \times (t - \tau)d\tau = \int_0^t (t\tau^2 - \tau^3)d\tau$$

$$= \left(\frac{1}{3}t\tau^3 - \frac{1}{4}\tau^4 \right)\Big|_0^t = \frac{1}{3}t^4 - \frac{1}{4}t^4 = \frac{1}{12}t^4$$

【範例 5】

解初值問題

$$y'' - y' - 6y = f(t), \ y(0) = 1, \ y'(0) = 0$$

【解】

對方程式取拉卜拉斯轉換，得到

$$s^2 Y(s) - s - [sY(s) - 1] - 6Y(s) = F(s)$$

$$Y(s)(s^2 - s - 6) = s - 1 + F(s)$$

$$Y(s) = \frac{s-1}{s^2 - s - 6} + \frac{F(s)}{s^2 - s - 6}$$

其中 $s^2 - s - 6 = (s-3)(s+2)$，再運用部份分式法，

$$Y(s) = \frac{2}{5} \frac{1}{s-3} + \frac{3}{5} \frac{1}{s+2} + \frac{1}{5} F(s) \frac{1}{s-3} - \frac{1}{5} F(s) \frac{1}{s+2}$$

取反拉卜拉斯轉換，得到

$$y(t) = \frac{2}{5} e^{3t} + \frac{3}{5} e^{-2t} + \frac{1}{5} f(t) * e^{3t} - \frac{1}{5} f(t) * e^{-2t}$$

【範例 6】

對一系統 $y'' + 2y = i(t)$ 且 $y(0) = y'(0) = 0$ 而言，若輸入信號爲一方波爲 $i(t) = 1$ 當 $0 \le t < 1$，$i(t) = 0$ 當 $t \ge 1$。求 $y(t)$。

【解】

取拉卜拉斯轉換，得到

$$Y(s)(s^2 + 2) = I(s) = \mathcal{L}\{i(t)\}$$

$$Y(s) = \frac{1}{s^2 + 2} I(s)$$

故　　　$$y(t) = \mathcal{L}^{-1}\left[\frac{1}{s^2 + 2}\right] * i(t) = \frac{\sin(\sqrt{2}t)}{\sqrt{2}} * i(t)$$

$$= \frac{1}{\sqrt{2}} \int_0^t i(t-\tau) \sin(\sqrt{2}\tau) d\tau$$

當 $0 \le t < 1$ 時，

$$y(t) = \frac{1}{\sqrt{2}} \int_0^t \sin(\sqrt{2}\tau) \, d\tau = \frac{-1}{2} \cos(\sqrt{2}\tau) \Big|_0^t$$

$$= \frac{1}{2}[1 - \cos(\sqrt{2}t)]$$

當 $t \ge 1$ 時，

$$y(t) = \frac{1}{\sqrt{2}} \int_{t-1}^t \sin(\sqrt{2}\tau) d\tau = \frac{-1}{2} \cos(\sqrt{2}\tau) \Big|_{t-1}^t$$

$$= \frac{1}{2}[\cos(\sqrt{2}(t-1)) - \cos(\sqrt{2}t)]$$

習 題

1. 求迴旋值。

(a) $2 * t$

(b) $1 * 1$

(c) $4t * e^{2t}$

(d) $e^t * e^t$

(e) $t * e^t$

(f) $t^2 * t^2$

(g) $t * te^{-t}$

(h) $\sin(\omega t) * \cos(\omega t)$

(i) $3 * \sin(2t)$

(j) $\sin(t) * \sin(2t)$

(k) $t * \cos(t)$

(l) $u(t - \pi) * \cos(t)$

2. 用迴旋定理求反拉卜拉斯轉換。

(a) $\dfrac{1}{(s^2 + 4)(s^2 - 4)}$

(b) $\dfrac{1}{(s - 1)^2}$

(c) $\dfrac{1}{(s - 1)(s - 2)}$

(d) $\dfrac{1}{s^2(s - 3)}$

(e) $\dfrac{s}{(s^2 + a^2)(s^2 + b^2)}$

(f) $\dfrac{1}{s(s^2 + 9)}$

(g) $\dfrac{1}{s^2 + 3s - 40}$

(h) $\dfrac{1}{s(s^2 + \omega^2)}$

(i) $\dfrac{s^2}{(s^2 + a^2)(s^2 - b^2)}$

(j) $\dfrac{9}{s^2(s^2 + 9)}$

(k) $\dfrac{s}{(s^2 + \omega^2)^2}$

(l) $\dfrac{1}{(s + 2)(s^2 - 9)}$

(m) $\dfrac{s^2 - \omega^2}{(s^2 + \omega^2)^2}$

(n) $\dfrac{-2}{(s^2 - 5)(s - 9)^2}$

(o) $\dfrac{1}{(s + 1)(s + 2)}$

(p) $\dfrac{2}{s^3(s^2 + 5)}$

3. 證明

(a) 迴旋的聯合律(associative law)：$(f * g) * h = f * (g * h)$

(b) 迴旋的分佈律(distributive law)：$f * (g + h) = f * g + f * h$

(c) 迴旋的互換律(commutative law)：$f * g = g * f$

(d) $\delta * f(t) = f(t)$

4. 用迴旋解初值問題。

(a) $y'' + y = \sin 3t$, $y(0) = y'(0) = 0$

(b) $y' + y = \sin t$, $y(0) = 1$

(c) $y'' + y = t$, $y(0) = y'(0) = 0$

(d) $y'' - y' - 2y = 4t^2$, $y(0) = 1$, $y'(0) = 4$

(e) $y'' + 25y = 5.2e^{-t}$, $y(0) = 1.2$, $y'(0) = -10.2$

(f) $2y'' + 4y' + y = 1 + t^2$, $y(0) = y'(0) = 0$

(g) $y'' + 4y = u(t - 1)$, $y(0) = y'(0) = 0$

(h) $y'' - 6y' + 2y = 4$, $y(0) = y'(0) = 0$

(i) $y'' + 9y = f(t)$, $y(0) = 0$, $y'(0) = 4$,

$$f(t) = \begin{cases} 8\sin t, & 0 \leq t < \pi \\ 0, & t \geq \pi \end{cases}$$

(j) $y'' - 3y' + y = e^{-t}$, $y(0) = y'(0) = 0$

(k) $y'' + 4y = f(t)$, $y(0) = 0$, $y'(0) = 3$,

$$f(t) = \begin{cases} 3\sin t, & 0 \leq t < \pi \\ -3\sin t, & t \geq \pi \end{cases}$$

(l) $y'' + y = f(t)$, $y(0) = y'(0) = 0$,

$$f(t) = \begin{cases} 0, & x < 1 \\ 2, & x \geq 1 \end{cases}$$

5. 用拉卜拉斯轉換去解積分方程式。

(a) $y(t) = -t + \int_0^t y(t - \tau)\sin(\tau)\, d\tau$

(b) $y(t) = 1 + \int_0^t y(\tau)\, d\tau$

(c) $y(t) = 2t^2 + \int_0^t y(t - \tau)e^{-\tau}\,d\tau$

(d) $y(t) = 1 - \int_0^t (t - \tau)y(\tau)\,d\tau$

(e) $y(t) = t - 1 - 2\int_0^t y(t - \tau)\sin(\tau)\,d\tau$

(f) $y(t) = te^t - 2e^t \int_0^t e^{-\tau}y(\tau)\,d\tau$

(g) $y(t) = 1 + 2t + \int_0^t y(t - \tau)e^{-\tau}\,d\tau$

(h) $y(t) = 3 + \int_0^t y(\tau)\cos[2(t - \tau)]\,d\tau$

3.8　拉卜拉斯轉換在工程上之應用

　　如同最初在 3.1 節說明，拉卜拉斯轉換最適用的時機是在解常係數微分方程式且變數區間是 $t \geq 0$。一般在求得方程式解之後，如 $y(t) = e^{-t}$，沒有特別標示變數的適用區間為 $t \geq 0$，這會讓人誤會任何方程式皆可用拉卜拉斯轉換來解答。事實上，這是錯誤的觀念，對變數區間是 $0 \leq t \leq L$ 的有雙邊界之問題時，拉卜拉斯轉換是不能用的，這會在偏微分方程式的章節中說明之。若細心些，經由拉卜拉斯轉換所求得的解答，如 $y(t) = e^{-t}$，應該寫為 $y(t) = e^{-t}u(t)$，表示在 $t < 0$ 的區間是沒有定義的。但要注意，$y'(t) = -e^{-t}u(t)$。

　　在第二章，已對工程上的問題(如機械振盪系統和電路系統)導出代表系統的微分方程式。3.2 節針對單一方程式的系統提出拉卜拉斯轉換的應用說明，而且其解題範例及習題也散見在上面各章節中。這裡再針對有兩個以上微分方程式(簡稱聯立方程式)的系統的拉卜拉斯轉換，加以說明。

　　圖 3.15 是典型的質量－彈簧之機械振盪系統。有兩個物體質量為 m_1 和 m_2，分別放在三個不同彈性係數的彈簧之間。假設以平衡點為起始點，給予輸入刺激為 $f(t)$ 和 $g(t)$，則 m_1 受到的正 x 方向的力量 $m_1 x''$ 為

$$m_1 x'' = f - k_1 x - k_2(x - y)$$

其中 $-k_1 x$ 代表被拉長 x 公分的 k_1 彈簧對物體 m_1 的拉力在負 x 方向；$-k_2(x - y)$ 表示若 $(x - y)$ 大於零，則被縮短 $(x - y)$ 公分的 k_2 彈簧推力也在負 x 方向。二個彈簧的力量加上外加刺激 $f(t)$ 之總和即可決定物體加速的方向和大小了。同理亦得求得 m_2 物體的受力方程式為

圖 3.15 質量-彈簧振盪系統

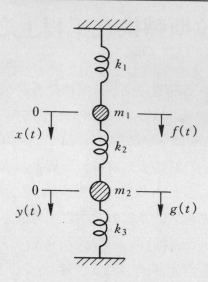

$$m_2 y'' = g + k_2(x - y) - k_3 y$$

其中 $k_2(x - y)$ 代表若 $(x - y) \geq 0$，則被縮短 $(x - y)$ 公分的 k_2 彈簧推力在正 y 方向；$-k_3 y$ 代表被壓縮(若 $y \geq 0$) 的 k_3 彈簧推力在負 y 方向。

將上述兩方程式整理一下，就得到系統的聯立微分方程式爲

$$m_1 x'' = f - (k_1 + k_2)x + k_2 y$$
$$m_2 y'' = g + k_2 x - (k_2 + k_3)y$$

圖 3.16 電路系統

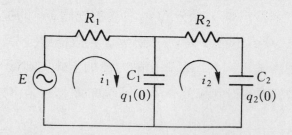

圖 3.16 爲電路系統，用迴路分析法，可以得到迴路 1 的方程式爲

$$E(t) = i_1 R_1 + \frac{1}{C_1} \int_0^t (i_1 - i_2) \, d\tau + \frac{1}{C_1} q_1(0)$$

注意，由基本定義 $i = q'$，故 $q = \int_0^t i \, d\tau + q(0)$；$CV = q$。同理得到迴路 2 的方程式爲

$$\frac{1}{C_1} \int_0^t (i_1 - i_2) \, d\tau + \frac{1}{C_1} q_1(0) = i_2 R_2 + \frac{1}{C_2} \int_0^t i_2 \, d\tau + \frac{1}{C_2} q_2(0)$$

上述兩聯立方程式屬於積分形式。注意，變數區間爲 $t \geq 0$。

解題範例

【範例 1】

見圖 3.15，令 $m_1 = m_2 = 1$，$k_1 = k_3 = 4$，$k_2 = \dfrac{5}{2}$，$f(t) = 2[1 - u(t-3)]$，$g(t) = 0$ 且 $x(0) = x'(0) = y(0) = y'(0) = 0$，求系統方程式解。

【解】

將數值代入質量－彈簧系統方程式，得到

$$x'' = 2[1 - u(t-3)] - \frac{13}{2}x + \frac{5}{2}y$$

$$y'' = \frac{5}{2}x - \frac{13}{2}y$$

取拉卜拉斯轉換，

$$s^2 X = \frac{2}{s}(1 - e^{-3s}) - \frac{13}{2}X + \frac{5}{2}Y$$

$$s^2 Y = \frac{5}{2}X - \frac{13}{2}Y$$

寫作標準聯立方程式型式，

$$\left(s^2 + \frac{13}{2}\right)X - \frac{5}{2}Y = \frac{2}{s}(1 - e^{-3s})$$

$$-\frac{5}{2}X + \left(s^2 + \frac{13}{2}\right)Y = 0$$

則得到 X 和 Y 之解為

$$X(s) = \frac{(2s^2 + 13)(1 - e^{-3s})}{s(s^2 + 9)(s^2 + 4)}$$

$$Y(s) = \frac{5(1 - e^{-3s})}{s(s^2 + 9)(s^2 + 4)}$$

用部份分式法，得到

$$X(s) = \left(\frac{13}{36}\frac{1}{s} - \frac{1}{4}\frac{s}{s^2+4} - \frac{1}{9}\frac{s}{s^2+9}\right)(1 - e^{-3s})$$

$$Y(s) = \left(\frac{5}{36}\frac{1}{s} - \frac{1}{4}\frac{s}{s^2+4} + \frac{1}{9}\frac{s}{s^2+9}\right)(1 - e^{-3s})$$

取反拉卜拉斯轉換，得到 $x(t)$ 和 $y(t)$ 解爲

$$x(t) = \frac{13}{36}[1 - u(t-3)] - \frac{1}{4}[\cos(2t) - \cos[2(t-3)]u(t-3)]$$
$$- \frac{1}{9}[\cos(3t) - \cos[3(t-3)]u(t-3)], \; t \geq 0$$

$$y(t) = \frac{5}{36}[1 - u(t-3)] - \frac{1}{4}[\cos(2t) - \cos[2(t-3)]u(t-3)]$$
$$+ \frac{1}{9}[\cos(3t) - \cos[3(t-3)]u(t-3)], \; t \geq 0$$

注意，若不寫當 $t \geq 0$,. 則 $x(t)$ 和 $y(t)$ 中的 1 應改爲 $u(t)$, $\cos(2t)$ 和 $\cos(3t)$ 應改爲 $\cos(2t)u(t)$ 和 $\cos(3t)u(t)$。

【範例 2】

見圖 3.16，設 $E(t) = 10u(t)$, $R_1 = 40\,\Omega$, $R_2 = 60\,\Omega$, $C_1 = C_2 = \frac{1}{120}\,F$, $q_1(0) = q_2(0) = 0$，求系統方程式解。

【解】

圖 3.16 的系統積分方程式代入數值後，得到

$$40i_1 + 120\int_0^t (i_1 - i_2)\,d\tau = 10 \tag{3.12a}$$

$$60i_2 + 120\int_0^t i_2\,d\tau = 120\int_0^t (i_1 - i_2)\,d\tau \tag{3.12b}$$

取拉卜拉斯轉換得到，

$$40I_1 + \frac{120}{s}(I_1 - I_2) = \frac{10}{s}$$

$$60I_2 + \frac{120}{s}I_2 = \frac{120}{s}(I_1 - I_2)$$

整理之，

$$(s + 3)I_1 - 3I_2 = \frac{1}{4}$$

$$2I_1 - (s + 4)I_2 = 0$$

解聯立方程式, 得到

$$I_1 = \frac{s + 4}{4(s + 1)(s + 6)} = \frac{3}{20}\frac{1}{s + 1} + \frac{1}{10}\frac{1}{s + 6}$$

$$I_2 = \frac{1}{2(s + 1)(s + 6)} = \frac{1}{10}\frac{1}{s + 1} - \frac{1}{10}\frac{1}{s + 6}$$

取反拉卜拉斯轉換, $i_1(t)$ 和 $i_2(t)$ 分別為

$$i_1(t) = \frac{1}{10}\left(\frac{3}{2}e^{-t} + e^{-6t}\right)u(t)$$

$$i_2(t) = \frac{1}{10}(e^{-t} - e^{-6t})u(t)$$

如果您比較習慣用微分方程式, 則可將(3.12) 式的積分方程式微分後, 得到

$$40i_1' + 120(i_1 - i_2) = 0$$

$$60i_2' + 120i_2 = 120(i_1 - i_2)$$

至於 $i_1(0^+)$ 和 $i_2(0^+)$ 的初值可代入 $t = 0^+$ 於(3.12) 式中,

$$40i_1(0) = 10$$

$$60i_2(0) = 0$$

故得到 $i_1(0) = \frac{1}{4}$, $i_2(0) = 0$。

對系統微分方程式, 取拉卜拉斯轉換得到,

$$40[sI_1 - i_1(0)] + 120(I_1 - I_2) = 0$$

$$60[sI_2 - i_2(0)] + 120I_2 = 120(I_1 - I_2)$$

整理後, 得到

$$(s + 3)I_1 - 3I_2 = \frac{1}{4}$$

$$2I_1 - (s + 4)I_2 = 0$$

至此, 兩者得到的聯立方程式相同, 故解亦同。

【範例 3】

解系統聯立方程式

$$x' + y = \sin t$$
$$y' - z = e^t$$
$$z' + x + y = 1$$
$$x(0) = 0, \; y(0) = z(0) = 1$$

【解】

取拉卜拉斯轉換,

$$(sX - 0) + Y = 1/(s^2 + 1)$$
$$(sY - 1) - Z = 1/(s - 1)$$
$$(sZ - 1) + X + Y = 1/s$$

整理之,

$$sX + Y = \frac{1}{s^2 + 1}$$

$$sY - Z = \frac{s}{s - 1}$$

$$X + Y + sZ = \frac{s + 1}{s}$$

聯立方程式解為

$$X(s) = \frac{-1}{s(s - 1)} = \frac{1}{s} - \frac{1}{s - 1}$$

$$Y(s) = \frac{s^2 + s}{(s - 1)(s^2 + 1)} = \frac{1}{s - 1} + \frac{1}{s^2 + 1}$$

$$Z(s) = \frac{s}{s^2 + 1}$$

取反拉卜拉斯轉換,

$$x(t) = 1 - e^t$$
$$y(t) = e^t + \sin t, \; t \geq 0$$
$$z(t) = \cos t$$

【範例 4】

解系統聯立方程式

$$x'' - y + 2z = 3e^{-t}$$
$$- 2x' + 2y' + z = 0$$
$$2x' - 2y + z' + 2z'' = 0$$
$$x(0) = x'(0) = 1, \; y(0) = 2, z(0) = 2, \; z'(0) = -2$$

【解】

取拉卜拉斯轉換，

$$(s^2X - s - 1) - Y + 2Z = \frac{3}{s+1}$$
$$- 2(sX - 1) + 2(sY - 2) + Z = 0$$
$$2(sX - 1) - 2Y + (sZ - 2) + 2(s^2Z - 2s + 2) = 0$$

整理之，

$$s^2X - Y + 2Z = \frac{s^2 + 2s + 4}{s+1}$$
$$- 2sX + 2sY + Z = 2$$
$$2sX - 2Y + (2s^2 + s)Z = 4s$$

聯立方程式解爲

$$X = \frac{1}{s-1}$$
$$Y = \frac{1}{(s-1)(s+1)} = \frac{1}{s-1} + \frac{1}{s+1}$$
$$Z = \frac{2}{s+1}$$

取反拉卜拉斯轉換，

$$x(t) = e^t$$
$$y(t) = e^t + e^{-t}, \; t \geq 0$$
$$z(t) = 2e^{-t}$$

習　題

1. 解聯立微分方程式。

(a) $x' + 2x - 2y = 0$

　　$-x + y' + y = 2e^t$, $x(0) = 0$, $y(0) = 1$

(b) $x' + y = 0$, $x - y' = 0$, $x(0) = 1$, $y(0) = 0$

(c) $x' + 2x + y = e^{-t}$, $-2x + y' = -e^{-t}$, $x(0) = 2$, $y(0) = 0$

(d) $x' + x - y = 0$, $x + y + y' = 0$, $x(0) = 1$, $y(0) = 0$

(e) $x' + 2y' - y = 1$, $2x' + y = 0$, $x(0) = y(0) = 0$

(f) $x' - 2x - 4y = 0$, $x - y' + 2y = 0$, $x(0) = y(0) = -4$

(g) $x' + 3x - y = 1$, $x' + y' + 3x = 0$, $x(0) = 2$, $y(0) = 0$

(h) $x' - 2x + 4y = 0$, $x - y' - 3y = 0$, $x(0) = 3$, $y(0) = 0$

(i) $3x' - y = 2t$, $x' + y' - y = 0$, $x(0) = y(0) = 0$

(j) $x' + 2x - 3y = 0$, $4x - y' - y = 0$, $x(0) = 4$, $y(0) = 3$

(k) $x' + 2x - y' = 0$, $x' + x + y = t$, $x(0) = y(0) = 0$

(l) $x' - x - 2y = 1$, $y' - 4x - 3y = -1$, $x(0) = 1$, $y(0) = 2$

(m) $x' + 2y' - y = t$, $x' + 2y = 0$, $x(0) = y(0) = 0$

(n) $x'' + y = 0$, $x'' - y' = -2e^t$, $x(0) = y(0) = 0$, $x'(0) = -2$,

　　$y'(0) = 2$

(o) $x'' - x - 3y = 0$, $y'' - 4x = -4e^t$, $x(0) = 2$, $x'(0) = 3$,

　　$y(0) = 1$, $y'(0) = 2$

(p) $x'' - 2y = 2$, $x + y' = 5e^{2t} + 1$, $x(0) = x'(0) = 2$,

　　$y(0) = 1$

(q) $x' + y' = 2\sinh t$, $y' + z' = e^t$, $x' + z' = 2e^t + e^{-t}$,

　　$x(0) = y(0) = 1$, $z(0) = 0$

(r) $x' - y = 0$, $x + y' + z = 1$, $x - y + z' = 2\sin t$,

$x(0) = 1$, $y(0) = 1$, $z(0) = 1$

(s) $x' - 2y + 3z = 0$, $x - 4y' + 3z' = t$, $x - 2y' + 3z' = -1$,

$x(0) = y(0) = z(0) = 0$

(t) $x'' - 2z = 0$, $x' + y' - z = 2t$, $x' - 2y + z'' = 0$,

$x(0) = y(0) = 0$, $x'(0) = z'(0) = 0$, $z(0) = 1$

(u) $x'' + y + z = -1$, $x + y'' - z = 0$, $x' + y' - z'' = 0$,

$x(0) = y(0) = 0$, $z(0) = -1$, $x'(0) = 1$, $y'(0) = 0$,

$z'(0) = 1$

2. 解出迴路電流。其中初值電流和初值電荷皆爲零，

(a) $E(t) = u(t - 4) - 0.5u(t - 5)$

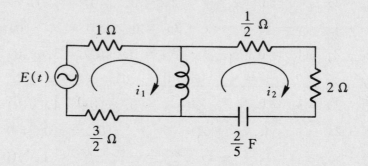

(b) $E(t) = u(t - 4)$

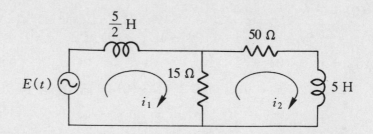

(c) $E(t) = \dfrac{K}{2} u(t)$

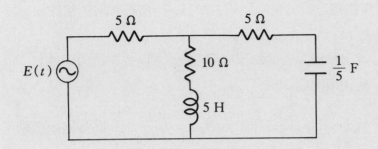

3. 如圖 3.15 的質量 – 彈簧振盪系統，求物體的運動情形。其中，m_1
   $= 1$，$m_2 = 1$，$k_1 = 6$，$k_2 = 2$，$k_3 = 3$。

   (a) 兩物體各往下拉 1 個單位後，再鬆開之，無外加施力。

   (b) 初值位置和初值速度皆爲零，m_2 物體施予外力 $f(t) = 1 - u(t-1)$，m_1 物體則不施予外力。

4. 如下圖的結構，求出物體振盪的情形。

(a) 設初值偏移和速度皆為零，而且無阻尼。外加施力為 $f(t) = 2$, $g(t) = 0$。

(b) 若兩物體起啓於平衡狀態，而且 m_1 物體有阻尼常數 c_1，並施予外力 $f(t) = A\sin(\omega t)$。

(1) 導出物體運動的初值問題(微分方程式和初值條件)。

(2) 解初值問題。

(3) 若 m_2 和 k_2 的選擇使符合 $\omega = \sqrt{\dfrac{k_2}{m_2}}$，$\omega$ 為強迫振盪頻率，則證明施予在 m_1 的強迫振盪被抵消掉了。

第四章

傅立葉分析

4.0　　前言

　　弗榭傅立葉(Joseph Fouries) 大師是位工程專家，爲解決工程問題而發現的傅立葉分析法，在1807年寫成論文投到巴黎科學期刊後，對工程革命的影響之鉅遠，至今仍受用無窮。由於傅立葉大師本身並非專業的數學家，故1807年的論文是被拒絕刊登的，後經幾位大師前輩的欣賞才得以發揮所長，造福19～20世紀的社會文明。除了工程問題上多一項新方法可運用，另外對信號分析、無線通信及電腦應用方面敞開無遠弗屆的視野。因此，特別鼓勵未來的年輕工程師們，千萬重視數學這門看似艱澀無味的學問，好好認眞學習之。雖然不一定要學得像數學家那麼嚴謹，但由於見多識廣，您的神來一導，可能像傅立葉大師一樣，大大地震撼社會文明，雖然起初有被拒絕接受刊登的可能性。

4.1 傅立葉級數

首先提及泰勒級數(Taylor series)的基本定義:

任何連續函數 $f(x)$,假如所有微分都存在的話,則 $f(x)$ 可被多項式取代如下:

$$f(x) = \sum_{n=0}^{\infty} a_n x^n, \quad |x| < R \tag{4.1}$$

其中 $a_n = \dfrac{f^{(n)}(0)}{n!}$,$R$ 爲收斂半徑。

雖然泰勒級數在數學上相當好用,但在工程上則無法發揮其長處。傅立葉大師在工程上碰到的問題,深覺若能用三角函數來代表任何函數,則非常容易解決這些工程問題,其理念如泰勒級數一樣,只是把多項式換成三角函數,則成爲傅立葉級數(Fourier series)如下:

$$f(x) = a_0 + \sum_{n=1}^{\infty} \left[a_n \cos\left(\frac{n\pi L}{x}\right) + b_n \sin\left(\frac{n\pi L}{x}\right) \right]$$
$$x \in [-L, L] \tag{4.2}$$

由於三角函數乃屬週期函數,是故 $f(x)$ 必須是任意週期函數,故 $f(x)$ 的週期和三角函數相同爲 $T = 2L$,定義區間爲 $x \in [-L, L]$,就是 $f(x) = f(x + T)$,$T = 2L$。傅立葉級數和泰勒級數最大的差別是:

(1) 傅立葉級數只能代表週期函數,故必須定義週期的範圍。

(2) 傅立葉級數不會發散,故沒有收斂半徑。

(3) 傅立葉級數所代表的函數不需要所有微分都存在,只要可積分就好。

【引理 4.1】

　　證明三角函數是一組正交函數(orthogonal functions)在其週期〔$-L, L$〕範圍之內。這相當於證明：

(1) 若 $n \neq m$ $(n, m \geq 0)$, 則

$$\int_{-L}^{L} \cos\left(\frac{n\pi x}{L}\right)\cos\left(\frac{m\pi x}{L}\right) dx = \int_{-L}^{L} \sin\left(\frac{n\pi x}{L}\right)\sin\left(\frac{m\pi x}{L}\right) dx$$
$$= 0$$

(2) any $m, n \geq 0$,

$$\int_{-L}^{L} \cos\left(\frac{n\pi x}{L}\right)\sin\left(\frac{m\pi x}{L}\right) dx = 0$$

【證明】

(1) $\displaystyle\int_{-L}^{L} \cos\left(\frac{n\pi x}{L}\right)\cos\left(\frac{m\pi x}{L}\right) dx$

$$= \frac{1}{2}\int_{-L}^{L} \cos\left(\frac{(m-n)\pi x}{L}\right) dx + \frac{1}{2}\int_{-L}^{L} \cos\left(\frac{(m+n)\pi x}{L}\right) dx$$

$$= \frac{1}{2}\frac{L}{(m-n)\pi}\sin\left(\frac{(m-n)\pi x}{L}\right)\Bigg|_{-L}^{L} +$$

$$\frac{1}{2}\frac{L}{(m+n)\pi}\sin\left(\frac{(m+n)\pi x}{L}\right)\Bigg|_{-L}^{L}$$

$$= \frac{L}{(m-n)\pi}\sin[(m-n)\pi] + \frac{L}{(m+n)\pi}\sin[(m+n)\pi]$$

$$= 0 \qquad (因爲\ m \neq n)$$

同理亦可證 $\displaystyle\int_{-L}^{L} \sin\left(\frac{n\pi x}{L}\right)\sin\left(\frac{m\pi x}{L}\right) dx = 0$, 若 $m \neq n$。

(2) $\displaystyle\int_{-L}^{L} \cos\left(\frac{n\pi x}{L}\right)\sin\left(\frac{m\pi x}{L}\right) dx$

$$= \frac{1}{2}\int_{-L}^{L}\sin\left(\frac{(m+n)\pi x}{L}\right)dx + \frac{1}{2}\int_{-L}^{L}\sin\left(\frac{(m-n)\pi x}{L}\right)dx$$

$$= -\frac{1}{2}\frac{L}{(m+n)\pi}\cos\left(\frac{(m+n)\pi x}{L}\right)\Big|_{-L}^{L}$$

$$\quad -\frac{1}{2}\frac{L}{(m-n)\pi}\cos\left(\frac{(m-n)\pi x}{L}\right)\Big|_{-L}^{L}$$

$$= 0$$

【定理 4.1】

　　若 $f(x)$ 是可積分的或片斷連續在週期區間 $[-L,L]$ 之內，則 $f(x)$ 的傅立葉級數在 $[-L,L]$ 定義為 $f_\infty(x)$：

$$f_\infty(x) = a_0 + \sum_{n=1}^{\infty}\left[a_n\cos\left(\frac{n\pi x}{L}\right) + b_n\sin\left(\frac{n\pi x}{L}\right)\right] \qquad (4.3)$$

其中，

$$a_n = \frac{\int_{-L}^{L}f(x)\cos\left(\frac{n\pi x}{L}\right)dx}{\int_{-L}^{L}\cos^2\left(\frac{n\pi x}{L}\right)dx}, \ n \geq 0$$

$$b_n = \frac{\int_{-L}^{L}f(x)\sin\left(\frac{n\pi x}{L}\right)dx}{\int_{-L}^{L}\sin^2\left(\frac{n\pi x}{L}\right)dx}, \ n \geq 1$$

　　通常，$f_\infty(x) = f(x)$，但在某些狀況下，$f_\infty(x) \neq f(x)$，這會在下一節說明，所以在 $f(x)$ 下標加 "∞" 符號以示區別。

【證明】

若 $f_\infty(x) = f(x)$ 在 $[-L,L]$，則

$$f(x) = a_0 + \sum_{n=1}^{\infty}\left[a_n\cos\left(\frac{n\pi x}{L}\right) + b_n\sin\left(\frac{n\pi x}{L}\right)\right]$$

$$= \sum_{n=0}^{\infty} a_n \cos\left(\frac{n\pi x}{L}\right) + \sum_{n=1}^{\infty} b_n \sin\left(\frac{n\pi x}{L}\right)$$

運用引理 4.1 的三角函數之正交特性，若欲求 a_n，則將 $f(x)$ 乘上

$\cos\left(\dfrac{m\pi x}{L}\right)$，再積分之，即可求得如下：

$$\int_{-L}^{L} f(x)\cos\left(\frac{m\pi x}{L}\right) dx = \int_{-L}^{L} \sum_{n=0}^{\infty} a_n \cos\left(\frac{n\pi x}{L}\right)\cos\left(\frac{m\pi x}{L}\right) dx$$

$$+ \int_{-L}^{L} \sum_{n=1}^{\infty} b_n \sin\left(\frac{n\pi x}{L}\right)\cos\left(\frac{m\pi x}{L}\right) dx$$

$$= \sum_{n=0}^{\infty} a_n \int_{-L}^{L} \cos\left(\frac{n\pi x}{L}\right)\cos\left(\frac{m\pi x}{L}\right) dx$$

$$+ \sum_{n=1}^{\infty} b_n \int_{-L}^{L} \sin\left(\frac{n\pi x}{L}\right)\cos\left(\frac{m\pi x}{L}\right) dx$$

運用引理 4.1，上式的第一項除了 $n = m$ 之外皆爲零，第二項也爲零，故得到

$$\int_{-L}^{L} f(x)\cos\left(\frac{m\pi x}{L}\right) dx = a_m \int_{-L}^{L} \cos^2\left(\frac{m\pi x}{L}\right) dx$$

更改變數 m 爲 n，則得證

$$a_n = \frac{\displaystyle\int_{-L}^{L} f(x)\cos\left(\frac{n\pi x}{L}\right) dx}{\displaystyle\int_{-L}^{L} \cos^2\left(\frac{n\pi x}{L}\right) dx}, \ n \geq 0$$

同理亦可得證

$$b_n = \frac{\displaystyle\int_{-L}^{L} f(x)\sin\left(\frac{n\pi x}{L}\right) dx}{\displaystyle\int_{-L}^{L} \sin^2\left(\frac{n\pi x}{L}\right) dx}, \ n \geq 1$$

注意：對 $n \geq 1$，

$$\int_{-L}^{L} \cos^2\left(\frac{n\pi x}{L}\right) dx = \int_{-L}^{L} \frac{1 + \cos\left(\dfrac{2n\pi x}{L}\right)}{2} \, dx$$

$$= \frac{1}{2}\int_{-L}^{L} dx = L$$

同理,

$$\int_{-L}^{L} \sin^2\left(\frac{n\pi x}{L}\right) dx = L$$

若 $n = 0$, 則

$$\int_{-L}^{L} \cos^2\left(\frac{0 \cdot \pi x}{L}\right) dx = \int_{-L}^{L} 1 \cdot dx = 2L$$

基本上,作者不太贊同在求 a_n 和 b_n 係數時,把分母的積分值寫出來變成公式來死背,最好保留積分形式,以示其由三角函數正交關係證明得來的。

【定理 4.2】

令 $f(x)$ 是可積分的在 $[-L, L]$ 週期,

(1) 若 $f(x)$ 是偶函數,則

$$f_\infty(x) = \sum_{n=0}^{\infty} a_n \cos\left(\frac{n\pi x}{L}\right)$$

(2) 若 $f(x)$ 是奇函數,則

$$f_\infty(x) = \sum_{n=1}^{\infty} b_n \sin\left(\frac{n\pi x}{L}\right)$$

【證明】

由於正弦(sine) 函數爲奇函數,故其正好可代表任何奇函數;反之,餘弦(cosine) 函數爲偶函數,故代表任意偶函數。舉例證明若 $f(x)$ 爲偶函數,則正弦函數的係數 b_n 必爲零如下:

$$b_n = \frac{\displaystyle\int_{-L}^{L} f(x)\sin\left(\frac{n\pi x}{L}\right)dx}{\displaystyle\int_{-L}^{L} \sin^2\left(\frac{n\pi x}{L}\right)dx}$$

$$= \frac{1}{L}\left[\int_{-L}^{0} f(x)\sin\left(\frac{n\pi x}{L}\right)dx + \int_{0}^{L} f(x)\sin\left(\frac{n\pi x}{L}\right)dx\right]$$

$$= \frac{1}{L}\left[\int_{L}^{0} f(-x)\sin\left(\frac{-n\pi x}{L}\right)d(-x)\right.$$

$$\left. + \int_{0}^{L} f(x)\sin\left(\frac{n\pi x}{L}\right)dx\right]$$

$$= \frac{1}{L}\left[\int_{L}^{0} f(x)\sin\left(\frac{n\pi x}{L}\right)dx + \int_{0}^{L} f(x)\sin\left(\frac{n\pi x}{L}\right)dx\right]$$

$$\left(因為\ f(x) = f(-x),\ \sin\left(\frac{-n\pi x}{L}\right) = -\sin\left(\frac{n\pi x}{L}\right)\right)$$

所以得證

$$b_n = \frac{1}{L}\left[-\int_{0}^{L} f(x)\sin\left(\frac{n\pi x}{L}\right)dx + \int_{0}^{L} f(x)\sin\left(\frac{n\pi x}{L}\right)dx\right]$$

$$= 0$$

反之，若 $f(x)$ 為奇函數，亦可得證餘弦係數 a_n 為零。

解題範例

【範例 1】
求如圖 4.1 方波的傅立葉級數。

圖 4.1　方波波形

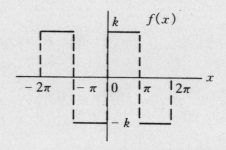

【解】

$$f(x) = \begin{cases} k, & 0 \le x < \pi \\ -k, & -\pi \le x < 0 \end{cases}, \text{ 且 } f(x) = f(x+2\pi),$$
$$\text{即 } T = 2\pi \text{ 或 } L = \pi$$

$$a_n = \frac{\int_{-\pi}^{\pi} f(x)\cos(nx)\,dx}{\int_{-\pi}^{\pi} \cos^2(nx)\,dx}$$

$$= \left[\int_{-\pi}^{\pi}\cos(nx)\,dx\right]^{-1}\left[\int_{-\pi}^{0} -k\cos(nx)\,dx + \int_{0}^{\pi} k\cos(nx)\,dx\right]$$

$$= \left[\int_{-\pi}^{\pi}\cos^2(nx)\,dx\right]^{-1}\left[-\int_{\pi}^{0} k\cos(nx)(-dx) + \int_{0}^{\pi} k\cos(nx)\,dx\right]$$

$$= 0 \qquad (f(x) \text{ 是奇函數，故 } a_n \text{ 必定爲零。})$$

$$b_n = \frac{\int_{-\pi}^{\pi} f(x)\sin(nx)\,dx}{\int_{-\pi}^{\pi} \sin^2(nx)\,dx}$$

$$= \frac{1}{\pi}\left[\int_{-\pi}^{0} -k\sin(nx)\,dx + \int_{0}^{\pi} k\sin(nx)\,dx\right]$$

$$= \frac{2}{\pi}\int_{0}^{\pi} k\sin(nx)\,dx = \frac{-2k}{n\pi}\cos(nx)\bigg|_{0}^{\pi}$$

$$= \frac{2k}{n\pi}[1 - \cos(n\pi)]$$

$$f_\infty(x) = \sum_{n=1}^{\infty} \frac{2k}{n\pi}[1 - \cos(n\pi)]\sin(nx)$$

【範例 2】

如範例 1，繪出 $f_1(x)$, $f_2(x)$, $f_3(x)$ 的傅立葉有限級數的波形。

【解】

$$f_1(x) = \frac{2k}{\pi}(1 - \cos\pi)\sin x = \frac{4k}{\pi}\sin x$$

$$f_2(x) = f_1(x) + \frac{2k}{2\pi}(1 - \cos 2\pi)\sin 2x = f_1(x) + 0 = \frac{4k}{\pi}\sin x$$

$$f_3(x) = f_2(x) + \frac{2k}{3\pi}(1 - \cos 3\pi)\sin 3x = \frac{4k}{\pi}\sin x + \frac{4k}{3\pi}\sin 3x$$

其圖形如圖 4.2，只畫一週期。

圖 4.2　傅立葉有限級數的波形

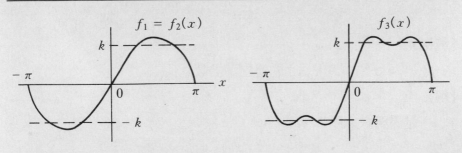

比較圖 4.1 和圖 4.2 可知級數愈多, $f_\infty(x)$ 愈逼近 $f(x)$; 但是, 在 $f(x)$ 斷落之處(譬如 $x = 0$ 之處), $f(x)$ 沒有定義其數值, 不過因為 $f_\infty(x)$ 是連續函數, 故 $f_\infty(x)$ 在 $x = 0$ 的數值是零, 這會在下節說明之。這也是 $f_\infty(x) \neq f(x)$ 的範例之一。

【範例 3】

求 $f(x)$ 的傅立葉級數, $f(x) = \begin{cases} 0, & -3 \leq x < 0 \\ x, & 0 \leq x < 3 \end{cases}$

【解】

$L = 3,$

$$a_0 = \frac{1}{6}\int_{-3}^{3} f(x)dx = \frac{1}{6}\int_0^3 x\, dx = \frac{3}{4}$$

$$a_n = \frac{1}{3}\int_{-3}^{3} f(x)\cos\left(\frac{n\pi x}{3}\right)dx = \frac{1}{3}\int_0^3 x\cos\left(\frac{n\pi x}{3}\right)dx$$

$$= \frac{3}{n^2\pi^2}[\cos(n\pi) - 1] = \frac{3}{n^2\pi^2}[(-1)^n - 1]$$

$$b_n = \frac{1}{3}\int_{-3}^{3} f(x)\sin\left(\frac{n\pi x}{3}\right)dx = \frac{1}{3}\int_0^3 x\sin\left(\frac{n\pi x}{3}\right)dx$$

$$= -\frac{3}{n\pi}\cos(n\pi) = -\frac{3}{n\pi}(-1)^n$$

$$f_\infty(x) = \frac{3}{4} + \sum_{n=1}^{\infty}\left[\frac{3}{n^2\pi^2}[(-1)^n - 1]\cos\left(\frac{n\pi x}{3}\right)\right.$$
$$\left. -\frac{3}{n\pi}(-1)^n\sin\left(\frac{n\pi x}{3}\right)\right]$$

【範例 4】

求 $f(x) = x^4$ 在 $[-\pi, \pi]$ 的傅立葉級數。

【解】

$f(x)$ 是偶函數, 所以 $b_n = 0$

$$a_0 = \frac{1}{2\pi}\int_{-\pi}^{\pi} x^4 \cos(nx)\,dx$$

$$= \frac{2}{2\pi}\int_{0}^{\pi} x^4 \cos(nx)\,dx$$

$$= \frac{1}{5}\pi^4$$

$$a_n = \frac{1}{\pi}\int_{-\pi}^{\pi} x^4 \cos(nx)\,dx$$

$$= \frac{2}{\pi}\int_{0}^{\pi} x^4 \cos(nx)\,dx$$

$$= \frac{8}{n^4}(n^2\pi^2 - 6)(-1)^n$$

$$f_\infty(x) = \frac{1}{5}\pi^4 + \sum_{n=1}^{\infty} \frac{8}{n^4}(n^2\pi^2 - 6)(-1)^n \cos(nx)$$

注意，奇函數和偶函數之間的相乘有下列原則，

　　奇 $\times$ 奇 ＝ 偶

　　偶 $\times$ 偶 ＝ 偶

　　奇 $\times$ 偶 ＝ 奇

所以，

$$\int_{-L}^{L} 偶 \, dx = \int_{-L}^{0} 偶 \, dx + \int_{0}^{L} 偶 \, dx$$

$$= 2\int_{0}^{L} 偶 \, dx$$

習 題

求下列週期函數的傅立葉級數。

1. $f(x) = 2$, $-3 \leq x < 3$, $T = 6$

2. $f(x) = e^{2x}$, $-1 \leq x < 1$, $T = 2$

3. $f(x) = 2\cos(\pi x)$, $-1 \leq x < 1$, $T = 2$

4. $f(x) = \begin{cases} -1, & -1 \leq x < 0, \quad T = 2 \\ 1, & 0 \leq x < 1 \end{cases}$

5. $f(x) = x^2$, $-3 \leq x < 3$, $T = 6$

6. $f(x) = 1 - x^2$, $-1 \leq x < 1$, $T = 2$

7. $f(x) = 1 - |x|$, $-2 \leq x < 2$, $T = 4$

8. $f(x) = \begin{cases} 0, & -1 \leq x < 0 \\ x, & 0 \leq x < 1 \end{cases}$, $T = 2$

9. $f(x) = \begin{cases} 1 - x, & -1 \leq x < 0 \\ 0, & 0 \leq x < 1 \end{cases}$, $T = 2$

10. $f(x) = \begin{cases} -1, & -1 \leq x < 0 \\ 2x, & 0 \leq x < 1 \end{cases}$, $T = 2$

11. $f(x) = \sin(2x)$, $-\pi \leq x < \pi$, $T = 2\pi$

12. $f(x) = 3x^2$, $-1 \leq x < 1$, $T = 2$

13. $f(x) = \cos\left(\dfrac{x}{2}\right) - \sin(x)$, $-\pi \leq x < \pi$, $T = 2\pi$

14. $f(x) = \pi\sin(\pi x)$, $0 < x < 1$, $T = 1$

15. $f(x) = \begin{cases} K, & -\dfrac{\pi}{2} \leq x < \dfrac{\pi}{2} \\ 0, & \dfrac{\pi}{2} \leq x < \dfrac{3\pi}{2} \end{cases}$, $T = 2\pi$

16. 利用第 15. 題的結果，求證

$$1 - \frac{1}{3} + \frac{1}{5} - \frac{1}{7} + \cdots = \frac{\pi}{4}$$

4.2　傅立葉級數的收斂與微積分

由於 $f(x)$ 的傅立葉級數 $f_\infty(x)$ 在某些情狀況下，兩者並不相等，所以在此必需討論 $f_\infty(x)$ 收斂於原始函數 $f(x)$ 的情形。首先定義片斷連續(piecewise continuous)：$f(x)$ 是片斷連續的在$[a,b]$，若符合下述三項條件：

(1) $\lim\limits_{x \to a^+}$ 和 $\lim\limits_{x \to b^-}$ 是有限的。

(2) $f(x)$ 是連續的，除了某些斷點以外。

(3) 在(a,b) 之中的任意點有 $f(x)$ 斷落的情形，其斷點左右的函數值是有限的。

以上可由圖 4.3 中的一個斷點來明白顯示片斷連續的特性。

圖 4.3 的 $f(x)$ 之斷點在 $x = x_0$ 處，在斷點處，微分是不存在的，證明如下：

設跳躍距離(Jump Distance) 為

$$JD = \left| f(x_0^+) - f(x_0^-) \right|$$

$$f'(x_0) = \lim_{\Delta x \to 0} \frac{f(x_0 + \Delta x) - f(x_0)}{\Delta x}$$

$$= \lim_{\Delta x \to 0} \frac{\pm JD}{\Delta x} \to \pm \infty, \text{ 故不存在}$$

但是斷點 x_0 的左右邊卻是可微分的，譬如

$$f'(x_0^+) = f_R{}'(x_0)$$

$$f'(x_0^-) = f_L{}'(x_0)$$

其中 $f_R(x)$ 和 $f_L(x)$ 分別是斷點 x_0 的右邊和左邊的函數。

圖4.3　片斷連續函數

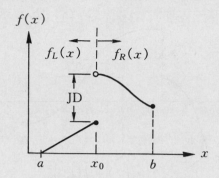

【定理4.3】傅立葉級數的收斂

　　令 $f(x)$ 是片斷連續的在 $[-L,L]$

(1) $f_R{}'(x_0)$ 和 $f_L{}'(x_0)$ 若存在, $x_0 \in (-L,L)$, 則

$$f_\infty(x_0) = \frac{1}{2}[f(x_0^+) + f(x_0^-)], \ x_0 \in (-L,L)$$

(2) 在點 $x_0 = \pm L$, 若 $f_R{}'(-L)$ 和 $f_L{}'(L)$ 存在, 則

$$f_\infty(\pm L) = \frac{1}{2}[f(-L^+) + f(L^-)]$$

　　圖4.4 以三角形標示出傅立葉級數的在斷點和邊界點 $(x = \pm L)$ 的收斂值。若非斷點, 則 $f(x) = f_\infty(x)$。

圖 4.4 $f_\infty(x)$ 收斂情形

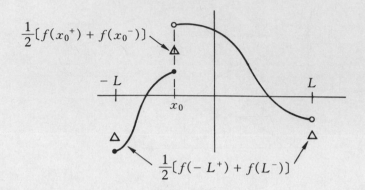

注意，在邊界點 $x = \pm L$ 處，爲什麼 $f_\infty(x)$ 的收斂值會相等呢？這可從傅立葉級數證明可得如下：

$$f_\infty(x) = a_0 + \sum_{n=1}^{\infty} a_n\cos\left(\frac{n\pi x}{L}\right) + b_n\sin\left(\frac{n\pi x}{L}\right)$$

在 $x = \pm L$，

$$f_\infty(\pm L) = a_0 + \sum_{n=1}^{\infty} a_n\cos\left(\frac{n\pi \pm L}{L}\right) + b_n\sin\left(\frac{n\pi \pm L}{L}\right)$$

$$= a_0 + \sum_{n=1}^{\infty} a_n\cos(\pm n\pi) + b_n\sin(\pm n\pi)$$

$$= \sum_{n=0}^{\infty} a_n\cos(n\pi)$$

所以得知 $f_\infty(+L) = f_\infty(-L)$。

傅立葉級數的微積分是否一定相等於原始函數的微積分？這可由下面範例得知。已知 $f(x) = x$ 在 $[-\pi, \pi)$ 的傅立葉級數爲

$$f_\infty(x) = \sum_{n=1}^{\infty} \frac{2}{n}(-1)^{n+1}\sin(nx)$$

則其微分爲

$$f_\infty{}'(x) = \sum_{n=1}^{\infty} 2\,(-1)^{n+1}\cos(nx)$$

$$f_\infty{}'(\pi) = \sum_{n=1}^{\infty} (-2) \rightarrow -\infty$$

但是

$$f'(\pi) = 1$$

因此，$f_\infty{}'(x)$ 不一定等於 $f'(x)$。

【定理 4.4】傅立葉級數的微分

　　如果 (1)$f(x)$ 是連續的，(2)$f(L) = f(-L)$，(3)$f'(x)$ 是片斷連續的在 $[-L, L]$，這三項條件成立時，則任何 x 點在 $(-L, L)$ 區間，$f'(x)$ 連續之片斷（就是除了終點和斷點以外），可得到

$$f'(x) = f_\infty{}'(x)$$

$$= \frac{\pi}{L} \sum_{n=1}^{\infty} \left(-na_n \sin\left(\frac{n\pi x}{L}\right) + nb_n \cos\left(\frac{n\pi x}{L}\right) \right)$$

【定理 4.5】傅立葉級數的積分

　　如果 $f(x)$ 是片斷連續在 $[-L, L]$，則

$$\int_{-L}^{x} f(t)\, dt = \int_{-L}^{x} f_\infty(t)\, dt$$

$$= a_0(x + L) + \frac{L}{\pi} \sum_{n=1}^{\infty} \frac{1}{n} \left\{ a_n \sin\left(\frac{n\pi x}{L}\right) \right.$$

$$\left. - b_n \left(\cos\left(\frac{n\pi x}{L}\right) - \cos(n\pi) \right) \right\}$$

　　由以上定理可知，傅立葉級數的微分比積分受到更大的限制。

$$\boxed{\textbf{解題範例}}$$

【範例 1】

$$f(x) = \begin{cases} 0, & -\pi \le x < 0 \\ 1, & 0 \le x < \pi \end{cases}, \quad T = 2\pi，繪出傅立葉級數收斂的情形。$$

【解】

$$a_0 = \frac{1}{2\pi}\int_{-\pi}^{\pi} f(x) \, dx = \frac{1}{2\pi}\int_{0}^{\pi} dx = \frac{1}{2}$$

$$a_n = \frac{1}{\pi}\int_{-\pi}^{\pi} f(x)\cos nx \, dx = \frac{1}{\pi}\int_{0}^{\pi}\cos nx \, dx = 0$$

$$b_n = \frac{1}{\pi}\int_{-\pi}^{\pi} f(x)\sin nx \, dx = \frac{1}{\pi}\int_{0}^{\pi}\sin nx \, dx$$

$$= \frac{-1}{n\pi}\cos nx \Big|_{0}^{\pi} = \frac{1}{n\pi}[1 - \cos(n\pi)]$$

$$f_\infty(x) = \frac{1}{2} + \frac{1}{\pi}\sum_{n=1}^{\infty}(1 - \cos n\pi)\sin nx$$

$f_\infty(x)$ 在斷點 $x_0 = 0$ 收斂值為

$$f_\infty(0) = \frac{1}{2}[f(x_0^+) + f(x_0^-)]$$

$$= \frac{1}{2}(0 + 1) = \frac{1}{2}$$

$f_\infty(x)$ 在終點 $x = \pm L$ 的收斂值為

$$f_\infty(\pm L) = \frac{1}{2}[f(L^-) + f(-L^+)]$$

$$= \frac{1}{2}(0 + 1) = \frac{1}{2}$$

$f_\infty(x)$ 的收斂圖形如下：

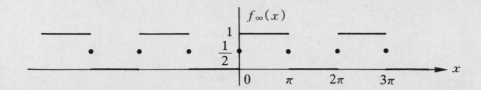

【範例 2】

由 4.1 節的範例 3,繪出 $f_\infty(x)$ 的收斂圖形。

【解】

由於在$[-3,3]$,$f(x)$ 是片斷平滑的(piecewise smooth),故無斷點在 $(-3,3)$,唯一要求的收斂值在終點處,即

$$f_\infty(\pm 3) = \frac{1}{2}[f(-3^+) + f(3^-)] = \frac{1}{2}(0 + 3) = \frac{3}{2}$$

$f_\infty(x)$ 的收斂圖形如下:

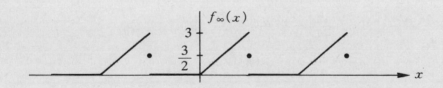

【範例 3】

求 $f(x) = x$ 在$[-\pi,\pi]$ 的傅立葉級數積分。

【解】

由於 x 爲奇函數,故 $a_n = 0$,$n \geq 0$

$$b_n = \frac{1}{\pi}\int_{-\pi}^{\pi} x\sin(nx)\ dx$$

$$= \frac{1}{\pi}\left[\frac{1}{n^2}\sin(nx) - \frac{x}{n}\cos(nx)\right]\Big|_{-\pi}^{\pi}$$

$$= \frac{-2}{n}\cos(n\pi) = \frac{2}{n}(-1)^{n+1}$$

$$f_\infty(x) = \sum_{n=1}^{\infty}\frac{2}{n}(-1)^{n+1}\sin(nx)$$

$$\int_{-\pi}^{x} f_\infty(t)\ dt = \sum_{n=1}^{\infty}\frac{2}{n}(-1)^{n+1}\int_{-\pi}^{x}\sin(nt)\ dt$$

$$= \sum_{n=1}^{\infty}\frac{2}{n}(-1)^{n+1} - \frac{1}{n}(\cos nx - \cos n\pi)$$

$$= \sum_{n=1}^{\infty}\frac{2(-1)^n}{n^2}[\cos(nx) - \cos(n\pi)]$$

$$= \sum_{n=1}^{\infty}\frac{2(-1)^n}{n^2}\cos nx - \sum_{n=1}^{\infty}\frac{2}{n^2}$$

驗證

$$\int_{-\pi}^{x} f(t)\ dt = \int_{-\pi}^{x} t\ dt = \frac{1}{2}(x^2 - \pi^2)$$

x^2 的傅立葉級數為

$$a_0 = \frac{1}{2\pi}\int_{-\pi}^{\pi} x^2\ dx = \frac{\pi^2}{3}$$

$$a_n = \frac{1}{\pi}\int_{-\pi}^{\pi} x^2\cos(nx)\ dx$$

$$= \frac{1}{\pi}\left[\frac{2x\cos nx}{n^2} + \frac{n^2 x^2 - 2}{n^3}\sin nx\right]\Big|_{-\pi}^{\pi}$$

$$= \frac{4}{n^2}\cos n\pi = \frac{4}{n^2}(-1)^n$$

$$b_n = 0 \qquad (因為 x^2 為偶函數)$$

$$x^2 = \frac{\pi^2}{3} + \sum_{n=1}^{\infty}\frac{4(-1)^n}{n^2}\cos(nx)$$

得到

$$\frac{1}{2}(x^2 - \pi^2) = \sum_{n=1}^{\infty}\frac{2(-1)^n}{n^2}\cos nx - \frac{1}{3}\pi^2$$

令 $x = \pi$ 代入上式，

$$0 = \sum_{n=1}^{\infty} \frac{2(-1)^n}{n^2} \cos n\pi - \frac{1}{3}\pi^2$$

$$\sum_{n=1}^{\infty} \frac{2}{n^2} = \frac{1}{3}\pi^2 \qquad (\cos n\pi = (-1)^n)$$

故得證

$$\int_{-\pi}^{x} f(t)\, dt = \frac{1}{2}(x^2 - \pi^2) = \int_{-\pi}^{x} f_{\infty}(t)\, dt$$

$$= \sum_{n=1}^{\infty} \frac{2(-1)^n}{n^2} \cos(nx) - \sum_{n=1}^{\infty} \frac{2}{n^2}$$

【範例 4】

求 $f(x) = x^2$ 在 $[-\pi, \pi]$ 的傅立葉級數微分。

【解】

$f(x) = x^2$ 的傅立葉級數由範例 3 得知，

$$f_{\infty}(x) = \frac{\pi^2}{3} + \sum_{n=1}^{\infty} \frac{4(-1)^n}{n^2} \cos(nx)$$

已知 $f(x) = x^2$ 符合傅立葉級數微分的三條件為

(1) $f(x) = x^2$ 是連續的

(2) $f(-\pi) = f(\pi) = \pi^2$

(3) $f'(x) = 2x$ 是片斷連續的

故

$$f_{\infty}'(x) = \sum_{n=1}^{\infty} \frac{4(-1)^n}{n^2}(-n)\sin(nx)$$

$$= \sum_{n=1}^{\infty} \frac{4(-1)^{n+1}}{n^2}\sin(nx)$$

驗證

$$f'(x) = 2x = 2 \cdot \sum_{n=1}^{\infty} \frac{2}{n}(-1)^{n+1}\sin(nx)$$

$$= \sum_{n=1}^{\infty} \frac{4(-1)^{n+1}}{n}\sin(nx) = f_{\infty}'(x)$$

$$\boxed{\text{習 題}}$$

題 1. 到題 16., 算出⑴斷點的左右限值〔$f(x_0^+)$ 和 $f(x_0^-)$〕和左右微分值〔$f_L{}'(x_0)$ 和 $f_R{}'(x_0)$〕, ⑵終點 L 的左限值及微分和終點 $-L$ 的右限值及微分, ⑶傅立葉級數的收斂值, 並繪出圖形。(不用算出傅立葉級數。)

1. $f(x) = \begin{cases} 2x, & -3 \leq x < -2 \\ 0, & -2 \leq x < 1 \\ x^2, & 1 \leq x < 3 \end{cases}$, $T = 6$

2. $f(x) = \begin{cases} 0, & -2 \leq x < 0 \\ 2, & 0 \leq x < 2 \end{cases}$, $T = 4$

3. $f(x) = x^2 e^{-x}$, $-3 \leq x < 3$, $T = 6$

4. $f(x) = \begin{cases} x, & 0 \leq x < 1 \\ 1 - x, & 1 \leq x < 2 \end{cases}$, $T = 2$

5. $f(x) = \begin{cases} x^2, & -\pi \leq x < 0 \\ 2, & 0 \leq x < \pi \end{cases}$, $T = 2\pi$

6. $f(x) = \begin{cases} \dfrac{1}{2} + x, & -\dfrac{1}{2} \leq x < 0 \\ \dfrac{1}{2} - x, & 0 \leq x < \dfrac{1}{2} \end{cases}$, $T = 1$

7. $f(x) = \begin{cases} \cos x, & -\pi \leq x < 0 \\ \sin x, & 0 \leq x < \pi \end{cases}$, $T = 2\pi$

8. $f(x) = \begin{cases} 1, & -\pi \leq x < 0 \\ \cos x, & 0 \leq x < \pi \end{cases}$, $T = 2\pi$

9. $f(x) = e^{-|x|}$, $-2 \leq x < 2$, $T = 4$

10. $f(x) = \begin{cases} \pi + x, & -\pi \leq x < 0 \\ \pi - x, & 0 \leq x < \pi \end{cases}$, $T = 2\pi$

11. $f(x) = \begin{cases} x, & -2 \leq x < 1 \\ e^x, & 1 \leq x < 2 \end{cases}, \quad T = 4$

12. $f(x) = \begin{cases} \sinh x, & -\pi \leq x < 0 \\ -\cosh x, & 0 \leq x < \pi \end{cases}, \quad T = 2\pi$

13. $f(x) = \begin{cases} 1, & -5 \leq x < -1 \\ 0, & -1 \leq x < 3 \\ x^2, & 3 \leq x < 5 \end{cases}, \quad T = 10$

14. $f(x) = \begin{cases} -x^2, & -\pi \leq x < 0 \\ x^2, & 0 \leq x < \pi \end{cases}, \quad T = 2\pi$

15. $f(x) = \begin{cases} |x|, & -1 \leq x < \dfrac{1}{2} \\ 2x, & \dfrac{1}{2} \leq x < \dfrac{2}{3} \\ 4x, & \dfrac{2}{3} \leq x < 1 \end{cases}, \quad T = 2$

16. $f(x) = \begin{cases} \cos^2(2x), & -\pi \leq x < 0 \\ \sin^2(2x), & 0 \leq x < \pi \end{cases}, \quad T = 2\pi$

17. 令 $f(x) = |x|$, $-1 \leq x < 1$, $T = 2$

(a) 證明 $f(x)$ 符合傅立葉級數微分定理的條件。

(b) 求傅立葉級數 $f_\infty(x)$。

(c) 驗證 $f_\infty{}'(x)$ 相等於 $f'(x)$ 的傅立葉級數。

18. 令 $f(x) = \begin{cases} 0, & -\pi \leq x < 0 \\ x, & 0 \leq x < \pi \end{cases}, \quad T = 2\pi$

(a) 求傅立葉級數 $f_\infty(x)$。

(b) 驗證傅立葉級數積分的定理，即求 $f_\infty(x)$ 的積分是否相等於
    $f(x)$ 的積分之傅立葉級數。

4.3 傅立葉正弦和餘弦級數(半範圍展開)

　　傅立葉級數本身是由正弦奇函數和餘弦偶函數合成的級數，其定義區間在〔-L,L〕的對稱空間裡，才能獲得三角函數的正交特性來求得係數 a_n 和 b_n：

$$f_\infty(x) = \sum_{n=0}^{\infty} a_n \cos\left(\frac{n\pi x}{L}\right) + \sum_{n=1}^{\infty} b_n \sin\left(\frac{n\pi x}{L}\right), \ x \in \left[-L,L\right]$$

$$a_n = \frac{\displaystyle\int_{-L}^{L} f(x)\cos\left(\frac{n\pi x}{L}\right)dx}{\displaystyle\int_{-L}^{L} \cos^2\left(\frac{n\pi x}{L}\right)dx}, \ n \geq 0$$

$$b_n = \frac{\displaystyle\int_{-L}^{L} f(x)\sin\left(\frac{n\pi x}{L}\right)dx}{\displaystyle\int_{-L}^{L} \sin^2\left(\frac{n\pi x}{L}\right)dx}, \ n \geq 1$$

同時注意 $f(x)$ 是定義在 $x \in \left[-L,L\right]$ 的函數，若超出〔-L,L〕範圍，則其波形是屬週期函數為 $f(x) = f(x+T)$，$T = 2L$，因為 $\cos\left(\frac{n\pi x}{L}\right)$ 和 $\sin\left(\frac{n\pi x}{L}\right)$ 是 $T = 2L$ 為基本週期($n = 1$ 時) 的三角函數。傅立葉級數在工程上的應用可舉例熱傳導問題，譬如一枝鐵條長 10 公分，左端加熱到 100 ℃，右端則降溫到 0 ℃，求鐵條上溫度分佈的情形。這時候，我們可以將鐵條的中心點令為 $x = 0$，則左端的位置為 $x = -5$(即 $-L$)，右端的位置為 $x = +5$(即 $+L$)，因此此類工程問題就是所謂的邊界值問題(boundary value problem)，因為有兩邊界點 $x = \pm L$，而非初值問題(initial value problem)中只有一個起始點 $x = 0$，即 $\infty > x \geq 0$。這時候，邊界值問題所解得的答案只侷限在 $x \in \left[-L,L\right]$ 範圍之間(因為只關心實際上鐵條 $x = -5$ 到 $x = +5$ 之間

溫度的分佈), 而 $[-L, L]$ 範圍之外, 就非題目興趣所在。但從傅立葉級數中三角函數的週期特性得知, 在 $[-L, L]$ 之外, $f_\infty(x)$ 和 $f(x)$ 應該也是週期函數, 且 $f_\infty(x) = f_\infty(x + T)$ 和 $f(x) = f(x + T)$, $T = 2L$。

如果我們現在重新處理上述鐵條的熱傳導問題, 但迫於解題需求, 須令鐵條左端為 $x = 0$, 而右端則為 $x = 10$(即 $x = L$)。這麼一來, 解答的範圍 $f(x)$ 中的 $x \in [0, L]$, 而非 $[-L, L]$。所以 $f(x)$ 的傅立葉級數就無法寫成為

$$f_\infty(x) = \sum_{n=0}^{\infty} a_n \cos\left(\frac{n\pi x}{L}\right) + \sum_{n=1}^{\infty} b_n \sin\left(\frac{n\pi x}{L}\right), \ x \in [0, L]$$

因為在求係數 a_n 和 b_n 時, 需要運用三角函數的正交特性(即引理 4.1), 但正交特性必須在 x 的定義區間為 $x \in [-L, L]$ 才能成立之。既然上述傅立葉在 $[-L, 0]$ 並無定義, 則正交特性用不上, a_n 和 b_n 就求不出來了。因此就有所謂的半範圍展開(half-range expansions) 的方式來處理這類 $x \in [0, L]$ 的工程問題。半範圍展開的方式有兩種: 一為傅立葉正弦級數, 另一為傅立葉餘弦級數。

【定義 4.1】傅立葉正弦級數(Fourier sine series)

若 $f(x)$ 是可積分的或片斷連續在 $x \in [0, L]$ 區間, 則其傅立葉正弦級數定義為

$$f_{s\infty}(x) = \sum_{n=1}^{\infty} b_n \sin\left(\frac{n\pi x}{L}\right), \ x \in [0, L]$$

$$b_n = \frac{\int_0^L f(x) \sin\left(\frac{n\pi x}{L}\right) dx}{\int_0^L \sin^2\left(\frac{n\pi x}{L}\right) dx}, \ n \geq 1$$

【證明】

由引理 4.1 的三角函數正交特性知道，欲求係數 b_n，需要將空間定義在 $x \in [-L, L]$ 範圍，然而 $f(x)$ 只定義在 $[0, L]$ 範圍，是故必需定義一個新函數 $\hat{f}(x)$ 在 $[-L, L]$ 範圍，使新函數 $\hat{f}_s(x)$ 的傅立葉級數爲

$$\hat{f}_{s\infty}(x) = \sum_{n=1}^{\infty} b_n \sin\left(\frac{n\pi x}{L}\right), \ x \in [-L, L]$$

由於正弦函數爲奇函數，是故 $\hat{f}_s(x)$ 勢必爲奇函數，然而 $\hat{f}_s(x)$ 需要等於 $f(x)$ 在 $[0, L]$ 範圍，導致 $\hat{f}(x)$ 的定義變爲

$$\hat{f}_s(x) = \begin{cases} f(x), \ 0 \leq x < L \\ -f(-x), \ -L \leq x < 0 \end{cases}$$

才能符合前述兩項要求。到這裡，我們可以運用三角函數的正交特性求係數 b_n 爲

$$b_n = \frac{\int_{-L}^{L} \hat{f}_s(x) \sin\left(\frac{n\pi x}{L}\right) dx}{\int_{-L}^{L} \sin^2\left(\frac{n\pi x}{L}\right) dx}$$

由於奇函數乘以奇函數得到偶函數，所以

$$\int_{-L}^{L} \hat{f}_s(x) \sin\left(\frac{n\pi x}{L}\right) dx = \int_{-L}^{0} -f(-x) \sin\left(\frac{n\pi x}{L}\right) dx +$$

$$\int_{0}^{L} f(x) \sin\left(\frac{n\pi x}{L}\right) dx$$

$$= 2\int_{0}^{L} f(x) \sin\left(\frac{n\pi x}{L}\right) dx$$

$$\int_{-L}^{L} \sin^2\left(\frac{n\pi x}{L}\right) dx = 2\int_{0}^{L} \sin^2\left(\frac{n\pi x}{L}\right) dx$$

故得到

$$b_n = \frac{2\int_{0}^{L} f(x) \sin\left(\frac{n\pi x}{L}\right) dx}{2\int_{0}^{L} \sin^2\left(\frac{n\pi x}{L}\right) dx} = \frac{\int_{0}^{L} f(x) \sin\left(\frac{n\pi x}{L}\right) dx}{\int_{0}^{L} \sin^2\left(\frac{n\pi x}{L}\right) dx}$$

既然 $\hat{f}_s(x) = f(x)$ 在$[0,L]$，所以 $\hat{f}_{s\infty}(x) = f_{s\infty}(x)$ 在$[0,L]$，則

$$\hat{f}_{s\infty}(x) = f_{s\infty}(x) = \sum_{n=1}^{\infty} b_n \sin\left(\frac{n\pi x}{L}\right) dx , \ x \in [0,L]$$

這裡作個證明總結論，爲運用三角函數正交特性來求係數 b_n，必需擴大函數定義範圍在$[-L,L]$，然後將求得的係數 b_n 反代回去給 $f(x)$ 的傅立葉正弦級數使用。所以在傅立葉正弦級數的定義上，b_n 似乎是直接在$[0,L]$ 範圍內積分求得，事實上是間接在$[-L,L]$ 範圍求得，再推導只要用$[0,L]$ 的積分表示即可。所以千萬要記住，b_n 是間接推導的公式，而非直接在$[0,L]$ 用三角函數正交特性求得的。

　　傅立葉正弦級數的收斂值仍然需要從推導中求得。如果 $f(x)$ 在$[0,L]$ 的圖形爲(圖4.5(a))，則 $\hat{f}_s(x)$ 奇函數的圖形在$[-L,L]$ 範圍繪於圖4.5(b)(包括$[-L,L]$ 範圍之外的週期特性)。根據圖4.5(b)的 $\hat{f}_s(x)$ 圖形，可求得 $\hat{f}_{s\infty}(x)$ 的收斂值爲

圖 4.5　*奇函數展開*

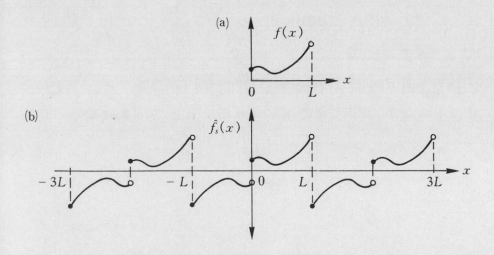

(1) 若 $\hat{f}_s(x)$ 在 $(0,L)$（即 $0 < x < L$）連續，則 $\hat{f}_{s\infty}(x) = \hat{f}_s(x)$；否則

$$\hat{f}_{s\infty}(x_0) = \frac{1}{2}[\hat{f}_s(x_0^+) + \hat{f}_s(x_0^-)]$$

x_0 代表斷點且 $x_0 \in (0,L)$。

由於 $\hat{f}_s(x) = f(x)$, $\hat{f}_{s\infty}(x) = f_{s\infty}(x)$ 在 $(0,L)$，故得到

$$f_{s\infty}(x) = f(x)$$

$$f_{s\infty}(x_0) = \frac{1}{2}[f(x_0^+) + f(x_0^-)], \ x, \ x_0 \in (0,L)$$

(2) 在 $x = 0$ 和 $x = L$，由於 $\hat{f}_s(x)$ 產生斷點，所以

$$\hat{f}_{s\infty}(0) = \frac{1}{2}[\hat{f}_s(0^+) + \hat{f}_s(0^-)]$$

$$= \frac{1}{2}[\hat{f}_s(0^+) - \hat{f}_s(0^+)] = 0$$

$$\hat{f}_{s\infty}(L) = \frac{1}{2}[\hat{f}_s(L^-) + \hat{f}_s(L^+)]$$

$$= \frac{1}{2}[\hat{f}_s(L^-) - \hat{f}_s(L^-)] = 0$$

故得到

$$f_{s\infty}(0) = \hat{f}_{s\infty}(0) = 0$$

$$f_{s\infty}(L) = \hat{f}_{s\infty}(L) = 0$$

將 $\hat{f}_{s\infty}(x)$ 和 $f_{s\infty}(x)$ 的收斂值繪於圖 4.6。

由以上得知傅立葉正弦級數在 $x = 0$ 和 $x = L$ 之處的收斂值一定為零。

圖 4.6 傅立葉正弦級數收斂值

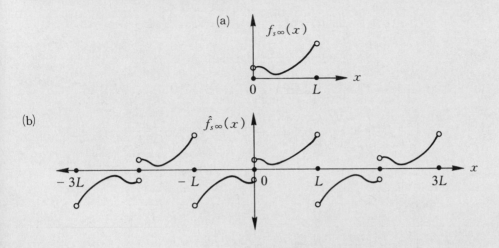

【**定義 4.2**】傅立葉餘弦級數(Fourier cosine series)

若 $f(x)$ 是可積分的或片斷連續在 $x \in [0, L]$ 區間, 則其傅立葉餘弦級數定義為

$$f_{c\infty}(x) = \sum_{n=0}^{\infty} a_n \cos\left(\frac{n\pi x}{L}\right) \qquad x \in [0, L]$$

$$a_n = \frac{\int_0^L f(x)\cos\left(\dfrac{n\pi x}{L}\right) dx}{\int_0^L \cos^2\left(\dfrac{n\pi x}{L}\right) dx}$$

【**證明**】

與傅立葉正弦級數的證明雷同, 但由於餘弦函數為偶函數, 所以新函數 $\hat{f}(x)$ 的定義為

$$\hat{f}_c(x) = \begin{cases} f(x),\ 0 \leq x < L \\ f(-x),\ -L \leq x < 0 \end{cases}$$

$\hat{f}_c(x)$ 的傅立葉餘弦級數為

$$\hat{f}_{c\infty}(x) = \sum_{n=0}^{\infty} a_n \cos\left(\frac{n\pi x}{L}\right), \ x \in [-L, L]$$

$$a_n = \frac{\displaystyle\int_{-L}^{L} \hat{f}(x)\cos\left(\frac{n\pi x}{L}\right) dx}{\displaystyle\int_{-L}^{L} \cos^2\left(\frac{n\pi x}{L}\right) dx}$$

$$\int_{-L}^{L} \hat{f}_c(x)\cos\left(\frac{n\pi x}{L}\right) dx = \int_{-L}^{0} f(-x)\cos\left(\frac{n\pi x}{L}\right) dx +$$

$$\int_{0}^{L} f(x)\cos\left(\frac{n\pi x}{L}\right) dx$$

$$= 2\int_{0}^{L} f(x)\cos\left(\frac{n\pi x}{L}\right) dx$$

$$\int_{-L}^{L} \cos^2\left(\frac{n\pi x}{L}\right) dx = 2\int_{0}^{L} \cos^2\left(\frac{n\pi x}{L}\right) dx$$

由於 $\hat{f}_c(x) = f(x)$ 且 $\hat{f}_{c\infty}(x) = f_{c\infty}(x)$ 在 $x \in [0, L]$，故得證

$$\hat{f}_{c\infty}(x) = f_{c\infty}(x) = \sum_{n=0}^{\infty} a_n \cos\left(\frac{n\pi x}{L}\right)$$

$$a_n = \frac{\displaystyle\int_{0}^{L} f(x)\cos\left(\frac{n\pi x}{L}\right) dx}{\displaystyle\int_{0}^{L} \cos^2\left(\frac{n\pi x}{L}\right) dx}$$

$f(x)$ 在 $[0, L]$ 和 $\hat{f}_c(x)$ 在 $[-L, L]$ 的圖形繪於圖 4.7。

$\hat{f}_{c\infty}(x)$ 的收斂值仍遵循下列原則為

⑴ 若 $\hat{f}_c(x)$ 在 $(0, L)$ 連續，則 $\hat{f}_{c\infty}(x) = \hat{f}_c(x)$；否則

$$\hat{f}_{c\infty}(x_0) = \frac{1}{2}[\hat{f}_c(x_0^+) + \hat{f}_c(x_0^-)]$$

x_0 代表斷點且 $x_0 \in (0, L)$。

由於 $\hat{f}_c(x) = f(x)$，$\hat{f}_{c\infty}(x) = f_{c\infty}(x)$ 在 $(0, L)$，故得證。

$$f_{c\infty}(x) = f(x)$$

$$f_{c\infty}(x_0) = \frac{1}{2}[f(x_0^+) + f(x_0^-)], \ x, \ x_0 \in (0, L)$$

圖 4.7 偶函數展開及傅立葉餘弦級數收斂值

(a)

$f(x), f_{c\infty}(x)$

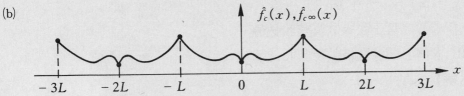

(b) $\hat{f}_c(x), \hat{f}_{c\infty}(x)$

(2) 在 $x = 0$ 和 $x = L$,

$$\hat{f}_{c\infty}(0) = \frac{1}{2}[\hat{f}_c(0^+) + \hat{f}_c(0^-)] = \hat{f}_c(0)$$

$$\hat{f}_{c\infty}(L) = \frac{1}{2}[\hat{f}_c(L^-) + \hat{f}_c(L^+)] = \hat{f}_c(L)$$

故得到

$$f_{c\infty}(0) = f(0)$$

$$f_{c\infty}(L) = f(L)$$

由於在本範例的 $f(x)$ 圖形並無斷點在 $(0, L)$, 所以 $f_{c\infty}(x) = f(x)$ 在 $[0, L]$, $\hat{f}_{c\infty}(x) = \hat{f}_c(x)$ 在 $[-L, L]$, 故不再重新繪圖, 而與圖 4.7 共用一圖。

解題範例

【範例 1】

令 $f(x) = e^{2x}$ 在[0, 1]

(a) 求傅立葉正弦級數及其收斂值。

(b) 求傅立葉餘弦級數及其收斂值。

【解】

(a) 傅立葉正弦級數為

$$f_{s\infty}(x) = \sum_{n=1}^{\infty} b_n \sin(n\pi x), \ x \in [0, 1]$$

$$b_n = \frac{\int_0^1 e^{2x}\sin(n\pi x)\ dx}{\int_0^1 \sin^2(n\pi x)\ dx} = \frac{2n\pi[1 - e^2\cos(n\pi)]}{4 + n^2\pi^2}, \ n \geq 1$$

其中 $\int_0^1 \sin^2(n\pi x)dx = \frac{1}{2}$。

$$f_{s\infty}(x) = \sum_{n=1}^{\infty} \frac{2n\pi[1 - e^2\cos(n\pi)]}{4 + n^2\pi^2}\sin(n\pi x), \ x \in [0, L]$$

其收斂值為

$$f_{s\infty}(x) = f(x) \text{ 在}(0,1)$$

$$f_{s\infty}(0) = f_{s\infty}(1) = 0$$

收斂值圖形為

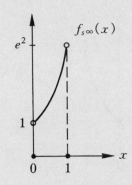

傅立葉正弦級數收斂圖

(b) 傅立葉餘弦級數爲

$$f_{c\infty}(x) = \sum_{n=0}^{\infty} a_n \cos(n\pi x), \ x \in [0,1]$$

$$a_n = \frac{\int_0^1 f(x)\cos(n\pi x)\,dx}{\int_0^1 \cos^2(n\pi x)\,dx}, \ n \geq 0$$

當 $n = 0$,

$$a_0 = \int_0^1 e^{2x}\,dx = \frac{1}{2}(e^2 - 1)$$

當 $n \geq 1$,

$$a_n = 2\int_0^1 e^{2x}\cos(n\pi x)\,dx = \frac{4}{4 + n^2\pi^2}[e^2\cos(n\pi) - 1]$$

$$f_{c\infty}(x) = \frac{1}{2}(e^2 - 1) + \sum_{n=1}^{\infty} \frac{4}{4 + n^2\pi^2}[e^2\cos(n\pi) - 1]\cos(n\pi x)$$

$$x \in [0,L]$$

其收斂值爲

$$f_{c\infty}(x) = f(x) \text{ 在} [0,1]$$

收斂值圖形爲

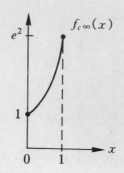

傅立葉餘弦級數收斂圖

【範例 2】

令 $f(x) = \begin{cases} \dfrac{1}{2}, \ 0 \le x < \dfrac{\pi}{2} \\[3mm] 1, \ \dfrac{\pi}{2} \le x \le \pi \end{cases}$

求傅立葉 (a) 正弦和 (b) 餘弦級數及其收斂值。

【解】

(a) 傅立葉正弦級數的係數 b_n,

$$b_n = \frac{\displaystyle\int_0^\pi f(x)\sin(nx)\,dx}{\displaystyle\int_0^\pi \sin^2(nx)\,dx}$$

$$= \frac{2}{\pi}\int_0^{\frac{\pi}{2}} \frac{1}{2}\sin(nx)\,dx + \frac{2}{\pi}\int_{\frac{\pi}{2}}^\pi \sin(nx)\,dx$$

$$= \frac{1}{n\pi}\left(1 + \cos\frac{n\pi}{2} - 2\cos n\pi\right), \ n \ge 1$$

傅立葉正弦級數為

$$f_{s\infty}(x) = \sum_{n=1}^\infty \frac{1}{n\pi}\left(1 + \cos\frac{n\pi}{2} - 2\cos n\pi\right)\sin(nx), \ x \in [0, \pi]$$

其收斂值為

$$f_{s\infty}(x) = \frac{1}{2}, \ x \in \left(0, \ \frac{\pi}{2}\right)$$

$$f_{s\infty}\left(\frac{\pi}{2}\right) = \frac{1}{2}\left[f\left(\frac{\pi^{-}}{2}\right) + f\left(\frac{\pi^{+}}{2}\right)\right] = \frac{1}{2}\left(\frac{1}{2} + 1\right) = \frac{3}{4}$$

$$f_{s\infty}(x) = 1, \ x \in \left(\frac{\pi}{2}, \ \pi\right)$$

$$f_{s\infty}(0) = f_{s\infty}(\pi) = 0$$

收斂圖形為

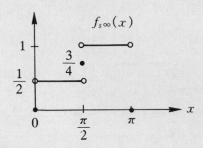

(b) 傅立葉餘弦級數的係數 a_n,

$$a_0 = \frac{\int_0^{\pi} f(x)dx}{\int_0^{\pi} dx} = \frac{1}{\pi}\int_0^{\frac{\pi}{2}} \frac{1}{2} \ dx + \frac{1}{\pi}\int_{\frac{\pi}{2}}^{\pi} dx = \frac{3}{4}$$

$$a_n = \frac{\int_0^{\pi} f(x)\cos(nx)dx}{\int_0^{\pi} \cos^2(nx)dx}$$

$$= \frac{2}{\pi}\int_0^{\frac{\pi}{2}} \frac{1}{2}\cos(nx)dx + \frac{2}{\pi}\int_{\frac{\pi}{2}}^{\pi} \cos(nx)dx$$

$$= \frac{-1}{n\pi}\sin\left(\frac{n\pi}{2}\right)$$

傅立葉餘弦級數為

$$f_{c\infty}(x) = \frac{3}{4} - \sum_{n=1}^{\infty} \frac{1}{n\pi}\sin\left(\frac{n\pi}{2}\right)\cos(nx)$$

其收斂值爲

$$f_{c\infty}(x) = \frac{1}{2}, \ x \in \left[0, \frac{\pi}{2}\right)$$

$$f_{c\infty}\left(\frac{\pi}{2}\right) = \frac{1}{2}\left[f\left(\frac{\pi}{2}^-\right) + f\left(\frac{\pi}{2}^+\right)\right] = \frac{1}{2}\left(\frac{1}{2} + 1\right) = \frac{3}{4}$$

$$f_{c\infty}(x) = 1, \ x \in \left(\frac{\pi}{2}, \pi\right)$$

收斂圖形爲

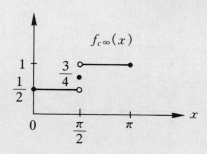

習　題

求傅立葉正弦和餘弦級數及兩者收斂值。

1. $f(x) = 2,\ 0 \leq x \leq 3$

2. $f(x) = \begin{cases} 0,\ 0 \leq x < \pi \\ \cos x,\ \pi \leq x \leq 2\pi \end{cases}$

3. $f(x) = \dfrac{1}{2}(1-x),\ 0 \leq x \leq 5$

4. $f(x) = x^2,\ 0 \leq x \leq 2$

5. $f(x) = x,\ 0 \leq x \leq \pi$

6. $f(x) = 1 - \sin(\pi x),\ 0 \leq x \leq 2$

7. $f(x) = \sin x,\ 0 \leq x \leq \pi$

8. $f(x) = \sin(3x),\ 0 \leq x \leq \pi$

9. $f(x) = \begin{cases} \dfrac{1}{2}x,\ 0 \leq x < 2 \\[2mm] 1 - \dfrac{1}{2}x,\ 2 \leq x \leq 3 \end{cases}$

10. $f(x) = \begin{cases} 1,\ 0 \leq x < 1 \\ 0,\ 1 \leq x < 3 \\ -1,\ 3 \leq x \leq 5 \end{cases}$

11. $f(x) = \begin{cases} \dfrac{1}{2}x^2,\ 0 \leq x < 1 \\[2mm] \dfrac{1}{2},\ 1 \leq x \leq 4 \end{cases}$

12. $f(x) = \begin{cases} 4x,\ 0 \leq x < 2 \\ -3,\ 2 \leq x < 4 \\ 1,\ 4 \leq x \leq 7 \end{cases}$

4.4　有限傅立葉正弦和餘弦轉換

在第三章我們已介紹拉卜拉斯轉換，其最主要應用於解初值問題中，其 $f(x)$ 或 $y(x)$ 的變數 $x \in [0, \infty)$。若對邊界值問題，其解題範圍是 $x \in [0, L]$，則屬有限傅立葉轉換(finite Fourier transform) 的應用，而非拉卜拉斯轉換了。

對 $f(x)$ 定義在 $x \in [0, L]$ 範圍，只有傅立葉正弦或餘弦級數可以代表之，故有限傅立葉轉換也分為兩種，定義如下。

【定義 4.3】有限傅立葉正弦轉換，$F_s(n) = S_n\{f(x)\}$

假設 $f(x)$ 是片斷連續在$[0, L]$，$f(x)$ 的有限傅立葉正弦轉換(finite Fourier sine transform)$F_s(n)$ 定義為

$$F_s(n) = \int_0^L f(x) \sin\left(\frac{n\pi x}{L}\right) dx$$

或

$$F_s(n) = \int_0^L f(x) \sin(n\omega_0 x) dx, \; x \in [0, L], \; n \geq 1$$

其中 $\omega_0 = \dfrac{2\pi}{T} = \dfrac{2\pi}{2L} = \dfrac{\pi}{L}$。

$F_s(n)$ 相對的傅立葉正弦級數為

$$f(x) = \sum_{n=1}^{\infty} b_n \sin\left(\frac{n\pi x}{L}\right) dx$$

$$b_n = \frac{\displaystyle\int_0^L f(x) \sin\left(\frac{n\pi x}{L}\right) dx}{\displaystyle\int_0^L \sin^2\left(\frac{n\pi x}{L}\right) dx} = \frac{2}{L} F_s(n)$$

將 $b_n = \dfrac{2}{L} F_s(n)$ 代入傅立葉正弦級數中，得到

$$f(x) = \frac{2}{L} \sum_{n=1}^{\infty} F_s(n)\sin(n\omega_0 x), \ \ \omega_0 = \frac{\pi}{L}, \ x \in [0, L]$$

注意，往後皆令 $f_\infty(x) = f(x)$ 使得符號書寫上簡化些，但各位必須記得在邊界點和斷點，$f_\infty(x)$ 和 $f(x)$ 兩者是不一定會相等的，請參考 4.3 節。

【定義 4.4】有限傅立葉餘弦轉換，$F_c(n) = C_n\{f(x)\}$

假設 $f(x)$ 是片斷連續在$[0, L]$，$f(x)$ 的有限傅立葉餘弦轉換(finite Fourier cosine transform)$F_c(n)$ 定義為

$$F_c(n) = \int_0^L f(x)\cos\left(\frac{n\pi x}{L}\right)dx$$

或

$$F_c(n) = \int_0^L f(x)\cos(n\omega_0 x)dx, \ x \in [0, L], \ n \geq 0$$

其中 $\omega_0 = \dfrac{2\pi}{T} = \dfrac{2\pi}{2L} = \dfrac{\pi}{L}$。

$F_c(n)$ 相對的傅立葉餘弦級數為

$$f(x) = \sum_{n=0}^{\infty} a_n \sin\left(\frac{n\pi x}{L}\right)$$

$$a_n = \frac{\displaystyle\int_0^L f(x)\cos\left(\frac{n\pi x}{L}\right)dx}{\displaystyle\int_0^L \cos^2\left(\frac{n\pi x}{L}\right)dx}, \ n \geq 0$$

當 $n = 0$，

$$a_0 = \frac{1}{L}\int_0^L f(x)dx = \frac{1}{L}F_c(0)$$

當 $n \geq 1$,

$$a_n = \frac{2}{L}\int_0^L f(x)\cos\left(\frac{n\pi x}{L}\right)dx = \frac{2}{L}F_c(n)$$

將 a_n 值代入傅立葉餘弦級數中, 得到

$$f(x) = \frac{1}{L}F_c(0) + \frac{2}{L}\sum_{n=1}^{\infty}F_c(n)\cos\left(\frac{n\pi x}{L}\right)$$

【定理 4.6】

令 $f(x)$ 和 $f'(x)$ 是連續的在$[0,L]$, 並且假設 $f''(x)$ 是片斷連續的在$[0,L]$, 則得到 $f''(x)$ 的有限傅立葉正弦轉換爲

$$S_n\{f''\} = -(n\omega_0)^2 F_s(n) + n\omega_0 f(0) - n\omega_0(-1)^n f(L)$$

【證明】

$$
\begin{aligned}
S_n\{f''\} &= \int_0^L f'' \sin(n\omega_0 x)dx \\
&= \sin(n\omega_0 x)f'\Big|_0^L - \int_0^L f'(n\omega_0)\cos(n\omega_0 x)dx \\
&= -n\omega_0\int_0^L f'\cos(n\omega_0 x)dx \\
&= -n\omega_0[\cos(n\omega_0 x)f\Big|_0^L - \\
&\quad \int_0^L f(-n\omega_0)\sin(n\omega_0 x)dx] \\
&= -(n\omega_0)^2\int_0^L f(x)\sin(n\omega_0 x)dx - \\
&\quad n\omega_0[\cos(n\pi)f(L) - f(0)] \\
&= -(n\omega_0)^2 F_s(n) + n\omega_0 f(0) - n\omega_0(-1)^n f(L)
\end{aligned}
$$

如果 $L = \pi$, 則 $\omega_0 = \dfrac{\pi}{L} = \dfrac{\pi}{\pi} = 1$,

$$S_n\{f''\} = -n^2 F_s(n) + nf(0) - n(-1)^n f(L)$$

【定理 4.7】

令 $f(x)$ 和 $f'(x)$ 是連續的在 $[0, L]$，並且假設 $f''(x)$ 是片斷連續的在 $[0, L]$，則得到 $f''(x)$ 的有限傅立葉餘弦轉換為

$$C_n\{f''\} = -(n\omega_0)^2 F_c(n) - f'(0) + (-1)^n f'(L)$$

如果 $L = \pi$，則 $\omega_0 = 1$，

$$C_n\{f''\} = -n^2 F_c(n) - f'(0) + (-1)^n f'(L)$$

解題範例

【範例 1】

求 $f(x)$ 的有限傅立葉正弦和餘弦轉換及兩者對應的級數，

$$f(x) = 1 - x, \ x \in [0,1]$$

【解】

$$F_s(n) = \int_0^1 (1 - x)\sin(n\pi x)\,dx = \frac{1}{n\pi}$$

$$F_c(0) = \int_0^1 (1 - x)\,dx = \frac{1}{2}$$

$$F_c(n) = \int_0^1 (1 - x)\cos(n\pi x)\,dx = \frac{1}{n^2\pi^2}[1 - (-1)^n]$$

$F_s(n)$ 和 $F_c(n)$ 相對的傅立葉正弦和餘弦級數為

$$f(x) = \frac{2}{L}\sum_{n=1}^{\infty} F_s(n)\sin(n\pi x) = \sum_{n=1}^{\infty} \frac{2}{n\pi}\sin(n\pi x)$$

$$f(x) = \frac{1}{L}F_c(0) + \frac{2}{L}\sum_{n=1}^{\infty} F_c(n)\cos(n\pi x)$$

$$= \frac{1}{2} + \sum_{n=1}^{\infty} \frac{2}{n^2\pi^2}[1 - (-1)^n]\cos(n\pi x)$$

【範例 2】

如果 $f(x)$ 是連續的，而 $f'(x)$ 是片斷連續的在 $[0,L]$，證明

$$S_n\{f'(x)\} = -n\omega_0 F_c(n)$$

【證】

$$S_n\{f'\} = \int_0^L f'\sin(n\omega_0 x)\,dx$$

$$= \sin(n\omega_0 x)f(x)\Big|_0^L - \int_0^L f(x)(n\omega_0)\cos(n\omega_0 x)\,dx$$

$$=- n\omega_0\int_0^L f(x)\cos(n\omega_0 x)dx = - n\omega_0 C_n\{f(x)\}$$
$$=- n\omega_0 F_c(n)$$

這裡的證明告訴我們，把奇數微分的函數用正弦轉換去掉微分後，得到卻是餘弦的轉換，反之亦然。定理 4.6 則說明把偶數微分的函數用正弦轉換來去掉微分後，得到的仍是正弦的轉換，反之亦然。所以得到一個結論，在一微分方程式中，如果同時含有奇數和偶數微分，則有限傅立葉轉換是無法應用的，反之只含有奇數或偶數微分，才可應用之。

【範例 3】

求 $y'' + 4\pi^2 y = 0$，$y(0) = 0$，$y(1) = 0$。

【解】

$$L = 1, \ \omega_0 = \frac{\pi}{1} = \pi$$

因為所給的邊界值條件並無微分型式，所以必須用有限傅立葉正弦轉換，

$$S_n\{y''\} = - (n\pi)^2 Y_s(n) + n\pi y(0) - n\pi(-1)^n y(1)$$
$$= - (n\pi)^2 Y_s(n)$$

將微分方程式取正弦轉換後，

$$- (n\pi)^2 Y_s(n) + 4\pi^2 Y_s(n) = 0$$
$$(4\pi^2 - n^2\pi^2) Y_s(n) = 0$$

若欲 $Y_s(n) \neq 0$，則 $4\pi^2 - n^2\pi^2 = 0$，得到 $n = 2(n \geq 1)$。

若 $n \neq 2$，$4\pi^2 - n^2\pi^2 \neq 0$，則 $Y_s(n) = 0$。

因此，得到 $Y_s(2)$ 是答案，其反轉換為

$$y(x) = \frac{2}{L} \sum_{n=1}^{\infty} Y_s(n)\sin(n\pi x) = 2Y_s(2)\sin(2\pi x)$$

其中 $Y_s(2)$ 為任意常數，因此取 $Y_s(2) = \frac{1}{2}c$，c 為任意常數，則得到

最後答案爲

$$y(x) = c\sin(2\pi x)$$

【範例 4】

求 $y'' + 3y = 0$, $y'(0) = 1$, $y'(\pi) = 0$。

【解】

$$L = \pi, \ \omega_0 = \frac{\pi}{\pi} = 1$$

因爲所給的邊界值條件乃屬微分型式，故選用有限傅立葉餘弦轉換，

$$C_n\{y''\} = -(n\omega_0)^2 Y_c(n) - y'(0) + (-1)^n y'(\pi)$$
$$= -n^2 Y_c(n) - 1$$

將微分方程式取餘弦轉換，

$$-n^2 Y_c(n) - 1 + 3Y_c(n) = 0$$

$$(3 - n^2) Y_c(n) = 1$$

$$Y_c(n) = \frac{1}{3 - n^2}$$

$Y_c(n)$ 之反轉換或對應的傅立葉餘弦級數在 $[0, \pi]$ 爲

$$y(x) = \frac{1}{L} Y_c(0) + \frac{2}{L} \sum_{n=1}^{\infty} Y_c(n) \cos\left(\frac{n\pi x}{L}\right)$$

或

$$y(x) = \frac{1}{3\pi} + \frac{2}{\pi} \sum_{n=1}^{\infty} \frac{1}{3 - n^2} \cos(nx)$$

若用 $y(x) = a\cos(\sqrt{3}x) + b\sin(\sqrt{3}x)$ 代入原方程式，得知上述傅立葉餘弦級數的對等函數爲

$$y(x) = \frac{1}{\sqrt{3}}[\cot\sqrt{3}\pi\cos\sqrt{3}x + \sin\sqrt{3}x]$$

【範例 5】

$f(x) = \begin{cases} 1, & 0 < x < 1 \\ 0, & 1 < x < L \end{cases}$，求有限傅立葉正弦轉換且繪出圖形於頻率區間。

【解】

$$F_s(n) = \int_0^L f(x)\sin(n\omega_0 x)dx$$

$$= \int_0^1 \sin(n\omega_0 x)dx = \frac{-1}{n\omega_0}\cos(n\omega_0 x)\Big|_0^1$$

$$F_s(n) = \frac{1}{n\omega_0}[1 - \cos(n\omega_0)]$$

$F_s(n)$ 在頻域的圖形為 (設 $\omega_0 = 1$，即 $L = \pi$)：

圖 4.8 $F_s(n)$ 在頻域上的圖形

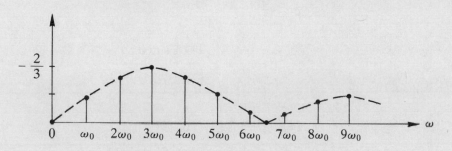

從圖 4.8 中，虛線部份代表函數 $F(\omega) = \frac{1}{\omega}[1 - \cos\omega]$，黑點是 $F_s(n\omega_0)$ 的值。由此可以了解 $F_s(n\omega_0)$ 只是以 $\omega = \omega_0$ 的間格來取樣 $F(\omega)$。已知 $\omega_0 = \frac{\pi}{L}$，因此若 L 愈大，ω_0 則愈小，而 $F_s(n)$ 會愈趨近 $F(\omega)$，不過處理的數據量也愈多，這兩者之間需要取個折衷。

習 題

題 1. 到題 6., 求有限傅立葉正弦轉換。

1. k

2. $\dfrac{1}{2}x$

3. x^3

4. $\dfrac{1}{2}\sin(ax)$

5. $\cos(ax)$

6. $\dfrac{1}{2}e^{-x}$

題 7. 到題 12., 求有限傅立葉餘弦轉換。

7. $f(x) = \begin{cases} 1, & 0 \le x < \dfrac{1}{2} \\ -1, & \dfrac{1}{2} \le x \le \pi \end{cases}$

8. $\dfrac{1}{2}x^2$

9. e^x

10. $\dfrac{1}{2}\sin(ax)$

11. $\cosh(ax)$

12. $\dfrac{1}{2}x^3$

13. 如果 f 是連續的且 f' 是片斷連續的在 $[0, L]$，證明

$$C_n\{f'(x)\} = n\omega_0 F_s(n) - f(0) + (-1)^n f(L)$$

題 14. 到題 18., 用有限傅立葉轉換解微分方程式。

14. $y' = x$, $y(0) = 0$, $y(2) = 0$

15. $y'' + 4y = 0$, $y(0) = y(1) = 0$

16. $y'' + 4y = 0$, $y(0) = 1$, $y(1) = 0$

17. $y'' + 4y = 0$, $y'(0) = 1$, $y'(1) = 1$

18. $y'' + 4y = 0$, $y'(0) = 0$, $y'(1) = 1$

4.5　週期函數與間續頻譜之應用

在 4.4 節的範例 5，我們已討論過 $f(x)$ 在 $[0,L]$ 的有限傅立葉轉換，$F_s(n)$ 或 $F_c(n)$，是在頻域上的振幅簡稱頻譜(spectrum)。由於 $F_s(n)$ 和 $F_c(n)$ 是間續性的(discrete) 資料且只占半邊的頻域($\omega \geq 0$)，故稱爲半邊間續頻譜(half-line discrete spectrum)。那麼對於週期函數 $f(x)$ 在 $[-L,L]$ 的傅立葉級數，其頻譜又如何定義？我們知道，$f(x)$ 在 $[-L,L]$ 的傅立葉級數爲

$$f(x) = a_0 + \sum_{n=1}^{\infty} \left[a_n\cos\left(\frac{n\pi x}{L}\right) + b_n\sin\left(\frac{n\pi x}{L}\right) \right]$$

由於 $f(x)$ 的週期 $T = 2L$，爲信號分析方便起見，x 改作時間 t，L 改作半週期 $\frac{T}{2}$，這麼一來，$f(t)$ 的傅立葉級數爲

$$f(t) = a_0 + \sum_{n=1}^{\infty} \left[a_n\cos\left(\frac{n2\pi t}{T}\right) + b_n\sin\left(\frac{n2\pi t}{T}\right) \right]$$
$$在 \left[-\frac{T}{2}, \frac{T}{2} \right]$$

或

$$f(t) = a_0 + \sum_{n=1}^{\infty} [a_n\cos(n\omega_0 t) + b_n\sin(n\omega_0 t)]$$
$$在 \left[-\frac{T}{2}, \frac{T}{2} \right]$$

其中

$$\omega_0 = \frac{2\pi}{T}$$
$$a_0 = \frac{1}{T}\int_{-\frac{T}{2}}^{\frac{T}{2}} f(t)dt = \frac{1}{T}\int_{a}^{a+T} f(t)dt$$

$$a_n = \frac{2}{T}\int_{-\frac{T}{2}}^{\frac{T}{2}} f(t)\cos(n\omega_0 t)dt$$

$$= \frac{2}{T}\int_{a}^{a+T} f(t)\cos(n\omega_0 t)dt, \quad n \geq 1$$

$$b_n = \frac{2}{T}\int_{-\frac{T}{2}}^{\frac{T}{2}} f(t)\sin(n\omega_0 t)dt$$

$$= \frac{2}{T}\int_{a}^{a+T} f(t)\sin(n\omega_0 t)dt, \quad n \geq 1$$

其中積分範圍從 a 到 $a + T$ 是因為 $f(t)$ 和 $\cos(n\omega_0 t)$ 乃相同週期的函數，故積分一週期的值應該相等，不用刻意定義積分的起始點。但是在一般基本公式的推導上皆以 $\left(-\frac{T}{2}, \frac{T}{2}\right)$ 為積分範圍，以便區別函數的奇偶特性。

對上述傅立葉級數，再利用三角函數的和差特性得到

$$f(t) = \sum_{n=0}^{\infty} d_n \cos(n\omega_0 t + \theta_n)$$

其中

$$d_0 = a_0, \quad \theta_0 = 0$$

$$d_n = \sqrt{a_n^2 + b_n^2}, \quad \theta_n = \tan^{-1}\left(-\frac{b_n}{a_n}\right), \quad n \geq 1$$

這種表示式稱為諧波型式(harmonic form) 或相角型式(phase angle form) 的傅立葉級數。d_n 稱為振幅頻譜；θ_n 為相角；$n\omega_0$ 為 $f(t)$ 的第 n 個諧波，因為 $\omega_0 = \frac{2\pi}{T}$ 是週期函數 $f(t)$ 的基本角頻率，T 是 $f(t)$ 的週期。

解題範例

【範例 1】

求 $f(t)$ 的振幅頻譜且繪出頻譜圖。

$$f(t) = \frac{1}{3}t^2, \ t \in (0, 3), \ f(t) = f(t + 3)$$

【解】

$T = 3,$

$$a_0 = \frac{1}{3}\int_0^3 \frac{1}{3}t^2 dt = 1$$

$$a_n = \frac{2}{3}\int_0^3 \frac{1}{3}t^2\cos\left(\frac{2n\pi t}{3}\right)dt = \frac{3}{n^2\pi^2}, \ n \geq 1$$

$$b_n = \frac{2}{3}\int_0^3 \frac{1}{3}t^2\sin\left(\frac{2n\pi t}{3}\right)dt = -\frac{3}{n\pi}, \ n \geq 1$$

$f(t)$ 的傅立葉級數為

$$f(t) = 1 + \sum_{n=1}^{\infty}\left[\frac{3}{n^2\pi^2}\cos\left(\frac{2n\pi}{3}t\right) - \frac{3}{n\pi}\sin\left(\frac{2n\pi}{3}t\right)\right]$$

$$d_0 = a_0 = 1, \ \theta_0 = 0$$

$$d_n = \sqrt{a_n^2 + b_n^2} = \frac{3}{n^2\pi^2}\sqrt{n^2\pi^2 + 1}, \ n \geq 1$$

$$\theta_n = \tan^{-1}\left|\frac{b_n}{a_n}\right| = \tan^{-1}(n\pi), \ n \geq 1$$

$$\omega_0 = \frac{2\pi}{3}$$

得到諧波型傅立葉級數為

$$f(t) = 1 + \sum_{n=1}^{\infty}\frac{3}{n^2\pi^2}\sqrt{n^2\pi^2 + 1}\cos[n\omega_0 t + \tan^{-1}(n\pi)]$$

振幅頻譜圖如圖 4.9。

圖 4.9　$f(t) = \dfrac{1}{3} t^2$ 的振幅頻譜

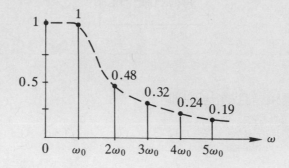

【範例 2】

對 RLC 串聯電路如圖 4.10，求迴路穩態電流。

$$E(t) = \begin{cases} \dfrac{1}{2} t^2 + \dfrac{\pi}{2} t, & -\pi \le t < 0 \\ -\dfrac{1}{2} t^2 + \dfrac{\pi}{2} t, & 0 \le t < \pi \end{cases}$$

$E(t + 2\pi) = E(t)$, $L = 1 \text{ H}$, $R = 0.02 \ \Omega$, $C = 0.04 \text{ F}$。

圖 4.10　RLC 串聯電路

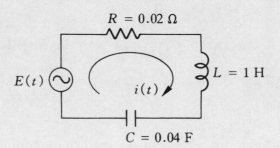

【解】

根據迴路分析法，

$$Li' + iR + \frac{1}{C} \int i \, dt = E(t)$$

整理後，得到

$$i'' + \frac{R}{L}i' + \frac{1}{LC}i = \frac{1}{L}E'(t)$$

或 $\qquad i'' + 0.02i' + 25i = f(t)$

$$f(t) = \frac{1}{L}E'(t) = \begin{cases} t + \dfrac{\pi}{2}, \ -\pi \le t < 0 \\[2mm] -t + \dfrac{\pi}{2}, \ 0 \le t < \pi \end{cases}$$

$$f(t) = f(t + 2\pi)$$

上述方程式屬強迫振盪系統，$f(t)$ 的傅立葉級數爲

$$f(t) = \sum_{n=1}^{\infty} \frac{2[1 - (-1)^n]}{n^2\pi}\cos(nt)$$

$$= \sum_{m=1}^{\infty} \frac{4}{(2m-1)^2\pi}\cos[(2m-1)t]$$

其中 $\qquad \omega_0 = \dfrac{2\pi}{2\pi} = 1$

因此，可以把 $f(t)$ 看成無窮多個振盪信號合成的函數，故可利用重疊原理求出各振盪信號之解，再相加起來即是答案了。對各振盪信號的方程式解爲

$$i'' + 0.02i' + 25i = \frac{4}{(2m-1)^2\pi}\cos[(2m-1)t], \ m \ge 1$$

由於上述方程式是屬強迫振盪系統，最後的穩態振盪頻率必爲 $\cos[(2m-1)t]$ 中的 $(2m-1)$ 角頻率，故其穩態答案或特定答案爲

$$i_m(t) = A_m\cos(2m-1)t + B_m\sin(2m-1)t$$

代入方程式中，求得

$$A_m = \frac{4[25 - (2m-1)^2]}{(2m-1)^2\pi c}, \ m \ge 1$$

$$B_m = \frac{0.08}{(2m-1)\pi c}$$

$$c = [25 - (2m-1)^2]^2 + [0.02(2m-1)]^2$$

運用重疊原理，得知

$$i(t) = i_1(t) + i_2(t) + i_3(t) + \cdots$$

$$= \sum_{m=1}^{\infty} A_m[\cos(2m-1)t] + B_m \sin[(2m-1)t]$$

寫成諧波型傅立葉級數爲

$$i(t) = \sum_{m=1}^{\infty} d_m \cos[(2m-1)t + \theta_m]$$

$$d_m = \sqrt{A_m^2 + B_m^2} = \frac{4}{(2m-1)^2 \pi \sqrt{c}}$$

$$\theta_m = \tan^{-1}\left[\frac{0.02}{(2m-1)^2 - 25}\right]$$

由於 $d_1 = 0.053$, $d_2 = 0.009$, $d_3 = 0.51$, $d_4 = 0.001$, $d_5 = 0.0003$, 因此得知 d_3 最大, 故 $i(t)$ 中最主要的振盪頻率顯現應爲 $\omega = 3$, 即 $i_3(t) = d_3\cos(5t + \theta_3) \approx 0.51\cos\left(5t + \frac{\pi}{2}\right)$。另外, $d_1 \approx 0.1d_3$, 所以次要振盪頻率爲 $\omega = 1$, 即 $i_1(t) = 0.053\cos(t + \theta_1) \approx 0.053\cos(t)$。因此 $i(t) \approx i_1(t) + i_3(t)$, 相當於調幅現象 (AM, amplitude modulation)。其圖形近似於圖 4.11。

圖 4.11　調幅電流

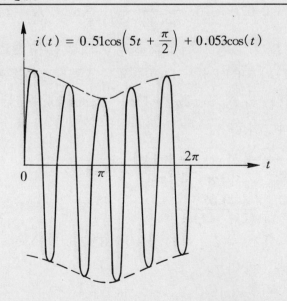

$$i(t) = 0.51\cos\left(5t + \frac{\pi}{2}\right) + 0.053\cos(t)$$

習 題

題 1. 到題 6. 求出諧波型傅立葉級數且繪出振幅頻譜圖。

1. $f(t) = \begin{cases} 1, & 0 \leq t < 1 \\ 0, & 1 \leq t < 2 \end{cases}$, $T = 2$

2. $f(t) = \begin{cases} \dfrac{1}{2}(1+t), & 0 \leq t < 3 \\ 1, & 3 \leq t < 4 \end{cases}$, $T = 4$

3.

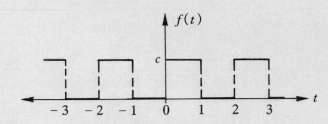

4.

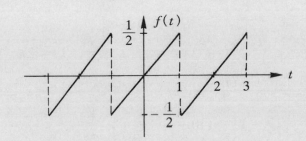

5.

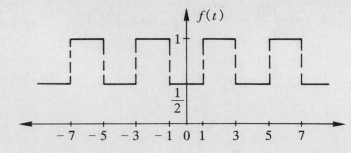

6.

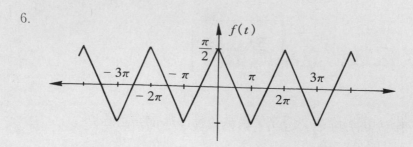

題 7. 到題 14., 求穩態答案。

7. $y'' + 4y = \sin(t)$

8. $y'' + 25y = f(t)$, $f(t)$ 的定義在題 5.。

9. $y'' + 3y = \sum\limits_{n=1}^{N} a_n \cos(nt)$

10. $y'' + 2y = f(t)$, $f(t) = \begin{cases} t + \pi, & -\pi \leq t < 0 \\ -t + \pi, & 0 \leq t < \pi \end{cases}$, $T = 2\pi$

11. $y'' + 2y' + y = a_n \cos(nt)$

12. $y'' + 0.04y' + 25y = f(t)$, $f(t)$ 的定義在題 3.。

13. $y'' + 2y' + y = \sin 3t$

14. $y'' + 3y' + y = \dfrac{t}{12}(\pi^2 - t^2)$, $-\pi \leq t \leq \pi$, $T = 2\pi$

15. $E(t) = \sum\limits_{n=1}^{\infty} \dfrac{120\pi(-1)^{n+1}}{n^3} \sin(nt)$

$i(t) = \sum\limits_{n=1}^{\infty} \left\{ \dfrac{12(-1)^{n+1}(10 - n^2)\pi}{n^2[(10n)^2 + (10 - n^2)^2]} \cos(nt) \right.$

$\left. + \dfrac{120(-1)^{n+1}\pi}{n[(10n^2)^2 + (10 - n^2)^2]} \sin(nt) \right\}$

4.6　複數傅立葉級數

對一個週期函數 $f(t) = f(t + T)$ 或 $f(t)$ 在 $\left[-\frac{T}{2}, \frac{T}{2}\right]$ 區間，其傅立葉級數為

$$f(t) = \sum_{n=0}^{\infty} a_n \cos(n\omega_0 t) + \sum_{n=1}^{\infty} b_n \sin(n\omega_0 t), \ t \in \left[-\frac{T}{2}, \frac{T}{2}\right]$$

或寫為諧波型式為

$$f(t) = \sum_{n=0}^{\infty} d_n \cos(n\omega_0 t + \theta_n), \ t \in \left[-\frac{T}{2}, \frac{T}{2}\right]$$

$$d_n = \sqrt{a_n^2 + b_n^2}, \ \theta_n = \tan^{-1}\left[-\frac{b_n}{a_n}\right], \ n \geq 0 \ (設 \ b_0 = 0)$$

另外又可寫為複數型式傅立葉級數為

$$f(t) = \sum_{n=-\infty}^{\infty} c_n e^{in\omega_0 t}, \ t \in \left[-\frac{T}{2}, \frac{T}{2}\right]$$

其中 c_n 為複數。

這裡先溫習一下複數的特性。對於一複數 Z，其定義為

$$Z = a + ib = re^{i\theta} = r(\cos\theta + i\sin\theta)$$

$$|Z| = r = \sqrt{a^2 + b^2}$$

$$\theta = \tan^{-1}\left(\frac{b}{a}\right)$$

由定義 $e^{i\theta} = \cos\theta + i\sin\theta$，$e^{-i\theta} = \cos\theta - i\sin\theta$，可得證

$$\cos\theta = \frac{1}{2}(e^{i\theta} + e^{-i\theta})$$

$$\sin\theta = \frac{1}{2i}(e^{i\theta} - e^{-i\theta})$$

【引理 4.2】

$e^{in\omega_0 t}$ 的正交特性在 $t \in \left[-\dfrac{T}{2}, \dfrac{T}{2} \right]$, 即證明

$$\int_{-\frac{T}{2}}^{\frac{T}{2}} e^{in\omega_0 t} \cdot e^{im\omega_0 t} dt = \begin{cases} 0, & m \neq -n \\ T, & m = -n \end{cases}$$

【證明】

$$\int_{-\frac{T}{2}}^{\frac{T}{2}} e^{in\omega_0 t} \cdot e^{im\omega_0 t} \, dt = \int_{-\frac{T}{2}}^{\frac{T}{2}} e^{i(n+m)\omega_0 t} \, dt$$

(a) 若 $m \neq -n$, 則

$$\int_{\frac{T}{2}}^{-\frac{T}{2}} e^{i(\omega+n)\omega_0 t} dt = \frac{1}{i(m+n)\omega_0} e^{i(n+m)\omega_0 t} \bigg|_{-\frac{T}{2}}^{\frac{T}{2}}$$

$$= \frac{1}{i(m+n)\omega_0} [e^{i(n+m)\pi} - e^{-i(n+m)\pi}]$$

$$= \frac{2}{(m+n)\omega_0} \sin[2(n+m)\pi] = 0$$

(b) 若 $m = -n$, 即 $m + n = 0$, 則

$$\int_{-\frac{T}{2}}^{\frac{T}{2}} e^{i(m+n)\omega_0 t} \, dt = \int_{-\frac{T}{2}}^{\frac{T}{2}} dt = t \bigg|_{-\frac{T}{2}}^{\frac{T}{2}} = T$$

【定理 4.8】

如果 $f(t)$ 是可積分的或片斷連續在 $\left[-\dfrac{T}{2}, \dfrac{T}{2}\right]$，則 $f(t)$ 的

複數傅立葉級數(complex Fourier series)為

$$f(t) = \sum_{n=-\infty}^{\infty} c_n e^{in\omega_0 t}, \ t \in \left[-\frac{T}{2}, \frac{T}{2}\right] \qquad (4.4)$$

$$c_n = \frac{1}{T}\int_{-\frac{T}{2}}^{\frac{T}{2}} f(t)e^{-in\omega_0 t}dt, \ n \in (-\infty, \infty)$$

$$c_n = \frac{1}{2}(a_n - ib_n)$$

$$c_{-n} = \bar{c}_n = \frac{1}{2}(a_n + ib_n)$$

【證明】

對週期函數 $f(t)$ 在 $\left[-\dfrac{T}{2}, \dfrac{T}{2}\right]$，其傅立葉級數為

$$f(t) = a_0 + \sum_{n=1}^{\infty} a_n\cos(n\omega_0 t) + b_n\sin(n\omega_0 t)$$

代入

$$\cos(n\omega_0 t) = \frac{1}{2}(e^{in\omega_0 t} + e^{-in\omega_0 t})$$

$$\sin(n\omega_0 t) = \frac{1}{2i}(e^{in\omega_0 t} - e^{-in\omega_0 t})$$

整理後，得到

$$f(t) = a_0 + \sum_{n=1}^{\infty} \left[\frac{1}{2}(a_n - ib_n)e^{in\omega_0 t} + \frac{1}{2}(a_n + ib_n)e^{-in\omega_0 t}\right]$$

令

$$c_0 = a_0, \ c_n = \frac{1}{2}(a_n - ib_n), \ \bar{c}_n = \frac{1}{2}(a_n + ib_n), \ n \geq 1$$

則

$$f(t) = c_0 + \sum_{n=1}^{\infty} c_n e^{in\omega_0 t} + \sum_{n=1}^{\infty} \bar{c}_n e^{-in\omega_0 t}$$

運用 $e^{in\omega_0 t}$ 的正交特性, 以 c_n 爲例, 將上式乘以 $e^{-im\omega_0 t}$ 再積分之,

$$\int_{-\frac{T}{2}}^{\frac{T}{2}} f(t) e^{im\omega_0 t} dt$$

$$= \int_{-\frac{T}{2}}^{\frac{T}{2}} c_0 e^{im\omega_0 t} dt + \sum_{n=1}^{\infty} c_n \int_{-\frac{T}{2}}^{\frac{T}{2}} e^{i(m+n)\omega_0 t} dt + \sum_{n=1}^{\infty} \bar{c}_n \int_{-\frac{T}{2}}^{\frac{T}{2}} e^{i(m-n)\omega_0 t} dt$$

等式右邊, 除了 $m = -n$ 項之外, 所有積分皆爲零, 得到

$$\int_{-\frac{T}{2}}^{\frac{T}{2}} f(t) e^{-in\omega_0 t} dt = c_n \int_{-\frac{T}{2}}^{\frac{T}{2}} dt$$

$$c_n = \frac{1}{T} \int_{-\frac{T}{2}}^{\frac{T}{2}} f(t) e^{-in\omega_0 t}, \ n \geq 1$$

同理得證

$$c_0 = \frac{1}{T} \int_{-\frac{T}{2}}^{\frac{T}{2}} f(t) dt$$

$$\bar{c}_n = \frac{1}{T} \int_{-\frac{T}{2}}^{\frac{T}{2}} f(t) e^{in\omega_0 t}, \ n \geq 1$$

比較 c_n 和 $\bar{c}_n$ 兩項, 得知 $c_{-n} = \bar{c}_n$, 故傅立葉級數變爲

$$f(t) = c_0 + \sum_{n=1}^{\infty} c_n e^{in\omega_0 t} + \sum_{n=1}^{\infty} c_{-n} e^{-in\omega_0 t}$$

將 $\sum_{n=1}^{\infty} c_{-n} e^{-in\omega_0 t}$ 的 n 變爲 $-n$, 則

$$\sum_{n=1}^{\infty} c_{-n} e^{-in\omega_0 t} = \sum_{n=-1}^{-\infty} c_n e^{in\omega_0 t}$$

代入 $f(t)$ 中爲

$$f(t) = c_0 + \sum_{n=1}^{\infty} c_n e^{in\omega_0 t} + \sum_{n=-1}^{-\infty} c_n e^{in\omega_0 t}$$

$$= \sum_{n=-\infty}^{\infty} c_n e^{in\omega_0 t}$$

$$c_n = \frac{\int_{-\frac{T}{2}}^{\frac{T}{2}} f(t) e^{-in\omega_0 t} dt}{\int_{-\frac{T}{2}}^{\frac{T}{2}} e^{in\omega_0 t} \cdot e^{-in\omega_0 t} dt}$$

$$= \frac{1}{T} \int_{-\frac{T}{2}}^{\frac{T}{2}} f(t) e^{-in\omega_0 t} dt, \ n \in (-\infty, \infty)$$

$$\boxed{\textbf{解題範例}}$$

【範例 1】

以 4.5 節的範例 1 為例，求 $f(t) = \dfrac{1}{3}t^2$ 在 $[0,3]$，$f(t) = f(t+3)$ 的複數傅立葉級數並繪出其振幅頻譜圖。

【解】

由 4.5 節的範例 1 得知

$$a_0 = 1, \ a_n = \frac{3}{n^2\pi^2}, \ b_n = -\frac{3}{n\pi}, \ n \geq 1$$

故

$$c_n = \frac{1}{2}(a_n + ib_n) = \frac{3}{2n\pi}\left(\frac{1}{n\pi} - i\right)$$

$$c_{-n} = \bar{c}_n = \frac{3}{2n\pi}\left(\frac{1}{n\pi} + i\right)$$

$$c_0 = a_0 = 1$$

得到複數傅立葉級數為

$$f(t) = 1 + \sum_{\substack{n=-\infty \\ n\neq 0}}^{\infty} \frac{3}{2n\pi}\left(\frac{1}{n\pi} - i\right) e^{in\omega_0 t}, \ \omega_0 = \frac{2\pi}{3}$$

其振幅頻譜

$$|c_n| = \frac{1}{2}\sqrt{a_n^2 + b_n^2} = \frac{3}{2n\pi}\sqrt{\left(\frac{1}{n\pi}\right)^2 + 1}$$

$$= \frac{3}{2n^2\pi^2}\sqrt{(n\pi)^2 + 1}, \ n \in (-\infty, \infty), \ n \neq 0$$

$$|c_0| = 1$$

另外諧波型傅立葉級數的振幅頻譜 $d_n = \sqrt{a_n^2 + b_n^2}$ 為

$$d_0 = 1$$

圖 **4.12**　(a) 諧波型振幅頻譜　　(b) 複數振幅頻譜

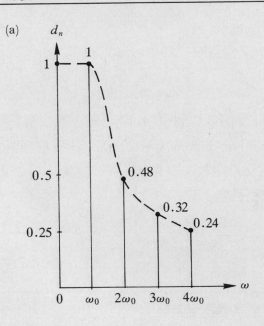

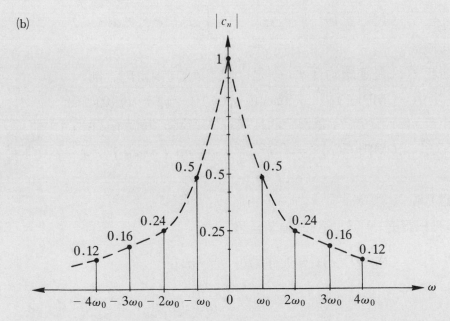

$$d_n = \frac{3}{n^2\pi^2}\sqrt{(n\pi)^2 + 1}, \ n \geq 1$$

兩者之間的異同點爲

$$|c_0| = d_0 = 1$$

$$|c_n| = |c_{-n}| = \frac{1}{2}d_n, \ n \geq 1$$

兩者頻譜的比較在圖 4.12。由圖 4.12 可知複數振幅頻譜的特性爲 (1) 全邊間續頻譜(full-line discrete spectrum)，(2) 振幅頻譜左右相等，即偶函數，(3) 角度爲奇函數，即 $\theta_n = -\theta_{-n}$(因爲 $c_{-n} = \bar{c}_n$)。諧波型和複數型的振幅總和不變，即

$$\sum_{n=0}^{\infty} d_n = \sum_{n=-\infty}^{\infty} |c_n|$$

【範例 2】

假設有限複數傅立葉轉換定義爲

$$\text{CMP}\{f(t)\} = F_{\text{CMP}}(n) = \int_0^T f(t)e^{-in\omega_0 t}\, dt$$

則求證

(1) 若 $f(t)$ 是連續的且 $f'(t)$ 是片斷連續的在$[0, T]$，則

$$\text{CMP}\{f'(t)\} = in\omega_0 F_{\text{CMP}}(n) + f(T) - f(0)$$

(2) 若 $f(t)$ 和 $f'(t)$ 是連續的且 $f''(t)$ 是片斷連續的在$[0, T]$，則

$$\text{CMP}\{f''(t)\} = -n^2\omega_0^2 F_{\text{CMP}}(n) + in\omega_0[f(T) - f(0)] +$$
$$[f'(T) - f'(0)]$$

【證】

這裡只證第 (1) 項，第 (2) 項請自證。

$$\text{CMP}\{f'(t)\} = \int_0^T f'(t)e^{-in\omega_0 t}\, dt$$

$$= f(t)e^{-in\omega_0 t}\Big|_0^T + in\omega_0\int_0^T f(t)e^{-in\omega_0 t}\, dt$$

$$= f(T)e^{-in\omega_0 T} - f(0) + in\omega_0 F_{\text{CMP}}(n)$$

$$= in\omega_0 F_{\text{CMP}}(n) + f(T) - f(0)$$

$$(e^{-in\omega_0 T} = e^{-i2n\pi} = 1)$$

【範例 3】

求範例 1 定義的 $f(t)$，其複數傅立葉級數在 $[-9,9]$ 的收斂值。

【解】

由於複數傅立葉級數完全相等於傅立葉級數，即

$$\sum_{n=-\infty}^{\infty} c_n e^{in\omega_0 t} = a_0 + \sum_{n=1}^{\infty} a_n \cos(n\omega_0 t) + b_n \sin(n\omega_0 t)$$

所以兩者的收斂值應該相等。對斷點 t_0 的收斂值仍然為 $\frac{1}{2}[f(t_0^+) + f(t_0^-)]$。故在斷點 $t = -9,\ -6,\ -3,\ 0,\ 3,\ 6,\ 9$，其收斂值為 $\frac{1}{2}[f(0^+) + f(0^-)] = \frac{1}{2}[0 + 3] = 1.5$，其餘因為函數連續，$f_\infty(t) = f(t)$。$f_\infty(t)$ 的收斂繪於圖 4.13。

圖 **4.13**　複數傅立葉級數 $f(t) = \frac{1}{3}t^2$ 的收斂值

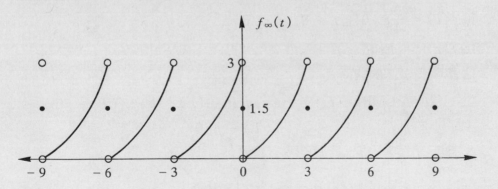

習　題

題 1. 到題 11. 求複數傅立葉級數和畫振幅頻譜圖。

1. $f(t) = 1 - t,\ 0 \leq t < 6,\ T = 6$

2. $f(t) = t,\ -\pi \leq t < \pi,\ T = 2\pi$

3. $f(t) = e^{-t},\ 0 \leq t < 5,\ T = 5$

4. $f(t) = t,\ 0 \leq t < 2\pi,\ T = 2\pi$

5. $f(t) = \cos(t),\ 0 \leq t < 1,\ T = 1$

6. $f(t) = t^2,\ -\pi \leq t < \pi,\ T = 2\pi$

7. $f(t) = \begin{cases} t,\ 0 \leq t < 1 \\ 2 - t,\ 1 \leq t < 2 \end{cases},\ T = 2$

8. $f(t) = \begin{cases} -1,\ -\pi \leq t < 0 \\ 1,\ 0 \leq t < \pi \end{cases},\ T = 2\pi$

9. $f(t) = \begin{cases} t,\ 0 \leq t < 2 \\ 0,\ 2 \leq t < 3 \end{cases},\ T = 3$

10. $f(t) = \dfrac{3}{4}t,\ 0 \leq t < 8,\ T = 8$

11. $f(t) = |E\sin(\omega t)|$

12. 證明範例 2 的關係式

$$\mathrm{CMP}\{f''(t)\} = -n^2\omega_0^2 F_{\mathrm{CMP}}(n) + in\omega_0[f(T) - f(0)] + [f'(T) - f'(0)]$$

13. 證明

$$\frac{1}{T}\int_{-\frac{T}{2}}^{\frac{T}{2}}[f(t)]^2 dt = \sum_{n=-\infty}^{\infty}|c_n|^2$$

$$c_n = \frac{1}{T}\int_{-\frac{T}{2}}^{\frac{T}{2}}f(t)e^{-in\omega_0 t}\,dt$$

4.7　傅立葉積分

　　傅立葉級數雖然可以代表週期函數，但很多工程上問題面對的是非週期函數，則該如何處理之？因爲傅立葉級數是由三角函數所組成，而三角函數又爲週期函數，因此不管怎麼安排與處理，傅立葉級數只能面對週期函數，尤其係數 a_n 和 b_n 的取得必須運用三角函數的正交特性。故對非週期函數 $f(t)$ 想用傅立葉級數來代表時，則只好將 $f(t)$ 轉換成週期函數 $f_T(t)$，即 $f_T(t) = f_T(t + T)$。譬如對方波 $f(t)$ 爲 $f(t) = 1$，$-1 < t < 1$；$f(t) = 0$，$t \notin [-1,1]$ 如圖 4.14(a) 所示。假如定義一週期函數 $f_T(t)$，其週期之內包含 $f(t)$ 有數值的時區，則 $f_T(t)$ 的傅立葉級數爲

$$f_T(t) = a_0 + \sum_{n=1}^{\infty} a_n \cos(n\omega_0 t) + b_n \sin(n\omega_0 t)$$

$$a_0 = \frac{1}{T}\int_{-\frac{T}{2}}^{\frac{T}{2}} f_T(t)\,dt$$

$$a_n = \frac{2}{T}\int_{-\frac{T}{2}}^{\frac{T}{2}} f_T(t)\cos(n\omega_0 t)\,dt, \quad n \geq 1$$

$$b_n = \frac{2}{T}\int_{-\frac{T}{2}}^{\frac{T}{2}} f_T(t)\sin(n\omega_0 t)\,dt = 0$$

　　以 $T = 4$ 爲例，$f_T(t)$ 的圖形在圖 4.14(b)。注意，靠近主週期 $(-2 < t < 2)$ 的兩週期(陰影部份)離主週期的時距爲 $t = 2$。若將 T 增大一倍(即 $T = 8$)，則兩週期(陰影部份)離主週期愈來愈遠(見圖 4.14(c))。因此若讓 $T \to \infty$，則離主週期最近的兩陰影週期就看不見了，所以基本上可認定

$$\lim_{T \to \infty} f_T(t) = f(t)$$

圖 **4.14** $f(t) = \lim_{T \to \infty} f_T(t)$ 及振幅頻譜 $a_n \dfrac{T}{2}(T = 4$ 和 $T = 8)$

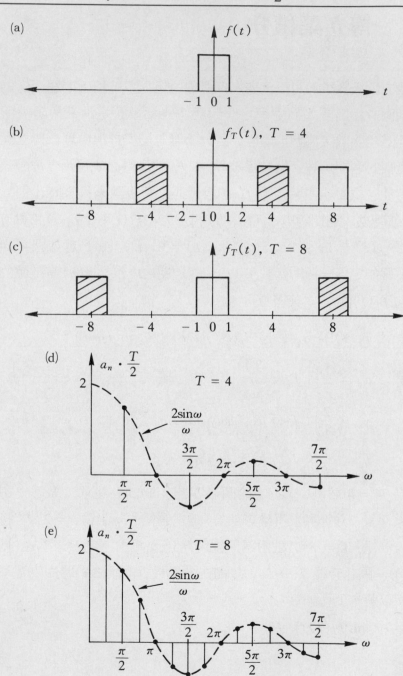

同時，在 $T = 4$，

$$a_n \cdot \frac{T}{2} = \int_{-2}^{2} f_T(t) \cos\left(\frac{n\pi}{2}t\right) dt = \int_{-1}^{1} \cos\left(\frac{n\pi}{2}t\right) dt, \ n \geq 1$$

$$= 2 \cdot \frac{\sin\left(\frac{n\pi}{2}\right)}{\frac{n\pi}{2}}$$

振幅頻譜 $a_n \cdot \dfrac{T}{2}$ 宛如以 $\omega_0 = \dfrac{\pi}{2}$ 取樣 $2\dfrac{\sin(\omega)}{\omega}$（虛線部份），見圖 4.14(d)。

當 $T = 8$，

$$a_n \cdot \frac{T}{2} = \int_{-4}^{4} f_T(t) \cos\left(\frac{n\pi}{4}t\right) dt = \int_{-1}^{1} \cos\left(\frac{n\pi}{4}t\right) dt$$

$$= 2 \cdot \frac{\sin\left(\frac{n\pi}{4}\right)}{\frac{n\pi}{4}}$$

此時振幅頻譜 $a_n \cdot \dfrac{T}{2}$ 以更小的 $\omega_0 = \dfrac{\pi}{4}$ 來取樣 $2\dfrac{\sin(\omega)}{\omega}$（虛線部份），見圖 4.14(e)。因此可以得知，當 $T \to \infty$，$\omega_0 \to d\omega \to 0$，則造成

$$\lim_{T \to \infty} a_n \cdot \frac{T}{2} = 2 \frac{\sin\omega}{\omega}$$

原來的間續點就逐漸變成連續點了。因此，重新整理傅立葉級數，

$$\lim_{T \to \infty} f_T(t) = \lim_{T \to \infty} a_0 + \lim_{T \to \infty} \sum_{n=1}^{\infty} a_n \cos(n\omega_0 t) + b_n \sin(n\omega_0 t)$$

已知 $\displaystyle\lim_{T \to \infty} a_0 = \lim_{T \to \infty} \frac{1}{T} \int_{-\frac{T}{2}}^{\frac{T}{2}} f_T(t) dt = 0$，故得到

$$\lim_{T \to \infty} f_T(t) = \lim_{T \to \infty} \sum_{n=1}^{\infty} \left[a_n \cdot \frac{T}{2\pi} \cos(n\omega_0 t) \right.$$

$$\left. + b_n \cdot \frac{T}{2\pi} \sin(n\omega_0 t) \right] \omega_0$$

根據積分的基本定義為

(1) $\lim\limits_{T \to \infty} \dfrac{2\pi}{T} = \lim\limits_{\omega_0 \to 0} \omega_0 = \lim\limits_{\Delta\omega \to 0} \Delta\omega = d\omega$

(2) $\lim\limits_{T \to \infty} n\omega_0 = \lim\limits_{\Delta\omega \to 0} n\Delta\omega = \omega$

(3) $\lim\limits_{T \to \infty} \sum\limits_{n=1}^{\infty} g(n\omega_0)\omega_0 = \lim\limits_{\Delta\omega \to 0} \sum\limits_{n=1}^{\infty} g(n\Delta\omega)\Delta\omega = \int_0^{\infty} g(\omega)d\omega$

將上述特性代入傅立葉級數中，整理後得到

$$\lim_{T \to \infty} f_T(t) = f(t)$$

$$= \frac{1}{\pi} \int_0^{\infty} [A(\omega)\cos(\omega t) + B(\omega)\sin(\omega t)] d\omega$$

$$A(\omega) = \lim_{T \to \infty} a_n \cdot \frac{T}{2} = \lim_{T \to \infty} \int_{-\frac{T}{2}}^{\frac{T}{2}} f_T(t)\cos(n\omega_0 t) dt$$

$$= \int_{-\infty}^{\infty} f(t)\cos(\omega t) dt$$

$$B(\omega) = \lim_{T \to \infty} b_n \cdot \frac{T}{2} = \lim_{T \to \infty} \int_{-\frac{T}{2}}^{\frac{T}{2}} f_T(t)\sin(n\omega_0 t) dt$$

$$= \int_{-\infty}^{\infty} f(t)\sin(\omega t) dt$$

上述的方程式即是所謂的傅立葉積分，專門用來作非週期函數的代表。

【定義 4.5】傅立葉積分 (Fourier integral)

如果非週期函數 $f(t)$ 定義在所有實數區間 (即 $-\infty < t < \infty$) 且 $\int_{-\infty}^{\infty} |f(t)| dt$ 收斂，則 $f(t)$ 的傅立葉積分為

$$f(t) = \frac{1}{\pi} \int_0^{\infty} [A(\omega)\cos(\omega t) + B(\omega)\sin(\omega t)] d\omega$$

$$A(\omega) = \int_{-\infty}^{\infty} f(t)\cos(\omega t) dt$$

$$B(\omega) = \int_{-\infty}^{\infty} f(t)\sin(\omega t) dt$$

依此定義，上面所提及的 $f(t) = 1$，$-1 < t < 1$；$f(t) = 0$，$t \notin [-1,1]$，此 $f(t)$ 的傅立葉積分為

$$A(\omega) = \int_{-\infty}^{\infty} f(t)\cos(\omega t)dt = \int_{-1}^{1} \cos(\omega t)dt = \frac{2\sin\omega}{\omega}$$

$$B(\omega) = \int_{-\infty}^{\infty} f(t)\sin(\omega t)dt = \int_{-1}^{1} \sin(\omega t)dt = 0$$

$$f_{\infty}(t) = \frac{2}{\pi}\int_{0}^{\infty} \frac{\sin\omega}{\omega}\cos(\omega t)d\omega$$

其中振幅頻譜 $A(\omega) = \dfrac{2\sin\omega}{\omega}$ 就是圖 4.14(d) 和 (e) 的虛線部份。因此當 $T \to \infty$ 時，原來傅立葉級數的間續頻譜就演變為傅立葉積分的連續振幅頻譜。這裡再次提醒一次，傅立葉積分面對的仍是週期函數，只是其週期無限大，造成最靠近主週期的信號在無限遠的地方而看不到它們，故可稱為非週期函數。

【定理 4.9】傅立葉積分的收斂

令 $f(t)$ 是可積分的或片斷連續在實數區間且 $\displaystyle\int_{-\infty}^{\infty} |f(t)|\,dt$ 收斂，則其傅立葉積分 $f_{\infty}(t)$ 收斂到 $\dfrac{1}{2}[f(t^{+}) + f(t^{-})]$ 如果在 t 時間有斷續發生，否則 $f_{\infty}(t) = f(t)$。

傅立葉積分的收斂方式和傅立葉級數一樣，因為傅立葉積分即是傅立葉級數中週期是無限大者。

【定義 4.6】傅立葉正弦積分和傅立葉正弦轉換

令 $f(t)$ 是可積分的在 $[0, \infty)$ 且 $\int_0^\infty |f(t)| dt$ 收斂，則傅立

葉正弦積分定義爲

$$f_{s\infty}(t) = \frac{1}{\pi} \int_0^\infty B(\omega) \sin(\omega t) d\omega$$

$$B(\omega) = 2 \int_0^\infty f(t) \sin(\omega t) dt$$

收斂值

$$f_{s\infty}(t) = \begin{cases} 0, & t = 0 \\ \frac{1}{2}[f(t^+) + f(t^-)], & t > 0 \end{cases}$$

傅立葉正弦轉換 $F_s(\omega)$ 定義爲

$$F_s(\omega) = \int_0^\infty f(t) \sin(\omega t) dt$$

故得到

$$f_{s\infty}(t) = \frac{2}{\pi} \int_0^\infty F_s(\omega) \sin(\omega t) d\omega$$

【證明】

這裡與 4.3 節的定義 4.1 的傅立葉正弦級數之證法一樣。爲運用三角函數的正交特性來求得係數 b_n 或 $B(\omega)$，t 的定義區間必須在 $(-\infty, \infty)$。現在 $f(t)$ 只定義在 $[0, \infty)$，故必須定義新奇函數在 $(-\infty, \infty)$ 以符合正弦的特性，

$$\hat{f}_s(t) = \begin{cases} f(t), & 0 \le t < \infty \\ -f(-t), & -\infty < t < 0 \end{cases}$$

則傅立葉積分爲

$$\hat{f}_{s\infty}(t) = \frac{1}{\pi} \int_0^\infty B(\omega) \sin(\omega t) d\omega \quad t \in (-\infty, \infty)$$

$$B(\omega) = \int_{-\infty}^{\infty} \hat{f}_{s\infty}(t)\sin(\omega t)dt = 2\int_{0}^{\infty} f(t)\sin(\omega t)dt$$

故得證

$$\hat{f}_{s\infty}(t) = f_{s\infty}(t) = \frac{1}{\pi}\int_{0}^{\infty} B(\omega)\sin(\omega t)d\omega, \ t \in [0,\infty)$$

另外，由於傅立葉正弦轉換為

$$F_s(\omega) = \int_{0}^{\infty} f(t)\sin(\omega t)dt = \frac{1}{2}B(\omega)$$

$$f_{s\infty}(t) = \frac{1}{\pi}\int_{0}^{\infty} 2F_s(\omega)\sin(\omega t)dt = \frac{2}{\pi}\int_{0}^{\infty} F_s(\omega)\sin(\omega t)dt$$

當 $t = 0$, $\hat{f}_{s\infty}(0) = \frac{1}{2}[f(0^+) - f(0^-)] = 0 = f_{s\infty}(0)$

【定義 4.7】傅立葉餘弦積分和傅立葉餘弦轉換

令 $f(t)$ 是可積分的在 $[0,\infty)$ 且 $\int_{0}^{\infty} |f(t)|\,dt$ 收斂，則傅立葉餘弦積分的定義為

$$f_{c\infty}(t) = \frac{1}{\pi}\int_{0}^{\infty} A(\omega)\cos(\omega t)d\omega$$

$$A(\omega) = 2\int_{0}^{\infty} f(t)\cos(\omega t)dt$$

收斂值

$$f_{c\infty}(t) = \begin{cases} f(0), \ t = 0 \\ \frac{1}{2}[f(t^+) + f(t^-)], \ t > 0 \end{cases}$$

傅立葉餘弦轉換 $F_c(\omega)$ 定義為

$$F_c(\omega) = \int_{0}^{\infty} f(t)\cos(\omega t)dt$$

故得到

$$f_{c\infty}(t) = \frac{2}{\pi}\int_{0}^{\infty} F_c(\omega)\cos(\omega t)d\omega$$

【定理 4.10】

令 $f(t)$ 和 $f'(t)$ 是連續的在 $[0, \infty)$，$f''(t)$ 是片斷連續的或可積分的在 $[0, \infty)$ 且 $\int_0^\infty |f(t)| dt$ 收斂，若 $\lim_{t \to \infty} f(t) = \lim_{t \to \infty} f'(t) = 0$，則可得到

$$\mathscr{F}_c\{f''(t)\} = -\omega^2 F_c(\omega) - f'(0)$$

$$\mathscr{F}_s\{f''(t)\} = -\omega^2 F_s(\omega) + \omega f(0)$$

由此可比較拉卜拉斯轉換的關係式為

$$\mathscr{L}\{f''(t)\} = s^2 F(s) - sf(0) - f'(0)$$

傅立葉正餘弦轉換和拉卜拉斯轉換定義的區間同為 $[0, \infty)$，但三者對 $f''(t)$ 的轉換關係式形成對初值條件有不同的需求，因此端視所給的初值條件來選用這三種轉換。

【證明】

這裡只證明正弦轉換關係式

$$\mathscr{F}_s\{f''(t)\} = \int_0^\infty f''(t) \sin(\omega t) dt$$

$$= f'(t)\sin(\omega t)\Big|_0^\infty - \int_0^\infty f'(t) \omega \cos(\omega t) dt$$

$$= -\omega \int_0^\infty f'(t) \cos(\omega t) dt \qquad (\because f'(\infty) = 0)$$

$$= -\omega \left[f(t)\cos(\omega t)\Big|_0^\infty + \int_0^\infty f(t) \omega \sin(\omega t) dt \right]$$

$$= +\omega f(0) - \omega^2 \int_0^\infty f(t) \sin(\omega t) dt$$

$$(\because f(\infty) = 0, \ \cos(0) = 1)$$

$$= -\omega^2 F_s(\omega) + \omega f(0)$$

解題範例

【範例 1】

求 $f(t) = \begin{cases} 1, \ 0 \le t \le 1 \\ -1, \ -1 \le t < 0 \\ 0, \ |t| > 1 \end{cases}$ 的傅立葉積分及其收斂值。

【解】

$\int_{-\infty}^{\infty} |f(t)| dt = 0$ 收斂，故傅立葉積分收斂。

$$A(\omega) = \int_{-\infty}^{\infty} f(t)\cos(\omega t) dt = 0 \qquad (\text{因為 } f(t) \text{ 為奇函數})$$

$$B(\omega) = \int_{-\infty}^{\infty} f(t)\sin(\omega t) dt = \int_{-1}^{0} -1\sin(\omega t) dt + \int_{0}^{1} \sin(\omega t) dt$$

$$= 2\int_{0}^{1} \sin(\omega t) dt = -\frac{2}{\omega}\cos(\omega t)\Big|_{0}^{1}$$

$$= \frac{2}{\omega}[1 - \cos(\omega)]$$

傅立葉積分為

$$f_{\infty}(t) = \frac{1}{\pi}\int_{0}^{\infty} \frac{2}{\omega}[1 - \cos(\omega)]\sin(\omega t) d\omega$$

其收斂值在斷點 $t = 0, \ -1, \ 1$ 處為

$$f_{\infty}(0) = \frac{1}{2}[f(0^{+}) + f(0^{-})] = 0$$

$$f_{\infty}(-1) = \frac{1}{2}[f(-1^{+}) + f(-1^{-})] = -\frac{1}{2}$$

$$f_{\infty}(1) = \frac{1}{2}[f(1^{+}) + f(1^{-})] = \frac{1}{2}$$

因此

$$f_\infty(t) = \begin{cases} 0, & |t| > 1 \\ -\dfrac{1}{2}, & t = -1 \\ -1, & -1 < t < 0 \\ 0, & t = 0 \\ 1, & 0 < t < 1 \\ \dfrac{1}{2}, & t = 1 \end{cases}$$

假令振幅頻譜爲 $d(\omega) = \sqrt{A^2(\omega) + B^2(\omega)} = B(\omega)$，則半邊頻譜如下：

圖 4.15　半邊連續頻譜圖

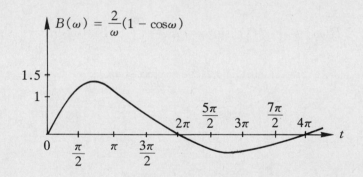

【範例2】

求 $f(t) = e^{-at}$, $a > 0$, $t \geq 0$ 的傅立葉正餘弦積分及其收斂值。

【解】

$\displaystyle\int_0^\infty |f(t)|\,dt = \dfrac{1}{a}$ 收斂，故傅立葉積分收斂。

(1) 傅立葉正弦積分

$$B(\omega) = 2\int_0^\infty e^{-at}\sin(\omega t)\,dt = 2\mathscr{L}\{\sin(\omega t)\} = \dfrac{2\omega}{\omega^2 + a^2}$$

$$f_\infty(t) = \frac{2}{\pi}\int_0^\infty \frac{\omega\sin(\omega t)}{a^2+\omega^2}d\omega = \begin{cases} 0, & t=0 \\ e^{-at}, & t>0 \end{cases}$$

(2) 傅立葉餘弦積分

$$A(\omega) = 2\int_0^\infty e^{-at}\cos(\omega t)dt = 2\mathscr{L}\{\cos(\omega t)\} = \frac{2a}{a^2+\omega^2}$$

$$f_\infty(t) = \frac{2a}{\pi}\int_0^\infty \frac{\cos(\omega t)}{a^2+\omega^2}d\omega = f(t)$$

以上兩者的傅立葉積分型式稱爲拉卜拉斯積分(Laplace's integral)，因爲把 a 當 s 來看待，即完全與拉卜拉斯轉換的定義一致。

【範例 3】

解方程式 $y'' + 2y = f(t)$, $f(t) = \begin{cases} 1, & 0 \le t \le 1 \\ 0, & t>0 \end{cases}$ ，且 $y(0) = 1$。

【解】

由於 t 的範圍爲$[0,\infty]$，故可選用傅立葉正餘弦轉換或拉卜拉斯轉換，由定理 4.10 得知

$$\mathscr{F}_c\{y''\} = -\omega^2 Y_c(\omega) - y'(0)$$

$$\mathscr{F}_s\{y''\} = -\omega^2 Y_s(\omega) + \omega y(0)$$

$$\mathscr{L}\{y''\} = s^2 Y(s) - sy(0) - y'(0)$$

因爲題目只提供 $y(0)$，故只得選用傅立葉正弦轉換，

$$\mathscr{F}_s\{y''\} + 2\mathscr{F}_s\{y\} = \mathscr{F}_s\{f(t)\}$$

$$-\omega^2 Y_s(\omega) + \omega + 2Y_s(\omega) = \frac{1}{\omega}(1-\cos\omega)$$

$$Y_s(\omega)(\omega^2-2) = \frac{1}{\omega}(\omega^2+\cos\omega-1)$$

$$Y_s(\omega) = \frac{\omega^2+\cos\omega-1}{\omega(\omega^2-2)}$$

得到

$$y(t) = \frac{2}{\pi}\int_0^\infty \frac{\omega^2+\cos\omega-1}{\omega(\omega^2-2)}\sin(\omega t)\,d\omega$$

習　題

題 1. 到題 10., 求傅立葉積分及收斂值。

1. $f(t) = \begin{cases} 0, & t < 0 \\ \dfrac{\pi}{2}, & t = 0 \\ \pi e^{-t}, & t > 0 \end{cases}$

2. $f(t) = \begin{cases} t, & |t| \leq \pi \\ 0, & |t| > \pi \end{cases}$

3. $f(t) = \begin{cases} \dfrac{\pi}{2} e^{-t} \cos t, & t \geq 0 \\[2mm] -\dfrac{\pi}{2} e^{t} \cos t, & t < 0 \end{cases}$

4. $f(t) = \begin{cases} -1, & -\pi \leq t < 0 \\ 1, & 0 \leq t \leq \pi \\ 0, & |t| > \pi \end{cases}$

5. $f(t) = \dfrac{\pi}{2} e^{-|t|}, \ t \in (-\infty, \infty)$

6. $f(t) = \begin{cases} t^2, & |t| \leq 100 \\ 0, & |t| > 100 \end{cases}$

7. $f(t) = \begin{cases} -\dfrac{\pi}{2}, & -\pi \leq t < 0 \\[2mm] \dfrac{\pi}{2}, & 0 \leq t \leq \pi \\[2mm] 0, & |t| > \pi \end{cases}$

8. $f(t) = \begin{cases} \sin(t), & |t| \leq \pi \\ 0, & |t| > \pi \end{cases}$

9. $f(t) = \begin{cases} \dfrac{\pi}{2}\cos(t), & |t| \le \dfrac{\pi}{2} \\[3mm] 0, & |t| > \dfrac{\pi}{2} \end{cases}$

10. $f(t) = \begin{cases} \dfrac{\sin(t)}{t}, & |t| > 0 \\[3mm] 1, & t = 0 \end{cases}$

題 11. 到題 16.，求傅立葉正弦和餘弦積分及其收斂值。

11. $f(t) = \begin{cases} \dfrac{1}{2}, & 0 \le t < 1 \\[2mm] 1, & 1 \le t \le 4 \\[2mm] 0, & t > 4 \end{cases}$

12. $f(t) = \begin{cases} t^2, & 0 \le t \le 10 \\[2mm] 0, & t > 10 \end{cases}$

13. $f(t) = \begin{cases} t + \dfrac{1}{2}, & 0 \le t < \pi \\[3mm] 1, & \pi \le t < 3\pi \\[3mm] \dfrac{1}{2}, & 3\pi \le t \le 10\pi \\[3mm] 0, & t > 10\pi \end{cases}$

14. $f(t) = \begin{cases} \cosh(t), & 0 \le t \le 5 \\[2mm] 0, & t > 5 \end{cases}$

15. $f(t) = \begin{cases} 2, & 0 \le t \le 10 \\[2mm] 0, & t > 10 \end{cases}$

16. $f(t) = e^{-t}\cos(t), \quad t \ge 0$

17. 若 $f(t) = \dfrac{1}{\pi}\displaystyle\int_0^\infty A(\omega)\cos(\omega t)\,d\omega$，$A(\omega) = \displaystyle\int_{-\infty}^\infty f(t)\cos(\omega t)\,dt$，則
證明

(a)$tf(t) = \dfrac{1}{\pi}\displaystyle\int_0^\infty \left(\dfrac{-dA}{d\omega}\right)\sin(\omega t)\,d\omega$

$$(b) t^2 f(t) = \frac{1}{\pi} \int_0^\infty \left(-\frac{d^2 A}{d\omega^2} \right) \cos(\omega t) \, d\omega$$

18. 證明定義 4.7。

19. 證明定理 4.10 的 $\mathscr{F}_c\{f''\} = -\omega^2 F_c(\omega) - f'(0)$

題 20. 到題 25., 用傅立葉正餘弦轉換和拉卜拉斯轉換解方程式。設

$$f(t) = \begin{cases} 1, & 0 \le t \le 1 \\ 0, & t > 0 \end{cases}$$

20. $y'' + 2y = f(t)$, $y(0) = 0$

21. $y'' + 2y = f(t)$, $y'(0) = 1$

22. $y'' + 2y = f(t)$, $y(0) = 0$, $y'(0) = 1$

23. $y'' + 4y = 0$, $y(0) = 2$

24. $y'' + 4y = 0$, $y'(0) = 5$

25. $y'' + 4y = 0$, $y(0) = 0$, $y'(0) = 1$

4.8 傅立葉轉換

在未介紹傅立葉轉換之前，必需先介紹複數傅立葉積分。複數傅立葉積分和傅立葉積分一樣是同樣用來代表非週期函數的，不同的是複數傅立葉積分從複數傅立葉級數演變而來，而傅立葉積分則由傅立葉級數演變的。因此形成下列時域與頻域的相對轉換關係爲

	時域 ←——→	頻域
⑴ 傅立葉級數	週期函數	半邊間續頻譜
⑵ 傅立葉積分	非週期函數	半邊連續頻譜
⑶ 複數傅立葉級數	週期函數	全邊間續頻譜
⑷ 複數傅立葉積分	非週期函數	全邊連續頻譜

【定義 4.8】複數傅立葉積分

令非週期函數 $f(t)$ 定在 $-\infty < t < \infty$，且 $\int_{-\infty}^{\infty} |f(t)|\, dt$ 收斂，則 $f(t)$ 的複數傅立葉積分定義爲

$$f(t) = \frac{1}{\pi}\int_{-\infty}^{\infty} C(\omega)e^{i\omega t}\, d\omega$$

$$C(\omega) = \frac{1}{2}\int_{-\infty}^{\infty} f(t)e^{-i\omega t}\, dt$$

其收斂值爲 $f_{\infty}(t) = \frac{1}{2}\{f(t^{+}) + f(t^{-})\}$。

【證明】

由複數傅立葉級數的定義爲

$$f_T(t) = \sum_{n=-\infty}^{\infty} c_n e^{in\omega_0 t}$$

$$c_n = \frac{1}{T} \int_{-\infty}^{\infty} f_T(t) e^{-in\omega_0 t}\, dt$$

同理安排 $f_T(t)$ 形成

$$f_T(t) = \frac{1}{\pi} \sum_{n=-\infty}^{\infty} c_n \cdot \frac{T}{2} \cdot e^{in\omega_0 t} \cdot \omega_0$$

$$\lim_{T \to \infty} f_T(t) = f(t) = \frac{1}{\pi} \int_{-\infty}^{\infty} \left[\lim_{T \to \infty} c_n \cdot \frac{T}{2} \right] e^{i\omega t}\, d\omega$$

$$= \frac{1}{\pi} \int_{-\infty}^{\infty} C(\omega) e^{i\omega t}\, d\omega$$

$$C(\omega) = \lim_{T \to \infty} c_n \cdot \frac{T}{2}$$

$$= \lim_{T \to \infty} \frac{1}{2} \int_{-\infty}^{\infty} f_T(t) e^{-in\omega_0 t}\, dt$$

$$C(\omega) = \frac{1}{2} \int_{-\infty}^{\infty} f(t) e^{-i\omega t}\, dt$$

複數傅立葉積分的收斂值既然從複數傅立葉級數演變而得，故收斂值仍然爲

$$f_\infty(t) = \frac{1}{2}[f(t^+) + f(t^-)]$$

【定義 4.9】傅立葉轉換

　　傅立葉轉換和複數傅立葉積分是一樣的，只是定義略有不同，但傅立葉轉換在這領域上仍有意見分歧之處，有兩種傅立葉轉換的定義，因此使用者必須事先聲明採用那一種轉換。

$$(1)f(t) = \frac{1}{2\pi}\int_{-\infty}^{\infty} F(\omega)e^{i\omega t}\,d\omega$$

$$F(\omega) = \int_{-\infty}^{\infty} f(t)e^{-i\omega t}dt$$

本章節以此定義為主，同時稱 $|F(\omega)|$ 為振幅頻譜。

$$(2)f(t) = \frac{1}{\sqrt{2\pi}}\int_{-\infty}^{\infty} F(\omega)e^{i\omega t}\,d\omega$$

$$F(\omega) = \frac{1}{\sqrt{2\pi}}\int_{-\infty}^{\infty} f(t)e^{-i\omega t}\,dt$$

本項定義在時域和頻域中的轉換看起來只有 $e^{\pm i\omega t}$ 的差別，其餘皆一樣，故稱為「轉換配對」(transform pair)。

【定理 4.11】線性化(linearity)

　　令 α，β 為任意常數，

$$\mathscr{F}\{\alpha f(t) + \beta g(t)\} = \alpha F(\omega) + \beta F(\omega)$$

$$\mathscr{F}^{-1}\{\alpha F(\omega) + \beta G(\omega)\} = \alpha f(t) + \beta g(t)$$

【定理 4.12】時域移位定理(time-shifting theorem)

$$\mathscr{F}\{f(t - t_0)\} = e^{-i\omega t_0}F(\omega)$$

【證明】

$$\mathscr{F}\{f(t-t_0)\} = \int_{-\infty}^{\infty} f(t-t_0)e^{-i\omega t}dt$$

$$= \int_{-\infty}^{\infty} f(\varepsilon)e^{-i\omega(t_0+\varepsilon)}d\varepsilon \qquad (令\ \varepsilon = t - t_0)$$

$$= e^{-i\omega t_0}\int_{-\infty}^{\infty} f(\varepsilon)e^{-i\omega\varepsilon}d\varepsilon$$

$$= e^{-i\omega t_0}F(\omega)$$

【定理 4.13】頻域移位定理(frequency-shifting theorem)

$$\mathscr{F}\{e^{i\omega_0 t}f(t)\} = F(\omega - \omega_0)$$

【定理 4.14】刻度寬窄(scaling)

$$\mathscr{F}\{f(at)\} = \frac{1}{|a|}F\left(\frac{\omega}{a}\right)$$

【定理 4.15】時間倒反(time reversal)

令 $\mathscr{F}\{f(t)\} = F(\omega)$,則 $\mathscr{F}\{f(-t)\} = F(-\omega)$。

【定理 4.16】對稱(symmetry)

令 $\mathscr{F}\{f(t)\} = F(\omega)$,則 $\mathscr{F}\{F(t)\} = 2\pi f(-\omega)$。

【證明】

$$F(\omega) = \int_{-\infty}^{\infty} f(t)e^{-i\omega t}\,dt$$

$$= \int_{-\infty}^{\infty} f(\varepsilon)e^{-i\omega\varepsilon}\,d\varepsilon \qquad (令\ \varepsilon = t)$$

得到

$$F(t) = \int_{-\infty}^{\infty} f(\varepsilon)e^{-it\varepsilon}\,d\varepsilon$$

$$= \int_{-\infty}^{\infty} f(\omega)e^{-i\omega t}\,d\omega \qquad (令\ \omega = \varepsilon)$$

$$= \int_{\infty}^{-\infty} f(-\omega)e^{i\omega t}\,d(-\omega) \qquad (令\ \omega \rightarrow -\omega)$$

$$= \frac{1}{2\pi}\int_{-\infty}^{\infty} [2\pi f(-\omega)]e^{i\omega t}\,d\omega$$

$$= \mathscr{F}^{-1}\{2\pi f(-\omega)\}$$

故得證

$$\mathscr{F}\{F(t)\} = 2\pi f(-\omega)$$

【定理 4.17】調變（modulation）

　　令 $\mathscr{F}\{f(t)\} = F(\omega)$，則

$$\mathscr{F}\{f(t)\cos(\omega_0 t)\} = \frac{1}{2}[F(\omega - \omega_0) + F(\omega + \omega_0)]$$

$$\mathscr{F}\{f(t)\sin(\omega_0 t)\} = \frac{i}{2}[F(\omega + \omega_0) - F(\omega - \omega_0)]$$

【定理 4.18】連續函數的時域微分

假令 (1) $f^{(n)}$ 是片斷連續的在 $t \in (-\infty, \infty)$, (2) $\int_{-\infty}^{\infty} |f(t)| \, dt$ 收斂, (3) $\lim_{t \to \pm\infty} f^{(k)}(t) = 0$, $k = 0, 1, 2, \cdots, n-1$, (4) $f^{(k)}$ 是連續的, $k = 0, 1, 2, \cdots, n-1$, 且 $\mathscr{F}\{f(t)\} = F(\omega)$, 則

$$\mathscr{F}\{f^{(n)}(t)\} = (i\omega)^n F(\omega)$$

尤其,

$$\mathscr{F}\{f'(t)\} = i\omega F(\omega), \quad \mathscr{F}\{f''(t)\} = -\omega^2 F(\omega)$$

【證明】

這裡只證明一階微分的關係式，其餘可依此類推。

$$
\begin{aligned}
\mathscr{F}\{f'(t)\} &= \int_{-\infty}^{\infty} f'(t) e^{-i\omega t} \, dt \\
&= f(t) e^{-i\omega t} \Big|_{-\infty}^{\infty} - \int_{-\infty}^{\infty} f(t)(-i\omega) e^{-i\omega t} \, dt \\
&= i\omega \int_{-\infty}^{\infty} f(t) e^{-i\omega t} \, dt \qquad (\because \lim_{t \to \pm\infty} f(t) = 0) \\
&= i\omega F(\omega)
\end{aligned}
$$

【定理 4.19】片斷連續函數的時域微分

假令定理 4.18 的第 4 條件不成立，則 $\mathcal{F}\{f^{(n)}(t)\} = (i\omega)^n F(\omega)$ 的關係式並不成立，以一階微分為例，若 $f(t)$ 是片斷連續的，其斷點在 t_k, $k = 1,2,3,\cdots,M$ 且斷距 $J_k = f(t_k^{+}) - f(t_k^{-})$，則

$$\mathcal{F}\{f'(t)\} = i\omega F(\omega) - \sum_{k=1}^{M} J_k e^{-i\omega t_k}$$

【證明】

假令有一斷點在 t_1，則

$$\mathcal{F}\{f'(t)\} = \int_{-\infty}^{\infty} f(t)e^{-i\omega t}\,dt$$

$$= \int_{-\infty}^{t_1^{-}} f'(t)e^{-i\omega t}\,dt + \int_{t_1^{+}}^{\infty} f'(t)e^{-i\omega t}\,dt$$

$$= f(t)e^{-i\omega t}\Big|_{-\infty}^{t_1^{-}} + (i\omega)\int_{-\infty}^{t_1^{-}} f(t)e^{-i\omega t}dt +$$

$$f(t)e^{-i\omega t}\Big|_{t_1^{+}}^{\infty} + (i\omega)\int_{t_1^{+}}^{\infty} f(t)e^{-i\omega t}dt$$

$$= [f(t_1^{-})e^{-i\omega t_0} - f(t_1^{+})e^{-i\omega t_1}] +$$

$$(i\omega)\int_{-\infty}^{\infty} f(t)e^{-i\omega t}dt$$

$$= i\omega F(\omega) - [f(t_1^{+}) - f(t_1^{-})]e^{-i\omega t_1}$$

$$= i\omega F(\omega) - J_1 e^{-i\omega t_1}$$

依此類推，若有 M 個斷點，則可得證

$$\mathcal{F}\{f'(t)\} = i\omega F(\omega) - \sum_{k=1}^{M} J_k e^{-i\omega t_k}$$

這個範例警告諸位要記熟藏在定理背後的先決條件。

【定理 4.20】頻域的微分

令 $f(t)$ 是片斷連續的且 $\int_{-\infty}^{\infty} |t^n f(t)| dt$ 收斂，n 為正整數 $(n \geq 0)$，則
$$\mathscr{F}\{t^n f(t)\} = i^n F^{(n)}(\omega)$$
尤其，
$$\mathscr{F}\{t f(t)\} = iF'(\omega), \ \mathscr{F}\{t^2 f(t)\} = -F''(\omega)$$

【證明】

這裡只證明一階微分，其餘可依此類推。

$$F'(\omega) = \frac{d}{d\omega} \int_{-\infty}^{\infty} f(t) e^{-i\omega t} dt$$
$$= \int_{-\infty}^{\infty} f(t) \frac{d}{d\omega}[e^{-i\omega t}] dt$$
$$= \int_{-\infty}^{\infty} [-itf(t)] e^{-i\omega t} dt$$
$$= -i \int_{-\infty}^{\infty} [tf(t)] e^{-i\omega t} dt$$
$$= (-i)\mathscr{F}\{tf(t)\}$$

得證
$$\mathscr{F}\{tf(t)\} = \frac{1}{-i} F'(\omega) = iF'(\omega)$$

【定理 4.21】時域的積分

假令 $f(t)$ 是可積分的且 $F(0) = 0$，則
$$\mathscr{F}\left\{\int_{-\infty}^{t} f(\tau)d\tau\right\} = \frac{1}{i\omega} F(\omega)$$

【證明】

令 $g(t) = \int_{-\infty}^{t} f(\tau)d\tau$, $g'(t) = f(t)$

$$\mathcal{F}(\omega) = \mathcal{F}\{f(t)\} = \mathcal{F}\{g'(t)\}$$

若 $\mathcal{F}\{g'(t)\} = i\omega\mathcal{F}\{g(t)\}$ 成立，則必須 $\lim_{t\to\pm\infty} g(t) = 0$ 條件成立。經查證

$$\lim_{t\to\infty} g(t) = \int_{-\infty}^{\infty} f(\tau)d\tau = F(0) = 0 \qquad (條件之一)$$

$$\lim_{t\to-\infty} g(t) = \int_{-\infty}^{-\infty} f(\tau)d\tau = 0$$

因此得到

$$F(\omega) = \mathcal{F}\{g'(t)\} = i\omega\mathcal{F}\{g(t)\}$$

得證

$$\mathcal{F}\{g(t)\} = \mathcal{F}\left\{\int_{-\infty}^{t} f(\tau)d\tau\right\} = \frac{1}{i\omega}F(\omega)$$

【定義 4.10】迴旋定理(convolution theorem)

假令 $f(t)$ 和 $g(t)$ 是可積分的且 $\int_{-\infty}^{\infty}|f(t)|dt$ 和

$\int_{-\infty}^{\infty}|g(t)|dt$ 收斂，則 f 和 g 的迴旋 $f*g$ 定義為

$$f*g(t) = \int_{-\infty}^{\infty} f(\tau)g(t-\tau)d\tau$$

其中很容易證明互換性(commutativity)，

$$f*g = g*f$$

　　迴旋在工程上的意義已經在第二章拉卜拉斯轉換中說明了，此地不再贅述。兩者的差別只在 s 和 $i\omega$ 之間的不同而已。

【定理 4.22】時間迴旋和頻率迴旋

假令 $f(t)$ 和 $g(t)$ 符合定理 4.21 的假設，令 $\mathcal{F}\{f(t)\} = F(\omega)$ 且 $\mathcal{F}\{g(t)\} = G(\omega)$，則

$$\mathcal{F}\{f * g(t)\} = F(\omega)G(\omega) \qquad \text{(時間迴旋)}$$

$$\mathcal{F}\{f(t)g(t)\} = \frac{1}{2\pi}[F * G](\omega) \qquad \text{(頻率迴旋)}$$

【證明】

這裡只證明時間迴旋。

$$\mathcal{F}\{f * g(t)\} = \int_{-\infty}^{\infty} \left[\int_{-\infty}^{\infty} f(\tau)g(t-\tau)d\tau \right] e^{-i\omega t}\, dt$$

$$= \int_{-\infty}^{\infty} f(\tau) \left[\int_{-\infty}^{\infty} g(t-\tau)e^{-i\omega t}\, dt \right] d\tau$$

$$= \int_{-\infty}^{\infty} f(\tau)e^{-i\omega\tau}G(\omega)\, d\tau \qquad \text{(時間移位定理)}$$

$$= G(\omega)\int_{-\infty}^{\infty} f(\tau)e^{-i\omega\tau}\, d\tau$$

$$= F(\omega)G(\omega)$$

解題範例

【範例 1】

證明 $C(\omega) = \dfrac{1}{2}[A(\omega) - iB(\omega)]$

【證】

由基本定義,

$$C(\omega) = \frac{1}{2}\int_{-\infty}^{\infty} f(t)e^{-i\omega t}\,dt$$

$$= \frac{1}{2}\int_{-\infty}^{\infty} f(t)[\cos(\omega t) - i\sin(\omega t)]dt$$

$$= \frac{1}{2}\left[\int_{-\infty}^{\infty} f(t)\cos(\omega t)dt - i\int_{-\infty}^{\infty} f(t)\sin(\omega t)dt\right]$$

$$= \frac{1}{2}[A(\omega) - iB(\omega)]$$

或

$$|C(\omega)| = \frac{1}{2}\sqrt{A^2(\omega) + B^2(\omega)} = \frac{1}{2}d(\omega)$$

【範例 2】

求 $f(t) = u(t + 1) - u(t - 1)$ 的複數傅立葉積分。

【解】

$\displaystyle\int_{-\infty}^{\infty} |f(t)|\,dt = 2$ 收斂且 $f(t)$ 可積分, 故存在複數傅立葉積分。

$$C(\omega) = \frac{1}{2}\int_{-\infty}^{\infty} f(t)e^{-i\omega t}\,dt = \frac{1}{2}\int_{-1}^{1} e^{-i\omega t}\,dt$$

$$= \frac{1}{2}\frac{1}{-i\omega}e^{-i\omega t}\bigg|_{-1}^{1} = \frac{\sin\omega}{\omega}$$

故

$$f(t) = \frac{1}{\pi} \int_{-\infty}^{\infty} \frac{\sin\omega}{\omega} e^{i\omega t} d\omega$$

由傅立葉積分的定義得知

$$A(\omega) = \frac{2\sin\omega}{\omega} = 2C(\omega)$$

$$B(\omega) = 0$$

見圖 4.16 顯示半邊連續頻譜(傅立葉積分的 $d(\omega)$) 和全邊連續頻譜 (複數傅立葉積分的 $|C(\omega)|$) 之間的異同性。

圖 4.16   傅立葉積分和複數傅立葉積分的頻譜比較

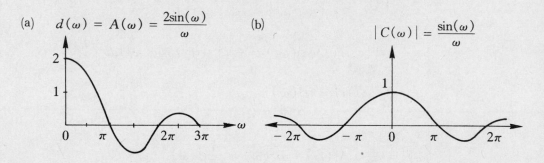

同樣這個題目，其傅立葉轉換

$$F(\omega) = \int_{-\infty}^{\infty} f(t) e^{-i\omega t} dt = 2C(\omega) = \frac{2\sin(\omega)}{\omega}$$

$|F(\omega)|$ 振幅頻譜圖形即圖 4.16(b) 的兩倍。

其收斂值為

$$f_{\infty}(t) = u(t+1) - u(t-1),$$

$$|t| < 1; \ = \frac{1}{2}, \ t = \pm 1; \ = 0, \ |t| > 1。$$

【範例 3】

求 $f(t) = e^{-|t|}$ 的複數傅立葉積分。

【解】

$\int_{-\infty}^{\infty} |f(t)| dt = 2$ 收斂。

$$\begin{aligned}
C(\omega) &= \frac{1}{2}\int_{-\infty}^{\infty} f(t)e^{-i\omega t}\,dt \\
&= \frac{1}{2}\int_{-\infty}^{0} e^t e^{-i\omega t}\,dt + \frac{1}{2}\int_{-\infty}^{\infty} e^{-t} e^{-i\omega t}\,dt \\
&= \frac{1}{2}\int_{-\infty}^{0} e^{(1-i\omega)t}\,dt + \frac{1}{2}\int_{0}^{\infty} e^{-(1+i\omega)t}\,dt \\
&= \frac{1}{2(1-i\omega)} e^{(1-i\omega)t}\Big|_{-\infty}^{0} + \frac{-1}{2(1+i\omega)} e^{-(1+i\omega)t}\Big|_{0}^{\infty} \\
&= \frac{1}{2(1-i\omega)} + \frac{1}{2(1+i\omega)} = \frac{1}{1+\omega^2}
\end{aligned}$$

其中
$$\lim_{t\to\infty} e^{-(1+i\omega)t} = \lim_{t\to\infty} e^{-t}\cdot e^{-i\omega t} \leq \lim_{t\to\infty} e^{-t}|e^{-i\omega t}|$$
$$= \lim_{t\to\infty} e^{-t} = 0$$

同理 $\quad \lim_{t\to-\infty} e^{(1-i\omega)t} = 0$

得到複數傅立葉積分為

$$f_\infty(t) = \frac{1}{\pi}\int_{-\infty}^{\infty} \frac{1}{1+\omega^2} e^{i\omega t}\,d\omega$$

其收斂值

$$f_\infty(t) = f(t) = e^{-|t|},\ t \in R$$

傅立葉轉換

$$F(\omega) = 2C(\omega) = \frac{2}{1+\omega^2}$$

【範例 4】

求 $g(t) = u(t-1) - u(t-3)$ 的傅立葉轉換，已知 $\mathscr{F}\{f(t)\} = \mathscr{F}\{u(t+1) - u(t-1)\} = \dfrac{2\sin(\omega)}{\omega}$。

【解】

由題目可知，$g(t) = f(t-2)$，運用時間移位定理

$$\mathscr{F}\{g(t)\} = \mathscr{F}\{f(t-2)\} = e^{-i2\omega}F(\omega) = \frac{2\sin(\omega)}{\omega}e^{-i2\omega}$$

【範例 5】

求 $\mathscr{F}^{-1}\left\{\dfrac{2e^{(2\omega-4)i}}{4-i(2-\omega)}\right\}$

【解】

由頻率移位定理

$$G(\omega) = F(\omega-2)$$

$$F(\omega) = \frac{2e^{i2\omega}}{4+i\omega}$$

$$f(t) = \mathscr{F}^{-1}\left\{\frac{2e^{i2\omega}}{4+i\omega}\right\}$$

$$= [2e^{-4t}u(t)]_{t\to t+2} \qquad (e^{i2\omega} \text{ 是屬時間移位})$$

$$= 2e^{-4(t+2)}u(t+2)$$

$$g(t) = e^{i2t} \cdot f(t) = 2e^{-8+(2i-4)t}u(t+2)$$

$$= \begin{cases} 2e^{-8+(2i-4)t}, & t \geq -2 \\ 0, & t < 2 \end{cases}$$

【範例 6】

求 $\mathscr{F}\left\{\dfrac{2}{4+it}\right\}$

【解】

已知 $\mathscr{F}\left\{\dfrac{2}{4+i\omega}\right\} = 2e^{-4t}u(t)$，運用對稱定理 $\mathscr{F}\{F(t)\} = 2\pi f(-\omega)$，

得到

$$\mathscr{F}\left\{\frac{2}{4+it}\right\} = 2\pi \cdot 2e^{-4(-\omega)}u(-\omega) = 4\pi e^{4\omega}u(-\omega)$$

$$= \begin{cases} 4\pi e^{4\omega}, & \omega \leq 0 \\ 0, & \omega > 0 \end{cases}$$

【範例 7】

求 $f(t) = \begin{cases} k\cos(\omega_0 t), & |t| \leq 1 \\ 0, & |t| > 1 \end{cases}$ 的振幅頻譜。

【解】

已知 $f(t) = k[u(t+1) - u(t-1)]$ 的 $F(\omega) = \dfrac{2k\sin(\omega)}{\omega}$，運用調變

定理

$$\mathscr{F}\{f(t)\cos(\omega_0 t)\} = \frac{1}{2}[F(\omega - \omega_0) + F(\omega + \omega_0)]$$

$$= \frac{k\sin(\omega - \omega_0)}{\omega - \omega_0} + \frac{k\sin(\omega + \omega_0)}{\omega + \omega_0}$$

請見圖 4.17 的調變效應。

圖 4.17 $f(t)\cos(\omega_0 t)$ 的頻譜移動效應

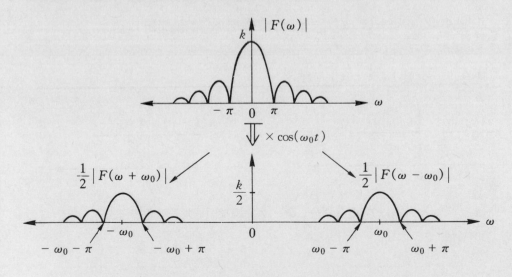

【範例 8】

以迴旋定理，求 $\mathscr{F}^{-1}\left\{\dfrac{2}{2-\omega^2+3i\omega}\right\}$。

【解】

此題簡易的求法為

$$\mathscr{F}^{-1}\left\{\frac{2}{2-\omega^2+3i\omega}\right\} = \mathscr{F}^{-1}\left\{\frac{2}{(2+i\omega)(1+i\omega)}\right\}$$

$$= \mathscr{F}^{-1}\left\{\frac{2}{1+i\omega}-\frac{2}{2+i\omega}\right\}$$

$$= 2(e^{-t}-e^{-2t})u(t)$$

但這裡要求用迴旋定理，故令

$$F(\omega)=\frac{2}{2+i\omega},\ G(\omega)=\frac{1}{1+i\omega}$$

得到

$$f(t)=2e^{-2t}u(t),\ g(t)=e^{-t}u(t)$$

$$\mathscr{F}^{-1}\{F(\omega)G(\omega)\}=f*g(t)$$

$$=2\int_{-\infty}^{\infty}e^{-2\tau}u(\tau)e^{-(t-\tau)}u(t-\tau)d\tau$$

$$=2\int_{-\infty}^{\infty}e^{-t}\cdot e^{-\tau}u(\tau)u(t-\tau)d\tau$$

由圖 4.18 可知 $u(\tau)u(t-\tau)$ 的重疊情形(陰影部份)。

圖 4.18 $u(\tau)u(t-\tau)$ 的結果

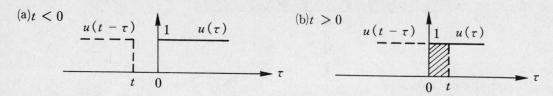

$u(t-\tau)$: 虛線部分, $u(\tau)$: 實線部分, 陰影: 重疊部分

得到

$$f * g(t) = 2e^{-t}\int_0^t e^{-\tau}\,d\tau \cdot u(t)$$

$$= 2e^{-t}\left[-e^{-\tau}\Big|_0^t\right]u(t)$$

$$= 2(e^{-t} - e^{-2t})u(t)$$

【範例 9】

解 $y' - 2y = e^{-2t}u(t),\ t \in R$。

【解】

由於定義範圍為整個實數空間，$-\infty < t < \infty$，則本題乃屬傅立葉轉換的題目。拉卜拉斯轉換只適用 $t \geq 0$。

取傅立葉轉換

$$\mathcal{F}\{y'\} - 2\mathcal{F}\{y\} = \mathcal{F}\{e^{-2t}u(t)\}$$

$$i\omega Y(\omega) - 2Y(\omega) = \frac{1}{i\omega + 2}$$

$$Y(\omega) = \frac{1}{(i\omega + 2)(i\omega - 2)} = \frac{-1}{4 + \omega^2}$$

$$\mathcal{F}^{-1}\{Y(\omega)\} = y(t) = -\frac{1}{2}e^{-2|t|}u(t)$$

注意 $y(t)$ 是連續函數，所以時域微分定理 4.18 有效。

【範例 10】

已知 $\mathcal{F}\{e^{-2t^2}\} = \sqrt{\dfrac{\pi}{2}}e^{-\omega^2/8}$，求 $\mathcal{F}\{te^{-2t^2}\}$。

【解】

選用頻率微分定理，

$$\mathcal{F}\{te^{-2t^2}\} = i\frac{d}{d\omega}\left[\sqrt{\frac{\pi}{2}}e^{-\omega^2/8}\right] = \frac{-i\omega}{4}\sqrt{\frac{\pi}{2}}e^{-\omega^2/8}$$

【範例 11】

證明 $\mathscr{F}\{1\} = 2\pi\delta(\omega)$

【證】

如果直接做，

$$\mathscr{F}\{1\} = \int_{-\infty}^{\infty} 1 \cdot e^{-i\omega t}\, dt \text{ 無法容易的求出解答。}$$

現在先從狄拉克脈衝函數 $\delta(t)$ 的定義着手，

$$\delta(t) = \lim_{k \to 0} \frac{1}{2k}\bigl[u(t+k) - u(t-k)\bigr]$$

由此定義，見圖 4.19 可知道，$\delta(t)$ 是偶函數，即

$$\delta(t) = \delta(-t)$$

且面積等於 1，即

$$\int_{-\infty}^{\infty} \delta(t)\, dt = 2k \cdot \frac{1}{2k} = 1$$

因此，

$$\mathscr{F}\{\delta(t)\} = \int_{-\infty}^{\infty} \delta(t) e^{-i\omega t}\, dt = \int_{0^-}^{0^+} \delta(t) e^{-i\omega \cdot 0}\, dt$$

$$= \int_{0^-}^{0^+} \delta(t)\, dt = 1$$

或從另一角度來算，

$$\mathscr{F}\{\delta(t)\} = \mathscr{F}\left\{\lim_{k \to 0} \frac{1}{2k}\bigl[u(t+k) - u(t-k)\bigr]\right\}$$

$$= \lim_{k \to 0} \frac{1}{2k}\mathscr{F}\{u(t+k) - u(t-k)\}$$

$$= \lim_{k \to 0} \frac{1}{2k} \cdot \frac{2\sin(k\omega)}{\omega} = \lim_{k \to 0} \frac{\sin(k\omega)}{k\omega}$$

$$= \lim_{k \to 0} \frac{k\cos(k\omega)}{k} = 1$$

這時候再運用對稱原理，即 $\mathscr{F}\{\delta(t)\} = 1$，則

$$\mathscr{F}\{1\} = 2\pi\delta(-\omega) = 2\pi\delta(\omega)，因為 \delta(\omega) 是偶函數$$

圖4.19　$\delta(t)$ 的波形，其中 $k \to 0$。

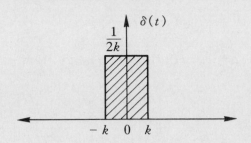

由 $\mathscr{F}\{\delta(t)\} = 1$ 或 $\mathscr{F}\{1\} = 2\pi\delta(\omega)$ 告訴我們，時域與頻域的轉換有一重大特性，就是窄的波形經轉換後變成寬的波形，反之亦然。伴隨 $\delta(t)$ 所衍生出來的重要結果列之如下：

(1) 若 $f(t)$ 是連續的在 $t = t_0$，則 $\delta * f(t_0) = f(t_0)$

(2) 若 $f(t)$ 是斷點在 $t = t_0$，則 $\delta * f(t_0) = \dfrac{1}{2}[f(t_0^+) + f(t_0^-)]$

(3) $\mathscr{F}\{\delta(t)\} = 1$ 且 $\mathscr{F}\{1\} = 2\pi\delta(\omega)$

(4) $\mathscr{F}\{\delta(t - t_0)\} = e^{-i\omega t_0}$

(5) $\mathscr{F}\{e^{i\omega_0 t}\} = 2\pi\delta(\omega - \omega_0)$

(6) $\mathscr{F}\{\cos(\omega_0 t)\} = \pi[\delta(\omega + \omega_0) + \delta(\omega - \omega_0)]$

　　$\mathscr{F}\{\sin(\omega_0 t)\} = \pi[\delta(\omega + \omega_0) - \delta(\omega - \omega_0)]$

【證明】

這裡只證明特性 (1) 和 (2)，因為特性 (3) 已證明了，特性 (4) 和 (5) 只是運用時間和頻率移位定理，特性 (6) 可簡易證之。

$(1)\delta * f(t_0) = \displaystyle\int_{-\infty}^{\infty} f(\tau)\delta(t_0 - \tau)d\tau \qquad (f(t)$ 是連續的在 $t = t_0)$

$\qquad\qquad = \displaystyle\int_{t_0^-}^{t_0^+} f(t_0)\delta(t_0 - \tau)d\tau$

$\qquad\qquad = f(t_0)\displaystyle\int_{t_0^-}^{t_0^+} \delta(t_0 - \tau)d\tau$

$\qquad\qquad = f(t_0)$

(2) 若 $f(t)$ 的斷點在 $t = t_0$，則

$$\delta * f(t_0) = \int_{-\infty}^{\infty} f(\tau)\delta(t_0 - \tau)d\tau$$

$$= \int_{-\infty}^{t_0} f(\tau)\delta(t^0 - \tau)d\tau + \int_{t_0}^{\infty} f(\tau)\delta(t_0 - \tau)d\tau$$

$$= \int_{t_0^-}^{t_0} f(t_0^-)\delta(t_0 - \tau)d\tau + \int_{t_0}^{t_0^+} f(t_0^+)\delta(t_0 - \tau)d\tau$$

$$= f(t_0^-)\int_{t_0^-}^{t_0}\delta(t_0 - \tau)d\tau + f(t_0^+)\int_{t_0}^{t_0^+}\delta(t_0 - \tau)d\tau$$

見圖 4.20，可知

$$\int_{t_0^-}^{t_0}\delta(t_0 - \tau)d\tau = \int_{t_0}^{t_0^+}\delta(t_0 - \tau)d\tau = \frac{1}{2} \qquad \text{（各占一半面積）}$$

得到

$$\delta * f(t_0) = \frac{1}{2}[f(t_0^-) + f(t_0^+)]$$

圖 4.20　$f(t) \cdot \delta(t - t_0)$ 在 $[t_0^-,\ t_0^+]$

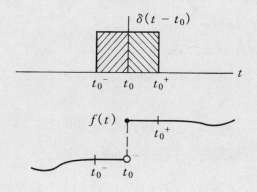

習 題

題 1. 到題 20.，求傅立葉轉換。

1. $f(t) = \begin{cases} -1, & -1 \leq t < 0 \\ 1, & 0 \leq t \leq 1 \\ 0, & |t| > 1 \end{cases}$

2. $f(t) = 2[u(t-3) - u(t-11)]$

3. $f(t) = \begin{cases} \cosh(t), & |t| \leq 2 \\ 0, & |t| > 2 \end{cases}$

4. $f(t) = \dfrac{1}{1+t^2}$

5. $f(t) = e^{-4|t+2|}$

6. $f(t) = 4e^{-2t}u(t-3)$

7. $f(t) = e^{-4|t|}\cos(2t)$

8. $f(t) = 4t^2 e^{-3|t|}$

9. $f(t) = 4e^{-2t^2}\sin(3t)$

10. $f(t) = \dfrac{\sin(3t)}{t^2+4}$

11. $f(t) = te^{-t^2}$

12. $f(t) = \dfrac{1}{t^2+6t+13}$

13. $f(t) = \dfrac{t}{t^2+9}$

14. $10te^{-2t}u(t)$

15. $f(t) = (t-3)e^{-4t}u(t-3)$

16. $\dfrac{d}{dt}[e^{-3t}u(t)]$

17. $f(t) = t[u(t+1) - u(t-1)]$

18. $f(t) = e^{-t}u(t)$

19. $f(t) = \dfrac{e^{i3t}}{t^2-4t+13}$

20. $f(t) = \begin{cases} e^{i2t}, & |t| \leq 1 \\ 0, & |t| > 1 \end{cases}$

題 21. 到題 28.，求反傅立葉轉換。

21. $F(\omega) = e^{-(\omega+4)^2/32}$

22. $F(\omega) = \dfrac{e^{(20-4\omega)i}}{3-(5-\omega)i}$

23. $F(\omega) = \dfrac{e^{(2\omega-6)i}}{5-(3-\omega)i}$

24. $F(\omega) = \dfrac{\sin(3\omega)}{\omega+\pi}$

25. $F(\omega) = \dfrac{1+i\omega}{6-\omega^2+i5\omega}$

26. $F(\omega) = \dfrac{4\sin(\omega)}{\omega} - \dfrac{1}{\sqrt{|\omega|}}$

27. $F(\omega) = \dfrac{4+i\omega}{9-\omega^2+i8\omega}$

28. $F(\omega) = e^{-2|\omega-3|}$

題 29. 到題 32.，用迴旋定理求反傅立葉轉換。

29. $\dfrac{1}{(1+i\omega)^2}$

30. $\dfrac{4\sin(3\omega)}{\omega(2+i\omega)}$

31. $\pi\cos(2\omega+8)e^{-3|\omega+4|}$

32. $\sin(8\omega)e^{-\omega^2/9}$

33. 求 $\displaystyle\int_{-\infty}^{\infty} 2\delta(t-2)e^{-2t}u(t-2)dt$ 。

34. 若 $f(t)$ 是 $y'' - (t^2-1)y = 0$ 的解，則證明 $F(\omega) = \mathscr{F}\{f(t)\}$ 也是該方程式的解。

35. 解 $y'' + 6y' + 5y = \delta(t-3)$, $t \in R$ 。

4.9 傅立葉轉換的應用

　　從傅立葉轉換的發展過程得知，傅立葉轉換只能適用於非週期函數，至於週期函數則沒有提及如何運用。由於週期信號在工程上也相當普遍，故在信號分析的角度上，若傅立葉轉換不能運用在週期函數上，則其使用價值將大打折扣。

　　對週期信號而言，一定得用傅立葉級數或複數傅立葉級數代表之。因為兩者皆相通，故這裡用複數傅立葉級數來代表週期函數 $f(t)$ 為

$$f(t) = \sum_{n=-\infty}^{\infty} c_n e^{in\omega_0 t}$$

$$c_n = \frac{1}{T} \int_{-\frac{T}{2}}^{\frac{T}{2}} f(t) e^{-in\omega_0 t} \, dt$$

這麼一來，週期函數就已化成可適用傅立葉轉換了，因為

$$\mathscr{F}\{e^{in\omega_0 t}\} = 2\pi\delta(\omega - n\omega_0)$$

所以得到

$$\mathscr{F}\{f(t)\} = \sum_{n=-\infty}^{\infty} c_n \mathscr{F}\{e^{in\omega_0 t}\} = \sum_{n=-\infty}^{\infty} 2\pi c_n \delta(\omega - n\omega_0)$$

因此，在頻域上，經傅立葉轉換後，非週期函數是被轉成連續頻譜；而週期函數則被轉成間續脈衝頻譜。譬如以 $f(t) = -1, \ -\frac{T}{2} \leq t < 0; \ = 1, \ 0 \leq t < \frac{T}{2}$ 且 $f(t) = f(t+T)$ 為例，其複數傅立葉級數為

$$f(t) = \sum_{n=-\infty}^{\infty} \frac{-2i}{(2n-1)\pi} e^{i(2n-1)\omega_0 t}$$

取傅立葉轉換，

$$F(\omega) = \sum_{n=-\infty}^{\infty} \frac{-4i}{(2n-1)} \delta[\omega - (2n-1)\omega_0]$$

得到振幅頻譜 $|F(\omega)|$ 見圖 4.21。由圖 4.21 比較複數振幅頻譜(圖 4.12),我們以箭頭代表脈衝來分別兩者之間的差別,而脈衝的長短代表其面積的大小(見圖 4.21 箭頭上的數字)。事實上,複數振幅頻譜並沒有應用在工程上,因此在頻譜分析儀上,您所看到經傅立葉轉換的週期函數之振幅頻譜是沒有箭頭的(如圖 4.12)。這裡為了特別聲明傅立葉轉換在週期函數的應用是藉複數傅立葉級數來完成,且造成脈衝效應,故特加箭頭表明之。

圖 4.21　週期函數的振幅頻譜

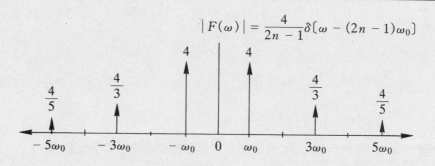

$$|F(\omega)| = \frac{4}{2n-1}\delta[\omega-(2n-1)\omega_0]$$

傅立葉轉換的應用至此相當完善,故大為工程上所採用而大放異彩,近百年來,傅立葉大領風騷,出盡風頭,其在工程上常被用來作信號分析,亦可解微分方程式。以下就以這兩範圍舉例說明之。

1. 振幅調變(AM,Amplitude Modulation)

振幅調變或 AM 是耳熟能詳且較早期的通信技術。在臺灣工業萌芽階段,收音機的調幅臺陪伴著很多人渡過這漫長的歲月。通信技術也因此日新月異,譬如電視和衛星讓我們很輕易的掌握全球的資訊脈動。這裡只對 AM 的調變及解調技術作簡易地說明。

調幅技術是把低頻的聲音信號,$f(t)$(20 kHz 以內),用高頻信號

$\cos(\omega_c t)$ 承載後再發射出去，故調變的信號 $f_c(t)$ 為

$$f_c(t) = A_c\cos(\omega_c t) + mf(t)A_c\cos(\omega_c t)$$
$$= A_c[1 + mf(t)]\cos(\omega_c t)$$

其中 A_c 為載波振幅，m 是用來調整讓 $1 + mf(t) \geq 0$，以免造成波圍失真(envelope distortion)。將 f_c 經傅立葉轉換後，得到

$$F_c(f) = \pi A_c[\delta(f - f_c) + \delta(f + f_c)]$$
$$+ \frac{mA_c}{2}[F(f - f_c) + F(f + f_c)]$$

假設原來 $F(f) = \mathcal{F}\{f(t)\}$ 的頻譜如圖 4.22(a)，$F(f)$ 的頻寬設為 $W(= 20\text{ kHz}$ 對語音而言)，則整個頻率分佈被搬運到載波頻率 f_c 附近(見圖 4.22(b))。因此，只要兩載波頻率的距離夠遠(即 $\geq 2W$)，則彼此就不會產生干擾而共同存在通信網路上。所以每個調幅電臺之間一定留下相當的寬度，以免彼此干擾。

　　至於 AM 的解調技術，是在接收端，將接收到的 $f_c(t)$ 乘以 $\cos(\omega_c t)$，再通過低通濾波器即可。

圖 4.22　調幅技術的頻譜分佈方式

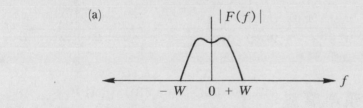

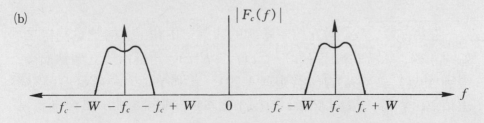

$$f_c(t) \times \cos(\omega_c t) = A_c[1 + mf(t)]\cos^2(\omega_c t)$$

$$= \frac{A_c}{2}[1 + mf(t)][1 + \cos(2\omega_c t)]$$

取傅立葉轉換，得到

$$\mathscr{F}\{f_c(t)\cos(\omega_c t)\} = \frac{1}{2}[F_c(f - f_c) + F_c(f + f_c)]$$

$$= \frac{mA_c}{2}F(f) + \pi A_c \delta(f)$$

$$+ \frac{\pi}{2}A_c[\delta(f - 2f_c) + \delta(f + 2f_c)]$$

$$+ \frac{mA_c}{4}[F(f - 2f_c) + F(f + 2f_c)]$$

將上式從頻域來看，見圖 4.23 可知頻譜分佈在 0 和 $\pm 2f_c$ 附近，因此只要將 $f_c(t) \times \cos(\omega_c t)$ 的信號通過低通濾波器截掉 $2f_c$ 附近的信號就回到原始信號 $F(f)$ 了。

圖 4.23　AM 解調的頻譜分佈方式

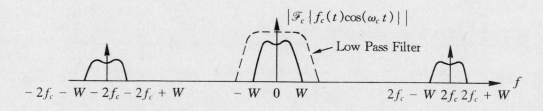

2. 系統的頻率響應

在第二章，我們曾介紹一系統的響應可由輸出入信號量測得之。如圖 4.24，系統的輸出 $y(t) = x(t) * h(t)$，再經由傅立葉轉換後，得到 $Y(\omega) = X(\omega)H(\omega)$（定理 4.22），其中 $Y(\omega) = \mathscr{F}\{y(t)\}$ 為輸出頻譜；$X(\omega)$ 為輸入頻譜；$H(\omega)$ 為系統的頻率響應。一般為求得 $H(\omega)$ 的方式有兩種：

圖 4.24　系統的響應

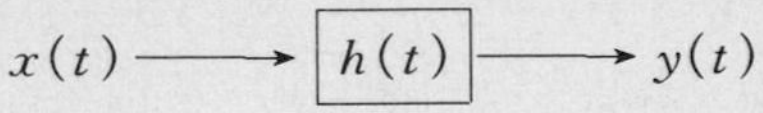

$$x(t) \longrightarrow \boxed{h(t)} \longrightarrow y(t)$$

(1) 輸入一純正弦波 $x_m \sin(\omega_0 t)$，測量輸出的穩定波形 $y_m \sin(\omega_0 t + \theta_0)$，則所量得的輸出入振幅比和角度差，即爲該頻率 ω_0 的振幅頻譜和角度頻譜，就是

$$|H(\omega_0)| = \frac{y_m}{x_m}$$

$$\theta(\omega_0) = \theta_0$$

只要將輸入頻率改變在興趣的範圍內，即可量得 $H(\omega)$。

【證明】

$$Y(\omega) = \mathscr{F}\{y(t)\} = \frac{y_m}{2i}[\delta(f - f_0) - \delta(f + f_0)] \cdot e^{j\theta_0}$$

$$X(\omega) = \mathscr{F}\{x(t)\} = \frac{x_m}{2i}[\delta(f - f_0) - f(f + f_0)]$$

$$H(\omega) = |H(\omega)|e^{j\theta(\omega)}$$

只取半邊來論 (即 $\omega > 0$，因爲 $|H(\omega)|$ 爲偶函數，$\theta(\omega)$ 爲奇函數)，

$$Y(\omega) = X(\omega)H(\omega)$$

則

$$\frac{y_m}{2i}\delta(f - f_0)e^{j\theta_0} = \frac{x_m}{2i}\delta(f - f_0)|H(\omega_0)|e^{j\theta(\omega_0)}$$

因爲只有在 $f = f_0$ 處 $\delta(f - f_0)$ 才有值，故將 $f = f_0$ 代入 $H(\omega)$ 中。

故得到，

$$\frac{y_m}{x_m}e^{j\theta_0} = |H(\omega_0)|e^{j\theta(\omega_0)}$$

得證

$$|H(\omega_0)| = \frac{y_m}{x_m}, \ \theta(\omega_0) = \theta_0$$

(2) 如果您的實驗室備有理想的脈衝信號 $\delta(t)$，則將其輸入系統，量得的輸出 $y(t)$ 即為系統響應 $h(t)$，就是 $y(t) = h(t)$，再將 $y(t)$ 經傅立葉轉換(即輸入頻譜分析儀中)，得到系統的頻率響應 $H(\omega) = Y(\omega)$。

【證明】

由 4.8 節範例 11 的 $\delta(t)$ 特性中，得悉

$$\delta(t) * h(t) = h(t)$$

故

$$y(t) = \delta(t) * h(t) = h(t)$$
$$Y(\omega) = H(\omega)$$

3. 取樣理論(sampling theorem)

由於電腦的普遍風行，所有類比信號都可轉成數位信號，再由電腦加以處理或儲存之。類比信號轉成數位信號而不會失真的理論依據就是所謂的「取樣理論」。取樣理論保證在類比轉成數位後，信號不失真的原則是取樣頻率 f_0 必須大於或等於該類比信號頻寬 W 的兩倍，即

$$f_0 \geq 2W$$

【證明】

由於電腦只看得懂 0 與 1 的數位信號，所以類比的連續信號必須被取樣後才能存入電腦加以處理之。如圖 4.25 所示，原始類比信號 $f(t)$ 被開關以 f_0 頻率切換的速度取樣後變成如圖 4.25(b) 的信號 $f_s(t)$，經由電容器保持 (hold) 後再由類比數位轉換器(圖 4.25(a) 的 A/D converter) 轉成 0 和 1 的數位信號。這時候電腦看到的信號為 $f_s(t)$ 而非原始的 $f(t)$，因此我們要判斷 $f_s(t)$ 的頻譜，以確定信號能否還原成 $f(t)$。而取樣後的信號 $f_s(t)$ 基本上可視為原始信號 $f(t)$ 乘以取樣信號 $s(t)$(見圖 4.25(c))，即

$$f_s(t) = f(t)s(t)$$

既然 $s(t)$ 爲週期函數，故可寫成複數傅立葉級數爲

$$s(t) = \sum_{n=-\infty}^{\infty} c_n e^{in\omega_0 t}, \quad \omega_0 = 2\pi f_0$$

$$c_n = \frac{1}{T_0}\int_{-\frac{T_0}{2}}^{\frac{T_0}{2}} s(t)e^{-in\omega_0 t}\,dt = \frac{1}{T_0}\int_{-\frac{\tau}{2}}^{\frac{\tau}{2}} e^{-in\omega_0 t}\,dt$$

$$= f_0\tau\,\mathrm{sinc}(nf_0\tau)$$

其中 $\mathrm{sinc}(nf_0\tau) = \dfrac{\sin(nf_0\tau)}{nf_0\tau}$，$\tau$ 是取樣寬度。

圖 4.25 取樣的過程與相關信號波形

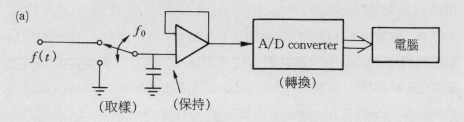

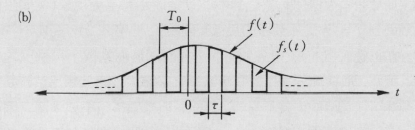

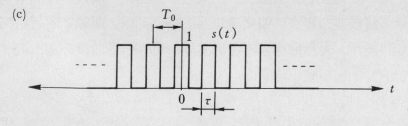

因此得到被取樣信號 $f_s(t)$ 為

$$f_s(t) = f(t) \sum_{n=-\infty}^{\infty} c_n e^{in\omega_0 t}$$

$$= \sum_{n=-\infty}^{\infty} c_n f(t) e^{in\omega_0 t}$$

取傅立葉轉換，再運用頻域移位定理，得到

$$F_s(\omega) = \sum_{n=-\infty}^{\infty} c_n F(\omega + n\omega_0)$$

且

$$c_n = c_{-n}(即 |c_n| 是偶函數)$$

根據上述結果，知道被取樣後的信號之振幅頻譜 $|F_s(\omega)|$ 是由無限多的移位原始振幅頻譜 $|F(\omega + n\omega_0)|$ 合成的。請見圖 4.26，除了 $|F_s(\omega)|$ 頻譜中的主頻譜(陰影部份) 等於 $|F(\omega)|$ 之外，其餘的頻譜振幅根據 c_n 的 sinc 函數特性而稍為逐漸減小。因此，若要從取樣信號還原回原始信號，只要令 $f_s(t)$ 通過低通濾波器即可，注意，濾波器的切斷頻率(cutoff frequency) 必須在 $f = W$ 和 $f = f_0 - W$ 之間。但是如果取樣頻率太低(即 $f_0 < 2W$)，則造成頻譜重疊現象(例如主頻譜的範圍到 $f = W$，次頻譜的最低範圍為 $f_0 - W < 2W - W = W$，則兩頻譜重疊而相加)，使各頻譜失去原有圖形而造成不可換回的失真了。據此，取樣理論才建議取樣頻率 f_0 必須大於原始類比信號頻寬的 2 倍才可使還原的信號不失真。但是，取樣頻率也不要太高，因為頻率太高，則處理的資料量太多也不經濟。因此，取樣頻率的高低決定於低通濾波器的好壞。如果濾波器很好，可在切斷頻率附近把高頻信號切得乾淨，當然取樣頻率愈低愈好，免得因為取樣頻率太高，而浪費儲存空間和信號處理時間。

圖 4.26 (a) 原始頻譜, (b) 取樣後的頻譜

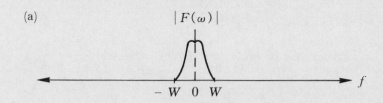

(a)

$|F(\omega)|$

$-W$ 0 W f

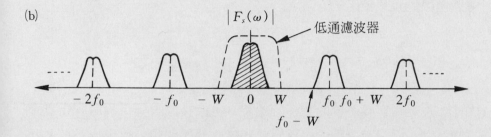

(b)

$|F_s(\omega)|$

低通濾波器

$-2f_0$ $-f_0$ $-W$ 0 W f_0 f_0+W $2f_0$

f_0-W

4. 解微分方程式

　　用傅立葉轉換來解微分方程式的時機(即函數定義範圍為實數空間)已在第 4.8 節說明, 且舉例說明在 4.8 節的範例 9。另一解微分方程的時機是為求系統的頻率響應(frequency response)。舉例說明一簡單的低通濾波器如圖 4.27(a), 根據阻抗理論, 可得知本系統的頻率響應 $H(\omega)$(稱為傳遞函數, transfer function) 為

$$H(\omega) = \frac{E_{\text{out}}(\omega)}{E_{\text{in}}(\omega)} = \frac{\dfrac{1}{i\omega C}}{R + \dfrac{1}{i\omega C}} = \frac{1}{1 + i\omega RC}$$

得到振幅頻譜 $|H(\omega)|$ 如圖 4.27(b)。事實上, 上述阻抗理論是由微分方程式導證而得的。由圖 4.27(a), 以迴路分析法, 得到

$$E_{\text{in}}(t) = iR + \frac{1}{C} \int i \, dt$$

$$E_{\text{out}}(t) = \frac{1}{C} \int i \, dt$$

取傅立葉轉換以得到頻率響應爲

$$E_{\text{in}}(\omega) = I(\omega)R + \frac{1}{i\omega C} I(\omega) = I(\omega)\left(R + \frac{1}{i\omega C} \right)$$

$$E_{\text{out}}(\omega) = I(\omega) \frac{1}{i\omega C}$$

傳遞函數的頻率響應 $H(\omega)$ 爲

$$H(\omega) = \frac{E_{\text{out}}(\omega)}{E_{\text{in}}(\omega)} = \frac{\dfrac{1}{i\omega C}}{R + \dfrac{1}{i\omega C}} = \frac{1}{1 + i\omega RC}$$

因此，凡是爲求該系統的頻率響應時，可直接假設其定義範圍爲整個實數空間，而沒有所謂的邊界值或初值條件的問題，以求出系統的穩態特性。

圖 4.27 低通濾波器，其中 (b) 的橫軸以對數來畫座標，f_c 爲切斷頻率 $f_c = \dfrac{1}{2\pi RC}$。

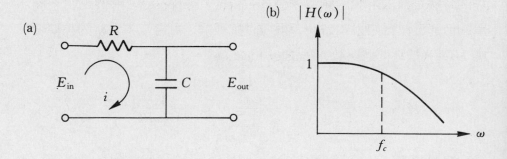

> ## 解題範例

【範例 1】

設計一純正弦函數波形產生器，當電壓從 0 到 5 伏特時，頻率呈線性變化從 200 ～ 500Hz。

【解】

這裡是談設計的理念，一般直接要做到純正弦波形的頻率隨著電壓呈線性變化，在電路設計執行上並不容易。因此採取另一策略來設計一脈衝產生器，其脈衝週期隨著電壓呈線性變化為 $V = 0 \sim 5$，$T = \dfrac{1}{400} \sim \dfrac{1}{1000}$。這種不管波形純不純，只要把週期的線性化作好，電路則簡易許多。脈衝之後，加上正反器(Flip-Flop)和低通濾波器如圖 4.28。正反器後的波形 $f(t)$ 為方波，週期變為 $T = \dfrac{1}{200} \sim \dfrac{1}{500}$。

圖 4.28　直流電壓控制的正弦波形產生器

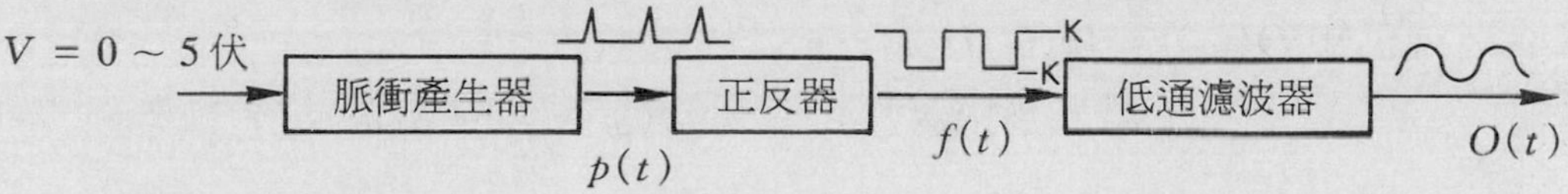

$$f(t) = \begin{cases} -K, & -\dfrac{T}{2} \leq t < 0 \\ K, & 0 < t \leq \dfrac{T}{2} \end{cases}, \quad f(t) = f(t + T)$$

經過傅立葉轉換後，

$$F(\omega) = \sum_{\substack{n=-\infty \\ n\neq 0}}^{\infty} \frac{4K}{i(2n-1)}\delta[\omega - (2n-1)\omega_0]$$

其振幅頻譜 $|F(\omega)| = \dfrac{4K}{2n-1}$，見圖 4.29。因此若以低通濾波器將高頻濾去(虛線部份)，則產生純正弦波形的信號了。

圖 4.29　方波 $f(t)$ 的振幅頻譜

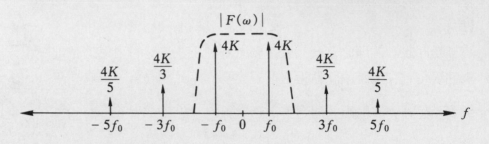

【範例 2】

一系統的響應 $h(t) = 1 - e^{-t}u(t)$，輸入信號 $i(t) = \cos(2t)$，求輸出信號 $O(t)$。

【解】

已知 $O(\omega) = H(\omega)I(\omega)$，

$$I(\omega) = \mathscr{F}\{\cos(2t)\} = \pi[\delta(\omega-2) + \delta(\omega+2)]$$

$$H(\omega) = 2\pi\delta(\omega) - \frac{1}{i\omega+1}$$

$$\begin{aligned}
O(\omega) &= I(\omega)H(\omega) \\
&= \pi[\delta(\omega-2) + \delta(\omega+2)] \cdot \left(2\pi\delta(\omega) - \frac{1}{i\omega+1}\right) \\
&= \pi\delta(\omega-2) \cdot \left(-\frac{1}{i\omega+1}\right) + \pi\delta(\omega+2)\left(-\frac{1}{i\omega+1}\right) \\
&= \pi\delta(\omega-2) \cdot \left(-\frac{1}{2i+1}\right) + \pi\delta(\omega+2)\left(-\frac{1}{-2i+1}\right)
\end{aligned}$$

取反轉換，

$$O(t) = \mathscr{F}\left\{\pi\delta(\omega - 2)\frac{-1}{2i + 1}\right\} + \mathscr{F}\left\{\pi\delta(\omega + 2)\frac{-1}{-2i + 1}\right\}$$

$$= \frac{1}{2}e^{i2t} \cdot \frac{-1}{2i + 1} + \frac{1}{2}e^{-2it} \cdot \frac{-1}{-2i + 1}$$

$$= -\frac{1}{2 \cdot 5}[e^{i2t}(1 - 2i) + e^{-i2t}(1 + 2i)]$$

$$= -\frac{1}{10}[2\cos 2t + 4\sin 2t]$$

$$= -\frac{1}{5}[\cos 2t + 2\sin 2t]$$

習 題

1. 假設一週期信號 $f(t)$ 通過一帶通濾波器，求輸出信號。$f(t) = \frac{1}{3}t^2$，$f(t) = f(t+3)$，帶通濾波器的特性為

   (a) 中心頻率為 1 Hz，頻寬為 0.2 Hz，放大率為 1。

   (b) 中心頻率為 1.2 Hz，頻寬為 0.3 Hz，放大率為 1。

2. 已知一非週期函數 $f(t) = 1$，$|t| \leq 1$，$f'(t) = 0$，$|t| > 1$，其傅立葉轉換 $F(\omega) = \frac{2\sin(\omega)}{\omega}$。運用此已知結果，求下列函數的傅立葉轉換和畫出振幅頻譜。

   (a) $f(t) = f(t+5)$，變成一週期函數 $f_T(t)$。

   (b) 對 (a) 之週期函數以 $f_s = 10$ Hz 的頻率取樣之。

   (c) 對非週期函數 $f(t)$ 以 $f_s = 5$ Hz 的頻率取樣之。

3. $f(t)$ 乃非週期函數，定義在題 2.，求 $\frac{df(t)}{dt}$ 的傅立葉轉換。

4. 一系統的響應為 $e^{-t}u(t)$，若輸入為 $2\delta(t-3)$，求輸出響應。

4.10 多重傅立葉級數

針對 $f(x,y)$ 擁有兩個以上的變數，我們就必須用多重傅立葉級數來代表 $f(x,y)$。假設 $f(x,y)$ 是定義在 $0 \leq x \leq a$，$0 \leq y \leq b$ 區間的函數如圖 4.30，那麼對 $f(x,y)$ 的展開有如 4.3 節所示的半範圍展開。

圖 4.30 $f(x,y)$ 定義在區間 $0 \leq x \leq a$，$0 \leq y \leq b$。

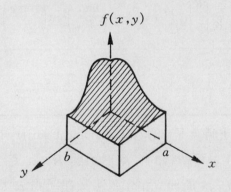

首先，視 y 為常數，令 $g(x) = f(x,y)$，$0 \leq x \leq L$，則 $g(x)$ 的半範圍之傅立葉正弦級數在 $x \in [0,L]$ 的展開為

$$g(x) = \sum_{n=1}^{\infty} b_n(y)\sin\left(\frac{n\pi x}{L}\right)$$

其中，

$$b_n(y) = \frac{2}{L}\int_0^L g(x)\sin\left(\frac{n\pi x}{L}\right)dx$$

$$= \frac{2}{L}\int_0^L f(x,y)\sin\left(\frac{n\pi x}{L}\right)dx$$

然後再對 $b_n(y)$ 作 $y \in [0, K]$ 之傅立葉正弦級數的半範圍展開為

$$b_n(y) = \sum_{m=1}^{\infty} b_{nm} \sin\left(\frac{m\pi y}{K}\right)$$

其中,

$$b_{nm} = \frac{2}{K} \int_0^K b_n(y) \sin\left(\frac{m\pi y}{K}\right) dy$$

結果得到,

$$g(x) = f(x, y)$$

$$= \sum_{n=1}^{\infty} \sum_{m=1}^{\infty} b_{nm} \sin\left(\frac{n\pi x}{L}\right) \sin\left(\frac{m\pi y}{K}\right)$$

$$b_{nm} = \frac{2}{K} \int_0^K \left[\frac{2}{L} \int_0^L f(x, y) \sin\left(\frac{n\pi x}{L}\right) dx\right] \sin\left(\frac{m\pi y}{K}\right) dy$$

$$= \frac{4}{LK} \int_0^K \int_0^L f(x, y) \sin\left(\frac{n\pi x}{L}\right) \sin\left(\frac{m\pi y}{K}\right) dx\, dy$$

$$n \cdot m \geq 1$$

這樣子可以定義如下:

【定義 4.11】雙重傅立葉正弦級數(double Fourier sine series)

若 $f(x, y)$ 是可積分的在矩形區間 R: $x \in [0, L]$, $y \in [0, K]$, 則 $f(x, y)$ 的傅立葉正弦級數在區間 R 為

$$f_{s\infty}(x, y) = \sum_{n=1}^{\infty} \sum_{m=1}^{\infty} b_{nm} \sin\left(\frac{n\pi x}{L}\right) \sin\left(\frac{m\pi y}{K}\right)$$

$$b_{nm} = \frac{4}{LK} \int_0^K \int_0^L f(x, y) \sin\left(\frac{n\pi x}{L}\right) \sin\left(\frac{m\pi y}{K}\right) dx\, dy$$

$$n \cdot m \geq 1$$

同理, 如上推導程序, 亦可得到另一雙重傅立葉餘弦級數。

【定義 4.12】雙重傅立葉餘弦級數

若 $f(x,y)$ 是可積分的在矩形區間 R：$x \in [0,L]$，$y \in [0,K]$，則 $f(x,y)$ 的傅立葉餘弦級數在區間 R 為

$$f_{c\infty}(x,y) = \sum_{n=0}^{\infty} \sum_{m=0}^{\infty} a_{nm} \cos\left(\frac{n\pi x}{L}\right) \cos\left(\frac{m\pi y}{K}\right)$$

$$a_{00} = \frac{1}{LK} \int_0^L \int_0^K f(x,y) \, dx \, dy$$

$$a_{n0} = \frac{2}{LK} \int_0^L \int_0^K f(x,y) \cos\left(\frac{n\pi x}{L}\right) dx \, dy, \quad n \geq 1$$

$$a_{0m} = \frac{2}{LK} \int_0^L \int_0^K f(x,y) \cos\left(\frac{m\pi y}{K}\right) dx \, dy, \quad m \geq 1$$

$$a_{nm} = \frac{4}{LK} \int_0^L \int_0^K f(x,y) \cos\left(\frac{n\pi x}{L}\right) \cos\left(\frac{m\pi y}{K}\right) dx \, dy$$

n、$m \geq 1$

解題範例

【範例 1】

令 $f(x,y) = \dfrac{1}{2}xy,\ x \in [0,1],\ y \in [0,2]$，算其雙重傅立葉正弦級數。

【解】

$$
\begin{aligned}
b_{nm} &= \frac{4}{1 \times 2} \int_0^2 \int_0^1 \frac{1}{2} xy \sin(n\pi x) \sin\left(\frac{m\pi y}{2}\right) dx\,dy \\
&= \int_0^2 y \sin\left(\frac{m\pi y}{2}\right) dy \int_0^1 x \sin(n\pi x)\,dx \\
&= \left(\frac{-4\cos(m\pi)}{m\pi}\right)\left(\frac{-\cos(n\pi)}{n\pi}\right) \\
&= \frac{4}{nm\pi^2}(-1)^{n+m},\ \ n \,、\, m \geq 1
\end{aligned}
$$

得到

$$
f_{s\infty}(x,y) = \frac{4}{\pi^2} \sum_{n=1}^{\infty} \sum_{m=1}^{\infty} \frac{(-1)^{n+m}}{nm} \sin(n\pi x) \sin\left(\frac{m\pi y}{2}\right)
$$

【範例 2】

承上題，算其雙重傅立葉餘弦級數。

【解】

$$
\begin{aligned}
a_{00} &= \frac{1}{2} \int_0^2 \int_0^1 \frac{1}{2} xy\,dx\,dy \\
&= \frac{1}{4} \int_0^1 x\,dx \int_0^2 y\,dy \\
&= \frac{1}{4} \cdot \left(\frac{1}{2}x^2 \Big|_0^1\right) \cdot \left(\frac{1}{2}y^2 \Big|_0^2\right) \\
&= \frac{1}{4}
\end{aligned}
$$

$$a_{n0} = \frac{2}{2} \int_0^2 \int_0^1 \frac{1}{2} xy \cos(n\pi x) \ dx$$

$$= \frac{1}{2} \int_0^1 x \cos(n\pi x) \ dx \int_0^2 y \ dy$$

$$= \frac{1}{2} \left[\frac{1}{n^2 \pi^2} \cos(n\pi x) + \frac{x}{n\pi} \sin(n\pi x) \right] \Big|_0^1 \left(\frac{1}{2} y^2 \Big|_0^2 \right)$$

$$= \frac{1}{n^2 \pi^2} [\cos(n\pi) - 1], \ \ n \geq 1$$

$$a_{0m} = \frac{2}{2} \int_0^2 \int_0^1 \frac{1}{2} xy \cos\left(\frac{m\pi y}{2} \right) dy \ dx$$

$$= \frac{1}{2} \int_0^1 x \ dx \int_0^2 y \cos\left(\frac{m\pi y}{2} \right) dy$$

$$= \frac{1}{4} \cdot \left[\frac{4}{m^2 \pi^2} \cos\left(\frac{m\pi y}{2} \right) + \frac{2y}{m\pi} \sin\left(\frac{m\pi y}{2} \right) \right] \Big|_0^2$$

$$= \frac{1}{m^2 \pi^2} [\cos(m\pi) - 1], \ \ m \geq 1$$

$$a_{nm} = \frac{4}{2} \int_0^2 \int_0^1 \frac{1}{2} xy \cos(n\pi x) \ dx \ \cos\left(\frac{m\pi y}{2} \right) dx \ dy$$

$$= \int_0^1 x \cos(n\pi x) \ dx \int_0^2 y \cos\left(\frac{m\pi y}{2} \right) dy$$

$$= \frac{1}{n^2 \pi^2} [\cos(n\pi) - 1] \cdot \frac{4}{m^2 \pi^2} [\cos(m\pi) - 1]$$

$$= \frac{4}{n^2 m^2 \pi^4} [\cos(n\pi) - 1][\cos(m\pi) - 1], \ \ n \ 、 m \geq 1$$

$$f_{c\infty}(x,y) = \frac{1}{4} + \sum_{n=1}^{\infty} \frac{1}{n^2 \pi^2} [\cos(n\pi) - 1] \cos(n\pi x)$$

$$+ \sum_{m=1}^{\infty} \frac{1}{m^2 \pi^2} [\cos(m\pi) - 1] \sin\left(\frac{m\pi y}{2} \right)$$

$$+ \sum_{n=1}^{\infty} \sum_{m=1}^{\infty} \frac{4}{m^2 n^2 \pi^4} [\cos(n\pi) - 1]$$

$$[\cos(m\pi) - 1] \cos(n\pi x) \cos\left(\frac{m\pi y}{2} \right)$$

$$\boxed{習\quad題}$$

1. ～ 6. 題，求其雙重傅立葉正弦級數。

1. $\dfrac{1}{2}xy$; $x \in [0,\pi]$, $y \in [0,\pi]$

2. $\dfrac{3}{4}x + \dfrac{1}{4}y^2$; $x \in [0,1]$, $y \in [0,2]$

3. $\sin(2x - y)$; $x \in [0,2]$, $y \in [0,2]$

4. $\dfrac{1}{4}e^{x+y}$; $x \in [0,4]$, $y \in [0,2]$

5. $\dfrac{1}{2}x\sinh(y)$; $x \in [0,4]$, $y \in [0,2]$

6. $y\sin(2x)$; $x \in [0,\pi]$, $y \in [0,4]$

7. ～ 10. 題，求其雙重傅立葉餘弦級數。

7. $\dfrac{1}{2}xy$; $x \in [0,1]$, $y \in [0,3]$

8. $6x^2 y$; $x \in [0,1]$, $y \in [0,1]$

9. $\dfrac{1}{2}xe^y$; $x \in [0,2]$, $y \in [0,2]$

10. $6(x - y^2)$; $x \in [0,3]$, $y \in [0,1]$

第五章　微分方程式之冪級數解法

5.0　前言

　　前面章節提及的方程式解法(包含拉卜拉斯和傅立葉轉換)一般只適用於常係數(或科煦－尤拉) 方程式，而非可變係數的方程式。以二階線性方程式爲例

$$P(x)y'' + Q(x)y' + R(x)y = F(x)$$

$P(x)$、$Q(x)$、$R(x)$、$F(x)$是連續的在某區域內。除了科煦－尤拉方程式可將原方程式化爲常係數外，一般可變係數的解法必須用冪級數(power series)。假設 x_0 是級數展開的中心點，若 $P(x_0) \neq 0$，則用一般的冪級數就可解題；但若 $P(x_0) = 0$，則要用特殊的 Frobenius 冪級數來解決之。本章同時會介紹工程上常用的特殊函數及其特性，譬如樂見德(Legendre)、貝索(Bessel)。另外，史登－劉必烈(Sturm-Liouville) 的正交理論也是下一章節，解偏微分方程式必備的基礎。

5.1 冪級數(Power Series)

冪級數簡言之，即是多項式爲

$$\sum_{n=0}^{\infty} a_n (x - x_0)^n$$

其中 a_n 是係數，x_0 爲級數展開的中心點。

冪級數被廣泛地使用可提及泰勒級數。泰勒先生提出一個論點是任何連續函數 $f(x)$ 只要是可分析的(analytic，即函數的所有微分皆存在) 在 x_0，則 $f(x)$ 可用泰勒級數來代表，

$$f(x) = \sum_{n=0}^{\infty} a_n (x - x_0)^n \tag{5.1}$$

但是，冪級數雖然能力強，但有其限制，就是冪級數很容易發散，所以上述對等式的成立只在某一區域內，稱爲收斂範圍。

【定理 5.1】冪級數的收斂

如果冪級數在點 x_1 收斂，則任何距離小於 $|x_1 - x_0|$ 的點皆可使冪級數收斂。即任何點 x，其距離符合

$$|x - x_0| < |x_1 - x_0|$$

可使冪級數 $\sum_{n=0}^{\infty} a_n (x - x_0)^n$ 收斂。

依據定理 5.1，我們可定義所謂的收斂半徑 R，即若 $|x - x_0| < R$ 時，級數收斂；反之，若 $|x - x_0| > R$ 時，級數發散；但 $|x - x_0| = R$ 則屬未決定，即 $x = x_0 \pm R$ 的點必須再檢驗之。爲決定任一冪級數的收斂半徑，有所謂的比例測試法(ratio test)。

1. 比例測試(ratio test)

若 $A_n = a_n(x - x_0)^n \neq 0$, $n \geq N$ 而且

$$\lim_{n \to \infty} \left| \frac{A_{n+1}}{A_n} \right| = L \qquad (5.2)$$

則(1) 若 $L < 1$，級數 $\sum\limits_{n=0}^{\infty} A_n$ 收斂；

　(2) 若 $L > 1$，級數 $\sum\limits_{n=0}^{\infty} A_n$ 發散；

　(3) 若 $L = 1$，級數 $\sum\limits_{n=0}^{\infty} A_n$ 未決定。

從比例測試可以決定收斂半徑 R，但卻無法馬上看出收斂區間 (interval of convergence)，因為在比例值 $L = 1$ 之處仍須檢驗級數收斂與否？見本節範例 1。

2. 冪級數的代數運算和微積分

令兩冪級數 $f(x) = \sum\limits_{n=0}^{\infty} a_n(x - x_0)^n$ 和 $g(x) = \sum\limits_{n=0}^{\infty} b_n(x - x_0)^n$ 有相同的收斂區間，則下列的代數運算和微積分仍使收斂區間保持不變。

⑴ 加減法

$$h(x) = f(x) \pm g(x)$$

⑵ 乘以常數

$$k(x) = kf(x), \ k \text{ 為常數}$$

⑶ 兩級數相乘

$$h(x) = f(x) \cdot g(x) \text{ 或 } f \cdot g(x)$$

$$= \sum_{n=0}^{\infty} \sum_{k=0}^{n} a_k b_{n-k}(x - x_0)^n \qquad (5.3)$$

⑷ 微分

$$h(x) = f'(x)$$

$$= \sum_{n=1}^{\infty} na_n(x - x_0)^{n-1} \text{ 或 } \sum_{n=0}^{\infty} na_n(x - x_0)^{n-1}$$

因為 $n = 0$ 項之係數為零。

⑸ 積分

$$h(x) = \int f(x)\,dx = \sum_{n=0}^{\infty} a_n \int (x - x_0)^n\,dx$$

$$= \sum_{n=0}^{\infty} \frac{1}{n+1} a_n(x - x_0)^{n+1} + c \text{（常數）}$$

其中加減法談及指標移動技巧：若兩級數的冪數不同時，可以運用指標移動法來合併兩級數。

譬如，

$$\sum_{n=0}^{\infty} a_n x^n + \sum_{n=0}^{\infty} b_n x^{n+2} = \sum_{n=0}^{\infty} a_n x^n + \sum_{n-2=0}^{\infty} b_{n-2} x^{n-2+2}$$

$$\text{（將 } b_n \text{ 級數中的 } n \text{ 換成 } n-2 \text{）}$$

$$= \sum_{n=0}^{\infty} a_n x^n + \sum_{n=2}^{\infty} b_{n-2} x^n$$

$$= a_0 + a_1 x + \sum_{n=2}^{\infty} a_n x^n + \sum_{n=2}^{\infty} b_{n-2} x^n$$

$$= a_0 + a_1 x + \sum_{n=2}^{\infty} (a_n + b_{n-2}) x^n$$

3. 泰勒級數和馬可洛琳級數 (Taylor series and Maclaurin series)

泰勒級數屬冪級數的一種，其代表任一連續函數的定義為

$$f(x) = \sum_{n=0}^{\infty} \frac{f^{(n)}(x_0)}{n!} (x - x_0)^n$$

當 $f^{(n)}(x_0)$ 存在，即 $f(x)$ 在 x_0 處的所有微分皆存在。

【證明】

令 $f^{(n)}(x_0)$, $n \geq 0$ 存在，則 $f(x)$ 可由級數取代為

$$f(x) = \sum_{n=0}^{\infty} a_n (x - x_0)^n$$

令 $x = x_0$，得到

$$a_0 = f(x_0)$$

取一階微分，

$$f'(x) = \sum_{n=1}^{\infty} n a_n (x - x_0)^{n-1}$$

令 $x = x_0$，得到

$$a_1 = \frac{f'(x_0)}{1}$$

取二階微分，

$$f''(x) = \sum_{n=2}^{\infty} n(n-1) a_n (x - x_0)^n$$

令 $x = x_0$，得到

$$a_2 = \frac{f''(x_0)}{2 \cdot 1} = \frac{f''(x_0)}{2!}$$

依此類推，可得到

$$a_n = \frac{f^{(n)}(x_0)}{n!}$$

故得證。

馬可洛琳級數即是泰勒級數在 $x_0 = 0$ 處展開，即

$$f(x) = \sum_{n=0}^{\infty} \frac{f^{(n)}(0)}{n!} x^n$$

4. 可分析的(analytic) 和泰勒級數的收斂半徑

一個函數 $f(x)$ 是可分析的，假如 $f(x)$ 可以用泰勒級數來表示並且在 x_0 處有非零的收斂區間。換句話說，$f(x)$ 是可分析的在 x_0，如

果 $f^{(n)}(x_0)$, $n \geq 0$ 存在。

由以上定義, 可求出任何泰勒級數的收斂半徑。譬如 $f(x) = e^x$, 對 $x_0 = 0$, 其泰勒級數爲

$$f(x) = \sum_{n=0}^{\infty} \frac{1}{n!} x^n$$

由於 $f(x)$ 在 $x \in R(\infty$ 除外$)$ 皆收斂且可分析的, 故其收斂半徑爲 ∞。以比例測試法來驗證, 得到

$$\lim_{n \to \infty} \left| \frac{A_{n+1}}{A_n} \right| = \lim_{n \to \infty} \left| \frac{n!}{(n+1)!} \frac{x^{n+1}}{x^n} \right|$$

$$= \lim_{n \to \infty} \frac{|x|}{n+1} < 1$$

故 $|x| < \infty$, 得到收斂半徑爲 ∞。

$$\boxed{\textbf{解題範例}}$$

【範例 1】

由比例測試證明收斂半徑符合

$$R = \lim_{n \to \infty} \left| \frac{a_n}{a_{n+1}} \right|, \quad 對級數 \sum_{n=0}^{\infty} a_n (x - x_0)^n 而言$$

【證明】

當級數收斂時，

$$\lim_{n \to \infty} \left| \frac{A_{n+1}}{A_n} \right| < 1$$

或

$$\lim_{n \to \infty} \left| \frac{a_{n+1}(x - x_0)^{n+1}}{a_n(x - x_0)^n} \right| < 1$$

得到

$$\lim_{n \to \infty} |x - x_0| \cdot \left| \frac{a_{n+1}}{a_n} \right| < 1$$

或

$$|x - x_0| < \lim_{n \to \infty} \left| \frac{a_n}{a_{n+1}} \right|$$

即收斂半徑 R，

$$R = \lim_{n \to \infty} \left| \frac{a_n}{a_{n+1}} \right|$$

【範例 2】

求級數 $\displaystyle\sum_{n=0}^{\infty} \frac{(-1)^n}{(n+1)4^n}(x-2)^{2n}$ 的收斂半徑和收斂區間。

【解】

注意，本題的多項式屬$2n$冪數，而非n冪數，故範例1的公式需要稍作修正才能適合這裡。故從基本定義來求收斂半徑。從比例測試，

$$A_n = \frac{(-1)^n}{(n+1)4^n}(x-2)^{2n}$$

若收斂，則

$$\lim_{n\to\infty}\left|\frac{A_{n+1}}{A_n}\right| < 1$$

$$\left|\frac{A_{n+1}}{A_n}\right| = \left|\frac{(n+1)4^n(x-2)^{2n+2}}{(n+2)4^{n+1}(x-2)^{2n}}\right| = \frac{n+1}{(n+2)\cdot 4}|x-2|^2$$

得到

$$\lim_{n\to\infty}\left|\frac{A_{n+1}}{A_n}\right| = |x-2|^2 \lim_{n\to\infty}\frac{n+1}{4\cdot(n+2)} < 1$$

或

$$|x-2|^2 < \lim_{n\to\infty}\frac{4\cdot(n+2)}{n+1} = 4$$

$$|x-2| < 2$$

故收斂半徑 R 爲2。

由收斂半徑，可得到收斂區間

$$0 < x < 4 \quad 或 \quad x \in (0,4)$$

但在 $x = 0,\ 4$ 兩處則必須檢驗。

當 $x = 0$ 和 $x = 4$ 時，皆得到級數爲

$$\sum_{n=0}^{\infty}\frac{(-1)^n}{(n+1)4^n}(x-2)^{2n} = \sum_{n=0}^{\infty}\frac{(-1)^n}{(n+1)}$$

至於 $\sum_{n=0}^{\infty}\frac{(-1)^n}{n+1}$ 收斂與否？只能由其對等的函數可驗知。首先對 $f(x) = \ln(1+x)$ 的馬可洛琳級數爲

$$2\ln(1+x) = \sum_{n=1}^{\infty}\frac{(-1)^{n+1}}{n}x^n$$

$$= \sum_{n=0}^{\infty}\frac{(-1)^n}{n+1}x^{n+1}$$

$$f^{(n)}(x) = \frac{(-1)^{n+1}(n-1)!}{(x+1)^n}$$

令 $x = 1$，得到

$$\ln 2 = \sum_{n=0}^{\infty} \frac{(-1)^n}{n+1}$$

故得證在 $x = 0$ 和 4 處，級數收斂，故收斂區間為

$$0 \leq x \leq 4 \quad 或 \quad x \in [0,4]$$

注意，若令

$$\lim_{x \to -1} \ln(1+x) \to -\infty$$

同時，

$$\lim_{x \to -1} \sum_{n=0}^{\infty} \frac{(-1)^n}{n+1} x^{n+1} = -\sum_{n=0}^{\infty} \frac{1}{n+1}$$

故 $\sum_{n=0}^{\infty} \frac{1}{n+1} \to \infty$，即 $\sum_{n=0}^{\infty} \frac{1}{n+1}$ 發散。

【範例 3】

若 $f(x) = \dfrac{1}{(x-2i)(x+i)}$，求 $f(x)$ 的泰勒級數對 $x_0 = 0, 1, i$ 展開的收斂半徑。

【解】

由於 $f(x)$ 不可分析之處在 $x = 2i$ 和 $x = -i$，從定理 5.1 得到

(a) $x_0 = 0$ 對 $x = 2i$ 和 $x = -i$ 最近的距離為 $|0 - i| = 1$，故收斂半徑為 1。

(b) $x_0 = 1$ 的最近距離為 $|1 - i| = \sqrt{2} = R$。

(c) $x_0 = i$ 的最近距離為 $|i - 2i| = 2 = R$。

【範例 4】

用積分法求證 $\ln(1+x) = \sum_{n=0}^{\infty} \dfrac{(-1)^n}{n+1} x^{n+1}$，$|x| < 1$。

【證明】

$$\ln(1 + x) = \int_0^x \frac{1}{1 + t}\, dt, \quad x > -1$$

$$= \int_0^x \left[\sum_{n=0}^{\infty} (-1)^n t^n \right] dt, \quad |x| < 1$$

$$= \sum_{n=0}^{\infty} (-1)^n \int_0^x t^n\, dt$$

$$= \sum_{n=0}^{\infty} \frac{(-1)^n}{n + 1} x^{n+1}, \quad |x| < 1$$

求 1. ~ 12. 題的級數收斂半徑和收斂區間。

1. $\displaystyle\sum_{n=0}^{\infty} \frac{2n+1}{2n-1} x^n$

2. $\displaystyle\sum_{n=0}^{\infty} \frac{n+2}{n+1}(x-1)^n$

3. $\displaystyle\sum_{n=0}^{\infty} n^n x^n$

4. $\displaystyle\sum_{n=1}^{\infty} n^3 (x-2)^n$

5. $\displaystyle\sum_{n=0}^{\infty} \left(-\frac{3}{2}\right)^n \left(x-\frac{5}{2}\right)^n$

6. $\displaystyle\sum_{n=0}^{\infty} \frac{1 \cdot 3 \cdot 5 \cdot (2n+1)}{(2n)!} x^n$

7. $\displaystyle\sum_{n=1}^{\infty} \left(\frac{n+1}{n}\right)^n x^n$

8. $\displaystyle\sum_{n=1}^{\infty} (-1)^n \frac{n}{\ln(n+1)} x^n$

9. $\displaystyle\sum_{n=0}^{\infty} \frac{3^n}{(2n)!} x^{2n}$

10. $\displaystyle\sum_{n=1}^{\infty} \frac{\ln(n)}{n} x^n$

11. $\displaystyle\sum_{n=1}^{\infty} \frac{e^n}{n!} x^{n+2}$

12. $\displaystyle\sum_{n=1}^{\infty} \frac{n!}{n^n} x^n$

$$\left(\text{注意: } \lim_{n \to \infty} \left(1+\frac{1}{n}\right)^n = e\right)$$

對 13. ~ 20. 題，將兩級數合而為一。

13. $\displaystyle\sum_{n=1}^{\infty} 2^n x^{n+1} + \sum_{n=0}^{\infty} (n+1)x^n$

14. $\displaystyle\sum_{n=0}^{\infty} (n+1)(x-2)^n + \sum_{n=0}^{\infty} (x-2)^n$

15. $\displaystyle\sum_{n=1}^{\infty} \frac{n!}{n^2} x^{n-1} + \sum_{n=2}^{\infty} 2^n x^n$

16. $\displaystyle\sum_{n=0}^{\infty} \frac{x^n}{n!} + \sum_{n=1}^{\infty} n x^n$

17. $\displaystyle\sum_{n=1}^{\infty} \frac{1}{2n} x^n - \sum_{n=3}^{\infty} n^n x^{n-3}$

18. $\displaystyle\sum_{n=0}^{\infty} (n+1)x^n + \sum_{n=0}^{\infty} \frac{x^n}{n+1}$

19. $\displaystyle\sum_{n=2}^{\infty} x^{n+3} + \sum_{n=3}^{\infty} n! x^{n+2}$

20. $\sum\limits_{n=0}^{\infty} \dfrac{1}{n+2}x^n + \sum\limits_{n=2}^{\infty} (-2)^{n-1}x^{n+1}$

第 21. ～ 24. 題，求函數的馬可洛琳級數，您也許可以採用範例 4 的方式將另一級數加以微分或積分來求答案。

21. $f(x) = \dfrac{4}{4+x}$

22. $f(x) = \dfrac{-2}{(x-1)(x+2)}$

23. $f(x) = \dfrac{1}{(1-x)^2}$

24. $f(x) = \tanh^{-1}(x)$

第 25. ～ 30. 題，求下列函數的泰勒級數之係數到 $(x-x_0)^4$ 項。

25. $\ln(x+2);\ x_0 = 0$

26. $2e^x\cos(x);\ x_0 = 0$

27. $\tan^{-1}(x);\ x_0 = 0$

28. $x - \cos(2x);\ x_0 = \dfrac{\pi}{2}$

29. $\tan(2x);\ x_0 = \dfrac{\pi}{6}$

30. $2x\sin(x);\ x_0 = \dfrac{\pi}{2}$

5.2　冪級數解法

　　冪級數既然在其收斂範圍內可以取代任何函數，因此可用其來解微分方程式，尤其那些無法輕易由拉卜拉斯或傅立葉轉換來解答的方程式。冪級數解法將任一級數

$$\sum_{n=0}^{\infty} a_n (x - x_0)^n$$

代入微分方程式中，去解係數 a_0, a_1, $\cdots$, a_n。並不是任何微分方程式都可以用冪級數解法，但其仍解決相當多的物理和工程的問題，所以在本節和下一節將介紹適用冪級數解法的狀況，並且在 5.4 和 5.5 節介紹因冪級數解答發展出來的特殊函數，而在 5.6 節介紹如何產生正交函數的基本定義。

【定理 5.2】

　　任一線性微分方程式(以二階為例)，可以寫成

$$T(x)y'' + U(x)y' + V(x)y = F(x) \tag{5.4}$$

若⑴ $T(x_0) \neq 0$，x_0 稱為平常點(ordinary point)，則方程式可以重寫成

$$y'' + u(x)y' + v(x)y = f(x) \tag{5.5}$$

其中 $u(x) = \dfrac{U(x)}{T(x)}$, $v(x) = \dfrac{V(x)}{T(x)}$, $f(x) = \dfrac{F(x)}{T(x)}$

若⑵ $u(x)$、$v(x)$、$f(x)$ 在 x_0 是可分析的，則 $y(x)$ 之解可為

冪級數 $\sum_{n=0}^{\infty} a_n (x - x_0)^n$，而且其收斂半徑為 $u(x)$、$v(x)$、

$f(x)$ 當中對 x_0 的泰勒級數展開之最小收斂半徑。

【證明】

當方程式給予初值條件 $y(x_0) = A$，$y'(x_0) = B$，則

$$y''(x_0) = f(x_0) - u(x_0)y'(x_0) - v(x_0)y(x_0)$$

因此，若 $f(x_0)$、$u(x_0)$、$v(x_0)$ 存在，則 $y''(x_0)$ 存在。

$y'''(x_0)$ 存在的證明可將(5.5)方程式微分，得到

$$y''' + u'y' + uy'' + v'y + vy' = f'$$
$$y''' + uy'' + (u' + v)y' + v'y = f'$$

所以

$$y'''(x_0) = f'(x_0) - u(x_0)y''(x_0) - [u'(x_0) + v(x_0)]y'(x_0)$$
$$- v'(x_0)y(x_0)$$

因此，若 $f'(x_0)$、$u'(x_0)$、$v'(x_0)$ 存在，則 $y'''(x_0)$ 存在。

同理依此類推，若 $f(x)$、$u(x)$、$v(x)$ 在 x_0 是可分析的(即 $f^{(n)}(x_0)$、$u^{(n)}(x_0)$、$v^{(n)}(x_0)$ 皆存在，$n \geq 0$)，則 $y^{(n)}(x_0)$ 皆存在，故可得到答案(即泰勒級數)，

$$y(x) = \sum_{n=0}^{\infty} \frac{y^{(n)}(x_0)}{n!}(x - x_0)^n$$

由於 $y^{(n)}(x_0)$ 的存在依賴 $f^{(n)}(x_0)$、$u^{(n)}(x_0)$、$v^{(n)}(x_0)$ 的存在(即是依賴三者泰勒級數的存在)，故 $y(x)$ 的收斂半徑即是 $f(x)$、$u(x)$、$v(x)$ 三者收斂半徑當中最小者。

$$\boxed{\text{解題範例}}$$

【範例 1】

解 $y' + my = 0$；$y(0) = 2$；$m \neq 0$。

【解】

本題的答案可以很快的求得，

$$y(x) = ae^{-mx}, \ a = y(0) = 2$$

這裡是用來作簡易的示範。

由於係數 m 在任何點是可分析的，所以答案的收斂半徑為無窮大 (∞)。

假設冪級數 $y(x) = \sum_{n=0}^{\infty} a_n x^n$（中心點 $x_0 = 0$），則

$$y'(x) = \sum_{n=1}^{\infty} na_n x^{n-1} \quad \text{或} \quad \sum_{n=0}^{\infty} na_n x^{n-1}$$

代入方程式，

$$\sum_{n=1}^{\infty} na_n x^{n-1} + m \sum_{n=0}^{\infty} a_n x^n = 0$$

移動指標，令第一項的 n 換成 $n+1$，即

$$\sum_{n=1}^{\infty} na_n x^{n-1} = \sum_{n+1=1}^{\infty} (n+1)a_{n+1} x^{n+1-1}$$

$$= \sum_{n=0}^{\infty} (n+1)a_{n+1} x^n$$

得到

$$\sum_{n=0}^{\infty} (n+1)a_{n+1} x^n + m \sum_{n=0}^{\infty} a_n x^n = 0$$

$$\sum_{n=0}^{\infty} [(n+1)a_{n+1} + ma_n] x^n = 0$$

對任何 x 值，上述條件成立的充分必要條件為

$$(n+1)a_{n+1} + ma_n = 0, \ n \geq 0$$

或

$$a_{n+1} = \frac{-m}{n+1} a_n, \ n \geq 0$$

上述關係式稱爲再生關係式 (recurrence relation)。

$$n = 0, \ a_1 = -ma_0$$

$$n = 1, \ a_2 = -\frac{m}{2} a_1 = -\frac{m}{2} \cdot (-m) a_0 = \frac{(-1)^2 m^2}{2 \cdot 1} a_0$$

$$= \frac{(-1)^2 \cdot m^2}{2!} a_0$$

$$n = 2, \ a_3 = -\frac{m}{3} a_1 = -\frac{m}{3} \cdot \frac{(-1)^2 m^2}{2 \cdot 1} a_0 = \frac{(-1)^3 m^3}{3!} a_0$$

$$\vdots$$

由再生關係式可推導出

$$a_n = (-1)^n \frac{m^n}{n!} a_0$$

得到答案

$$y(x) = \sum_{n=0}^{\infty} (-1)^n \frac{m^n}{n!} a_0 x^n = a_0 \sum_{n=0}^{\infty} (-1)^n \frac{m^n}{n!} x^n$$

代入初值條件

$$y(0) = a_0 = 2$$

由於

$$e^{-x} = \sum_{n=0}^{\infty} \frac{(-1)^n}{n!} x^n$$

或

$$e^{-mx} = \sum_{n=0}^{\infty} \frac{(-1)^n}{n!} (mx)^n$$

故同樣得到

$$y(x) = 2e^{-mx}$$

【範例 2】

解 $y'' + xy' - y = 0$

【解】

本題很難由拉卜拉斯或傅立葉轉換求得，故用冪級數解法。由於係數 x、-1、0 在任何地方是可分析的，故有收斂半徑 ∞ 的冪級數解。將冪級數微分後代入方程式。

$$y(x) = \sum_{n=0}^{\infty} a_n x^n, \ \text{設} \ x_0 = 0$$

$$y'(x) = \sum_{n=1}^{\infty} n a_n x^{n-1} \quad \text{或} \quad \sum_{n=0}^{\infty} n a_n x^{n-1}$$

$$y''(x) = \sum_{n=2}^{\infty} n(n-1) a_n x^{n-2} \quad \text{或} \quad \sum_{n=0}^{\infty} n(n-1) a_n x^{n-2}$$

代入方程式，

$$\sum_{n=2}^{\infty} n(n-1) a_n x^{n-2} + x \sum_{n=1}^{\infty} n a_n x^{n-1} - \sum_{n=0}^{\infty} a_n x^n = 0$$

$$\sum_{n=2}^{\infty} n(n-1) a_n x^{n-2} + \sum_{n=1}^{\infty} n a_n x^n - \sum_{n=0}^{\infty} a_n x^n = 0$$

首先移動指標使冪數一致。

令第一項 $n \to n+2$，得到

$$\sum_{n=0}^{\infty} (n+2)(n+1) a_{n+2} x^n$$

代入方程式，

$$\sum_{n=0}^{\infty} (n+2)(n+1) a_{n+2} x^n + \sum_{n=1}^{\infty} n a_n x^n - \sum_{n=0}^{\infty} a_n x^n = 0$$

取出第一項，$n = 0$，整理得到

$$2a_2 - a_0 + \sum_{n=1}^{\infty} [(n+2)(n+1) a_{n+2} + (n-1) a_n] x^n = 0$$

再生關係式為

$$2a_2 - a_0 = 0$$

$$(n+2)(n+1) a_{n+2} + (n-1) a_n = 0, \ n \geq 1$$

或

$$a_2 = \frac{1}{2} a_0$$

$$a_{n+2} = \frac{(1-n)}{(n+1)(n+2)} a_n, \ n \geq 1$$

$$n = 1, \ a_3 = 0$$

$$n = 2, \ a_4 = -\frac{1}{3 \cdot 4} a_2 = -\frac{1}{2 \cdot 3 \cdot 4} a_0 = \frac{-1}{4!} a_0$$

$$n = 3, \ a_5 = 0$$

$$n = 4, \ a_6 = -\frac{3}{5 \cdot 6} a_4 = \frac{(-1)^2 1 \cdot 3}{6!} a_0$$

故可得到奇數項和偶數項,

$$a_{奇} = 0, \ 除了 \ a_1 \neq 0$$

$$a_{2n} = \frac{(-1)^{n-1} \cdot 1 \cdot 3 \cdots (2n-3)}{(2n)!} a_0, \ n \geq 1$$

得到答案

$$y(x) = a_1 x + a_0 \sum_{n=1}^{\infty} \frac{(-1)^{n-1} \cdot 1 \cdot 3 \cdots (2n-3)}{(2n)!} x^n$$
$$= a_1 y_1(x) + a_0 y_2(x)$$

經由比例測試, 得知 $y_1(x)$ 和 $y_2(x)$ 對所有 $x \in R$ 都收斂, 即收斂半徑爲 ∞。

再經由 Wronskian test, $y_2(0) = 1$, $y_2{}'(0) = 0$

$$W[y_1, y_2](0) = \begin{vmatrix} y_1(0) & y_2(0) \\ y_1{}'(0) & y_2{}'(0) \end{vmatrix} = \begin{vmatrix} 0 & 1 \\ 1 & 0 \end{vmatrix} = -1 \neq 0$$

得知 y_1 和 y_2 線性獨立, 所以 $a_1 y_1(x) + a_0 y_2(x)$ 是方程式的普通答案 (homogeneous solution)。

【另解】

爲了簡化計算, 我們可將

$$y'(x) = \sum_{n=0}^{\infty} n\, a_n x^{n-1}$$

$$y''(x) = \sum_{n=0}^{\infty} n(n-1)a_n x^{n-2}$$

代入方程式中，

$$\sum_{n=0}^{\infty} n(n-1)a_n x^{n-2} + \sum_{n=0}^{\infty} n\, a_n x^n - \sum_{n=0}^{\infty} a_n x^n = 0$$

調整冪數

$$\sum_{n=-2}^{\infty} (n+2)(n+1)a_{n+2}\, x^n + \sum_{n=0}^{\infty} (n-1)a_n x^n = 0$$

由於 $\sum_{n=-2}^{\infty} (n+2)(n+1)a_{n+2}x^n$ 中的 $n=-2$, $n=-1$ 項的係數是零，

所以上述方程式變成，

$$\sum_{n=0}^{\infty} (n+2)(n+1)a_{n+2}\, x^n + \sum_{n=0}^{\infty} (n-1)a_n x^n = 0$$

或

$$\sum_{n=0}^{\infty} [(n+2)(n+1)a_{n+2} + (n-1)a_n]x^n = 0$$

得到再生關係式

$$(n+2)(n+1)a_{n+2} = (1-n)a_n, \ n \geq 0$$

這關係式與前面所得完全一樣。因此在驗算過程可以略去 $\sum$ 這項，而只管調整冪數就可得到答案，在往後的例子當中會常用此方法來解答。

【範例 3】

$$y'' + xy' - y = e^{2x}$$

【解】

e^{2x} 的馬可洛琳級數為

$$e^{2x} = \sum_{n=0}^{\infty} \frac{2^n}{n!}\, x^n$$

得到

$$\sum_{n=0}^{\infty} [(n+2)(n+1)a_{n+2} + (n-1)a_n]x^n = \sum_{n=0}^{\infty} \frac{2^n}{n!} x^n$$

再生關係式爲

$$(n+2)(n+1)a_{n+2} + (n-1)a_n = \frac{2^n}{n!}, \ n \geq 0$$

令

$n = 0, \ 2a_2 - a_0 = 1$

$n = 1, \ 6a_3 + 0 \cdot a_1 = 2$

$n = 2, \ 12a_4 + a_2 = 2$

$n = 3, \ 20a_5 + 2a_3 = \dfrac{4}{3}$

$n = 4, \ 30a_6 + 3a_4 = \dfrac{2}{3}$

整理後，

$$a_2 = \frac{1}{2!}(a_0 + 1)$$

$$a_3 = \frac{1}{3}, \ a_1 \text{ 任意常數}$$

$$a_4 = \frac{1}{4!}(-a_0 + 3)$$

$$a_5 = \frac{1}{30}$$

$$a_6 = \frac{1}{6!}(3a_0 + 7)$$

由上述可知，除了普通答案之外，尚有特殊答案爲

$$a_2' = \frac{1}{2!}$$

$$a_3' = a_3 = \frac{1}{3}$$

$$a_4' = \frac{3}{4!}$$

$$a_5' = a_5 = \frac{1}{30}$$

$$a_6' = \frac{7}{6!}$$

因此答案上，可直接寫成

$$y = a_0 + a_1 x + \frac{1}{2!}(a_0 + 1)x^2 + \frac{1}{3}x^3 + \frac{1}{4!}(-a_0 + 3)x^4 + \cdots$$

或寫成

$$y(x) = a_1 x + a_0 \sum_{n=1}^{\infty} \frac{(-1)^{n-1} \cdot 1 \cdot 3 \cdots (2n-3)}{(2n)!} x^n + \frac{1}{2}x^2$$

$$+ \frac{1}{3}x^3 + \frac{3}{4!}x^4 + \frac{1}{30}x^5 + \frac{7}{6!}x^6 + \cdots$$

前兩項爲普通答案($y_h(x)$)，後面皆爲特殊答案(particular solution) (i.e., $y_p(x)$)。

【範例 4】

$xy'' - y' + y = 0; \ y(1) = 2, \ y'(1) = -4$

【解】

本例屬於初值問題的中心點不在零點，所以冪級數解爲

$$y(x) = \sum_{n=0}^{\infty} a_n(x - 1)^n$$

但是用此級數代入方程式中，並不容易求得再生關係式。因此必須先用變數移動法，使中心點變爲零，再求得答案。

首先令 $t = x - x_0$，$Y(t) = y(x)$ (本題的 $x_0 = 1$)，則

$$dt = dx$$

$$Y'(t) = \frac{dY(t)}{dt} = \frac{dy(x)}{dt} = \frac{dy(x)}{dx}\frac{dx}{dt} = y'(x)$$

同理，

$$Y''(t) = y''(x)$$

代入原方程式中，

$$xy'' - y' + y = 0; \quad y(1) = 2, \quad y'(1) = -4$$

$$(t+1)Y'' - Y' + Y = 0; \quad Y(0) = y(1) = 2$$

$$Y'(0) = y'(1) = -4$$

冪級數解爲

$$Y(t) = \sum_{n=0}^{\infty} a_n t^n$$

代入新方程式中，

$$(t+1)\sum_{n=0}^{\infty} n(n-1)a_n t^{n-2} - \sum_{n=0}^{\infty} n\,a_n t^{n-1} + \sum_{n=0}^{\infty} a_n t^n = 0$$

$$\sum_{n=0}^{\infty} n(n-1)a_n t^{n-2} + \sum_{n=0}^{\infty} n(n-2)a_n t^{n-1} + \sum_{n=0}^{\infty} a_n t^n = 0$$

移動指數爲全部 t^n，

$$\sum_{n=-2}^{\infty} (n+2)(n+1)a_{n+2}t^n + \sum_{n=-1}^{\infty} (n+1)(n-1)a_{n+1}t^n$$

$$+ \sum_{n=0}^{\infty} a_n t^n = 0$$

整理後，得到

$$(n+2)(n+1)a_{n+2} + (n^2-1)a_{n+1} + a_n = 0, \quad n \geq 0$$

$$a_{n+2} = \frac{(1-n^2)a_{n+1} - a_n}{(n+1)(n+2)}, \quad n \geq 0$$

由初值條件，

$$Y(0) = a_0 = 2, \quad Y'(0) = a_1 = -4$$

$$n = 0, \quad a_2 = \frac{1}{2}(a_1 - a_0) = -3$$

$$n = 1, \quad a_3 = \frac{0 - a_1}{3 \cdot 2} = \frac{2}{3}$$

$$n = 2, \quad a_4 = \frac{-3a_3 - a_2}{4 \cdot 3} = \frac{1}{12}$$

得到答案

$$Y(t) = 2 - 4t - 3t^2 + \frac{2}{3}t^3 + \frac{1}{12}t^4 + \cdots$$

$$y(x) = Y(t)\big|_{t=x-1}$$

$$= 2 - 4(x-1) - 3(x-1)^2 + \frac{2}{3}(x-1)^3 + \frac{1}{12}(x-1)^4$$

$$+ \cdots$$

【範例 5】

對下述方程式，找出前五項非零係數的冪級數解。

$$y'' - xy' + e^x y = 2; \quad y(0) = 1, \quad y'(0) = 2$$

【解】

以馬可洛琳級數解答，

$$y(x) = \sum_{n=0}^{\infty} \frac{1}{n!} y^{(n)}(0) x^n$$

已知 $y(0) = 1$，$y'(0) = 2$，代入原方程式解得

$$y''(0) = 2 + 0 \cdot y'(0) - e^0 \cdot y(0) = 2 - 1 = 1$$

對原方程式微分，

$$y''' = xy'' + y' - e^x y' - e^x y$$

$$y'''(0) = 0 \cdot y''(0) + y'(0) - e^0 y'(0) - e^0 y(0) = -1$$

$$y^{(4)} = xy''' + y'' + (1 - e^x)y'' - e^x y' - e^x y' - e^x y$$

$$y^{(4)}(0) = y''(0) - 2e^0 y'(0) - e^0 y(0) = 1 - 2 \cdot 2 - 1 = -4$$

得到答案

$$y(x) = 1 + 2x + \frac{1}{2!}x^2 - \frac{1}{3!}x^3 + \frac{-4}{4!}x^4 + \cdots$$

習 題

第 1. ～ 14. 題，求出再生關係式和答案(寫出前四項非零係數即可)。
假設 $x_0 = 0$。

1. $y'' + xy = 0$

2. $y'' - xy' + 2y = 0$

3. $y'' - 2y' + xy = 0$

4. $y'' + (x - 1)y' + (2x - 3)y = 0$

5. $y'' - x^3 y = 0$

6. $(x^2 + 4)y'' + xy = x + 2$

7. $y'' + (1 - x)y' + 2xy = 0$

8. $y'' + xy = e^{x+1}$

9. $y'' + xy' + 2xy = 0$

10. $y'' + x^2 y' + 2xy = 0$

11. $y'' + y' - x^2 y = 0$

12. $y'' + 2x^2 y = 0$

13. $2y'' - 4xy' + 8x^2 y = 0$

14. $(x^2 - 1)y'' + xy' - y = 0$

第 15. ～ 19. 題，找出答案的前四項非零係數。

15. $y'' - (x - 2)y' + 2y = 0; \ x_0 = 2$

16. $(x^2 + 2x)y'' + (x + 1)y' - 4y = 0; \ x_0 = -1$

17. $y'' + xy' + (2x - 1)y = 0; \ x_0 = -1$

18. $y'' - (x^2 + 6x + 9)y' - 3(x + 3)y = 0; \ x_0 = -3$

19. $y'' + (x - 1)y = e^x; \ x_0 = 1$

第 20. ～ 29. 題，用泰勒級數法，找出前四項非零係數的冪級數解。

20. $y'' - (x - 2)y' + 2y = 0$; $y(2) = 5$, $y'(2) = 60$

21. $y'' + y' - xy = 0$; $y(0) = -2$, $y'(0) = 0$

22. $y'' + xy' + (2x - 1)y = 0$; $y(-1) = 2$, $y'(-1) = -2$

23. $y'' + 2xy' + (x - 1)y = 0$; $y(0) = 1$, $y'(0) = 2$

24. $y'' - 2xy = 0$; $y(2) = 1$, $y'(2) = 0$

25. $y'' + xy' = -1 + x$; $y(2) = 1$, $y'(2) = -4$

26. $y'' - 2xy' + x^2 y = 0$; $y(0) = 1$, $y'(0) = -1$

27. $y'' + x^2 y = e^x$; $y(0) = -2$, $y'(0) = 7$

28. $y'' - 2xy = x^2$; $y(1) = 0$, $y'(1) = 2$

29. $y'' - e^x y' + 2y = 1$; $y(0) = -3$, $y'(0) = 1$

第 30. 到 38. 題，求其冪級數解之收斂區間。

30. $2y'' - xy' - 2y = 0$; $x_0 = 0$

31. $(x + 2)y'' + y' - x(x + 2)y = 0$; $x_0 = 0$

32. $(2 + x^2)y'' + 5xy' + 4y = 0$; $x_0 = 1$

33. $y'' - \ln(x)y' = -1 + x$; $x_0 = 3$

34. $y'' - x^2 y' - 2xy = 0$; $x_0 = 0$

35. $(x - 1)(x + 2)y'' + (x + 2)y' + (x - 1)y = 2(x - 1)(x + 2)$;
    $x_0 = 0$

36. $(1 + x)y'' - y = 0$; $x_0 = 2$

37. $x^2 y'' - y' + xy = e^x$; $x_0 = -2$

38. $y'' - (\sin x)y = 0$; $x_0 = 0$

5.3 普通奇異點與 Frobenius 解法

在 5.2 節提到的冪級數解法只適用於 x_0 為平常點的情形，若 x_0 為奇異點則不適用。x_0 為奇異點的定義如下：

任一線性微分方程式(以二階為例)，

$$T(x)y'' + U(x)y' + V(x)y = 0 \qquad (5.6)$$

(1) 若 $T(x_0) \neq 0$，x_0 是平常點，前面已定義過。

(2) 若 $T(x_0) = 0$，x_0 是奇異點(singular point)。

   (a) 若 $(x - x_0)\dfrac{U(x)}{T(x)}$ 和 $(x - x_0)^2\dfrac{V(x)}{T(x)}$ 在 x_0 是可分析的，x_0 稱為普通奇異點 (regular singular point)。

   (b) 反之，若 (a) 不成立，x_0 稱為非普通奇異點 (irregular singular point)。

【定理 5.3】Frobenius 解法

(1) 若 x_0 是普通奇異點，則方程式

$$T(x)y'' + U(x)y' + V(x)y = 0$$

至少有 Frobenius 解為

$$y(x) = \sum_{n=0}^{\infty} c_n(x - x_0)^{n+r} \text{ 且 } c_0 \neq 0$$

(2) 若 $(x - x_0)\dfrac{U(x)}{T(x)}$ 和 $(x - x_0)^2\dfrac{V(x)}{T(x)}$ 的泰勒級數之收斂區間為 $|x - x_0| < R$，則 Frobenius 級數解之收斂區間亦為 $|x - x_0| < R$，除了原點 x_0 以外。

【證明】

令 $x_0 = 0$ 是普通奇異點，則(5.6) 式可寫成

$$x^2 y'' + x^2 \frac{U(x)}{T(x)} y' + x^2 \frac{V(x)}{T(x)} y = 0$$

或

$$x^2 y'' + x \left[x \frac{U(x)}{T(x)} \right] y' + \left[x^2 \frac{V(x)}{T(x)} \right] y = 0 \qquad (5.7)$$

根據 $x_0 = 0$ 為普通奇異點的定義，可以令

$$x \frac{U(x)}{T(x)} = \sum_{n=0}^{\infty} a_n x^n \qquad (5.8)$$

$$x^2 \frac{V(x)}{T(x)} = \sum_{n=0}^{\infty} b_n x^n \qquad (5.9)$$

既然兩者皆在 $x_0 = 0$ 是可分析的且級數收斂在 $|x - x_0| < R$。再令方程式的解答定義為

$$y(x) = \sum_{n=0}^{\infty} c_n x^{n+r} \text{ 且 } c_0 \neq 0 \qquad (5.10)$$

則

$$y'(x) = \sum_{n=0}^{\infty} (n+r) c_n x^{n+r-1}$$

$$y''(x) = \sum_{n=0}^{\infty} (n+r)(n+r-1) c_n x^{n+r-2}$$

代入(5.7) 式中，得到

$$\sum_{n=0}^{\infty} c_n (n+r)(n+r-1) x^{n+r} + \sum_{n=0}^{\infty} a_n x^n \cdot \sum_{n=0}^{\infty} (n+r) c_n x^{n+r}$$

$$+ \sum_{n=0}^{\infty} b_n x^n \cdot \sum_{n=0}^{\infty} c_n x^{n+r} = 0$$

運用兩級數相乘定義(見(5.3) 式)，

$$\sum_{n=0}^{\infty} a_n x^n \cdot \sum_{n=0}^{\infty} (n+r) c_n x^{n+r} = \left[\sum_{n=0}^{\infty} a_n x^r \cdot \sum_{n=0}^{\infty} (n+r) c_n x^n \right] \cdot x^r$$

$$= \left[\sum_{n=0}^{\infty} \sum_{j=0}^{n} a_{n-j}(j+r) c_j x^n \right] \cdot x^r$$

$$= \sum_{n=0}^{\infty} \sum_{j=n}^{0} a_{n-j}(j+r) c_j x^{n+r} \qquad (5.11)$$

同理，(注意上式中，把 $\sum\limits_{j=0}^{n}$ 寫成 $\sum\limits_{j=n}^{0}$ ，有其特定的意義)

$$\sum_{n=0}^{\infty} b_n x^n \cdot \sum_{n=0}^{\infty} c_n x^{n+r} = \sum_{n=0}^{\infty} \sum_{j=n}^{0} b_{n-j} c_j x^{n+r} \tag{5.12}$$

整理得到

$$\sum_{n=0}^{\infty} [c_n(n+r)(n+r+1) + \sum_{j=n}^{0} (j+r)a_{n-j} + b_{n-j})c_j] x^{n+r}$$
$$= 0 \tag{5.13}$$

再生關係式(recurrence relation) 為

$$c_n(n+r)(n+r-1) + \sum_{j=n}^{0} c_j[(j+r)a_{n-j} + b_{n-j}] = 0$$
$$\tag{5.14}$$

把 $\sum\limits_{j=n}^{0}$ 項中的 c_n(即 $j=n$) 項取出，

$$c_n(n+r)(n+r-1) + c_n[(n+r)a_0 + b_0]$$
$$+ \sum_{j=n-1}^{0} c_j[(j+r)a_{n-j} + b_{n-j}] = 0$$

或

$$c_n F(n+r) + \sum_{j=n-1}^{0} c_j[(j+r)a_{n-j} + b_{n-j}] = 0 \tag{5.15}$$

其中

$$F(n+r) = (n+r)(n+r-1) + a_0(n+r) + b_0 \tag{5.16}$$

上述(5.15) 式為最終的再生關係式，而在 $n=0$ 時候，關係式變為

$$c_0 F(r) = 0 \tag{5.17}$$

根據解答定義 $c_0 \neq 0$，得到

$$F(r) = r(r-1) + a_0 r + b_0 = 0 \tag{5.18}$$

$F(r) = 0$ 就是所謂的指標方程式(indicial equation)，此方程式是用來求 r 的值，再代入再生關係式中求 c_n 係數。因此，

$$c_n = \frac{-1}{F(n+r)} \sum_{j=n-1}^{0} c_j[(j+r)a_{n-j} + b_{n-j}], \; n \geq 1$$
$$\tag{5.19}$$

根據指標方程式(5.18)式所解得之根(r_1和r_2)，Frobinius 解答有三種型式(假設 $r_1 \geq r_2$)：

(1) $r_1 \neq r_2$ 且 $r_1 - r_2 \neq N$，N 是正整數，解答為

$$y_1(x) = \sum_{n=0}^{\infty} c_n x^{n+r_1},\ c_0 \neq 0 \tag{5.20a}$$

$$y_2(x) = \sum_{n=0}^{\infty} c_n^* x^{n+r_2},\ c_0^* \neq 0 \tag{5.20b}$$

(2) $r_1 \neq r_2$ 但 $r_1 - r_2 = N$(正整數)，解答為

$$y_1(x) = \sum_{n=0}^{\infty} c_n x^{n+r_1},\ c_0 \neq 0 \tag{5.21a}$$

$$y_2(x) = ky_1(x)\ln x + \sum_{n=0}^{\infty} c_n^* x^{n+r_2},\ k \in R,\ c_0^* \neq 0 \tag{5.21b}$$

(3) $r_1 = r_2$ 即重根，解答為

$$y_1(x) = \sum_{n=0}^{\infty} c_n x^{n+r_1},\ c_0 \neq 0 \tag{5.22a}$$

$$y_2(x) = y_1(x)\ln x + \sum_{n=1}^{\infty} c_n^* x^{n+r_1} \tag{5.22b}$$

(4) 若 r_1，r_2 為共軛複數，那麼 $r_1 - r_2 =$ 虛數 $\neq$ 正整數 N，所以解答又回到第(1)型式，即(5.20)式。

　　上面三型解答中，第(3)型可說是第(2)型的特殊例子。若令第(2)型解答(5.21b)式中的 $k = 1$ 且 $c_0^* = 0$，就轉換成第(3)型的解答(5.22b)式。

　　至於為什麼在 $r_1 - r_2 = N$ 或 0 之際，再生關係式((5.15)式或(5.19)式)無法求得 $y_2(x)$ 呢？這是因為在求 $y_2(x)$ 的係數 c_n^* 時，從(5.19)式的 c_n^* 公式中可知其分母為 $F(n + r_2)$，當 $n = N$ 時，則造成

$$F(r_2 + N) = F(r_1) = 0 \tag{5.23}$$

所以 c_n^* 之值就無法求得，當然 c_n^*，$n \geq N$ 的整個數據都無法從再生

關係式(5.19) 式求得。這時候，我們可以利用參數變異法(variation of parameter)，令 $y_2(x) = u(x)y_1(x)$ 代入原始方程式(5.7) 式中，就可解得(5.21b) 和(5.22b) 式。求得 $y_1(x)$ 和 $y_2(x)$ 之後，普通答案爲

$$y(x) = p_1 y_1(x) + p_2 y_2(x)$$

p_1 和 p_2 爲任意常數 (5.24)

$$\boxed{\textbf{解題範例}}$$

【範例 1】第 (1) 型：$r_1 \neq r_2$，$r_1 - r_2 \neq N$。

求 $2x^2 y'' + 3xy' - (1 + x)y = 0$ 的普通答案。

【解】

本題化成標準式(5.7) 式爲

$$x^2 y'' + x \left[\frac{3}{2} \right] y' + \left[-\frac{1}{2} - \frac{1}{2} x \right] y = 0$$

再根據(5.8) 式和(5.9) 式的定義，得到

$$a_0 = \frac{3}{2}, \ a_n = 0, \ 當 \ n \geq 1$$

$$b_0 = -\frac{1}{2}, \ b_1 = -\frac{1}{2}, \ b_n = 0 \ 當 \ n \geq 2$$

很明顯地，$\sum a_n$ 級數和 $\sum b_n$ 級數在 $x_0 = 0$ 處皆收斂，故 $x_0 = 0$ 屬普通奇異點。將 a_0 和 b_0 代入指標方程式(5.18) 式，

$$F(r) = r(r - 1) + \frac{3}{2} r - \frac{1}{2} = r^2 + \frac{1}{2} r - \frac{1}{2}$$

$$= \left(r - \frac{1}{2} \right)(r + 1) = 0$$

解得兩根爲

$$r_1 = \frac{1}{2}, \ r_2 = -1$$

注意 r_1 和 r_2 的大小安排爲 $r_1 > r_2$，而 $r_1 \neq r_2$ 且 $r_1 - r_2 \neq N$，屬第 (1) 型解答爲

(a) 對 $y_1(x)$，將 $r_1 = \frac{1}{2}$ 代入再生關係式(5.19) 式中，

$$F(n + r_1) = \left(n + r_1 - \frac{1}{2} \right)(n + r_1 + 1) = n \left(n + \frac{3}{2} \right)$$

$$\sum_{j=n-1}^{0} c_j \left[(j+r_1)a_{n-j} + b_{n-j} \right] = c_{n-1} \left[\left(n - 1 + \frac{1}{2} \right) a_1 + b_1 \right]$$

$$= b_1 c_{n-1} = -\frac{1}{2} c_{n-1}$$

(注意 j 只有 $n-1$ 這一項而已，這也是為什麼要把 $\sum_{j=0}^{n}$ 倒過來成為 $\sum_{j=n}^{0}$ 的原因。)

$$c_n = \frac{-1}{n \left(n + \frac{3}{2} \right)} \left(-\frac{1}{2} c_{n-1} \right) = \frac{1}{n(2n+3)} c_{n-1}, \ n \geq 1$$

解得

$$c_1 = \frac{1}{1 \cdot 5} c_0$$

$$c_2 = \frac{1}{2 \cdot 7} c_1 = \frac{1}{(1 \cdot 2)(5 \cdot 7)} c_0$$

$$\vdots$$

$$c_n = \frac{1}{n!} \frac{1}{5 \cdot 7 \cdots (2n+3)} c_0, \ n \geq 1$$

令 $c_0 = 1$，得到

$$y_1(x) = \sum_{n=0}^{\infty} c_n x^{n+\frac{1}{2}} = x^{\frac{1}{2}} + \sum_{n=1}^{\infty} \frac{1}{n! 5 \cdot 7 \cdots (2n+3)} x^{n+\frac{1}{2}}$$

(b) 對 $y_2(x)$，將 $r_2 = -1$ 代入再生關係式中，

$$F(n+r_2) = \left(n + r_2 - \frac{1}{2} \right)(n + r_2 + 1)$$

$$= n \left(n - \frac{3}{2} \right)$$

$$\sum_{j=n-1}^{0} c_j^* \left[(j+r_2) a_{n-j} + b_{n-j} \right] = b_1 c_{n-1}^* = -\frac{1}{2} c_{n-1}^*$$

$$c_n^* = \frac{-1}{n \left(n - \frac{3}{2} \right)} \left(-\frac{1}{2} c_{n-1}^* \right) = \frac{1}{n(2n-3)} c_{n-1}^*$$

解得

$$c_1^* = \frac{1}{1 \cdot (-1)} c_0^*$$

$$c_2^* = \frac{1}{2 \cdot (1)} c_1^* = \frac{1}{1 \cdot 2(-1) \cdot (1)} c_0^*$$

$$\vdots$$

$$c_n^* = \frac{1}{n! - 1 \cdot 1 \cdots (2n-3)} c_0^*, \ n \geq 1$$

令 $c_0^* = 1$，得到

$$y_2(x) = x^{-1} + \sum_{n=1}^{\infty} \frac{1}{n! - 1 \cdot 1 \cdots (2n-3)} x^{n-1}$$

普通答案爲

$$y(x) = p_1 y_1(x) + p_2 y_2(x), \ p_1 \text{ 和 } p_2 \text{ 爲任意常數}$$

【範例 2】第 (3) 型：$r_1 = r_2$。

求 $x^2 y'' + 3xy' + (1-x)y = 0$ 的普通答案。

【解】

化成標準式：

$$x^2 y'' + x[3]y' + [1-x]y = 0$$

獲得

$$a_0 = 3, \ b_0 = 1, \ b_1 = -1, \ \text{其餘係數皆零。}$$

指標方程式 $F(r)$，

$$F(r) = r(r-1) + 3r + 1 = (r+1)^2$$

$$r_1 = r_2 = -1$$

(a) 對 $y_1(x)$，

$$F(n + r_1) = (n + r_1 + 1)^2 = n^2$$

$$\sum_{j=n-1}^{0} c_j[(j + r_1)a_{n-j} + b_{n-j}] = b_1 c_{n-1} = -c_{n-1}$$

$$c_n = \frac{c_{n-1}}{n^2}, \ n \geq 1$$

$$c_1 = \frac{1}{1^2} c_0$$

$$c_2 = \frac{1}{2^2}\,c_1 = \frac{1}{1^2\cdot 2^2}\,c_0 = \frac{1}{(1\cdot 2)^2}\,c_0$$

$$\vdots$$

$$c_n = \frac{1}{(n!)^2}\,c_0$$

$$y_1(x) = \sum_{n=0}^{\infty}\frac{1}{(n!)^2}\,x^{n-1}\qquad (\text{令 } c_0 = 1)$$

(b) 將 $y_2(x) = y_1\ln x + \sum_{n=1}^{\infty} c_n^* x^{n-1}$ 代入原來公式中，

$$y_2'(x) = y_1'(x)\ln x + \frac{1}{x}y_1(x) + \sum_{n=1}^{\infty}(n-1)c_n^* x^{n-2}$$

$$y_2''(x) = y_1''(x)\ln x + \frac{2}{x}y_1'(x) - \frac{1}{x^2}y_1(x)$$
$$+ \sum_{n=1}^{\infty}(n-1)(n-2)c_n^* x^{n-3}$$

$$x^2 y_2''(x) + 3xy_2'(x) + (1-x)y(x)$$
$$= \ln x[x^2 y_1'' + 3xy_1' + (1-x)y_1] + 2xy_1'(x) - y_1(x)$$
$$+ \sum_{n=1}^{\infty}(n-1)(n-2)c_n^* x^{n-1} + 3y_1 + \sum_{n=1}^{\infty}3(n-1)c_n^* x^{n-1}$$
$$+ \sum_{n=1}^{\infty}c_n^* x^{n-1} - \sum_{n=1}^{\infty}c_n^* x^n$$
$$= 2xy_1' + 2y_1 + c_1^* + \sum_{n=2}^{\infty}\{[(n-1)(n-2)+3(n-1)+1]c_n^*$$
$$- c_{n-1}^*\}x^{n-1}$$

得到

$$c_1^* + \sum_{n=2}^{\infty}(n^2 c_n^* - c_{n-1}^*)x^{n-1} = -2xy_1' - 2y_1$$

整理後

$$c_1^* + \sum_{n=2}^{\infty}(n^2 c_n^* - c_{n-1}^*)x^{n-1} = \sum_{n=1}^{\infty}\frac{-2n}{(n!)^2}\,x^{n-1}$$

$$c_1^* = -2$$

$$n^2 c_n^* - c_{n-1}^* = \frac{-2n}{(n!)^2}$$

或

$$c_n^* = \frac{-2}{n(n!)^2} + \frac{c_{n-1}^*}{n^2}, \ n \geq 2$$

$$c_2^* = \frac{-1}{(2!)^2} + \frac{-2}{4} = \frac{-3}{(2!)^2} = \frac{-2}{(2!)^2}\left(1 + \frac{1}{2}\right)$$

$$c_3^* = \frac{-2}{3(3!)^2} + \frac{c_2^*}{3^2} = \frac{-2}{3(3!)^2} + \frac{-2}{(3!)^2}\left(1 + \frac{1}{2}\right)$$

$$\quad = \frac{-2}{(3!)^2}\left(1 + \frac{1}{2} + \frac{1}{3}\right)$$

$$c_4^* = \frac{-2}{4(4!)^2} + \frac{c_3^*}{4^2} = \frac{-2}{4(4!)^2} + \frac{1}{4^2} \cdot \frac{-1}{(3!)^2}\left(1 + \frac{1}{2} + \frac{1}{3}\right)$$

$$\quad = \frac{-2}{(4!)^2}\left(1 + \frac{1}{2} + \frac{1}{3} + \frac{1}{4}\right)$$

$$\vdots$$

$$c_n^* = \frac{-2}{(n!)^2}\left(1 + \frac{1}{2} + \cdots + \frac{1}{n}\right) = \frac{-2}{(n!)^2}\phi(n), \ n \geq 2$$

$$\phi(n) = 1 + \frac{1}{2} + \frac{1}{3} + \cdots + \frac{1}{n}$$

$$y_2(x) = y_1(x)\ln x - 2\sum_{n=1}^{\infty} \frac{\phi(n)}{(n!)^2} x^{n-1}$$

普通答案爲

$$y(x) = p_1 y_1(x) + p_2 y_2(x)$$

【另解】

有些書用偏微分直解法爲：

令

$$y(x,r) = \sum_{n=0}^{\infty} c_n(r)x^{n+r}$$

則

$$y_2(x) = \left.\frac{\partial y(x,r)}{\partial r}\right|_{r=r_1}$$

$$\quad = \sum_{n=0}^{\infty} c_n(r_1)x^{n+r_1} \cdot \ln x + \sum_{n=1}^{\infty} c_n'(r_1)x^{n+r_1}$$

或

$$y_2(x) = y_1(x)\ln x + \sum_{n=1}^{\infty} c_n{}'(r_1)x^{n+r_1} \qquad (5.23)$$

$$F(n+r) = (n+r)(n+r-1) + 3(n+r) + 1$$
$$= (n+r+1)^2$$

$$\sum_{j=n-1}^{0} c_j[(j+r)a_{n-j} + b_{n-j}] = b_1 c_{n-1} = -c_{n-1}$$

$$c_n(r) = \frac{c_{n-1}}{(n+r+1)^2}, \ n \geq 1$$

$$c_1 = \frac{c_0}{(r+2)^2}$$

$$c_2 = \frac{c_1}{(r+3)^2} = \frac{1}{(r+3)^2(r+2)^2}c_0$$

$$\vdots$$

$$c_n(r) = \frac{1}{(r+2)^2(r+3)^2\cdots(r+n+1)^2}, \ n \geq 1$$

$$(\diamondsuit\ c_0 = 1)$$

$$y_1(x) = \sum_{n=0}^{\infty} c_n(r_1)x^{n+r_1} = \sum_{n=0}^{\infty} \frac{1}{(n!)^2}x^{n-1}$$

$$c_n{}'(r) = -2c_n(r)\left[\frac{1}{r+2} + \frac{1}{r+3} + \cdots + \frac{1}{r+n+1}\right]$$

$$c_n{}'(r_1) = c_n{}'(-1) = -2c_n(-1)\left[1 + \frac{1}{2} + \cdots + \frac{1}{n}\right]$$

$$= -2\frac{\phi(n)}{(n!)^2}$$

$$y_2(x) = y_1\ln x + \sum_{n=0}^{\infty} c_n{}'(r_1)x^{n+r_1}$$

$$= y_1\ln x - 2\sum_{n=0}^{\infty} \frac{\phi(n)}{(n!)^2}x^{n-1}$$

得到相同的答案，但計算過程較容易。

【範例 3】第 (2) 型：$r_1 \neq r_2$，$r_1 - r_2 = N$

求 $xy'' - y = 0$ 的普通答案。

【解】

化成標準式：

$$x^2 y'' + [0] y' + [-x] y = 0$$

得到 $b_1 = -1$，其餘係數皆零。

指標方程式

$$F(r) = r(r-1) = 0$$

兩根解為 $r_1 = 1$，$r_2 = 0$。

$$F(n+r) = (n+r)(n+r-1)$$

$$\sum_{j=n-1}^{0} c_j [(j+r)a_{n-j} + b_{n-j}] = -c_{n-1}$$

$$c_n(r) = \frac{1}{(n+r)(n+r-1)} c_{n-1}, \quad n \geq 1$$

$$c_1 = \frac{1}{(1+r)r} c_0$$

$$c_2 = \frac{1}{(2+r)(r+1)} c_1 = \frac{1}{(r+2)(r+1)(r+1)r} c_0$$

$$\vdots$$

$$c_n(r) = \frac{1}{(r+n)\cdots(r+1) \times (r+n-1)\cdots r} c_0, \quad n \geq 1$$

$$y_1(x) = \sum_{n=0}^{\infty} c_n(r_1) x^{n+r_1} = \sum_{n=0}^{\infty} c_n(1) x^{n+1}$$

$$= \sum_{n=0}^{\infty} \frac{1}{(n+1)! \, n!} x^{n+1} \quad (\text{令 } c_0 = 1)$$

將 $y_2(x) = k y_1(x) \ln x + \sum_{n=0}^{\infty} c_n^* x^n$ 代入原始方程式

$$y_2' = k y_1' \ln x + \frac{k}{x} y_1(x) + \sum_{n=0}^{\infty} n c_n^* x^{n-1}$$

$$y_2'' = k y_1'' \ln x + \frac{2k}{x} y_1'(x) - \frac{k}{x^2} y_1(x) + \sum_{n=0}^{\infty} n(n-1) c_n^* x^{n-2}$$

$$x^2 y_2'' - xy_2 = k\ln x(x^2 y_1'' - xy_1) + 2kxy_1'(x) - ky_1(x)$$

$$+ \sum_{n=0}^{\infty} n(n-1)c_n^* x^n - \sum_{n=0}^{\infty} c_n^* x^{n+1}$$

$$= 0$$

$$\sum_{n=1}^{\infty} [n(n-1)c_n^* - c_{n-1}^*]x^n = \sum_{n=0}^{\infty} \frac{-k(2n+1)}{(n+1)!\,n!}x^{n+1}$$

$$= \sum_{n=1}^{\infty} \frac{-k(2n-1)}{n!\,(n-1)!}x^n$$

得到

$$n(n-1)c_n^* - c_{n-1}^* = \frac{-k(2n-1)}{n!\,(n-1)!}, \ n \geq 1$$

當 $n = 1$ 時，$c_0^* = k$，找不到 c_1^*，表示 c_1^* 可為任意數，令 $c_1^* = -k$。

當 $n \geq 2$ 時，

$$c_n^* = \frac{1}{n(n-1)}\Big(c_{n-1}^* - \frac{k(2n-1)}{n!\,(n-1)!}\Big)$$

$$c_2^* = \frac{1}{2 \cdot 1}\Big(c_1^* - \frac{k \cdot 3}{2!\,1!}\Big) = -\frac{5}{4}k$$

$$c_3^* = \frac{1}{3 \cdot 2}\Big(c_2^* - \frac{5k}{3!\,2!}\Big) = \frac{-5}{24}k - \frac{5}{72}k = \frac{-20}{72}k = \frac{-5}{18}k$$

令 $k = c_0^* = 1$，則

$$y_2(x) = y_1\ln x + \sum_{n=0}^{\infty} c_n^* x^n$$

$$= y_1\ln x + 1 - x - \frac{5}{4}x^2 - \frac{5}{18}x^3 - \cdots$$

普通答案為

$$y(x) = p_1 y_1(x) + p_2 y_2(x)$$

【另解】

令 $B_n(r) = c_n(r) \times (r - r_2)$，則第二解答 $y_2(x)$

$$y_2(x) = \frac{B_N(r_2)}{c_0}y_1\ln x + \sum_{n=0}^{\infty} B_n'(r_2)x^{n+r_2}, \text{其中 } N = r_1 - r_2$$

$$(5.24)$$

本題 $r_2 = 0$，$N = r_1 - r_2 = 1 - 0 = 1$，且令 $c_0 = 1$

$$B_0(r) = c_0 \times (r - r_2) = c_0 \times r = r$$

$$B_n(r) = c_n(r) \times (r - r_2) = c_n(r) \times r \qquad (n \geq 1)$$

$$= \frac{1}{(r + n)\cdots(r + 1) \times (r + n - 1)\cdots(r + 1)}$$

$$\log B_n(r) = -[\log(r + n) + \cdots + \log(r + 1)$$

$$+ \log(r + n - 1) + \cdots + \log(r + 1)]$$

$$\frac{d}{dr}[\log B_n(r)] = \frac{B_n'(r)}{B_n(r)}$$

$$= -\left\{\frac{1}{r + n} + 2\left(\frac{1}{r + n - 1} + \cdots + \frac{1}{r + 1}\right)\right\}$$

得到

$$B_N(r_2) = B_1(0) = 1$$

$$B_n'(0) = 1$$

$$B_n'(0) = B_n(0) \times \left[\frac{-1}{n} - 2\left(\frac{1}{n - 1} + \cdots + 1\right)\right]$$

$$= \frac{-1}{n!(n - 1)!}\left(2\phi(n) - \frac{1}{n}\right)$$

$$= \frac{1}{n!(n - 1)!}\left(\frac{1}{n} - 2\phi(n)\right) \qquad n \geq 1$$

$$y_2(x) = y_1 \ln x + \sum_{n=0}^{\infty} B_n'(0) x^n$$

其中

$$B_0'(0) = 1 = c_0^*$$

$$B_1'(0) = -1 = c_1^*$$

$$B_2'(0) = \frac{1}{2}\left(\frac{1}{2} - 2 \times \left(1 + \frac{1}{2}\right)\right) = -\frac{5}{4} = c_2^*$$

$$B_3'(0) = \frac{1}{3!2!}\left(\frac{1}{3} - 2 \times \left(1 + \frac{1}{2} + \frac{1}{3}\right)\right) = \frac{1}{12} \times \left(\frac{1}{3} - \frac{11}{3}\right)$$

$$= -\frac{10}{36} = -\frac{5}{18} = c_3^*$$

【範例 4】第 (2) 型： $r_1 \neq r_2$, $r_1 - r_2 = N$, 但 $k = 0$。

$$x^2 y'' + x^2 y' - 2y = 0$$

【解】

化成標準式

$$x^2 y'' + x[x]y' + [-2]y = 0$$

得到 $a_0 = 0$, $a_1 = 1$, $b_0 = -2$, 其餘爲零。

指標方程式

$$F(r) = r(r - 1) - 2 = r^2 - r - 2 = (r - 2)(r + 1) = 0$$

兩根解爲

$$r_1 = 2, \quad r_2 = -1, \quad r_1 - r_2 = 3$$

$$F(n + r) = (n + r - 2)(n + r + 1)$$

$$\sum_{j=n-1}^{0} c_j[(j + r)a_{n-j} + b_{n-j}] = (n + r - 1)c_{n-1}$$

$$c_n(r) = \frac{-(n + r - 1)}{(n + r + 1)(n + r - 2)} c_{n-1}, \quad n \geq 1$$

$$c_n(r_1) = c_n(2) = \frac{-(n + 1)}{n(n + 3)} c_{n-1}, \quad n \geq 1$$

$$c_1 = \frac{-2}{1 \cdot 4} c_0$$

$$c_2 = \frac{-3}{2 \cdot 5}c_1 = \frac{-3}{2 \cdot 5} \times \frac{-2}{1 \cdot 4}c_0 = \frac{(-1)^2 3 \times 2}{2 \cdot 1 \times 5 \cdot 4}c_0 = \frac{(-1)^2 3}{5 \cdot 4}c_0$$

$$c_3 = \frac{-4}{3 \cdot 6} c_2 = \frac{-4}{3 \cdot 6} \times \frac{(-1)^2 3}{5 \cdot 4} c_0 = \frac{(-1)^3 4}{6 \cdot 5 \cdot 4} c_0$$

$$\vdots$$

$$c_n = \frac{(-1)^n (n + 1)3!}{(n + 3)!} c_0$$

令 $c_0 = \dfrac{1}{6}$,

$$y_1(x) = \sum_{n=0}^{\infty} \frac{(-1)^n (n + 1)}{(n + 3)!} x^{n+2}$$

$$c_n(r) = \frac{(-1)^n (n + r - 1)\cdots r}{(n + r + 1)\cdots(r + 2) \times (n + r - 2)\cdots(r - 1)} c_0$$

$$B_n(r) = (r+1)c_n(r)$$

$$= \frac{(-1)^n(n+r-1)\cdots r \cdot (r+1)c_0}{(n+r+1)\cdots(r+2) \times (n+r-2)\cdots(r-1)},$$

$$n \geq 1$$

$$B_0(r) = (r+1)c_0 = \frac{1}{6}(r+1)$$

得到

$$B_N(r_2) = B_3(-1) = 0$$

$$B_n'(r) = (r+1)c_n'(r) + c_n(r)$$

$$c_n'(r) = c_n(r) \times \Big[\frac{1}{n+r-1} + \cdots + \frac{1}{r} - \Big(\frac{1}{n+r+1} + \cdots +$$

$$\frac{1}{r+2} + \frac{1}{n+r-2} + \cdots + \frac{1}{r-1} \Big) \Big]$$

因為$(r+1)c_n'(r)$ 中的$(r+1)$ 次項無法消去，所以$(r_2+1)c_n'(r_2) = 0$，結果，

$$B_n'(r_2) = c_n(r_2), \quad n \geq 1$$

$$B_0'(-1) = c_0 = \frac{1}{6}$$

$$B_1'(-1) = c_1(-1) = -\frac{1}{2}c_0 = -\frac{1}{12}$$

$$B_2'(-1) = c_2(-1) = 0 \cdot c_1 = 0$$

$$\vdots$$

$$B_n'(-1) = 0, \quad n \geq 2$$

得到

$$y_2(x) = \frac{B_N(r_2)}{c_0}y_1 \ln x + \sum_{n=0}^{\infty} B_n'(r_2)x^{n+r_2}$$

$$= 0 \times y_1 \ln x + \frac{1}{6}x^{-1} - \frac{1}{12} = \frac{1}{6}\Big(x^{-1} - \frac{1}{2} \Big)$$

普通答案為

$$y(x) = p_1y_1(x) + p_2y_2(x)$$

【範例 5】

求 $(x^2 - x)y'' - xy' + y = 0$ 的普通答案。

【解】

本題可以判斷 $x_0 = 0$ 是普通奇異點，但無法化成標準式，所以要親自推導過來。

設 $y(x) = \sum\limits_{n=0}^{\infty} c_n x^{n+r}$，$c_0 \neq 0$ 代入方程式

$$(x^2 - x) \sum_{n=0}^{\infty} (n+r)(n+r-1)c_n x^{n+r-2}$$

$$- x \sum_{n=0}^{\infty} (n+r)c_n x^{n+r-1} + \sum_{n=0}^{\infty} c_n x^{n+r} = 0$$

$$\sum_{n=0}^{\infty} [(n+r)(n+r-1) - (n+r) + 1]c_n x^{n+r}$$

$$- \sum_{n=0}^{\infty} (n+r)(n+r-1)c_n x^{n+r-1} = 0$$

$$\sum_{n=0}^{\infty} (n+r-1)^2 c_n x^{n+r} - \sum_{n=-1}^{\infty} (n+r+1)(n+r)c_{n+1} x^{n+r} = 0$$

$$r(r-1)c_0 x^{r-1} + \sum_{n=0}^{\infty} [(n+r-1)^2 c_n$$

$$- (n+r+1)(n+r)c_{n+1}]x^{n+r} = 0$$

得到

$$r(r-1)c_0 = 0$$

已知 $c_0 \neq 0$，指標方程式是 $r(r-1) = 0$，兩根解爲 $r_1 = 1$，$r_2 = 0$。
再生關係式是

$$c_{n+1} = \frac{(n+r-1)^2}{(n+r+1)(n+r)} c_n, \ n \geq 0$$

$$c_1 = \frac{(r-1)^2}{(r+1)r} c_0$$

$$c_2 = \frac{r^2}{(r+2)(r+1)} c_1 = \frac{r^2 \cdot (r-1)^2}{(r+2)(r+1)(r+1) \cdot r} c_0$$

$$= \frac{r \cdot (r-1)^2}{(r+2)(r+1)^2} c_0$$

$$c_3 = \frac{(r+1)^2}{(r+3)(r+2)} c_2$$

$$= \frac{(r+1)^2}{(r+3)(r+2)} \times \frac{r \cdot (r-1)^2}{(r+2)(r+1)^2} c_0$$

$$= \frac{r \cdot (r-1)^2}{(r+3)(r+2)^2} c_0$$

$$\vdots$$

$$c_n(r) = \frac{r \cdot (r-1)^2}{(r+n)(r+n-1)^2} c_0, \ n \geq 1$$

(1) 對 $y_1(x)$，$r_1 = 1$ 代入上式，

$$c_n(1) = 0, \ n \geq 1$$

$$y_1(x) = c_0 x^{r_1} = c_0 x = x \qquad (\text{令 } c_0 = 1)$$

(2) 對 $y_2(x)$，$r_2 = 0$，$r_1 - r_2 = 1 = N$

$$B_n(r) = (r - r_2)c_n(r) = \frac{r^2(r-1)^2}{(r+n)(r+n-1)^2} c_0, \ n \geq 1$$

$$B_0(r) = (r - r_2)c_0 = c_0 r$$

$$\frac{B_N(r_2)}{c_0} = \frac{B_1(r_2)}{c_0} = \frac{r_2^2(r_2-1)^2}{(r_2+1)r_2^2} = 1$$

$$B_n{}'(r) = B_n(r) \times \left[\frac{2}{r} + \frac{1}{r-1} - \frac{1}{n+r} - \frac{2}{n+r-1} \right],$$
$$n \geq 1$$

$$B_n{}'(r_2) = 0, \ n \geq 1$$

$$B_0{}'(r_2) = c_0$$

$$y_2(x) = \frac{B_N(r_2)}{c_0} y_1 \ln x + \sum_{n=0}^{\infty} B_n{}'(r) x^{n+r_2}$$

$$= y_1 \ln x + c_0$$

$$= x \ln x + 1 \qquad (\text{令 } c_0 = 1)$$

普通答案為

$$y(x) = p_1 y_1(x) + p_2 y_2(x)$$

【另解 $y_2(x)$】

令 $y_2(x) = y_1 u(x)$，代入原方程式，

$$y_2{}' = y_1{}'u + u'y_1 = u + u'x$$

$$y_2{}'' = y_1{}''u + 2u'y_1{}' + u''y_1 = 2u' + u''x$$

$$(x^2 - x)y_2{}'' - xy_2{}' + y_2$$

$$= (x^2 - x)(2u' + u''x) - x(u + u'x) + xu$$

$$= u''(x^3 - x^2) + u'(x^2 - 2x) = 0$$

$$(x^2 - x)u'' + (x - 2)u' = 0$$

$$\frac{u''}{u'} = -\frac{x - 2}{x^2 - x} = -\frac{2}{x} + \frac{1}{x - 1}$$

$$\ln u' = \ln \frac{x - 1}{x^2}$$

$$u' = \frac{1}{x} - \frac{1}{x^2}$$

$$u = \ln x + \frac{1}{x}$$

$$y_2(x) = y_1 u(x) = x\ln x + 1$$

【範例 6】

求 $2x^3 y'' + 3x^2 y' + y = 0$ 之普通答案。

【解】

$$T(x) = 2x^3, \quad U(x) = 3x^2, \quad V(x) = 1$$

$$x\,\frac{U(x)}{T(x)} = x \cdot \frac{3x^2}{2x^3} = \frac{3}{2}$$

$$x^2\,\frac{V(x)}{T(x)} = x^2 \cdot \frac{1}{2x^3} = \frac{1}{2x}$$

因此，本題 $x_0 = 0$ 不是普通奇異點，而是 $x_0 = \infty$ 是普通奇異點，所以要經過變數轉換，即令 $x = \dfrac{1}{t}$，$Y(t) = y(x)$，那麼

$$\frac{dy}{dx} = \frac{dY}{dt}\frac{dt}{dx} = -t^2 \frac{dY}{dt}$$

$$\frac{d^2y}{dx} = t^4 \frac{d^2y}{dt^2} + 2t^3 \frac{dY}{dt}$$

代入原始方程式，得到

$$2tY'' + Y' - Y = 0$$

再去解指標方程式及再生關係式，最後得到

$$Y_1(t) = t^{\frac{1}{2}} \sum_{n=0}^{\infty} \frac{2^n}{(2n+1)!} t^n$$

$$Y_2(t) = \sum_{n=0}^{\infty} \frac{2^n}{(2n)!} t^n$$

換回原來的變數 x，即令 $t = \frac{1}{x}$，

$$y_1(x) = x^{-\frac{1}{2}} \sum_{n=0}^{\infty} \frac{2^n}{(2n+1)!} x^{-n}$$

$$y_2(x) = \sum_{n=0}^{\infty} \frac{2^n}{(2n)!} x^{-n}$$

$$\boxed{\text{習 題}}$$

1. ～ 5. 題，找出所有方程式的奇異點，並且分別普通或非普通。

1. $x^2(x-3)^2 y'' + 4x(x^2-x-6)y' + (x^2-x-2)y = 0$

2. $x(x+2)y'' + \dfrac{1-x}{x+1}y' + \dfrac{x+3}{x(x+2)^2}y = 0$

3. $[(x-2)^{-1}y']' + x^{-\frac{5}{2}}y = 0$

4. $(2x+1)(x-2)^2 y'' + (x+2)y' = 0$

5. $x^2\sin^2(x-\pi)y'' + \tan(x-\pi)\tan(x)y' + (7x-2)\cos(x)y = 0,$
$|x| < \dfrac{\pi}{2}$

6. ～ 37. 題，求普通答案。

6. $3x^2 y'' + (5x+3x^3)y' + (3x^2-1)y = 0$

7. $2xy'' + (2x+1)y' + 2y = 0$

8. $2x^2 y'' + xy' - 3y = 0$

9. $2x^2 y'' + x(2x+1)y' - (2x^2+1)y = 0$

10. $(2x^2 - x^3)y'' + (7x - 6x^2)y' + (3 - 6x)y = 0$

11. $x^2 y'' + 4xy' + (x^2+2)y = 0$

12. $9x^2 y'' + 9xy' + (9x^2-4)y = 0$

13. $9(x-1)^2 y'' + [9(x-1) - 3(x-1)^2]y' + (4x-5)y = 0,$
$x_0 = 1$

14. $xy'' + (1-2x)y' + (x-1)y = 0$

15. $2xy'' + y' + 6xy = 0$

16. $x^2 y'' - xy' + (1-x)y = 0$

17. $xy'' + 3y' + 4x^3 y = 0$

18. $x^2(3x-2)y'' - 7xy' + 3y = 0$

19. $xy'' + y' - 2xy = 0$

20. $(x - 1)^2 y'' + (x - 1)y' - 4y = 0$

21. $x^2 y'' + x(1 - 2x)y' + y = 0$

22. $(x^2 + x^3)y'' - (x^2 + x)y' + y = 0$

23. $(1 + x)x^2 y'' - (1 + 2x)xy' + (1 + 2x)y = 0$

24. $4xy'' + 2y' + y = 0$

25. $x^2 y'' - 2xy' + (2 - x)y = 0$

26. $x^2 y'' - 2xy' - (x^2 - 2)y = 0$

27. $2x(x - 1)y'' - (4x^2 - 3x + 1)y' + (2x^2 - x + 2)y = 0$

28. $x^2 y'' + x(x - 2)y' + (x^2 + 2)y = 0$

29. $xy'' - y = 0$

30. $xy'' + y' + xy = 0$

31. $x^2 y'' + xy' - (2x + 1)y = 0$

32. $x^2 y'' + (x^2 - 3x)y' - (x - 4)y = 0$

33. $x^2 y'' + x(1 - x)y' + 2xy = 0$

34. $(x^2 - x^3)y'' + (3x - 5x^2)y' - 3y = 0$

35. $x^2 y'' - 3xy' + 4y = 0$

36. $16x^2 y'' + 16xy' + (16x^2 - 1)y = 0$

37. $x^4 y'' - 2y = 0$

38. ～ 40. 題，求無窮大處的普通答案。

38. $x^4 y'' + (2x^3 + x)y' - y = 0$

39. $2x^3 y'' + (5x^2 - 2x)y' + (x + 3)y = 0$

40. $x^2(x^2 - 1)y'' + (x^3 + 5x)y' - 8y = 0$

5.4 貝索(Bessel) 方程式與貝索函數

用冪級數法求得的答案通常相當複雜，然而有些複雜的答案函數卻是工程上常常用到，工程界就把這些答案函數特別獨立出來，稱爲「特殊函數(special function)」，並且給予標準符號代表之。

1. 甘碼(gamma) 函數

首先介紹特殊函數常常用到的甘碼函數，其定義及符號爲

$$\Gamma(x) = \int_0^\infty t^{x-1} e^{-t}\, dt \text{，當 } x > 0 \tag{5.25}$$

且擁有特性

$$\Gamma(x + 1) = x\Gamma(x) \tag{5.26}$$

【證明】

$$\Gamma(x + 1) = \int_0^\infty t^x e^{-t}\, dt = -\left. e^{-t} t^x \right|_0^\infty + x \int_0^\infty t^{x-1} e^{-t}\, dt$$
$$= x\Gamma(x)$$

由 $\Gamma(x + 1) = x\Gamma(x)$ 特性可得到下列三項結論：

(1) 若 n 是正整數，

$$\Gamma(n + 1) = n\Gamma(n) = n(n - 1)\Gamma(n - 1)$$
$$= n!\,\Gamma(1) = n! \tag{5.27}$$

$$\Gamma(1) = \int_0^t t^{1-1} e^{-t}\, dt = \int_0^t e^{-t}\, dt = 1$$

(2) 若任意常數 $\nu \geq 0$ 且 $\nu \in R$(實數)，

$$\Gamma(n + \nu + 1) = (n + \nu)\Gamma(n + \nu)$$
$$= (n + \nu)(n + \nu - 1)\cdots(1 + \nu)\Gamma(1 + \nu)$$

$$(5.28)$$

⑶對 $x < 0$ 且 x 不是整數的點，利用(5.26)式來定義 $\Gamma(x)$，$x < 0$ 為

$$\Gamma(x) = \frac{1}{x}\,\Gamma(x + 1) \tag{5.29}$$

根據上式，甘碼函數在實域的圖形見圖5.1。表5.1是一些甘碼函數值。

圖 5.1 甘碼函數的圖形

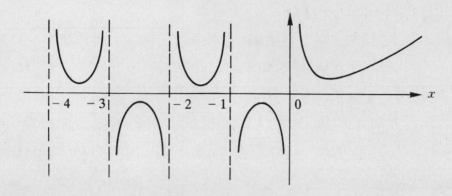

表 5.1 $\Gamma(x)$ 的一些數據

x	$\Gamma(x)$	x	$\Gamma(x)$	x	$\Gamma(x)$
1.00	1.0000	1.35	0.8912	1.70	0.9086
1.05	0.9375	1.40	0.8873	1.75	0.9191
1.10	0.9514	1.45	0.8857	1.80	0.9314
1.15	0.9330	1.50	0.8862	1.85	0.9456
1.20	0.9182	1.55	0.8889	1.90	0.9618
1.25	0.9064	1.60	0.8935	1.95	0.9799
1.30	0.8975	1.65	0.9001	2.00	1.0000

2. ν 階的貝索方程式與貝索函數且 $\nu \geq 0$

ν 階的貝索方程式定義爲

$$x^2 y'' + xy' + (x^2 - \nu^2)y = 0 \qquad (5.30)$$

本方程式在 $x_0 = 0$ 是普通奇異點，要用 Frobenius 方法來解答之。令

$$y(x) = \sum_{n=0}^{\infty} c_n x^{n+r}, \ \text{且} \ c_0 \neq 0$$

而方程式的各項係數是 $a_0 = 1$，$b_0 = -\nu^2$，$b_1 = 0$，$b_2 = 1$，其餘係數皆是零。指標方程式 $F(r)$，

$$F(r) = r(r-1) + a_0 r + b_0 = r^2 - r + r - \nu^2$$
$$= r^2 - \nu^2 = 0 \qquad (5.31)$$

兩根解爲 $r_1 = \nu$，$r_2 = -\nu$（注意 $\nu \geq 0$）。

$$F(n+r) = (n+r)^2 - \nu^2 \qquad (5.32)$$

$$\sum_{j=n-1}^{0} c_j [(j+r)a_{n-j} + b_{n-j}] = c_{n-2} \qquad (5.33)$$

得到再生關係式，

$$F(n+r)c_n + c_{n-2} = 0, \ n \geq 2 \qquad (5.34)$$

當 $n = 0$，$F(r)c_0 = 0$，而定義 $c_0 \neq 0$，得到指標方程式 $F(r) = 0$。當 $n = 1$，$F(r+1)c_1 = 0$，已知 $F(r) = 0$，因而 $F(r_1 + 1) \neq 0$ 且 $F(r_2 + 1) \neq 0$，導致 $c_1 = 0$，代入再生關係式，獲得奇數項的係數爲零，即

$$c_{2n-1} = 0, \ n \geq 1 \qquad (5.35)$$

既然奇數項係數爲零，可將再生關係式(5.34) 式修正爲只有偶數項係數爲

$$F(2n + r)c_{2n} + c_{2n-2} = 0, \ n \geq 1 \qquad (5.36)$$

$$c_{2n} = \frac{-1}{F(2n+r)} c_{2n-2}$$

$$= \frac{-1}{(2n+r)^2 - \nu^2} c_{2n-2}, \ n \geq 1$$

$$c_2 = \frac{-1}{(2+r)^2 - \nu^2} c_0$$

$$c_4 = \frac{-1}{(4+r)^2 - \nu^2} c_1 = \frac{(-1)^2}{[(4+r)^2 - \nu^2] \cdot [(2+r)^2 - \nu^2]} c_0$$

$$\vdots$$

$$c_{2n}(r) = \frac{(-1)^n}{[(2n+r)^2 - \nu^2] \cdots [(2+r)^2 - \nu^2]} c_0, \ n \geq 1$$

$$(5.37)$$

(1) 對 $y_1(x)$, $r_1 = \nu$

$$c_{2n}(r_1) = \frac{(-1)^n}{[2n(2n+2\nu)] \cdots [2(2+2\nu)]} c_0$$

$$= \frac{(-1)^n}{[2^2 n(n+\nu)][2^2(n-1)(n+\nu-1)] \cdots [2^2(1+\nu)]} c_0$$

$$= \frac{(-1)^n}{2^{2n} n!(n+\nu)(n+\nu-1) \cdots (1+\nu)} c_0$$

$$= \frac{(-1)^n \Gamma(1+\nu)}{2^{2n} n! \Gamma(n+\nu+1)} c_0 \qquad (代入(5.28) 式)$$

或

$$c_{2n}(\nu) = \frac{(-1)^n}{n! \Gamma(n+\nu+1) 2^{2n+\nu}} \qquad (令 c_0 = \frac{1}{2^\nu \Gamma(1+\nu)})$$

$$(5.38)$$

$$y_1(x) = \sum_{n=0}^{\infty} c_{2n} x^{2n+\nu}$$

$$y_1(x) = J_\nu(x) = \sum_{n=0}^{\infty} \frac{(-1)^n}{n! \Gamma(n+\nu+1)} \left(\frac{x}{2}\right)^{2n+\nu} \qquad (5.39)$$

由於上述級數工程上相當常用，故給予符號 $J_\nu(x)$，稱爲貝索函數的
ν 階第一型。

(2) 對 $y_2(x)(r_2 = -\nu)$ 而言，要分三種情形來討論：

(a) 若 $r_1 - r_2 = 2\nu \neq N$(正整數 + {0})，則

$$y_2(x) = J_{-\nu}(x) \tag{5.40}$$

普通答案 $y(x)$，

$$y(x) = p_1 J_\nu(x) + p_2 J_{-\nu}(x) \tag{5.41}$$

(b) 若 $r_1 - r_2 = 2\nu = 2N - 1$ 是正奇數，那麼 $\nu = N - \dfrac{1}{2}$。

按理 $r_1 - r_2 = $ 正奇數，其解答中應有 $y_1 \ln x$，但從再生關係(5.34)
式來看，$F(n + r_1) = 0$ 的機會是當 $n = 2N - 1$ 是正奇數時，即

$$F(2N - 1 + r_1) = F(r_2) = 0 \qquad (\text{由指標方程式得證})$$

造成再生關係式在奇數項時為

$$F(2N - 1 + r_1)c_{2N-1} + c_{2N-3} = 0 \tag{5.42}$$

已知 $c_1, c_3, \cdots, c_{2N-3} = 0$(見(5.35) 式)，得到

$$F(2N - 1 + r_1)c_{2N-1} = 0 \tag{5.43}$$

既然 $F(2N - 1 + r_1) = 0$，所以 c_{2N-1} 可以為任意數，一般令 c_{2N-1}
$= 0$，以保持(5.35) 式的奇數項皆為 0 的特性。所以當 $r_1 - r_2 = $ 正
奇數項時，不會影響到偶數項係數的答案，故直接把 $r_2 = -\nu$ 代入
$c_n(r)(5.37)$ 式，仍然得到 $y_2(x) = J_{-\nu}(x)$，普通答案 $y(x)$，

$$\begin{aligned}
y(x) &= p_1 J_\nu(x) + p_2 J_{-\nu}(x) \\
&= p_1 J_{N+\frac{1}{2}}(x) + p_2 J_{-N-\frac{1}{2}}(x)
\end{aligned} \tag{5.44}$$

已知當 $N = 0$ 時，

$$J_{\frac{1}{2}}(x) = \sqrt{\frac{2}{\pi x}} \sin x \tag{5.45a}$$

$$J_{-\frac{1}{2}}(x) = \sqrt{\frac{2}{\pi x}} \cos x \tag{5.45b}$$

(c) 若 $r_1 - r_2 = 2\nu = 2N$ 是正偶數(包含 $N = 0$)

(i) 若 $N = \nu = 0$，$r_1 = r_2 = 0$，則(見(5.23) 式)

$$y_2(x) = J_0(x)\ln x + \sum_{n=1}^{\infty} c_{2n}{}'(0)x^{2n} \tag{5.46}$$

$$c_{2n}{}'(r) = c_{2n}(r) \times (-1)\left[\frac{2(2n+r)}{(2n+r)^2 - \nu^2} + \cdots + \right.$$

$$\left. \frac{2(2+r)}{(2+r)^2 - \nu^2}\right] \tag{5.47}$$

將 $r = r_2 = \nu = 0$ 代入上式,

$$c_{2n}{}'(0) = - c_{2n}(0)\left(\frac{1}{n} + \frac{1}{n-1} + \cdots + 1\right)$$

$$= (-1) \times \frac{(-1)^n \Gamma(1)}{2^{2n} n! \Gamma(n+1)} \phi(n)$$

$$\left[\phi_n = \left(\frac{1}{n} + \frac{1}{n-1} + \cdots + 1\right)\right]$$

$$= \frac{(-1)^{n+1}}{2^{2n}(n!)^2} \phi(n)$$

得到

$$y_2(x) = J_0 \ln x + \sum_{n=1}^{\infty} \frac{(-1)^{n+1}}{2^{2n}(n!)^2} \phi(n) x^{2n} \tag{5.48}$$

定義貝索函數之 0 階第二型 $Y_0(x)$,

$$Y_0(x) = \frac{2}{\pi}[y_2(x) + (\gamma - \ln 2)J_0(x)] \tag{5.49}$$

$$\gamma = \lim_{n \to \infty}[\phi(n) - \ln(n)] \approx 0.5772 \tag{5.50}$$

γ 稱爲尤拉常數(Euler's constant)。將(5.48)式的 $y_2(x)$ 代入 $Y_0(x)$ 中, 得到

$$Y_0(x) = \frac{2}{\pi}\left\{J_0(x)\left[\ln\left(\frac{x}{2}\right) + \gamma\right] + \sum_{n=1}^{\infty}\frac{(-1)^{n+1}}{2^{2n}(n!)^2}\phi(n)x^{2n}\right\} \tag{5.51}$$

$Y_0(x)$ 有時候亦稱爲零階紐曼(Neumann)函數。

(ii) 若 $N = \nu \neq 0$, 則 $r_2 = -N$, (見(5.24)式)

$$y_2(x) = \frac{B_N(r_2)}{c_0}y_2\ln x + \sum_{n=0}^{\infty} B_{2n}{}'(r_2)x^{2n+r_2} \tag{5.52}$$

$$B_{2n}(r) = (r - r_2)c_{2n}(r)$$

經過一番推導及將貝索函數的 N 階第二型定義為

$$Y_N(x) = \frac{2}{\pi}\left\{J_N(x)\left[\ln\left(\frac{x}{2}\right) + \gamma\right]\right.$$

$$+ \sum_{n=0}^{\infty} \frac{(-1)^{n+1}[\phi(n) + \phi(n + N)]}{2^{2n+N+1}n!(n + N)!}x^{2n+N}$$

$$\left. - \sum_{n=0}^{N-1} \frac{(n - N - 1)!}{2^{2n-N+1}n!}x^{2n-N}\right\} \tag{5.53}$$

綜合 (i) 與 (ii) 的結果，普通答案 $y(x)$，

$$y(x) = p_1 J_N(x) + p_2 Y_N(x), \quad N \geq 0 \quad (正整數) \tag{5.54}$$

再綜合 (a)、(b)、(c) 的結論，一般定義一個 ν 階紐曼貝索函數 $Y_\nu(x)$，$\nu \geq 0$，

$$Y_\nu(x) = \frac{1}{\sin(\nu\pi)}[J_\nu(x)\cos(\pi x) - J_{-\nu}(x)] \tag{5.55}$$

$$Y_N(x) = \lim_{\nu \to N} Y_\nu(x) \tag{5.56}$$

那麼普通答案則不再分成三種公式 (即 (5.41)、(5.44)、(5.54) 式)，而濃縮為

$$y(x) = p_1 J_\nu(x) + p_2 Y_\nu(x), \quad \nu \geq 0 \tag{5.57}$$

3. 貝索函數第一型和第二型的特性

貝索函數第一型和第二型的共同特性是有無窮多的 x_i 值令 $J_\nu(x_i) = 0$ 且 $Y_\nu(x_i) = 0$。圖 5.2 和圖 5.3 分別畫出整數階的第一型和第二型之貝索函數。由圖形可知，貝索函數第一型 $J_N(x)$ 在 $x = 0$ 處，$J_N(0) = 0$(除 $J_0(0) = 1$ 以外)，且 $J_N(x) = 0$ 之根有無窮多解。而貝索函數第二型 $Y_N(x)$ 在 $x = 0$ 處是負無限大且 $Y_N(x) = 0$ 之根亦是有無窮多解。這些根和無窮大的特性在往後工程上的應用有很大的影響。表 5.2 列出 $J_0(x)$ 和 $J_1(x)$ 的一些函數值。

圖5.2　貝索函數第一型

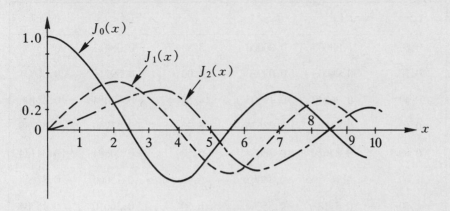

圖5.3　貝索函數第二型

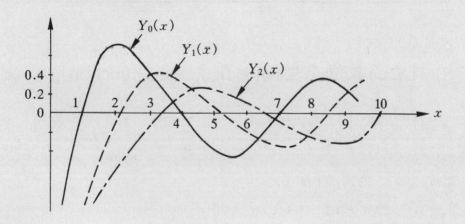

表 5.2 $J_0(x)$ and $J_1(x)$ 的一些數據

x	$J_0(x)$	$J_1(x)$	x	$J_0(x)$	$J_1(x)$
0.00	1.00000	0.00000	3.50	-0.38013	0.13738
0.20	0.99003	0.09950	4.00	-0.39715	-0.06604
0.40	0.96040	0.19603	4.50	-0.32054	-0.23106
0.60	0.91201	0.28670	5.00	-0.17760	-0.32758
0.80	0.84629	0.36884	5.50	-0.00684	-0.34144
1.00	0.76520	0.44005	6.00	0.15065	-0.27668
1.50	0.51183	0.55794	6.50	0.26010	-0.15384
2.00	0.22389	0.57673	7.00	0.30008	-0.00468
2.50	-0.04838	0.49709	7.50	0.26634	0.13525
3.00	-0.26005	0.33906	8.00	0.17165	0.23464

4. 貝索函數修正型(modified Bessel function)

對貝索類型的方程式如

$$x^2 y'' + xy' + (k^2 x^2 - \nu^2)y = 0 \tag{5.58}$$

其 $b_2 = k^2$，得到再生關係式，

$$F(n+r)c_n + k^2 c_{n-2} = 0$$

據此可推導出普通答案為

$$y(x) = p_1 J_\nu(kx) + p_2 Y_\nu(kx) \tag{5.59}$$

若 $k = i$，則 $k^2 = -1$，那麼(5.58)式就成為所謂的修正型貝索方程式，

$$x^2 y'' + xy' - (x^2 + \nu^2)y = 0 \tag{5.60}$$

其解答爲

$$y(x) = p_1 J_\nu(ix) + p_2 Y_\nu(ix) \tag{5.61}$$

或

$$y(x) = p_1 I_\nu(x) + p_2 K_\nu(x) \tag{5.62}$$

I_ν 和 K_ν 即是貝索函數修正一型和修正二型，其定義分別爲

$$I_\nu(x) = J_\nu(ix) = \sum_{n=0}^{\infty} \frac{(-1)^n}{n!\,\Gamma(n+\nu+1)}\left(\frac{ix}{2}\right)^{2n+\nu} \tag{5.63}$$

$$K_\nu(x) = \frac{\pi}{2}\frac{I_{-\nu} - I_\nu}{\sin(\pi\nu)} \tag{5.64}$$

$$K_N(x) = \lim_{\nu \to N} K_\nu(x) \tag{5.65}$$

通常用 $K_\nu(x)$ 取代 $Y_\nu(ix)$。修正型貝索函數的特性和貝索函數有些不同，譬如零階修正型貝索函數，

$$\begin{aligned} I_0(x) = J_0(ix) &= \sum_{n=0}^{\infty} \frac{(-1)^n}{n!\,\Gamma(n+1)}\left(\frac{ix}{2}\right)^{2n} \\ &= \sum_{n=0}^{\infty} \frac{(-1)^n (i)^{2n}}{(n!)^2}\left(\frac{x}{2}\right)^{2n} \\ &= \sum_{n=0}^{\infty} \frac{1}{(n!)^2}\left(\frac{x}{2}\right)^{2n} \geq 1 \end{aligned} \tag{5.66}$$

從以上的計算可知貝索函數中的 $(-1)^n$ 項被 $(i)^{2n} = (-1)^n$ 中和掉了，造成函數值不再有正負振盪的情形，所以 $I_\nu(x) = 0$ 和 $K_\nu(x) = 0$ 的解就不存在了。以 $I_0(x)$ 和 $K_0(x)$ 爲例，其函數值如圖 5.4 所示，

$$I_0(x) \geq 1, \ \lim_{x \to \infty} I_0(x) \to \infty \tag{5.67a}$$

$$\lim_{x \to 0} K_0(x) \to \infty \quad 且 \quad \lim_{x \to \infty} K_0(x) \to 0 \tag{5.67b}$$

貝索方程式的廣泛型可表示爲

$$x^2 y'' + (1-2a)xy' + [b^2 c^2 x^{2c} + (a^2 - n^2 c^2)]y = 0 \tag{5.68}$$

貝索函數的廣泛型之解爲

$$y_1(x) = x^a J_n(bx^c) \tag{5.69a}$$

$$y_2(x) = x^a Y_n(bx^c) \tag{5.69b}$$

其中 n 爲 $\{0\}$ + 正整數，a、b、c 皆是常數。

注意修正型貝索函數的對應函數例子如下：

$$I_{\frac{1}{2}}(x) = \sqrt{\frac{2}{\pi x}} \sinh(x) \tag{5.70a}$$

$$I_{-\frac{1}{2}}(x) = \sqrt{\frac{2}{\pi x}} \cosh(x) \tag{5.70b}$$

圖 5.4　修正型貝索函數 $I_0(x)$ 和 $K_0(x)$

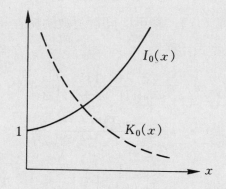

$$\boxed{\text{解題範例}}$$

【範例 1】

已知 $\Gamma(1.5) = 0.8862$, 求

(a)$\Gamma(3.5)$, (b)$\Gamma(-2.5)$, (c)$\displaystyle\int_0^\infty e^{-x^2}dx$。

【解】

(a)$\Gamma(3.5) = \Gamma(2.5 + 1) = 2.5\Gamma(2.5) = 2.5 \times 1.5\Gamma(1.5)$

$\qquad = 3.75 \times 0.8862 = 3.3233$

(b)$\Gamma(-2.5) = \dfrac{1}{-2.5}\Gamma(-1.5) = \dfrac{1}{-2.5} \times \dfrac{1}{-1.5}\Gamma(-0.5)$

$\qquad = \dfrac{1}{-2.5} \times \dfrac{1}{-1.5} \times \dfrac{1}{-0.5} \times \dfrac{1}{0.5}\Gamma(1.5)$

$\qquad = \dfrac{0.8862}{0.9375} = 0.94528$

(c) 以變數轉換 $z = x^2$, $dz = 2x\,dx = 2z^{\frac{1}{2}}\,dx$ 代入積分值中,

$$\int_0^\infty e^{-x^2}dx = \int_0^\infty e^{-z}\frac{1}{2}z^{-\frac{1}{2}}\,dz = \frac{1}{2}\int_0^\infty z^{\frac{1}{2}-1}e^{-z}\,dz$$

$$= \frac{1}{2}\Gamma\left(\frac{1}{2}\right) = \Gamma\left(1 + \frac{1}{2}\right) = \Gamma(1.5) = 0.8862$$

【範例 2】

試證(a) $\dfrac{d}{dx}[x^\nu J_\nu(x)] = x^\nu J_{\nu-1}(x)$ $\qquad\qquad$ (5.71a)

$\quad$ (b) $\dfrac{d}{dx}[x^{-\nu}J_\nu(x)] = -x^{-\nu}J_{\nu+1}(x)$ $\qquad\qquad$ (5.71b)

【證】

(a) $\dfrac{d}{dx}[x^\nu J_\nu(x)] = \dfrac{d}{dx}\cdot\sum_{n=0}^\infty \dfrac{(-1)^n}{n!\,\Gamma(n+\nu+1)2^{2n+\nu}}x^{2n+2\nu}$

$$= \sum_{n=0}^{\infty} \frac{(-1)^n (2n + 2\nu)}{n!\Gamma(n + \nu + 1)2^{2n+\nu}} x^{2n+2\nu-1}$$

$$= x^{\nu} \sum_{n=0}^{\infty} \frac{(-1)^n}{n!\Gamma(n + \nu)} \left(\frac{x}{2}\right)^{2n+\nu-1}$$

$$= x^{\nu} J_{\nu-1}(x)$$

(b) 同理亦可得證。

【範例 3】

由範例 2, 求證(a)$J_{\nu-1}(x) + J_{\nu+1}(x) = \dfrac{2\nu}{x} J_{\nu}(x)$ 　　　　(5.72a)

(b)$J_{\nu-1}(x) - J_{\nu+1}(x) = 2J_{\nu}'(x)$ 　　　　(5.72b)

【證】

將(5.69) 式展開成

$$\nu x^{\nu-1} J_{\nu}(x) + x^{\nu} J_{\nu}'(x) = x^{\nu} J_{\nu-1}(x) \tag{5.73a}$$

$$- \nu x^{-\nu-1} J_{\nu}(x) + x^{-\nu} J_{\nu}'(x) = - x^{-\nu} J_{\nu+1}(x)$$

或

$$- \nu x^{\nu-1} J_{\nu}(x) + x^{\nu} J_{\nu}'(x) = - x^{\nu} J_{\nu+1}(x) \tag{5.73b}$$

由(5.73b) 式 $\mp$ (5.73a) 式就可分別得到(5.72a) 式和(5.72b) 式。

【範例 4】

運用(5.45) 式和(5.71) 式的結果, 求 $J_{\frac{3}{2}}(x)$ 的對應函數。

【解】

由(5.72a) 式, 得知

$$J_{\frac{3}{2}}(x) = J_{\frac{1}{2}+1} = \frac{2 \cdot \dfrac{1}{2}}{x} J_{\frac{1}{2}} - J_{\frac{1}{2}-1} = \frac{1}{x} J_{\frac{1}{2}} - J_{-\frac{1}{2}}$$

$$= \frac{1}{x} \sqrt{\frac{2}{\pi x}} \sin x - \sqrt{\frac{2}{\pi x}} \cos x$$

$$= \sqrt{\frac{2}{\pi x}} \left(\frac{1}{x} \sin x - \cos x \right)$$

【範例5】

求 $x^2 y'' + 5xy' + (9x^6 - 12)y = 0$ 之解。

【解】

由廣泛型(5.68)式, 對應得到下列關係式

$$1 - 2a = 5$$
$$b^2 c^2 = 9$$
$$2c = 6$$
$$a^2 - n^2 c^2 = -12$$

計算之,

$$c = 3, \ b = 1, \ a = -2, \ n = \frac{4}{3}$$
$$y(x) = x^{-2} [p_1 J_{\frac{4}{3}}(x^3) + p_2 Y_{\frac{4}{3}}(x^3)]$$

【範例6】

$x^2 y'' + xy' - (4 + 36x^4)y = 0$

【解】

$$1 - 2a = 1$$
$$b^2 c^2 = -36$$
$$2c = 4$$
$$a^2 - n^2 c^2 = -4$$

計算之,

$$c = 2, \ b = 3i, \ a = 0, \ n = 1$$
$$y(x) = p_1 J_1(3ix^2) + p_2 Y_1(3ix^2)$$
$$= p_1 I_1(3x^2) + p_2 K_1(3x^2)$$

【範例 7】

求 $\int_1^3 x^{-1} J_2(x)\,dx$ 之值。

【解】

由(5.71b) 式得知，

$$x^{-1}J_2(x) = -[-x^{-1}J_{1+1}(x)] = -\frac{d}{dx}[x^{-1}J_1(x)]$$

$$\int_1^3 x^{-1}J_2(x)\,dx = -x^{-1}J_1(x)\Big|_1^3 = J_1(1) - \frac{1}{3}J_1(3)$$

$$= 0.44005 - \frac{1}{3}\times(0.33906)$$

$$= 0.32703$$

$$\boxed{\text{習　題}}$$

1. ~ 10. 題，已知 $\Gamma\left(\frac{1}{2}\right) = \pi$，$\Gamma(1.9) = 0.9618$，$\Gamma\left(\frac{4}{3}\right) = 0.894$，

$\Gamma(1.6) = 0.8935$，求 1. ~ 10. 題的甘碼函數值。

1. $\Gamma\left(\frac{3}{2}\right)$ 2. $\Gamma\left(-\frac{1}{2}\right)$

3. $\Gamma(2.6)$ 4. $\Gamma(-1.4)$

5. $\Gamma(-2.6)$ 6. $\Gamma(-5.1)$

7. $\lim_{x \to 0} x\Gamma(x)$ 8. $\lim_{x \to 0} x^2\Gamma(x)$

9. $\int_0^\infty x^3 e^{-x^2} dx$ 10. $\lim_{x \to 1}(x^2 - x)\Gamma(x - 1)$

11. 求 $J_{\frac{5}{2}}(x)$ 和 $J_{-\frac{5}{2}}(x)$ 的對應函數。

12. ~ 18. 題，運用(5.71) 式和(5.72) 式，證明其關係式或求積分值。

12. $J_0'(x) = -J_1(x)$

13. $J_1'(x) = J_0(x) - x^{-1}J_1(x)$

14. $J_2'(x) = \frac{1}{2}[J_1(x) - J_3(x)]$

15. $J_2'(x) = (1 - 4x^{-2})J_1(x) + 2x^{-1}J_0(x)$

16. $\int_0^1 J_1(2.405x)\, dx$ 〔已知 $J_0(2.405) = 0$〕

17. $\int J_3(x)\, dx$

18. $\int J_5(x)\, dx$

19. ~ 37. 題，求方程式之解。

19. $9x^2y'' + 9xy'(4x^{\frac{2}{3}} - 16)y = 0$

20. $y'' + x^2y = 0$

21. $12x^2y'' - 4xy' + \left(12x^2 + \dfrac{7}{3}\right)y = 0$

22. $x^2y'' + 5xy' + (3 + 4x^2)y = 0$

23. $4x^2y'' + 20xy' + (9x + 7)y = 0$

24. $y'' - xy = 0$

25. $x^2y'' - xy' + (x^2 - 3)y = 0$

26. $xy'' + 3y' - 2y = 0$

27. $4x^2y'' - 12xy' + (x + 12)y = 0$

28. $x^2y'' + xy' + (x^2 - 4)y = 0$

29. $x^2y'' - 7xy' + (x^2 + 15)y = 0$

30. $xy'' + y' + \dfrac{1}{4}y = 0$

31. $16x^2y'' + 48xy' + xy = 0$

32. $x^2y'' + xy' + \left(4x^4 - \dfrac{1}{4}\right)y = 0$

33. $x^2y'' - 3xy' + (4x^4 - 60)y = 0$

34. $x^2y'' - 3xy' + 4(x^4 - 3)y = 0$

35. $x^2y'' - xy' + (1 + x^2 - n^2)y = 0$

36. $x^2y'' + \dfrac{1}{4}\left(x + \dfrac{3}{4}\right)y = 0$

37. $xy'' - 3y' + xy = 0$

5.5　樂見德方程式和多項式

在一些量子動力學、天文學、熱傳導分析中，常會碰到所謂的樂見德(Legendre) 方程式

$$(1 - x^2)y'' - 2xy' + \alpha(\alpha + 1)y = 0 \qquad (5.74)$$

此方程式只有在 $x_0 = \pm 1$ 是普通奇異點，其他則爲平常點(ordinary points)。但實際面對的問題是對 $x_0 = 0$ 點求方程式之解，而非普通奇異點 $x_0 = \pm 1$。對平常點 $x_0 = 0$ 的方程式解的冪級數是爲

$$y(x) = \sum_{n=0}^{\infty} a_n x^n$$

而由於在 $x_0 = \pm 1$ 處有普通奇異點，所以收斂半徑 R 只有1(見 5.2 節)。

將冪級數 $y(x)$ 代入樂見德方程式中，得到

$$\sum_{n=2}^{\infty} n(n-1)a_n x^{n-2} - \sum_{n=2}^{\infty} n(n-1)a_n x^n - \sum_{n=1}^{\infty} 2na_n x^n$$
$$+ \sum_{n=0}^{\infty} \alpha(\alpha + 1)a_n x^n = 0$$

移動指數後，

$$\sum_{n=0}^{\infty} (n+2)(n+1)a_{n+2} x^n - \sum_{n=2}^{\infty} n(n-1)a_n x^n - \sum_{n=1}^{\infty} 2na_n x^n$$
$$+ \sum_{n=0}^{\infty} \alpha(\alpha + 1)a_n x^n = 0$$

整理之，

$$[2a_2 + \alpha(\alpha + 1)a_0] + \{6a_3 + [\alpha(\alpha + 1) - 2]a_1\}x$$
$$+ \sum_{n=2}^{\infty} \{(n+2)(n+1)a_{n+2} + [\alpha(\alpha + 1) - n(n+1)]a_n\}x^n$$
$$= 0$$

從上式，可總結得到一最終適用之再生關係式爲

$$(n+2)(n+1)a_{n+2} = [n(n+1) - \alpha(\alpha+1)]a_n, \quad n \geq 0$$

或

$$a_{n+2} = \frac{[n(n+1) - \alpha(\alpha+1)]}{(n+2)(n+1)} a_n, \quad n \geq 0 \tag{5.75}$$

由於本方程式的收斂半徑 $R = 1$，所以保證在 $|x| < 1$ 區間，再生關係式所求得的冪級數必定收斂，但在邊界點 $x = \pm 1$ 之處，冪級數 $y(x)$ 是否收斂是值得探討的問題。在實際工程問題上，在邊界點的方程式解一定要收斂，因此對再生關係(5.75) 式所求得的不同 α 之 $y(x)$ 解在 $x = \pm 1$ 邊界點作是否收斂的探討。

以(5.75) 式來說，當 $n \gg \alpha$ 時，再生關係式降爲

$$a_{n+2} = \frac{n(n+1)}{(n+2)(n+1)} a_n = \frac{n}{n+2} a_n \tag{5.76}$$

$$a_{10} = \frac{8}{10} a_8$$

$$a_{11} = \frac{9}{11} a_9$$

$$a_{12} = \frac{10}{12} a_{10} = \frac{10}{12} \times \frac{8}{10} a_8 = \frac{8}{12} a_8$$

$$a_{13} = \frac{11}{13} a_{11} = \frac{11}{13} \times \frac{9}{11} a_9 = \frac{9}{13} a_9$$

基本上，在 $N \gg \alpha$ 且 $n \geq N$ 的情況下，得到兩分開係數爲

$$a_{2n} = \frac{2N}{2n} a_{2N} = \frac{N}{n} a_{2N} \tag{5.77a}$$

$$a_{2n+1} = \frac{2N+1}{2n+1} a_{2N+1} \tag{5.77b}$$

相對地兩線性獨立函數在 $n \geq N$ 之後的解爲(設 $a_{2N} \neq 0$, $a_{2N+1} \neq 0$)

$$y_1(x) = \sum_{n=N}^{\infty} \frac{N}{n} a_{2N} x^{2n} = Na_{2N} \sum_{n=N}^{\infty} \frac{1}{n} x^{2n} \tag{5.78a}$$

$$y_2(x) = \sum_{n=N}^{\infty} \frac{2N+1}{2n+1} a_{2N+1} x^{2n+1}$$

$$= (2N + 1)a_{2N+1} \sum_{n=N}^{\infty} \frac{1}{2n + 1} x^{2n+1} \qquad (5.78b)$$

在邊界點 $x = \pm 1$ 代入上兩式中，得到

$$y_1(\pm 1) = Na_{2N} \sum_{n=N}^{\infty} \frac{1}{n}$$

$$y_2(\pm 1) = \pm (2N + 1)a_{2N+1} \sum_{n=N}^{\infty} \frac{1}{2n + 1}$$

在 5.1 節的範例 2 中，我們已證得上兩式皆發散(即趨近於 ∞)，因此若要由再生關係(5.75) 式所求得的冪級數解在邊界點收斂以符合實際上的工程問題需求，唯一的方法就是不讓級數有無窮多的係數，即截斷級數的長度由無限降爲有限，而(5.75) 式正好提供這樣的機會。就是當在某 $n = N$ 處，$N(N + 1) - \alpha(\alpha + 1) = 0$ 才可能截斷級數，簡單的說是 $n = \alpha$ 時，可截斷級數，而被截斷的級數才會在邊界點 $x = \pm 1$ 處收斂，而得以視爲邊界值問題的解答之一；當然沒有被截斷的級數仍是方程式解答之一，但卻不被視爲邊界值問題(boundary value problem，下章介紹之) 的解答之一。

　　由於再生關係(5.75) 式中的 n 是非負整數(即正整數 + $\{0\}$)，正好限制 α 值必需是非負整數才可得到有限級數之解，整理如下：

$$\alpha = 0, \ y_1(x) = 1$$
$$\alpha = 1, \ y_2(x) = x$$
$$\alpha = 2, \ y_1(x) = 1 - 3x^2$$
$$\alpha = 3, \ y_2(x) = x - \frac{5}{3}x^3$$

依此類推，通常爲使這些有限級數(簡稱多項式，polynomials) 標準化，即在邊界點 $x = 1$，令 $y_1(1) = y_2(1) = 1$，並且給予通用符號 P，得到下列樂見德多項式及在 $[-1,1]$ 區間的函數圖 5.5。

$$P_0(x) = 1$$
$$P_1(x) = x$$

$$P_2(x) = \frac{1}{2}(3x^2 - 1)$$

$$P_3(x) = \frac{1}{2}(5x^3 - 3x)$$

$$\vdots$$

圖 5.5　P_0, P_1, P_2, P_3 的函數圖形

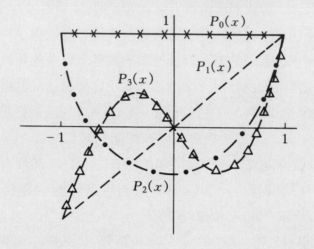

以下介紹一些樂見德多項式 $P_n(x)$ 的重要特性:

1. $P_n(x)$ 的垂直特性

【定理 5.4】

　　$P_n(x)$ 本身是一組垂直多項式, 其垂直特性可由下列積分式表示之, 即若 $m \neq n$ 且 m、$n \geq 0$, 則

$$\int_{-1}^{1} P_n P_m \, dx = 0 \qquad (5.79)$$

【證明】

整理一下樂見德方程式，

$$(1 - x^2)y'' - 2xy' + \alpha(\alpha + 1)y = 0$$

可化為

$$[(1 - x^2)y']' + \alpha(\alpha + 1)y = 0 \qquad (5.80)$$

將其解 P_m，P_n 各代入上式，得到

$$[(1 - x^2)P_n']' + n(n + 1)P_n = 0 \qquad (5.81a)$$

$$[(1 - x^2)P_m']' + m(m + 1)P_m = 0 \qquad (5.81b)$$

以(5.81a) 式 $\times P_m$ 減去(5.81b) 式 $\times P_n$，整理之，

$$[n(n + 1) - m(m + 1)]P_m P_n$$

$$= [(1 - x^2)P_m']'P_n - [(1 - x^2)P_n']'P_m$$

$$= [(1 - x^2)P_m']'P_n + (1 - x^2)P_m'P_n' - [(1 - x^2)P_n']'P_m -$$

$$(1 - x^2)P_n'P_m'$$

$$= [(1 - x^2)P_m'P_n]' - [(1 - x^2)P_m P_n']'$$

$$= [(1 - x^2)(P_m'P_n - P_m P_n')]' \qquad (5.82)$$

將上述結果加以積分，得到

$$[n(n + 1) - m(m + 1)]\int_{-1}^{1} P_m P_n \, dx$$

$$= \int_{-1}^{1} [(1 - x^2)(P_m'P_n - P_m P_n')]' \, dx$$

$$= (1 - x^2)(P_m'P_n - P_m P_n') \Big|_{-1}^{1}$$

$$= 0$$

已知 $n \neq m$，故得證垂直特性

$$\int_{-1}^{1} P_m P_n \, dx = 0$$

2. 產生函數(generating function)

有些函數在特殊展開後，卻可產生特別的多項式(例如樂見德多項式)，因此命名爲產生函數。而利用產生函數可以比較容易研究其產生之多項式的重要特性。以樂見德多項式的產生函數 $H(x,r)$ 爲例，其函數結構爲

$$H(x,r) = (1 - 2xr + r^2)^{-\frac{1}{2}} \tag{5.83}$$

令 $H(x,r) = (1 - z)^{-\frac{1}{2}}$ 再展開之 $(z = 2xr - r^2)$，即

$$H(x,r) = (1 - z)^{-\frac{1}{2}}$$

$$= 1 + \frac{1}{2}z + \frac{1}{2!}\frac{3}{4}z^2 + \frac{1}{3!}\frac{15}{8}z^3 + \cdots$$

$$= 1 + \frac{1}{2}(2xr - r^2) + \frac{1}{2!}\frac{3}{4}(2xr - r^2) + \frac{1}{3!}\frac{15}{8}(2xr - r^2)^3 + \cdots$$

將上述展開式，對 r^n 級數的係數做安排，得到

$$H(x,r) = 1 + xr + \frac{1}{2}(3x^2 - 1)r^2 + \frac{1}{2}(5x^3 - 3x)r^3 + \cdots$$

$$= P_0 + P_1r + P_2r^2 + P_3r^3 + \cdots$$

$$= \sum_{n=0}^{\infty} P_n(x)r^n \tag{5.84}$$

很明顯地，$H(x,r)$ 展開後的係數即是樂見德多項式，所以才稱 $H(x,r)$ 爲樂見德多項式的產生函數。

3. 樂見德多項式的再生關係式

$$(n + 1)P_{n+1} - (2n + 1)xP_n + nP_{n-1} = 0, \; n \geq 1 \text{且} |x| \leq 1 \tag{5.85}$$

【證明】

此關係式可由產生函數推導而得,

$$\frac{\partial H(x,r)}{\partial r} = -\frac{1}{2}(1 - 2xr + r^2)^{-\frac{3}{2}}(-2x + 2r)$$

$$= (x - r)H(x,r) \times (1 - 2xr + r^2)^{-1}$$

或

$$(1 - 2xr + r^2)\frac{\partial H(x,r)}{\partial r} - (x - r)H(x,r) = 0 \quad (5.86)$$

把上式當作偏微分方程式, 其解 $H(x,r) = \sum\limits_{n=0}^{\infty} P_n(x)r^n$ 可代入上式

得到,

$$(1 - 2xr + r^2)\sum_{n=1}^{\infty} nP_n r^{n-1} - (x - r)\sum_{n=0}^{\infty} P_n r^n$$

$$= \sum_{n=1}^{\infty} n P_n r^{n-1} - \sum_{n=1}^{\infty} 2nx P_n r^n + \sum_{n=1}^{\infty} n P_n r^{n+1}$$

$$- \sum_{n=0}^{\infty} x P_n r^n + \sum_{n=0}^{\infty} P_n r^{n+1}$$

$$= \sum_{n=0}^{\infty} (n+1)P_{n+1} r^n - \sum_{n=1}^{\infty} 2nx P_n r^n + \sum_{n=2}^{\infty} (n-1)P_{n-1} r^n$$

$$- \sum_{n=0}^{\infty} x P_n r^n + \sum_{n=1}^{\infty} P_{n-1} r^n$$

$$= (P_1 - x P_0) + (2P_2 - 3x P_1 + P_0)r$$

$$+ \sum_{n=2}^{\infty} [(n+1)P_{n+1} - (2n+1)x P_n + n P_{n-1}]r^n$$

$$= 0$$

得到關係式:

$$P_1 - xP_0 = 0 \quad \text{(本來就成立)}$$

$$(n+1)P_{n+1} - (2n+1)x P_n + n P_{n-1} = 0, \ n \geq 1$$

4. 任何在 $[-1,1]$ 區間的連續函數 $g(x)$ 皆可用直
交樂見德多項式表示之

$$g(x) = \sum_{n=0}^{\infty} a_n P_n(x) \tag{5.87a}$$

$$a_n = \frac{\int_{-1}^{1} g(x)P_n(x)\,dx}{\int_{-1}^{1} (P_n)^2\,dx} \tag{5.87b}$$

且

$$\int_{-1}^{1} (P_n)^2 dx = \frac{2}{2n+1},\ n \geq 0 \tag{5.88}$$

【證明】

(a) $\displaystyle\int_{-1}^{1} g(x)P_m(x)\,dx$

$$= \int_{-1}^{1} \left(\sum_{n=0}^{\infty} a_n P_n \right) P_m(x)\,dx$$

$$= \sum_{n=0}^{\infty} a_n \int_{-1}^{1} P_n P_m\,dx \qquad (\text{只有當 } n = m \text{ 時, 積分值才不爲零})$$

$$= a_m \int_{-1}^{1} (P_m)^2\,dx$$

更改變數 m 爲 n ,得證(5.87b)式。一般稱(5.87a)式爲傅立葉－樂
見德級數(Fourier-Legendre series)。

(b) 運用 P_n 的再生關係式可以求證(5.88)式。

令 $\displaystyle c_n = \int_{-1}^{1} (P_n)^2\,dx$,由再生關係(5.85)式,

$$P_n = \frac{2n-1}{n}\,x\,P_{n-1} - \frac{n-1}{n}P_{n-2},\ n \geq 2$$

$$c_n = \int_{-1}^{1} P_n \cdot P_n\,dx$$

$$= \int_{-1}^{1} P_n \left(\frac{2n-1}{n} x P_{n-1} - \frac{n-1}{n} P_{n-2} \right) dx$$

$$= \frac{2n-1}{n} \int_{-1}^{1} (x P_n) P_{n-1} \, dx$$

$$= \frac{2n-1}{n} \int_{-1}^{1} \frac{1}{2n+1} [(n+1)P_{n+1} + nP_{n-1}] P_{n-1} \, dx$$

$$= \frac{2n-1}{2n+1} \int_{-1}^{1} (P_{n-1})^2 \, dx$$

或

$$c_n = \frac{2n-1}{2n+1} c_{n-1}, \quad n \geq 1 \tag{5.89}$$

$$c_n = \frac{2n-1}{2n+1} c_{n-1} = \frac{2n-1}{2n+1} \times \frac{2n-3}{2n-1} c_{n-2} = \frac{2n-3}{2n+1} c_{n-2}$$

$$= \cdots = \frac{1}{2n+1} c_0$$

已知

$$c_0 = \int_{-1}^{1} (P_0)^2 \, dx = \int_{-1}^{1} dx = 2$$

故得證(5.88) 式，

$$c_n = \frac{1}{2n+1} c_0 = \frac{2}{2n+1} \tag{5.90}$$

由此可以了解 P_n 的再生關係式可用來求多項式本身平方的積分值，以求得 a_n。

解題範例

【範例 1】

用樂見德多項式來表示下列函數在區間〔−1,1〕:

(a)$g(x) = 1 - 3x^2 + 2x^3$, (b)$g(x) = \cos\left(\dfrac{\pi x}{2}\right)$。

【解】

(a) $1 = P_0(x)$

$x^2 = \dfrac{2}{3}P_2(x) + \dfrac{1}{3}P_0(x)$

$x^3 = \dfrac{2}{5}P_3(x) + \dfrac{3}{5}P_1(x)$

$g(x) = 1 - 3x^2 + 2x^3$

$\qquad = P_0(x) - 3\left[\dfrac{2}{3}P_2(x) + \dfrac{1}{3}P_0(x)\right] + 2\left[\dfrac{2}{5}P_3(x) + \dfrac{3}{5}P_1(x)\right]$

$\qquad = P_0(x) - 2P_2(x) - P_0(x) + \dfrac{4}{5}P_3(x) + \dfrac{6}{5}P_1(x)$

$\qquad = \dfrac{4}{5}P_3(x) - 2P_2(x) + \dfrac{6}{5}P_1(x)$

(b) $a_n = \dfrac{2n+1}{2}\displaystyle\int_{-1}^{1}\cos\left(\dfrac{\pi x}{2}\right)P_n(x)\,dx$

$n = 0,\ a_0 = \dfrac{1}{2}\displaystyle\int_{-1}^{1}\cos\left(\dfrac{\pi x}{2}\right)dx = \dfrac{1}{\pi}\sin\left(\dfrac{\pi x}{2}\right)\Big|_{-1}^{1} = \dfrac{2}{\pi}$

$\qquad\qquad = 0.6336$

$n = 1,\ a_1 = \dfrac{3}{2}\displaystyle\int_{-1}^{1}x\cos\left(\dfrac{\pi x}{2}\right)dx$

$\qquad\qquad = \dfrac{3}{\pi}x\sin\left(\dfrac{\pi x}{2}\right)\Big|_{-1}^{1} + \dfrac{3}{\pi}\displaystyle\int_{-1}^{1}\sin\left(\dfrac{\pi x}{2}\right)dx$

$\qquad\qquad = 0$

$$n = 2, \quad a_2 = \frac{5}{2} \int_{-1}^{1} \cos\left(\frac{2\pi}{x}\right) \frac{1}{2}(3x^2 - 1) \ dx$$

$$= \frac{10\pi^2 - 120}{\pi^3} \approx -0.6871$$

$$n = 3, \quad a_3 = 0 \quad (a_{\text{odd}} = 0)$$

$$\cos\left(\frac{\pi x}{2}\right) = \sum_{n=0}^{\infty} a_n P_n = \sum_{n=0}^{\infty} a_{2n} P_{2n}(x)$$

$$\approx 0.6336 P_0(x) + (-0.6871) P_2(x)$$

$$= 0.9802 - 1.0306 x^2 \ \text{在} [-1, 1]$$

【範例 2】

證明類似於樂見德方程式

$$(1 - x^2) y'' - 2xy' + \left[n(n+1) - \frac{m^2}{1 - x^2} \right] y = 0 \qquad (5.91)$$

之解是聯合樂見德函數(associated Legendre functions)$P_n^m(x)$,

$$P_n^m(x) = (1 - x^2)^{m/2} \frac{d^m}{dx^m} P_n(x) \qquad (5.92)$$

【證】

令 $y(x) = (1 - x^2)^{m/2} u(x)$ 代入方程式, 得到

$$(1 - x^2) u'' - 2(m+1) xu' + [n(n+1) - m(m+1)] u$$
$$= 0 \qquad (5.93)$$

現在將原始樂見德方程式重寫為

$$(1 - x^2) P_n(x) - 2x P_n(x) + n(n+1) P_n(x) = 0 \quad (5.94)$$

將上式微分 m 次, 即做 $\dfrac{d^m}{dx^m}$ 的動作, 則可得到

$$(1 - x^2) P_n^{m''}(x) - 2(m+1) x P_n^{m'}(x)$$
$$+ [n(n+1) - m(m+1)] P_n^m(x) = 0$$

故得證(5.91) 式的答案為

$$y(x) = (1 - x^2)^{m/2} u(x) = (1 - x^2)^{m/2} P_n^m(x)$$

【範例 3】

用洛醉客(Rodrigue's) 公式

$$P_n(x) = \frac{1}{2^n n!} \frac{d^n}{dx^n}(x^2-1)^n \tag{5.95}$$

求證 $P_4(x)$，並且以樂見德多項式的再生關係式驗證之。

【證】

$$P_4(x) = \frac{1}{2^4 4!} \frac{d^4}{dx^4}(x^2-1)^4$$

$$\frac{d}{dx}(x^2-1)^4 = 8x(x^2-1)^3$$

$$\frac{d^2}{dx^2}(x^2-1)^4 = 8(x^2-1)^3 + 48x^2(x^2-1)^2$$

$$\frac{d^3}{dx^3}(x^2-1)^4 = 48x(x^2-1)^2 + 96x(x^2-1)^2$$
$$+ 48 \times 4x^3(x^2-1)$$

$$\frac{d^4}{dx^4}(x^2-1)^4 = 48(x^2-1)^2 + 48\times4x^2(x^2-1) + 96(x^2-1)^2$$
$$+ 96\times4x^2(x^2-1) + 48\times4\times3x^2(x^2-1) +$$
$$48\times8x^4$$

$$P_4(x) = \frac{1}{2^4 4!} \frac{d^4}{dx^4}(x^2-1)^4$$

$$= \frac{1}{8}[(x^2-1)^2 + 4x^2(x^2-1) + 2(x^2-1)^2$$
$$+ 8x^2(x^2-1) + 12x^2(x^2-1) + 8x^4]$$

$$= \frac{1}{8}(35x^4 - 30x^2 + 3)$$

已知 $P_2(x) = \frac{1}{2}(3x^2-1)$ 和 $P_3(x) = \frac{1}{2}(5x^3-3x)$，代入再生關係式，

$$4P_4(x) = 7x P_3 - 3P_2(x)$$

$$= \frac{7x}{2}(5x^3 - 3x) - \frac{3}{2}(3x^2 - 1)$$

$$= \frac{1}{2}(35x^4 - 21x^2 - 9x^2 + 3)$$

驗證

$$P_4(x) = \frac{1}{8}(35x^4 - 30x^2 + 3)$$

【範例 4】

證明 $\int_{-1}^{1} P_n(x)\, dx = 0,\ n \geq 1$

【解】

已知 $P_0 = 1$,

$$\int_{-1}^{1} P_n(x)\, dx = \int_{-1}^{1} P_n(x) \cdot 1\, dx$$

$$= \int_{-1}^{1} P_n(x) \cdot P_0(x)\, dx$$

運用樂見德直交性, 可知

$$\int_{-1}^{1} P_n(x)\, dx = 0,\ n \geq 1$$

習　題

1. 使用產生函數 $H(x,r)$，以下列方程式

$$r \frac{\partial}{\partial r}[rH] - (1 - rx)\frac{\partial H}{\partial x} = 0$$

證明樂見德的另一關係式

$$P_n{}'(x) = n P_{n-1}(x) + x P'_{n-1}(x)$$

2. 使用樂見德再生關係式證明

$$\int_{-1}^{1} x P_n P_{n-1}\, dx = \frac{2n}{4n^2 - 1}, \quad n \geq 1$$

3. 使用樂見德再生關係式證明

　(a)$P_n(1) = 1, \quad n \geq 0$

　(b)$P_n(-1) = (-1)^n, \quad n \geq 0$

4. ～ 6. 題，求傅立葉－樂見德級數。

4. $1 + 2x - x^2$

5. $x + \frac{1}{2}x^2 - \frac{5}{2}x^3$

6. $2 - x^2 + 4x^4$

7. 用樂見德再生關係式，找出 $P_6(x)$、$P_7(x)$、$P_8(x)$。

5.6　史登－劉必烈理論和直交函數組

在解答第六章所介紹的偏微分方程式時，往往會得到全微分方程式的型式為

$$y'' + R(x)y' + [Q(x) + \lambda P(x)]y = 0 \qquad (5.96)$$

以及邊界條件(boundary conditions) 在$[a,b]$ 區間的定義為

$$\text{B.C.}(y)\big|_{x=a} = 0 \qquad (5.97a)$$
$$\text{B.C.}(y)\big|_{x=b} = 0 \qquad (5.97b)$$

而(5.96) 式和(5.97) 式合稱為「邊界值問題(boundary value problem)」或「特徵值問題(eigenvalue problem)」，其中 λ 是特徵值(eigenvalue)。

對(5.96) 式類型的微分方程式，可以做程式簡化的步驟，是將方程式乘以 $e^{\int R(x)dx}$，得到

$$e^{\int R(x)dx}y'' + R(x)e^{\int R(x)dx}y' + [Q(x) + \lambda P(x)]ye^{\int R(x)dx}$$
$$= [e^{\int R(x)dx}y']' + [Q(x)e^{\int R(x)dx} + \lambda P(x)e^{\int R(x)dx}]y$$
$$= 0 \qquad (5.98)$$

令 $r(x) = e^{\int R(x)dx}$, $q(x) = Q(x)\cdot r(x)$, $p(x) = P(x)\cdot r(x)$，則上式可簡化為

$$[ry']' + [q(x) + \lambda p(x)]y = 0 \qquad (5.99)$$

一般將(5.99) 式稱之為史登－劉必烈型(Sturm-Liouville) 微分方程式。另外，為方便運算起見，又將(5.99) 式改進為

$$[ry']' + q(x)y = -\lambda p(x)y \qquad (5.100)$$

令運算子 $\mathscr{L}y = [ry']' + q(x)y$，則(5.100) 式更可簡化成

$$\mathscr{L}y = -\lambda py \qquad (5.101)$$

> **【定義 5.1】**
>
> 任一邊界值問題若符合下列條件
>
> $$\int_a^b (y_n \mathscr{L} y_m - y_m \mathscr{L} y_n)\, dx = 0 \qquad (5.102)$$
>
> 則該問題被稱爲史登－劉必烈問題或自相聯(self-adjoint)問題。式中 y_n 和 y_m 是方程式 $\mathscr{L}y = -\lambda py$ 的任兩不同答案。一般稱 λ 爲特徵值(eigenvalue)，而答案 $y(x)$ 爲該特徵值的特徵函數 (eigenfunction)。

以下列舉可造就史登－劉必烈問題的三型邊界條件：

(1) 普通型(regular) 史登－劉必烈問題

$$r(x), p(x) > 0, \ x \in [a,b]$$
$$A_1 y(a) + A_2 y'(a) = 0 \qquad (5.103a)$$
$$B_1 y(b) + B_2 y'(b) = 0 \qquad (5.103b)$$

其中 A_1 和 A_2 或 B_1 和 B_2 不可同時爲零。

(2) 週期型(periodic) 史登－劉必烈問題

$$r(x), p(x) > 0, \ x \in [a,b]$$

當 $r(a) = r(b)$ 時，

$$y(a) = y(b) \qquad (5.104a)$$
$$y'(a) = y'(b) \qquad (5.104b)$$

(3) 奇異型(singular) 史登－劉必烈問題

$$r(x), p(x) > 0, \ x \in [a,b]$$

(a) 若 $r(a) = 0$，只要邊界條件 $B_1 y(b) + B_2 y'(b) = 0$ 且 B_1 和 B_2 不同時爲零，另外解答 $y(x)$ 在 $x = a$ 處不發散。

(b) 若 $r(b) = 0$，只要邊界條件 $A_1 y(a) + A_2 y'(a) = 0$ 且 A_1 和 A_2 不同時爲零，另外解答 $y(x)$ 在 $x = b$ 處不發散。

(c) 若 $r(a) = r(b) = 0$，則不要邊界條件，只要求解答 $y(x)$ 在 $x = a$ 和 $x = b$ 處不發散。

【定理 5.5】史登 – 劉必烈理論

(1) 對上述三型史登 – 劉必烈問題擁有下述二種特性：

  (a) 若 $\lambda_n \neq \lambda_m (n \neq m)$，則其對應的特徵函數 y_n 和 y_m 配合加權函數 $p(x)$ 在 $[a, b]$ 區間擁有垂直特性為

$$\int_a^b p(x) y_n y_m \, dx = 0 \qquad\qquad (5.105)$$

  其中 $p(x)$ 稱為加權函數(weighting function)。

  (b) 特徵值 λ 皆為實數，不為複數。

(2) 對普通型和週期型史登 – 劉必烈問題，保證一定存在無窮多個特徵值，而且這些特徵值符合下述原則：

  (a) 若 $n < m$，則 $\lambda_n < \lambda_m$

  (b) $\lim\limits_{n \to \infty} \lambda_n = \infty$

(3) 對普通型史登 – 劉必烈問題，可以證得：

若 $\lambda_n = \lambda_m$，則其對應的特徵函數 y_n 和 y_m 之間線性依賴(linear dependence)。

【證明】

(1) (a) 證明垂直特性：

由 (5.101) 式，對不同特徵值 λ_n 和 λ_m 所對應的特徵函數 y_n 和 y_m 可以得到兩方程式

$$\mathscr{L} y_m = -\lambda_m p \, y_m \qquad\qquad (5.106)$$

$$\mathscr{L} y_n = -\lambda_n p \, y_n \qquad\qquad (5.107)$$

經過 $(5.106) \times y_n - (5.107) \times y_m$ 的運算，得到

$$y_n \mathscr{L} y_m - y_m \mathscr{L} y_n = (\lambda_n - \lambda_m) p \, y_n y_m \tag{5.108}$$

將上式積分之,

$$(\lambda_n - \lambda_m) \int_a^b p \, y_n y_m \, dx = \int_a^b (y_n \mathscr{L} y_m - y_m \mathscr{L} y_n) \, dx \tag{5.109}$$

根據史登－劉必烈問題的定義(即(5.102) 式),可知上式等號的右邊為零,而且 $\lambda_n \neq \lambda_m$,故可得證直交特性,

$$\int_a^b p \, y_n y_m \, dx = 0, \ 當 \ \lambda_n \neq \lambda_m \ 時$$

以下驗證三型的邊界值條件可符合(5.102) 式之史登－劉必烈問題的定義:

設 y_n 和 y_m 為方程式的特徵函數,運用 $\mathscr{L} y = [ry']' + qy$ 的定義,得出兩運算式為

$$y_m \mathscr{L} y_n = y_m [(ry_n')' + qy_n] \tag{5.110}$$

$$y_n \mathscr{L} y_m = y_n [(ry_m')' + qy_m] \tag{5.111}$$

(5.110) 式減去(5.111) 式,

$$\begin{aligned}
y_m \mathscr{L} y_n - y_n \mathscr{L} y_m &= (ry_n')' y_m - (ry_m')' y_n \\
&= (ry_n')' y_m + ry_n' y_m' - [(ry_m')' y_n \\
&\quad + ry_m' y_n'] \\
&= (ry_n' y_m)' - r(ry_m' y_n)' \\
&= [r(y_n' y_m - y_n y_m')]'
\end{aligned} \tag{5.112}$$

積分上式,

$$\begin{aligned}
\int_a^b (y_m \mathscr{L} y_n - y_n \mathscr{L} y_m) \, dx &= \int_a^b [r(y_n' y_m - y_n y_m')]' \, dx \\
&= r(x)(y_n' y_m - y_n y_m') \Big|_a^b
\end{aligned} \tag{5.113}$$

因此,只要論證上式等號右邊為零,就可證得史登－劉必烈問題。

(i) 普通型邊界值條件

對(5.103a) 式，代入特徵函數 y_n 和 y_m，得到

$$A_1 y_n(a) + A_2 y_n{'}(a) = 0 \tag{5.114a}$$

$$A_1 y_m(a) + A_2 y_m{'}(a) = 0 \tag{5.114b}$$

若把 A_1 和 A_2 當作未知變數去求取，則 A_1 和 A_2 分別為

$$A_1 = \frac{\begin{vmatrix} 0 & y_n{'}(a) \\ 0 & y_m{'}(a) \end{vmatrix}}{\begin{vmatrix} y_n(a) & y_n{'}(a) \\ y_m(a) & y_m{'}(a) \end{vmatrix}} \tag{5.115a}$$

$$A_2 = \frac{\begin{vmatrix} y_n(a) & 0 \\ y_m(a) & 0 \end{vmatrix}}{\begin{vmatrix} y_n(a) & y_n{'}(a) \\ y_m(a) & y_m{'}(a) \end{vmatrix}} \tag{5.115b}$$

上式若要 A_1 和 A_2 不同時為零，就必須分母為零，即

$$\begin{vmatrix} y_n(a) & y_n{'}(a) \\ y_m(a) & y_m{'}(a) \end{vmatrix} = y_n(a)y_m{'}(a) - y_n{'}(a)y_m(a) = 0 \tag{5.116a}$$

同理，對(5.103b) 式，求 A_1 和 A_2 在 $x = b$ 處不同時為零，亦可得到

$$\begin{vmatrix} y_n(b) & y_n{'}(b) \\ y_m(b) & y_m{'}(b) \end{vmatrix} = y_n(b)y_m{'}(b) - y_n{'}(b)y_m(b) = 0 \tag{5.116b}$$

由(5.116a) 和(5.116b) 兩式，可以論證(5.113) 式的等號右邊為零，即

$$r(x)(y_n{'}y_m - y_n y_m{'}) \Big|_a^b = 0 = \int_a^b (y_m \mathscr{L} y_n - y_n \mathscr{L} y_m) \, dx$$

以上驗證普通型邊界值條件造就史登－劉必烈問題。

(ii) 週期型邊界值條件

將在 $x = a$ 和 $x = b$ 的 $y_n(x)$ 和 $y_m(x)$ 代入週期型邊界條件中，

$$
\left.\begin{array}{l}
y_n(a) = y_n(b) \\
y_n{}'(a) = y_n{}'(b) \\
y_m(a) = y_m(b) \\
y_m{}'(a) = y_m{}'(b)
\end{array}\right\}
\tag{5.117}
$$

由上式(5.117)，可得證

$$
y_n{}'(a)y_m(a) - y_n(a)y_m{}'(a) = y_n{}'(b)y_m(b) - y_n(b)y'{}_m(b)
\tag{5.118}
$$

再加上條件 $r(a) = r(b)$，正好可以論證

$$
r(x)(y_n{}'y_m - y_n y_m{}')\Big|_a^b = 0
$$

同時也證得史登－劉必烈問題。

(iii) 奇異型邊界值條件

① 當 $r(a) = 0$，(5.113) 式就簡化為

$$
r(b)[y_n{}'(b)y_m(b) - y_n(b)y_m{}'(b)]
$$

而在 $x = b$ 處的條件 $B_1 y(b) + B_2 y'(b) = 0$ 正好可推導出 (5.116b) 式，即

$$
y_n{}'(b)y_m(b) - y_n(b)y_m{}'(b) = 0
$$

故可論證(5.113) 式為零和史登－劉必烈問題，但答案在 $x = a$ 處不可以發散才符合自然界的現象。

② 同理當 $r(b) = 0$，(5.113) 式可簡化為

$$
r(a)[y_n{}'(a)y_m(a) - y_n(a)y_m{}'(b)]
$$

$A_1 y(a) + A_2 y'(a) = 0$ 亦使得上式為零，亦可得證(5.113) 式為零及史登－劉必烈問題，但答案在 $x = b$ 處不可以發散才符合自然界的現象。

若 $r(a) = r(b) = 0$，則(5.113)式就自然變爲零及得證史登－劉必烈問題，但答案在 $x = a$ 和 $x = b$ 處不可以發散以符合自然界現象。

(1) (b) 證明 λ 是實數。

假設有複數特徵值存在爲

$$\lambda = \alpha + i\beta$$

其對應函數爲

$$y(x) = u(x) + iv(x) \qquad (5.119)$$

則符合方程式

$$\mathscr{L}y = -\lambda py$$

將上式取共軛，得到

$$\mathscr{L}y^* = -\lambda^* py^* \qquad (5.120)$$

可以得到另一特徵值 $\lambda^* = \alpha - i\beta$ 與其特徵函數 $y^* = u(x) - iv(x)$。既然 $\lambda^* \neq \lambda$ 且 $y^* \neq y$（除非 λ 和 y 是實數，即 $\beta = 0$，$v(x) = 0$），則利用直交特性，可以得到

$$\int_a^b p\,y\,y^*\,dx = \int_a^b p\,\|y\|^2\,dx = 0 \qquad (5.121)$$

由於 $p(x) > 0$ 且 $\|y\| > 0$，故上式不應該成立，否則只有 $y = 0$ 成立才不會違背垂直特性。而 $y = 0$ 即表示 λ 爲複數的特徵值不存在，λ 只能爲實數了。

(2) 本特性的證明比較複雜，在此不提供證明方式，但從解題範例中，亦可看出此特性。

(3) 對普通型史登－劉必烈問題而言，若 $\lambda_n = \lambda_m$，則可得到

$$y_m\mathscr{L}y_n - y_n\mathscr{L}y_m = [r(x)(y_n'y_m - y_ny_m')]'$$
$$= (\lambda_m - \lambda_n)py_ny_m = 0 \qquad (5.122)$$

或

$$r(x)(y_n'y_m - y_ny_m') = c, \quad x \in [a,b] \qquad (5.123)$$

其中 c 爲一常數項。對普通型邊界條件而言，可以推導得到

$$y_n'(a)y_m(a) - y_n(a)y_m'(a) = 0 = c \qquad (5.124)$$

那麼對(5.123)式而言，$c = 0$ 且 $r(x) > 0$，則可得到

$$y_n'(x)y_m(x) - y_n(x)y_m'(x) = 0$$

或

$$\begin{vmatrix} y_n(x) & y_n'(x) \\ y_m(x) & y_m'(x) \end{vmatrix} = 0, \ x \in [a,b] \qquad (5.125)$$

(5.125) 式即所謂的 Wronskian 測試，測試結果爲 $y_m(x)$ 和 $y_n(x)$ 線性依賴。

由史登－劉必烈問題可以衍伸各種有垂直特性的函數和多項式，以下將逐一介紹史登－劉必烈問題產生的垂直函數組。

1. 樂見德多項式和方程式

樂見德方程式原爲

$$(1 - x^2)y'' - 2xy' + \lambda y = 0, \ \lambda = n(n + 1) \qquad (5.126)$$

可寫成史登－劉必烈型式爲

$$[(1 - x^2)y']' + \lambda y = 0 \qquad (5.127)$$

對照(5.100)式，得到

$$r(x) = 1 - x^2, \ q(x) = 0, \ p(x) = 1, \ x \in [1, -1]$$

⑴ $r(-1) = r(1) = 0$，故樂見德邊界值問題屬奇異型史登－劉必烈問題。

⑵ 從產生函數 $H(x,r) = (1 - 2xr + r^2)^{-\frac{1}{2}}$ 可以證得樂見德多項式爲

$$P_n(x) = \sum_{k=0}^{[n/2]} \frac{(-1)^k(2n - 2k)!}{2^n k!(n - k)!(n - 2k)!} x^{n-2k} \qquad (5.128)$$

其中 $[n/2]$ 是小於 $n/2$ 的最大整數。

⑶ 加權函數 $p(x) = 1$，導致垂直特性公式爲

$$\int_{-1}^{1} P_n P_m \, dx = 0, \ \text{當} \ n \neq m \tag{5.129}$$

且

$$\| P_n \|^2 = \int_{-1}^{1} [P_n]^2 \, dx = \frac{2}{2n+1}, n \geq 0 \tag{5.130}$$

(4)傅立葉－樂見德級數：對任何在 $x \in [-1,1]$ 區間連續的函數 $g(x)$，可以用樂見德多項式展開爲

$$g(x) = \sum_{n=0}^{\infty} a_n P_n \tag{5.131}$$

$$a_n = \frac{2n+1}{2} \int_{-1}^{1} g(x) P_n(x) dx \tag{5.132}$$

(5.131) 式稱爲傅立葉－樂見德級數。

2. 貝索函數和貝索方程式

對一貝索方程式($x \in [0,R]$)

$$x^2 y'' + xy' + (\lambda x^2 - n^2)y = 0, \ n \geq 0 \tag{5.133}$$

加上邊界條件

$$y(R) = 0 \ \text{且} \ y(0) \ \text{不發散}$$

可形成一邊界值問題(boundary-value problem)，其普通答案爲

$$y(x) = c_1 J_n(\sqrt{\lambda}x) + c_2 Y_n(\sqrt{\lambda}x) \tag{5.134}$$

代入邊界條件，

(1) $y(0)$ 不發散，但 $Y_n(0)$ 會發散，故必須令 $c_2 = 0$ 才可使 $y(0)$ 不發散，導致普通答案簡化爲

$$y(x) = c_1 J_n(\sqrt{\lambda}x) \tag{5.135}$$

(2) $y(R) = 0$，得到

$$c_1 J_n(\sqrt{\lambda}R) = 0 \tag{5.136a}$$

或

$$J_n(\sqrt{\lambda}R) = 0 \tag{5.136b}$$

由 5.4 節已知上式對任一 $J_n(x) = 0$ 有無窮多之正整數根為 z_k，$k = 1 \sim \infty$，使得

$$\sqrt{\lambda_k}\, R = z_k$$

或

$$\lambda_k = \frac{z_k^2}{R^2} \tag{5.137}$$

例如對 $J_1(x) = 0$，$z_1 = 3.832$，$z_2 = 7.016$。

貝索函數本身並不正交，但其在特殊情形下卻可擁有垂直特性，譬如對本處的邊界值問題，(5.133) 式可以寫成史登－劉必烈型式為

$$[xy']' + \left[\frac{-n^2}{x} + \lambda x\right]y = 0 \tag{5.138}$$

對照(5.100) 式，得到

$$r(x) = x, \ \ q(x) = \frac{-n^2}{x}, \ \ p(x) = x$$

⑴ $r(0) = 0$ 且 $y(R) = 0$ $(A_1 = 0, A_2 \neq 0)$，可知本題仍為奇異型史登－劉必烈問題。

⑵ 加權函數 $p(x) = x$，致垂直特性公式為

$$\int_0^R x\, J_n(\sqrt{\lambda_j}\,x) J_n(\sqrt{\lambda_k}\,x)\ dx = 0 \tag{5.139}$$

⑶ 傅立葉－貝索級數：對任何在 $x \in [0, R]$ 區間連續函數 $g(x)$，可以用貝索函數 $J_n(\sqrt{\lambda_k}\,x)$ 展開為

$$g(x) = \sum_{k=0}^{\infty} a_k J_n(\sqrt{\lambda_k}\,x) \tag{5.140}$$

且

$$a_k = \frac{\displaystyle\int_0^R x g(x) J_n(\sqrt{\lambda_k}\,x)\, dx}{\displaystyle\int_0^R x [J_n(\sqrt{\lambda_k}\,x)]^2\, dx} \tag{5.141}$$

$$\| J_n(\sqrt{\lambda_k}\, x) \|^2 = \int_0^R x [J_n(\sqrt{\lambda_k}\, x)]^2\, dx$$

$$= \frac{1}{2} R^2 [J_{n+1}(\sqrt{\lambda_k}\, R)]^2 \tag{5.142}$$

3. 拉貴兒方程式和拉貴兒多項式 （Laguerre polynomials）

拉貴兒方程式為($x \in [0, \infty]$)

$$xy'' + (1-x)y' + \lambda y = 0, \ \lambda = n, \ n \geq 0 \tag{5.143}$$

史登 – 劉必烈型式為

$$[xe^{-x}y']' + \lambda e^{-x} y = 0 \tag{5.144}$$

得到

$$r(x) = x\, e^{-x}, \ q(x) = 0, \ p(x) = e^{-x}$$

(1) $r(0) = r(\infty) = 0$，屬奇異型史登 – 劉必烈問題。

(2) 從產生函數

$$H(x,r) = (1-r)^{-1}\exp[-xr(1-r)^{-1}] \tag{5.145}$$

可以證得拉貴兒函數 $L_n(x)$，

$$L_n(x) = \sum_{k=0}^{n} \frac{(-1)^k n!\, x^k}{(k!)^2(n-k)!} \tag{5.146}$$

(3) 加權函數 $p(x) = e^{-x}$，垂直特性公式為

$$\int_0^\infty e^{-x} L_n L_m\, dx = 0, \ n \neq m \tag{5.147}$$

(4) 傅立葉 – 拉貴兒級數

$$g(x) = \sum_{n=0}^{\infty} a_n L_n(x) \tag{5.148}$$

$$a_n = \int_0^\infty e^{-x} g(x) L_n(x)\, dx \tag{5.149}$$

$$\| L_n \|^2 = \int_0^\infty e^{-x} [L_n(x)]^2 \, dx = 1 \tag{5.150}$$

4. 赫麥方程式和赫麥多項式(Hermite polynomials)

赫麥方程式為($x \in [-\infty, \infty]$)

$$y'' - 2xy' + \lambda y = 0, \quad \lambda = 2n, \quad n \geq 0 \tag{5.151}$$

史登－劉必烈型式為

$$[e^{-x^2} y']' + \lambda e^{-x^2} y = 0 \tag{5.152}$$

得到

$$r(x) = e^{-x^2}, \quad q(x) = 0, \quad p(x) = e^{-x^2}$$

(1)$r(\infty) = r(-\infty) = 0$，屬奇異型史登－劉必烈問題。

(2) 從產生函數

$$H(x, r) = \exp(2xr - r^2) \tag{5.153}$$

可以得到赫麥多項式為

$$H_n(x) = \sum_{k=0}^{[n/2]} \frac{(-1)^k n! (2x)^{n-2k}}{k! (n-2k)!} \tag{5.154}$$

(3) 加權函數 $p(x) = e^{-x^2}$，垂直特性公式，

$$\int_{-\infty}^\infty e^{-x^2} H_n H_m \, dx = 0, \quad n \neq m \tag{5.155}$$

(4) 傅立葉－赫麥級數

$$g(x) = \sum_{n=0}^\infty a_n H_n(x) \tag{5.156}$$

$$a_n = (2n^n! \sqrt{\pi})^{-1} \int_{-\infty}^\infty e^{-x^2} g(x) H_n(x) \, dx \tag{5.157}$$

$$\| H_n \|^2 = \int_{-\infty}^\infty e^{-x^2} [H_n(x)]^2 \, dx$$

$$= 2n^n! \sqrt{\pi}, \quad n \geq 0 \tag{5.158}$$

解題範例

【範例 1】

證明(5.142) 式,

$$\| J_n(\sqrt{\lambda_k}\, x) \|^2 = \int_0^R x[J_n(\sqrt{\lambda_k}\, x)]^2\, dx$$

$$= \frac{1}{2} R^2[J_{n+1}(\sqrt{\lambda_k}\, R)]^2$$

【證】

將原始方程式(5.133) 乘以 $2y'$,

$$2x^2 y'' y' + 2x(y')^2 + 2(\lambda x^2 - n^2)yy' = 0$$

$$[x^2(y')^2]' + (\lambda x^2 - n^2)(y^2)' = 0$$

$$[(xy')^2]' + [(\lambda x^2 - n^2)y^2]' = 2\lambda x y^2$$

積分上式,

$$[(xy')^2 + (\lambda x^2 - n^2)y^2]\Big|_0^R = 2\lambda \int_0^R xy^2\, dx \qquad (5.159)$$

已知

(1) $y' = \dfrac{dy}{dx} = \dfrac{d\, J_n(\sqrt{\lambda_k}\, x)}{dx} = J_n{}'(\sqrt{\lambda_k}\, x)\, \sqrt{\lambda_k}$

(2) 由(5.73a) 式,可以得證

$$x\, J_n{}'(x) = n\, J_n(x) - x\, J_{n+1}(x) \qquad (5.160)$$

同理,

$$\sqrt{\lambda_k}\, x\, J_n{}'(\sqrt{\lambda_k}\, x) = n\, J_n(\sqrt{\lambda_k}\, x) - \sqrt{\lambda_k}\, x\, J_{n+1}(\sqrt{\lambda_k}\, x)$$

$$(5.161)$$

(3) $n\, J_n(\sqrt{\lambda_k}\, x)\Big|_0^R = 0$,證明如下:

(i) 在 $x = 0$,$J_n(0) = 0$ 除了 $J_0(0) = 1$ 之外,但當 $n = 0$,$nJ_0(0)$

$= 0$，得知 $nJ_n(0) = 0$，$n \geq 0$。

(ii) 在 $x = R$，由邊界條件(5.136b) 式得知 $J_n(\sqrt{\lambda_k}\, R) = 0$。

(4) 根據(5.161) 式，在 $x = 0$，

$$\sqrt{\lambda_k} \cdot 0 \cdot J_n{}'(0) = n\, J_n(0) - \sqrt{\lambda_k} \cdot 0 \cdot J_{n+1}(0) = 0$$

(5) 根據(5.161) 式，在 $x = R$，

$$\sqrt{\lambda_k}\, R\, J_n{}'(\sqrt{\lambda_k}\, R) = n\, J_n(\sqrt{\lambda_k}\, R) - \sqrt{\lambda_k}\, R\, J_{n+1}(\sqrt{\lambda_k}\, R)$$

$$= -\sqrt{\lambda_k}\, R\, J_{n+1}(\sqrt{\lambda_k}\, R)$$

$$（因爲 J_n(\sqrt{\lambda_k}\, R) = 0）$$

或

$$J_n{}'(\sqrt{\lambda_k}\, R) = -J_{n+1}(\sqrt{\lambda_k}\, R) \qquad (5.162)$$

將 $y = J_n(\sqrt{\lambda_k}\, x)$ 代入(5.159) 式配合上述推導的五項已知，可以得證

$$2\lambda_k \int_0^R x(J_n)^2\, dx = [\sqrt{\lambda_k}\, x\, J_n{}'(\sqrt{\lambda_k}\, x)]^2 \Big|_0^R$$

$$= \lambda_k R^2 [J_{n+1}(\sqrt{\lambda_k}\, R)]^2$$

或

$$\int_0^R x(J_n)^2\, dx = \frac{1}{2} R^2 [J_{n+1}(\sqrt{\lambda_k}\, R)]^2$$

【範例 2】

將 $xy'' + 2y' + (x^3 - \lambda x^2)y = 0$ 寫成史登 – 劉必烈型式。

【解】

寫成標準型式，

$$y'' + \frac{2}{x} y' + (x^2 - \lambda x)y = 0$$

得到

$$R(x) = \frac{2}{x},\ Q(x) = x^2,\ P(x) = -x$$

計算 $r(x)$、$p(x)$、$q(x)$ 為

$$r(x) = e^{\int R(x)dx} = e^{\int \frac{2}{x}dx} = e^{2\ln x} = x^2$$

$$q(x) = Q(x) \cdot r(x) = x^2 \cdot x^2 = x^4$$

$$p(x) = P(x) \cdot r(x) = -x \cdot x^2 = -x^3$$

史登－劉必烈型式為

$$[x^2 y']' + (x^4 - \lambda x^3)y = 0$$

【範例 3】

解答特徵值和特徵函數於邊界值問題

$$y'' - 4\lambda y' + 4\lambda^2 y = 0;\ y(0) = 0,\ y(1) + y'(1) = 0$$

【解】

由特徵方程式,

$$s^2 - 4\lambda s + 4\lambda^2 = (s - 2\lambda)^2 = 0$$

得知該方程式有重根 $s = 2\lambda$,普通答案應為

$$y = c_1 e^{2\lambda x} + c_2 x\, e^{2\lambda x}$$

代入邊界條件,

$$y(0) = c_1 = 0$$

$$y(1) + y'(1) = c_2 \cdot 1 \cdot e^{2\lambda} + c_2 \cdot e^{2\lambda} + c_2 \cdot 2\lambda \cdot 1 e^{2\lambda} = 0$$

或

$$c_2(2 + 2\lambda)e^{2\lambda} = 0$$

$c_2 \neq 0$ 且 $e^{2\lambda} \neq 0$　(λ 不為虛數,因本題屬史登－劉必烈問題),得到

$$2 + 2\lambda = 0 \quad 或 \quad \lambda = -1$$

普通答案為

$$y(x) = c_2 x\, e^{-2x},\ \lambda = -1$$

【範例 4】

解答特徵值和特徵函數於邊界值問題

$$y'' - 4\lambda y' + 4\lambda^2 y = 0; \quad y'(1) = 0, \quad y(2) + 2y'(2) = 0$$

【解】

由上題得知普通答案為 $y(x) = c_1 e^{2\lambda x} + c_2 x e^{2\lambda x}$，代入邊界條件，得
到

$$(2\lambda)c_1 + (1 + 2\lambda)c_2 = 0 \tag{5.163a}$$

$$(1 + 4\lambda)c_1 + (4 + 8\lambda)c_2 = 0 \tag{5.163b}$$

上述聯立方程式，若欲讓 c_1 和 c_2 不同時為零，則已知需要

$$\begin{vmatrix} 2\lambda & (1+2\lambda) \\ (1+4\lambda) & (4+8\lambda) \end{vmatrix} = (1+2\lambda)(4\lambda - 1) = 0$$

得到特徵值 $\lambda = -\dfrac{1}{2}$ 或 $\dfrac{1}{4}$，普通答案

(1) 對 $\lambda = -\dfrac{1}{2}$，代入(5.163) 式，得到 $c_1 = 0$，

$$y_1(x) = c_2 x e^{-x}$$

(2) 對 $\lambda = \dfrac{1}{4}$，代入(5.163) 式，得到 $c_1 = -3c_2$

$$y_2(x) = c_2(-3 + x)e^{x/2}$$

【範例 5】

解 $y'' + \lambda y = 0; \quad y(0) = y\left(\dfrac{\pi}{2}\right) = 0$

【解】

由題目可知 $r(x) = p(x) = 1$ 且 $q(x) = 0$，由邊界條件得知本題屬
普通型史登 - 劉必烈問題。

本題答案的型式隨著 $\lambda = 0$，$\lambda < 0$，$\lambda > 0$ 而有所不同，故分成三種
情形來探討答案：

(1)$\lambda = 0$，$y'' = 0$ 之普通答案為

$$y(x) = a + bx$$

代入邊界條件

$$y(0) = a = 0$$

$$y\left(\frac{\pi}{2}\right) = b \cdot \frac{\pi}{2} = 0$$

既然 $a = b = 0$，無解，$\lambda = 0$ 非本題的特徵值。

(2) $\lambda = k^2 > 0$, $k > 0$

$y'' + k^2 y = 0$ 之普通答案爲

$$y(x) = a\cos(kx) + b\sin(kx)$$

代入邊界條件

$$y(0) = a = 0$$

$$y\left(\frac{\pi}{2}\right) = b\sin\left(\frac{k\pi}{2}\right) = 0$$

上式在 $k = 2n$ 時成立且 $b \neq 0$，因此得到一組特徵值和特徵函數：

$$\lambda_n = k^2 = 4n^2, \; n \geq 1$$

$$y_n(x) = b_n\sin(2nx)$$

(3) $\lambda = -k^2 < 0$, $k > 0$

$y'' - k^2 y = 0$ 之普通答案爲

$$y = ae^{kx} + be^{-kx}$$

代入邊界條件 $x = 0$,

$$y(0) = a + b = 0$$

導致

$$y(x) = a(e^{kx} - e^{-kx}) = 2a\sinh(kx)$$

代入另一邊界條件 $x = \frac{\pi}{2}$,

$$y\left(\frac{\pi}{2}\right) = 2a\sinh\left(\frac{k\pi}{2}\right) = 0$$

由於 $\sinh\left(\frac{k\pi}{2}\right) \neq 0$，因而 $a = b = 0$，故 $\lambda < 0$ 並非特徵值。結論，本題之特徵值和特徵函數是

$$\lambda_n = 4n^2, \; n \geq 1$$

$$y_n(x) = b_n \sin(2nx)$$

注意，在此普通型史登－劉必烈問題中，特徵值 λ_n 符合定理 5.5 所提到的原則：

(a) $\lambda_n < \lambda_m$, $n < m$

(b) $\lim\limits_{n \to \infty} \lambda_n = \infty$

當然亦擁有直交特性($p(x) = 1$)

$$\int_0^{\frac{\pi}{2}} y_n y_m \, dx = 0, \quad n \neq m$$

【範例 6】

解 $y'' + \lambda y = 0$; $y(-\pi) = y(\pi)$, $y'(-\pi) = y'(\pi)$。

【解】

本題的方程式和上題一樣，$r(x) = p(x) = 1$ 且 $q(x) = 0$；但邊界條件不同，導致本題型屬週期型史登－劉必烈問題。答案亦分三種情形來討論：

(1) $\lambda = 0$

$y'' = 0$ 的答案為

$$y(x) = a + bx$$

代入邊界條件 $y(-\pi) = y(\pi)$

$$y(-\pi) = a - b\pi = y(\pi) = a + b\pi$$

導致

$$b = 0 \quad 且 \quad y = a$$

而 $y = a$ 符合另一邊界條件 $y'(-\pi) = y'(\pi) = 0$。

因此，$\lambda_0 = 0$ 是特徵值，特徵函數 $y_0 = a_0$, a_0 為任一常數。

(2) $\lambda = k^2 > 0$, $k > 0$

$y'' + k^2 y = 0$ 的答案為

$$y(x) = a \cos(kx) + b \sin(kx)$$

代入邊界條件 $y(-\pi) = y(\pi)$

$$a\cos(k\pi) - b\sin(k\pi) = a\cos(k\pi) + b\sin(k\pi)$$

或

$$2b\sin(k\pi) = 0$$

上式只要 $\sin(k\pi) = 0$，即 $k = n$ 就可使 $b \neq 0$ 而得到一組特徵值
和特徵函數。再代入另一邊界條件 $y'(-\pi) = y'(\pi)$，

$$ak\sin(k\pi) + bk\cos(k\pi) = -ak\sin(k\pi) + bk\cos(k\pi)$$

或

$$2ak\sin(k\pi) = 0$$

$k = n$ 正好可使上式成立，因此這裡得到另一組特徵值和特徵函
數：

$$\lambda = n^2, \; n \geq 1$$

$$y_n(x) = a_n\cos(nx) + b_n\sin(nx)$$

(3) $\lambda = -k^2 < 0, \; k > 0$

$y'' - k^2 y = 0$ 的答案為

$$y(x) = ae^{kx} + be^{-kx}$$

代入邊界條件 $y(-\pi) = y(\pi)$

$$ae^{-k\pi} + be^{k\pi} = ae^{k\pi} + be^{-k\pi} \qquad\qquad (5.164)$$

代入另一邊界條件 $y'(-\pi) = y'(\pi)$

$$ake^{-k\pi} - bke^{k\pi} = ake^{k\pi} - bke^{-k\pi}$$

或

$$ae^{-k\pi} - be^{k\pi} = ae^{k\pi} - be^{-k\pi} \qquad\qquad (5.165)$$

(5.164) 式 ± (5.165) 式分別得到

$$2a[e^{-k\pi} - e^{k\pi}] = 0$$

$$2b[e^{k\pi} - e^{-k\pi}] = 0$$

獲知 $a = b = 0$，因此 $\lambda < 0$ 並非特徵值。

結論，本題之特徵值和特徵函數是

$$\lambda_n = n^2, \ n \geq 0$$

$$y_n = a_n\cos(nx) + b_n\sin(nx)$$

這裡已將上述兩種情形 $\lambda = 0$ 和 $\lambda > 0$ 的特徵函數合併在一起，同時本週期型史登－劉必烈問題亦符合定理 5.5 所提的原則：

(a)$\lambda_n < \lambda_m, \ n < m$

(b) $\lim_{n \to \infty} \lambda_n = \infty$

【範例 7】

解樂見德方程式

$$[(1 - x^2)y']' + \lambda y = 0, \ x \in [-1,1]$$

【解】

樂見德方程式在前面已提過，是屬奇異型史登－劉必烈問題。其冪級數解答應爲

$$y(x) = \sum_{n=0}^{\infty} a_n x^n$$

推導所得的再生關係式(即(5.75) 式) 是

$$a_{n+2} = \frac{[n(n + 1) - \lambda]}{(n + 1)(n + 2)} a_n \tag{5.166}$$

在第 5.5 節已提過，若 λ 的數值無法截斷級數，而讓其解答爲無窮級數時，該解答會在邊界的點$(x = \pm 1)$ 發散，而根據定義，發散的解答不是奇異型史登－劉必烈問題的特徵函數。因此特徵值 λ 必爲 $n(n + 1)$ 以截斷級數，使之成爲有限級數才不會在邊界點 $x = \pm 1$ 之處發散，而 $\lambda = n(n + 1)$ 的有限級數解即是樂見德多項式 $P_n(x)$。現在根據上述事實來討論本題的答案。

⑴$\lambda = 0$,

$$a_{n+2} = \frac{n}{n + 2} a_n, \ n \geq 0$$

明顯的無法截斷級數，因此答案必發散，根據詳細的推導，其答案為

$$y_1(x) = a_0, \; n = 0$$

$$y_2(x) = a_0 + a_1 \sum_{n=0}^{\infty} \frac{1}{2n+1} x^{2n+1}, \; n > 0$$

其對應函數是

$$y_1(x) = a_0, \; n = 0$$

$$y_2(x) = a_0 + \frac{a_1}{2}[\ln(1+x) - \ln(1-x)], \; n > 0$$

由於 $y_2(x)$ 在 $x = \pm 1$ 處發散，故不可為解答，只有 $y_1(x) = a_0$ 不發散，導致 $\lambda = 0$ 是特徵值，但只有一對應特徵函數 $y_1(x) = a_0$，通常我們令其為樂見德多項式 $P_0(x) = 1$。

(2) $\lambda = -k^2 < 0$，

$$a_{n+2} = \left[\frac{n}{n+2} + \frac{k^2}{(n+1)(n+2)} \right] a_n, \; n \geq 0$$

上式無論如何無法導致有限級數，所以解答必在 $x = \pm 1$ 處發散，$\lambda < 0$ 非特徵值。

(3) $\lambda = n(n+1) > 0, \; n > 1$

這是標準的樂見德多項式 $P_n(x)$。

結論，樂見德方程式的特徵值和特徵函數是

$$\lambda_n = n(n+1), \; n \geq 0$$

$$y_n(x) = P_n(x)$$

【範例 8】

若邊界條件是 $y(0) = 0$ 且 $y'(1) = 0$，則決定下列方程式是否符合史登 – 劉必烈問題：

(a) $e^x y'' + e^x y' + \lambda y = 0$

(b)$xy'' + y' + (x^2 + 1 + \lambda)y = 0$

(c)$xy'' - y' + x^2(x + \lambda)y = 0$

(d)$y'' + \lambda(1 + x)y = 0$

【解】

(a) 原方程式換爲

$$[e^x y']' + \lambda y = 0$$

$$r(x) = e^x, \quad q(x) = 0, \quad p(x) = 1$$

$r(x) > 0$ 在 $x \in [0,1]$, 故爲史登－劉必烈問題。

(b) 原方程式換爲

$$[xy']' + [(x^2 + 1) + \lambda]y = 0$$

$$r(x) = x, \quad q(x) = x^2 + 1, \quad p = 1$$

$r(x) = 0$ 在 $x = 0$ 之處, 不符合普通型史登－劉必烈問題的定義 (因爲需要 $r(x) > 0$), 故不爲史登－劉必烈問題。

(c) 原方程式換爲

$$\left(\frac{1}{x} y'\right)' + (x + \lambda)y = 0$$

$$r(x) = \frac{1}{x}, \quad q(x) = x, \quad p(x) = 1$$

$r(x)$ 在 $x = 0$ 之處發散, 因此不爲史登－劉必烈問題。

(d) 原方程式換爲

$$(y')' + \lambda(1 + x)y = 0$$

$r(x) = 1$, $q(x) = 0$, $p(x) = 1 + x$, 符合普通型史登－劉必烈問題的定義($r(x) > 0$ 在 $x \in [0,1]$), 是爲史登－劉必烈問題。

【範例 9】

將 $g(x) = 4x - x^3$ 在 $x \in [0,2]$ 區間用(5.140)式的傅立葉－貝索級數的第一階貝索函數展開之。

【解】

由(5.141) 式, $n = 1$, $R = 2$ 且 $\omega_k = \dfrac{z_k}{2} = \sqrt{\lambda_k}$ 代入之,

$$a_k = \frac{1}{2} \frac{\int_0^2 x[4x - x^3]J_1(\omega_k x)\, dx}{[J_2(2\omega_k)]^2},\ k \geq 1$$

$$g(x) = \sum_{k=1}^{\infty} a_k J_1(\omega_k x)$$

已知

$$\int_0^2 x[4x - x^3]J_1(\omega_k x)\, dx = \frac{32}{\omega_k^2}J_2(2\omega_k)$$

且

$$J_2(z_k) + J_0(z_k) = \frac{2}{z_k}J_1(z_k) = 0 \qquad (見(5.72a)\ 式)$$

z_k 是 $J_1(x) = 0$ 的第 k 個正根。

得到

$$a_k = \frac{16}{\omega_k^3 J_2(2\omega_k)} = \frac{128}{z_k^3 J_2(z_k)} = \frac{-128}{z_k^3 J_0(z_k)}$$

給定 $J_1(x) = 0$ 的五個正根 z_k, 及 $J_0(z_k)$ 的數值如下:

$$z_1 = 3.83,\ J_0(z_1) = -0.4$$
$$z_2 = 7.02,\ J_0(z_2) = 0.3$$
$$z_3 = 10.17,\ J_0(z_3) = -0.25$$
$$z_4 = 13.32,\ J_0(z_4) = 0.22$$
$$z_5 = 16.47,\ J_0(z_5) = -0.2$$

求得前五項級數爲

$$4x - x^3 \approx 5.6492J_1(1.916x) - 1.2352J_1(3.51x)$$
$$+ 0.487J_1(5.1x) - 0.25J_1(6.66x)$$
$$+ 0.146J_1(8.24x)$$

習　題

1. ～ 12. 題寫成史登－劉必烈型式，若邊界條件是 $y(-1) + 2y'(-1)$ $= 0$ 且 $y(1) + 2y'(1) = 0$，則判斷是否爲史登－劉必烈問題。

1. $(2 + \sin x)y'' + (\cos x)y' + (1 + \lambda)y = 0$

2. $x^2 y'' + xy' + (x^2 - \lambda)y = 0$

3. $(\sin \pi x)y'' + (\pi \cos \pi x)y' + (x + \lambda)y = 0$

4. $y'' + 2y' + (\lambda + 1)y = 0$

5. $(\sin x)y'' + (\cos x)y' + (1 + \lambda)y = 0$

6. $xy'' + (1 - x)y' + \lambda y = 0$

7. $(x + 2)^2 y'' + 2(x + 2)y' + (e^x + \lambda e^{2x})y = 0$

8. $y'' - 2xy' + (x + \lambda)y = 0$

9. $(x + 2)^2 y'' + (x + 2)y' + (e^x + \lambda e^{2x})y = 0$

10. $y'' - (\tan x)y' + \lambda y = 0$

11. $x^2 y'' + 3\lambda y = 0$

12. $y'' + \dfrac{3}{(x - 4)^2}\lambda y = 0$

13. ～ 28. 題，求特徵值和特徵函數，並判別史登－劉必烈問題的型態。

13. $y'' + \lambda y = 0;\ y'(0) = y(4) = 0$

14. $y'' + 2\lambda y' + \lambda^2 y = 0;\ y(0) + y'(0) = 0,\ y(1) + y'(1) = 0$

15. $y'' + \lambda y = 0;\ y(-3\pi) = y(3\pi),\ y'(-3\pi) = y'(3\pi)$

16. $y'' + 2\lambda y' + \lambda^2 y = 0;\ y(0) = 0,\ y(1) = 0$

17. $y'' + \lambda y = 0;\ y(0) - 2y'(0) = 0,\ y'(1) = 0$

18. $y'' + 2\lambda y' + \lambda^2 y = 0;\ y(1) + y'(1) = 0,\ 3y(2) + 2y'(2) = 0$

19. $y'' - 12y' + 4(\lambda + 7)y = 0$;　$y(0) = y(5) = 0$

20. $y'' + \lambda y' = 0$;　$y(0) + y'(0) = 0$,　$y(2) + y'(2) = 0$

21. $xy'' + y' + \lambda x^{-1}y = 0$;　$y(1) = y'(e) = 0$

22. $y'' - \lambda y = 0$;　$y(0) = y(1) = 0$

23. $y'' + 2y' + \lambda y = 0$;　$y(0) = y(\pi) = 0$

24. $y'' + \lambda y = 0$;　$y'(0) = y(5) = 0$

25. $x^2 y'' + 3xy' + \lambda y = 0$;　$y(1) = y(e^3) = 0$

26. $y'' + \lambda y = 0$;　$y'(0) = y'(\pi) = 0$

27. $x^2 y'' - xy' + (\lambda + 4)y = 0$;　$y(1) = y(e^4) = 0$

28. $x^2 y'' + xy' + \lambda y = 0$;　$y(1) = y'(e) = 0$

29. ～ 32. 題，求 $g(x)$ 的傅立葉－樂見德級數。

29. $g(x) = 1$,　$x \in [-1,1]$

30. $g(x) = \begin{cases} 0, & -1 \le x < 0 \\ x, & 0 \le x < 1 \end{cases}$,　$x \in [-1,1]$

31. $g(x) = 5x^3 + x$,　$x \in [-1,1]$

32. $g(x) = |x|$,　$x \in [-1,1]$

33. 將 $g(x) = x^3 - \dfrac{5}{2}x^2 + \dfrac{3}{2}x - 2$ 做傅立葉－赫麥級數展開之，$x \in$ $(-\infty, \infty)$。

34. 將 $g(x) = e^{-2x}$ 做傅立葉－拉貴兒級數展開之，$x \in [0, \infty)$。

5.7   貝索函數和樂見德多項式在電子工程上之應用

工程數學是探討工程問題上所應具備的數學常識，這裡就對這些特殊函數出現在工程上的場合加以探討和說明之。

1. 表皮效應(skin effect)

交流電流在圓形電線中傳遞時，隨著頻率的增高，電流越趨集中在電線的外圍，造成阻抗也隨之增大，這種現象稱爲「表皮效應」(skin effect)。

假設一交流電流 $I = D\cos(\omega t)$ 通過一條導線，其圓柱形狀及其次維如圖 5.6 所示。偏微分方程式推導所用的符號定義在表 5.3。

圖 5.6   導線的幾何形狀

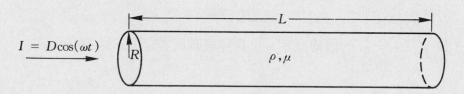

表 5.3　*表皮效應的符號定義*

$I(t)$：通過導線的交流電流
R　：導線的半徑
ρ　：阻抗係數
μ　：導磁係數
$J(r,t)$：電流密度
$H(r,t)$：磁場強度
$B(r,t)$：磁場，$B = \mu H$

(1) 安培電路定律 (Ampere's circuital law)

　　圍繞電流的磁場強度成正比於其所圍繞的電流量，見圖 5.7(a) 及公式如下：

$$\oint_{C} \vec{H} \cdot d\,\vec{l} = \iint_{S} \vec{J} \cdot d\,\vec{A} \tag{5.167}$$

因為(a)$d\,\vec{l} = rd\,\vec{\theta}$，且 $\vec{H}(r,\ t)$ 中並無 θ 成分且與 $d\,\vec{\theta}$ 同向

　　(b) $\vec{J}$ 與 $d\,\vec{A}$ 同向，且 $dA = r\,d\theta\,dr$

圖 5.7　*電線的* (a) *橫切面* (b) *縱切面，其中* ⊙ *代表凸出紙面的方向。*

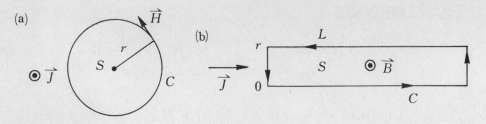

因此, (5.167) 式變爲

$$H r \oint_C d\theta = \iint_S J \cdot r \, d\theta \, dr$$

$$2\pi r H = \int_0^r J \cdot 2\pi r \, dr$$

$$rH = \int_0^r Jr \, dr$$

取偏微分 $\dfrac{\partial}{\partial r}$,

$$\frac{\partial}{\partial r}[rH] = J \cdot r \qquad\qquad (5.168)$$

⑵ 法拉第定律(Faraday's law)

磁場強度隨時間的變化可以產生電力, 如圖 5.7(b) 所示及公式如下:

$$\oint_C \vec{E} \cdot d\vec{l} = -\frac{\partial}{\partial t} \iint_S \vec{B} \cdot d\vec{A} \qquad\qquad (5.169)$$

由於

(a)$El = V = I \cdot R = \dfrac{I}{A} \cdot A \cdot R = J \cdot A \cdot \dfrac{\rho l}{A} = \rho J l$

$\vec{J}(0,t)$ 和 $d\vec{l}$ 的方向相同, 而 $\vec{J}(r,t)$ 和 $d\vec{l}$ 的方向相反; 在兩側 (即半徑 $\vec{r}$ 方向), $\vec{J}(r,t)$ 和 $d\vec{l}$ 垂直。

(b) $\vec{B}$ 和 $d\vec{A}$ 同向且 $dA = dl \, dr$

因此, (5.169) 式變爲

$$\rho \oint_C \vec{J}(r,t) \cdot d\vec{l} = \frac{-\partial}{\partial t}\Big[\int_0^r \int_0^L \mu H(r, \ t) \, dl \, dr\Big]$$

或

$$\rho L[J(0,t) - J(r,t)] = -\frac{\partial}{\partial t}[\mu L \int_0^r H \, dr]$$

取偏微分 $\dfrac{\partial}{\partial r}$,

$$-\rho L \frac{\partial J}{\partial r} = -\mu L \frac{\partial H}{\partial t}$$

或

$$\rho \frac{\partial J}{\partial r} = \mu \frac{\partial H}{\partial t} \tag{5.170}$$

將(5.170) 式乘以 r 後再取 $\dfrac{\partial}{\partial r}$ 偏微分，得到

$$\frac{\partial}{\partial r}\left[\rho r \frac{\partial J}{\partial r}\right] = \mu \frac{\partial}{\partial t}\left[\frac{\partial}{\partial r}(rH)\right] \tag{5.171}$$

將(5.168) 式代入上式以去掉變數 H,

$$\rho \frac{\partial}{\partial r}\left[r \frac{\partial J}{\partial r}\right] = \mu \frac{\partial}{\partial t}(J \cdot r) = \mu r \frac{\partial}{\partial t}J$$

或

$$\frac{1}{r} \frac{\partial}{\partial r}\left[r \frac{\partial J}{\partial r}\right] = \frac{\mu}{\rho} \frac{\partial J}{\partial t} \tag{5.172}$$

利用第 6 章介紹的分離變數法(separation of variables) 將偏微分方程式化爲全微分方程式，即令

$$J(r,\ t) = f(r)T(t) \tag{5.173}$$

因爲輸入電流 $I(t) = D\cos(\omega t) = \mathrm{Re}[D\,e^{i\omega t}]$ 爲單一頻率的信號，所以電流密度 $J(r,\ t)$ 也是單一頻率信號，故可令 $T(t) = e^{i\omega t}$，再代入偏微分方程式中，

$$\frac{1}{r} \frac{\partial}{\partial r}\left[r \frac{\partial}{\partial r}(f(r)e^{i\omega t})\right] = \frac{\mu}{\rho} \frac{\partial}{\partial t}[f(r)e^{i\omega t}]$$

$$e^{i\omega t} \cdot \frac{1}{r} \frac{d}{dr}(rf') = \frac{\mu}{\rho} f(r) \cdot (i\omega) \cdot e^{i\omega t}$$

$$\frac{1}{r}(rf'' + f') = \frac{i\omega\mu}{\rho}f(r)$$

$$r^2 f'' + rf' - \frac{i\omega\mu}{\rho} r^2 f(r) = 0$$

或

$$r^2 f'' + r f' - k^2 r^2 f(r) = 0 \qquad (5.174)$$

其中

$$k^2 = \frac{i\omega\mu}{\rho}$$

或

$$k = i^{1/2}\sqrt{\frac{\mu\omega}{\rho}} = e^{i\pi/4}\sqrt{\frac{\mu\omega}{\rho}} = \frac{1+i}{\sqrt{2}}\sqrt{\frac{\mu\omega}{\rho}}$$

很明顯地，(5.174) 式是屬於修正型貝索方程式，其答案爲

$$f(r) = c_1 I_0(kr) + c_2 K_0(kr) \qquad (5.175)$$

已知當 $r = 0$, $K_0(0) = \infty$, 故令 $c_2 = 0$,

$$f(r) = c_i I_0(kr)$$

$$J(r,t) = f(r)e^{i\omega t} = c_1 I_0(kr)e^{i\omega t} \qquad (5.176)$$

對於係數 c_1 可由輸入條件 $I = De^{i\omega t}$ 推導而得，即

$$De^{i\omega t} = \iint_S J\, dA = \int_0^{2\pi}\int_0^R J(r,\ t) r\, dr\, d\theta$$

$$= 2\pi c_1 e^{i\omega t}\int_0^R r I_0(kr)\ dr$$

或

$$D = 2\pi c_1 \int_0^R r I_0(kr)\, dr \qquad (5.177)$$

已知

$$I_0(x) = \sum_{n=0}^{\infty}\frac{(x/2)^{2n}}{n!\,\Gamma(n+1)} = \sum_{n=0}^{\infty}\frac{(x/2)^{2n}}{(n!)^2}$$

$$r I_0'(kr) = \sum_{n=1}^{\infty}\frac{2^{-2n}}{(n!)^2}\cdot 2n(kr)^{2n} \qquad (5.178)$$

$$[r I_0'(kr)]' = \sum_{n=1}^{\infty}\frac{2^{-2n}}{(n!)^2}\cdot (2n)^2 \cdot (kr)^{2n-1}\cdot k$$

$$= \sum_{n=1}^{\infty}\frac{2^{-2(n-1)}}{[(n-1)!]^2}\cdot (kr)^{2n-1}\cdot k_r^2$$

$$= \sum_{n=0}^{\infty} \frac{2^{-2n}}{(n!)^2} \cdot (kr)^{2n} \cdot k^2 r$$

$$= k^2 r I_0(kr) \tag{5.179}$$

將上式代入(5.177)式中，

$$D = 2\pi c_1 \int_0^R r I_0(kr) \; dr = 2\pi c_1 \frac{1}{k^2} [r I_0{}'(kr)] \Big|_0^R$$

$$= \frac{2\pi c_1 R}{k^2} I_0{}'(kR)$$

$$c_1 = \frac{Dk^2}{2\pi R I_0{}'(kR)} \tag{5.180}$$

得到電流密度 $J(r,t)$，

$$J(r,t) = \frac{Dk^2}{2\pi R I_0{}'(kR)} I_0(kr) e^{i\omega t} \tag{5.181}$$

$$k = \frac{1+i}{\sqrt{2}} \sqrt{\frac{\mu\omega}{\rho}} \text{ 比例於 } \sqrt{\omega}$$

　　注意 $J(r,t)$ 的實數項才是解答，而且已知 $I_0(kr)$ 趨近於 ∞ 當 kr 愈大時(見圖 5.4 或圖 5.8)。

　　這時候，我們可以根據(5.180)式來探討電流密度分佈在導線內的情形。

圖 5.8　$I_0(kr)$ 的特性

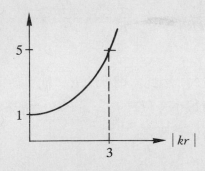

(a) 直流電，即 $I = D$，頻率 $\omega = 0$。

則 $k = 0$，造成 $J(r, t)$ 是常數項，就是電流平均分佈在導線上。

注意，當 $k = 0$，$I_0(kr) = 1$，$\dfrac{k^2}{I_0{}'(kR)} = \dfrac{1}{R}$（見(5.178) 式）。

(b) 低頻範圍，使得 $|kR| \ll 3$。

則電流大約平均分佈在導線上，但愈外圍的電流密度愈大。

(c) 高頻範圍，使得 $|kR| \gg 3$。

則所有的電流皆集中在導線外圍流過，反而導線內部沒有電流，故稱為表皮效應(skin effect)。表皮效應會使得電流面對的阻抗大增，大大地影響電流的傳遞。

另外，可以直接推導在半徑 r 內的電流量為

$$
\begin{aligned}
\int_0^r J(r,t) 2\pi r \, dr &= 2\pi \cdot \frac{Dk^2 \cdot e^{i\omega t}}{2\pi R I_0{}'(kR)} \int_0^r r I_0(kr) \, dr \\
&= \frac{Dk^2}{R I_0{}'(kR)} \times \frac{r}{k^2} I_0{}'(kr) e^{i\omega t} \quad ((5.179)\text{ 式}) \\
&= D e^{i\omega t} \times \frac{r I_0{}'(kr)}{R I_0{}'(kR)} \\
&= I \times \frac{r I_0{}'(kr)}{R I_0{}'(kR)} \quad\quad (5.182)
\end{aligned}
$$

當 $x \gg 1$ 時，$I_0{}'(x)$ 和 $I_0(x)$ 皆比例於 $\dfrac{e^x}{\sqrt{x}}$，故半徑 r 內的導線電流量為

$$
I \times \frac{r I_0{}'(kr)}{R I_0{}'(kR)} = I \times \frac{r}{R} \frac{e^{kr}}{\sqrt{r}} \cdot \frac{\sqrt{R}}{e^{kR}} = I \times \sqrt{\frac{r}{R}} \, e^{-k(R-r)}
$$

$$(5.183)$$

對高頻而言，k 非常大，因此 r 稍小於 R，就可使得 $e^{-k(R-r)}$ 非常小，表示導線內的電流量很小。只有 $R = r$ 時，才能得到總電流量 I，故電流量大部份跑在外圍流動之。

2. 拉卜拉動(Laplacian)於球形坐標

對一個球形的導體 S，假設電位分佈在表面為

$$u(R, \theta, \phi) = g(\phi) \tag{5.184}$$

而且導體內並無電荷源，則導體內的電位 $u(r, \theta, \phi)$ 符合拉卜拉動原理，即

$$\nabla^2 u = \frac{1}{r^2}\left[\frac{\partial}{\partial r}\left(r^2 \frac{\partial u}{\partial r}\right) + \frac{1}{\sin\phi}\frac{\partial}{\partial \phi}\left(\sin\phi \frac{\partial u}{\partial \phi}\right) + \frac{1}{\sin^2\phi}\frac{\partial^2 u}{\partial \theta^2}\right] = 0 \tag{5.185}$$

由於(5.184)式所表示的電位分佈只與 ϕ 和 r 有關，故知 $\frac{\partial^2 u}{\partial \theta^2} = 0$，(5.185)式可簡化為

$$\frac{\partial}{\partial r}\left(r^2 \frac{\partial u}{\partial r}\right) + \frac{1}{\sin\phi}\frac{\partial}{\partial \phi}\left(\sin\phi \frac{\partial u}{\partial \phi}\right) = 0 \tag{5.186}$$

且

$$\lim_{r \to \infty} u(r, \phi) = 0 \tag{5.187}$$

用分離變數法，令

$$u(r, \phi) = f(r)H(\phi)$$

代入(5.186)式中，整理後得到

$$\frac{1}{f}\frac{d}{dr}\left(r^2 \frac{df}{dr}\right) = -\frac{1}{H\sin\phi}\frac{d}{d\phi}\left(\sin\phi \frac{dH}{d\phi}\right) = \lambda \tag{5.188}$$

其中 λ 表示等號左邊(屬 $f(r)$ 函數)和右邊(屬 $H(\phi)$ 函數)的比例值，是一需要求取的未知數。因此，(5.188)式可以分離出兩全微分方程式來代表一個偏微分方程式為

$$\frac{d}{d\phi}\left(\sin\phi \frac{dH}{d\phi}\right) + \lambda H\sin\phi = 0 \qquad (0 \le \phi \le \pi) \tag{5.189a}$$

$$\frac{d}{dr}(r^2 f') - \lambda f = 0 \qquad (0 \le r < \infty) \tag{5.189b}$$

邊界條件可由(5.184) 式和(5.187) 式求得，即

$$u(R,\phi) = g(\phi)$$

$$\lim_{r \to \infty} f(r) = 0 \text{ 當 } r \geq R \text{ 且 } f(0) \text{ 不發散，當 } 0 \leq r < R$$

若令 $\lambda = n(n+1)$ 且 $\cos\phi = \omega$，$\sin^2\phi = 1 - \omega^2$，則(5.189) 式變為

$$r^2 f'' + 2rf' - n(n+1)f = 0 \qquad (0 \leq r < \infty) \quad (5.190a)$$

$$(1 - \omega^2)\frac{d^2 H}{d\omega^2} - 2\omega\frac{dH}{d\omega} + n(n+1)H = 0 \quad (-1 \leq \omega \leq 1)$$

$$(5.190b)$$

(5.190a) 式為科煦－尤拉(Cauchy-Euler) 方程式，請見2.4節，答案為

$$f_n(r) = c_1 r^n + c_2 r^{-n-1}$$

(a)$0 \leq r < R$，導體內部之邊界條件是 $f_n(0)$ 不發散，所以 $c_2 = 0$

$$f_n(r) = c_1 r^n$$

(b)$r \geq R$，導體外部之條件是 $\lim_{r \to \infty} f_n(r) = 0$，所以 $c_1 = 0$

$$f_n(r) = c_2 r^{-n-1} \qquad\qquad (5.191)$$

(5.190b) 式為樂見德方程式，

$$H_n(\omega) = P_n(\omega) = P_n(\cos\phi)，\ n \geq 0 \qquad\qquad (5.192)$$

結論是有無窮多的特徵函數和特徵值為

$$u_n(r,\phi) = f_n(r)H_n(\omega)$$

$$= r^n P_n(\cos\phi),\ 0 \leq r < R \qquad\qquad (5.193a)$$

或

$$u_n(r,\phi) = r^{-n-1}P_n(\cos\phi),\ r \geq R \qquad\qquad (5.193b)$$

$$\lambda_n = n(n+1),\ n \geq 0 \quad (\text{非負的整數})$$

普通答案 $u(r,\phi)$ 則由無窮多的特徵函數合成，即

$$u(r,\phi) = \sum_{n=0}^{\infty} A_n u_n(r,\phi)$$

(a) 當 $0 \leq r < R$，

$$u(r,\phi) = \sum_{n=0}^{\infty} A_n r^n P_n(\cos\phi) \qquad\qquad (5.194a)$$

(b) 當 $r \geq R$，

$$u(r,\phi) = \sum_{n=0}^{\infty} B_n r^{-n-1} P_n(\cos\phi) \tag{5.194b}$$

以(5.194a) 爲例，代入另一邊界條件 $u(R,\phi) = g(\phi)$，得到

$$g(\phi) = \sum_{n=0}^{\infty} A_n R^n P_n(\cos\phi) \tag{5.195}$$

很明顯地，上式爲傳立葉－樂見德級數，可以利用樂見德函數的垂直特性求得係數 A_n(見 5.5 節)。

得證

$$A_n = \frac{2n+1}{2R^n} \int_0^{\pi} g(\phi) P_n(\cos\phi) \sin\phi \, d\phi, \ \ n \geq 0 \tag{5.196a}$$

$$B_n = \frac{2n+1}{2} R^{n+1} \int_0^{\pi} g(\phi) P_n(\cos\phi) \sin\phi \, d\phi \tag{5.196b}$$

解題範例

【範例 1】

對表皮效應而言，一銅導線在頻率爲 1000 Hz 時，

$$k = (1 + i)\sqrt{\frac{\mu\omega}{2\rho}} = \frac{(1 + i)}{(2\text{mm})}$$

以一條半徑爲 5 mm 的銅導線爲例，試問對頻率爲 1 GHz 的電流信號而言，表皮效應是否很明顯。

【解】

以(5.183) 式爲例，導線中半徑 r 以內的電流量 $I(r)$ 爲

$$I(r) = I \times \sqrt{\frac{r}{5}}e^{-(\frac{1+i}{2})(5-r)} = I \times \sqrt{\frac{r}{5}}e^{-\frac{(5-r)}{2}i} \times e^{-\frac{5-r}{2}}$$

$$\therefore I(r) \propto e^{-\frac{5-r}{2\text{mm}}} = e^{-\frac{5-r}{\delta}}$$

$\delta = 2$ mm 可以視爲深度常數。

若頻率從 1000 Hz，增大到 1 GHz，而 k 值和 $\sqrt{f}$ 成正比，所以 k 變爲

$$k = \frac{1 + i}{2 \text{ mm}} \times \sqrt{\frac{10^9}{10^3}} = \frac{1 + i}{2 \text{ mm} \times 10^{-3}} = \frac{1 + i}{2 \text{ } \mu\text{m}}$$

$$= 500(1 + i) \text{ mm}^{-1}$$

故 $I(r) \propto e^{-500(5-r)}$，$r$ 以 mm 爲單位($\delta = 2 \text{ } \mu$m)

因此，在半徑 $r = 4.99$ mm 以內的電流量近似於

$$|I(r)| = De^{-500(5-4.99)} = D \times e^{-5} = 0.00674D$$

其中 $I = De^{i\omega t}$，且 $\sqrt{\frac{4.99}{5}} \approx 1$。

這告訴我們，在半徑 5 mm 的導線中，4.99 mm 半徑以內的電流量只占了 0.674%，而表皮的 0.01 mm 深度內卻擁有 99.326% 的電流量，可見表皮效應之嚴重性。當然導線阻抗也大爲增加。

【範例 2】

假設一球形電容器由上下兩個半球導體形成, 兩半球接觸處用絕緣體隔離之。上半球接上 110 伏特, 下半球則接地且球半徑 $R = 1$ cm。求導體內外的電位分佈, 只求到 $n = 3$。

【解】

由樂見德多項式(5.128) 可得到

$$A_n = \frac{2n+1}{2} \int_0^\pi g(\phi) P_n(\cos\phi) \sin\phi \, d\phi, \ n \geq 0$$

其中

$$g(\phi) = \begin{cases} 110, \ 0 \leq \phi < \dfrac{\pi}{2} \\ 0, \ \dfrac{\pi}{2} \leq \phi < \pi \end{cases}$$

$$\cos\phi = \omega, \ d\omega = -\sin\phi \, d\phi$$

$$A_n = 55(2n+1) \sum_{k=0}^{[n/2]} \frac{(-1)^k (2n-2k)!}{2^n k!(n-k)!(n-2k)!} \int_0^1 \omega^{n-2k} \, d\omega$$

$$= \frac{55(2n+1)}{2^n} \sum_{k=0}^{[n/2]} \frac{(-1)^k (2n-2k)!}{k!(n-k)!(n-2k+1)!}$$

同理, 因為 $R = 1$, 則由(5.196) 式可得知 $B_n = A_n$

$$A_0 = B_0 = 55, \ A_1 = B_1 = \frac{165}{2}$$

$$A_2 = B_2 = 0, \ A_3 = B_3 = -\frac{385}{8}$$

導體外電位分佈為

$$u(r, \phi) = 55 + \frac{165}{2} r P_1(\cos\phi) - \frac{385}{8} r^3 P_3(\cos\phi) + \cdots,$$

$$r \geq 1 \text{ cm}$$

導體內電位分佈為

$$u(r, \phi) = \frac{55}{r} + \frac{165}{2r^2} P_1(\cos\phi) - \frac{385}{8r^4} P_3(\cos\phi) + \cdots,$$

$$0 \leq r < 1 \text{ cm}$$

習 題

1. 對一條半徑 1 cm 的粗導線用來傳輸電信號，其頻率在 (a)1 kHz(b)100 kHz(c)10 MHz(d)1 GHz 的時候，求 95% 電流量集中在外圍深度多少 mm 以內。

2. 在範例 2 中，若表面電位分佈改爲下列所示，求導體內外的電位分佈。

(a)$g(\phi) = 2$

(b)$g(\phi) = 3\cos(2\phi)$

(c)$g(\phi) = 5\cos^3(\phi)$

(d)$g(\phi) = 10\cos^3\phi - 3\cos^2\phi - 5\cos\phi - 1$

第六章

偏微分方程式

6.0　前言

　　從第一章到第五章，都是屬於用常微分方程式(Ordinary Differential Equation，ODE)來解決單一變數的工程問題，即 $y = y(x)$ 或 $y = y(t)$：代表工程問題 y 是單一變數 x 或 t 的函數。然而工程問題大部份是兩個變數以上的問題，例如 $y = y(x,t)$，因此推導出來的方程式就變成偏微分方程式(PDE，Partial Differential Equation)，而不是常微分方程式，如 5.7 節的表皮效應和拉卜拉動(Laplacian) 問題。解決偏微分方程式的方法基本上分成兩種：一是數值分析法(numeric methods)；另一是分離變數法。數值分析法是一門單獨的課程，一般大學在理工學院各系均有開課，而本書在第十二章會有簡單的介紹。本章即介紹分離變數法，但欲解釋分離變數法要有第五章特徵函數和特徵值以及史登－劉必烈問題概念才能說明清楚。因此，第五章是本章的基礎。而偏微分方程式經過分離變數法之後又變爲常微分方程式，解常微分方程式則需要用到第一章到第五章的技巧，因此要徹底去解答偏微分方程式，非要具備一到五章的常微分解題技巧是不行的。所以這裡要提醒的是，本書的上冊可以說是方程式解法的總彙，前後連貫一致。

6.1 偏微分方程式的一般分類

偏微分方程式(PDE) 是一個含有一個或一個以上偏微分的方程式。譬如

$$\frac{\partial u}{\partial t} = \frac{\partial^2 u}{\partial x^2}$$

其中 $u(x,t)$ 裡含有兩個變數 x 和 t。一般偏微分方程式的階次 (order) 是由其方程式中最高階的偏微分決定之。譬如

$$\frac{\partial^3 u}{\partial x^2 \partial y} = \frac{\partial u}{\partial t}$$

這題方程式的階次為三階。一般一階和二階的線性偏微分方程式列之如下:

一階: $a(x,y)\dfrac{\partial u}{\partial x} + b(x,y)\dfrac{\partial u}{\partial y} + f(x,y)u = g(x,y)$ (6.1)

二階: $a(x,y)\dfrac{\partial^2 u}{\partial x^2} + b(x,y)\dfrac{\partial^2 u}{\partial x \partial y} + c(x,y)\dfrac{\partial^2 u}{\partial y^2} + d(x,y)\dfrac{\partial u}{\partial x}$

$\qquad + e(x,y)\dfrac{\partial u}{\partial y} + f(x,y)u = g(x,y)$ (6.2)

上述方程式中若 $g(x,y) = 0$, 則稱為齊性(homogeneous) 方程式; 若 $g(x,y) \neq 0$, 則為非齊性方程式。

由於二階線性 PDE 相當廣泛地使用, 一般將其分成三種型態, 而每種型態有其代表性的方程式說明如下:

(1) $b^2 - 4ac > 0$, 雙曲線型(hyperbolic type):

代表性的方程式為波方程式(wave equation),

$$a^2 \frac{\partial^2 u}{\partial x^2} - \frac{\partial^2 u}{\partial t^2} = 0, \ a \geq 0 \tag{6.3}$$

⑵$b^2 - 4ac = 0$，拋物線型：

代表性的方程式爲擴散方程式(diffusion equation) 或熱方程式
(heat equation)，

$$a^2 \frac{\partial^2 u}{\partial x^2} - \frac{\partial u}{\partial t} = 0,\ a \geq 0 \tag{6.4}$$

⑶$b^2 - 4ac < 0$，橢圓型：

代表性的方程式爲拉卜拉斯(Laplace) 方程式，

$$\frac{\partial^2 u}{\partial x^2} + \frac{\partial^2 u}{\partial y^2} = 0 \tag{6.5}$$

有時候上述方程式亦可稱爲二維穩態熱方程式(容後說明)。

另有一種是無法判別是屬於那一型的方程式稱爲三喜方程式
(Tricomi's equation)，譬如

$$\frac{\partial^2 u}{\partial x^2} - x \frac{\partial^2 u}{\partial y^2} + u = 0$$

由於 $b^2 - 4ac = 4x$，因此
(1) 若 $x > 0$，是爲雙曲線型；
(2) 若 $x = 0$，是爲拋物線型；
(3) 若 $x < 0$，是爲橢圓型；
故稱爲三喜方程式，表示三種型態通通包含了。

以下逐一說明這三型 PDE 的工程問題類別及推導過程。

1. 雙曲線型的波方程式

將一條彈簧線(或橡皮筋) 稍作拉長且用釘子固定其端點，現在把
彈簧線拉起來，再放鬆，請描述彈簧線上下運動的波形。見圖 6.1，
假設彈簧線的長度是 L，其他的符號定義如下：

ρ：彈簧線的線密度(g/cm)。

$T(x,t)$：張力，方向正切於彈簧線。

$v(x,t)$：張力 $T(x,t)$ 的垂直分量。

$h(x,t)$：張力 $T(x,t)$ 的水平分量。

$y(x,t)$：彈簧線上下振盪的波形。

(1) 由上述符號的定義可以獲得關係式：

$$v = T\sin\theta \tag{6.6}$$

$$h = T\cos\theta \tag{6.7}$$

(6.6) 式除以 (6.7) 式，

$$v = h\tan\theta = h\frac{\partial y(x,t)}{\partial x} \tag{6.8}$$

其中 θ 是張力和 x 軸之間的夾角，因此 $\tan\theta$ 相當於 (y,x) 平面上的斜率 $\dfrac{\partial y}{\partial x}$。

圖 6.1 (a) 彈簧線兩端固定且拉起來。 (b) 彈簧線運動的可能波形。

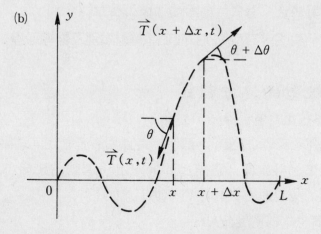

⑵應用牛頓定律 $F = ma$：對一小段 Δx 的彈簧線(見圖6.1(b))，左邊
的張力假設為 $\vec{T}(x,t)$，對 x 軸的夾角為 θ；而右邊的張力則為
$\vec{T}(x + \Delta x,t)$，對 x 軸的夾角為 $\theta + \Delta\theta$。那麼小段彈簧線 Δx 所受
到的垂直方向加速度 $\dfrac{\partial^2 y}{\partial t^2}$ 可由牛頓定律求得：

$$v(x + \Delta x,t) - v(x,t) = \rho\Delta x \frac{\partial^2 y}{\partial t^2}$$

$$\frac{v(x + \Delta x,t) - v(x,t)}{\Delta x} = \rho \frac{\partial^2 y}{\partial t^2}$$

或

$$\frac{\partial v}{\partial x} = \rho \frac{\partial^2 y}{\partial t^2}$$

代入(6.8)式，得到

$$\frac{\partial}{\partial x}\left(h \frac{\partial y}{\partial x} \right) = \rho \frac{\partial^2 y}{\partial t^2} \tag{6.9}$$

⑶假設目前只有垂直方向的一維運動，而無水平方向的運動，則可獲
得關係式

$$h(x + \Delta x,t) - h(x,t) = 0$$

或

$$\frac{\partial h}{\partial x} = 0 \tag{6.10}$$

⑷這裡又作一大膽假設 h 是常數，不隨時間和距離 x 變化。這個假設
的成立狀態在張力幾乎保持不變和均勻(uniform)而且彈簧線的振
幅不高，則由 $h = T\cos\theta$，$h \approx T$ 近似於常數項。

　　由上述假設並且將(6.10)式代入(6.9)式中，得到

$$h \frac{\partial^2 y}{\partial x^2} = \rho \frac{\partial^2 y}{\partial t^2}$$

或

$$\frac{\partial^2 y}{\partial t^2} = \frac{h}{\rho}\frac{\partial^2 y}{\partial x^2} = a^2\frac{\partial^2 y}{\partial x^2} \tag{6.11}$$

上式即是標準的雙曲線型之波方程式，式中 $a = \sqrt{\frac{h}{\rho}}$，而 h 可由初值狀態求得，就是 h 相當於彈簧線釘住時的初值張力。通常如(6.11)式的 PDE 再加上初值條件

$$y(x,0) = f(x),\, 0 \le x \le L$$

$$\frac{\partial y}{\partial t}(x,0) = g(x)$$

和邊界條件

$$y(0,t) = 0,\, t \ge 0$$

$$y(L,t) = 0$$

則整個工程問題稱為邊界值問題(boundary value problem)。本問題中若彈簧線在振盪當中保持一外加力量 F，則方程式會變為

$$\frac{\partial^2 y}{\partial t^2} = a^2\frac{\partial^2 y}{\partial x^2} + \frac{1}{\rho}F \tag{6.12}$$

2. 拋物線型的熱方程式(或擴散方程式)

對一小圓柱形金屬條，除了兩端之外，外圍皆加以熱隔離讓金屬條內的熱以一次維擴散之。現在根據以下符號的定義和圖 6.2 推導出溫度 $T(x,t)$ 的擴散方程式。

$T(x,t)$：溫度在 x 軸(金屬條)上的分佈

A：金屬條的截面積

k：熱導係數

ρ：金屬條的密度

c：比熱

H：熱能

圖 6.2 金屬條的溫度擴散情形，金屬條的週圍加黑是代表熱絕緣。

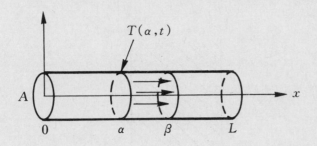

(1) 根據熱能定律 $H = mcT$，則在 (α, β) 區段之間 (見圖 6.2) 的熱能 H 爲

$$H = mcT = \int_{\alpha}^{\beta} \rho \cdot A \cdot c \cdot T(x, t) \, dx$$

則 (α, β) 區段的熱能累積速度 $\dfrac{\partial H}{\partial t}$，

$$\frac{\partial H}{\partial t} = \int_{\alpha}^{\beta} \rho \cdot A \cdot c \cdot \frac{\partial T}{\partial x} \, dx \tag{6.13}$$

(2) 根據牛頓冷卻定律 (Newton's law of cooling)，熱能會隨著溫度階梯 (gradient) 的情形而加以擴散之，見圖 6.3。其能量從某邊界 (如 $x = \alpha$) 擴散的速度遵循 $kA \dfrac{\partial T(\alpha, t)}{\partial x}$，那麼進入 (α, β) 區間的能量速度 $\dfrac{\partial H}{\partial t}$ 爲

$$\frac{\partial H}{\partial t} = kA \left[\frac{\partial T}{\partial x}(\beta, t) - \frac{\partial T}{\partial x}(\alpha, t) \right] = \int_{\alpha}^{\beta} kA \frac{\partial^2 T}{\partial x^2} \, dx \tag{6.14}$$

讓 (6.13) 式對等於 (6.14) 式，得到

$$c\rho \, A \frac{\partial T}{\partial t} = kA \frac{\partial^2 T}{\partial x^2}$$

或

$$\frac{\partial T}{\partial t} = a^2 \frac{\partial^2 T}{\partial x^2} \qquad 其中 \, a^2 = \frac{k}{c\rho} \tag{6.15}$$

圖6.3　熱能擴散進出於(α,β)區段的情形

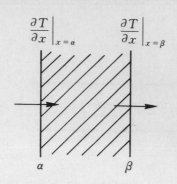

上式是標準的拋物線型的熱方程式，若欲成立一邊界值問題則須再加上初值條件

$$T(x,0) = f(x),\ x \in [0,L]$$

和下列的任一邊界條件

(a) 兩端保持恆溫 T_a，即

$$T(0,t) = T_a,\ t \geq 0$$

$$T(L,t) = T_a$$

　T_a 爲一常數項。

(b) 完全熱絕緣，即

$$\frac{\partial T}{\partial x}(0,t) = 0,\ t \geq 0$$

$$\frac{\partial T}{\partial x}(L,t) = 0$$

(c) 兩端與外界環境溫度 T_a 進行自由的熱對流，即

$$\frac{\partial T}{\partial x}(0,t) = \varepsilon[T(0,t) - T_a],\ t \geq 0$$

$$\frac{\partial T}{\partial x}(L,t) = \varepsilon[T_a - T(L,t)],\ \varepsilon \geq 0\ 爲任一常數$$

(d) 上述三種情形任意的組合，譬如一端保持恆溫，另一端則自由對
流，即

$$T(0,t) = T_1$$

$$\frac{\partial T}{\partial x}(L,t) = \varepsilon[T_2 - T(L,t)]$$

根據一次維的熱方程式(6.15)，則兩次維的熱方程式應為

$$\frac{\partial T}{\partial t} = a^2\left(\frac{\partial^2 T}{\partial x^2} + \frac{\partial^2 T}{\partial y^2}\right) = a^2 \nabla^2 T \tag{6.16}$$

3. 拉卜拉斯方程式和帕松方程式
(Laplace's equation and Poisson's equation)

拉卜拉斯方程式從電磁學得知為

$$\nabla^2 u = 0$$

在一維或二維垂直坐標系統，則上式化為

$$\frac{\partial^2 u}{\partial x^2} = 0 \tag{6.17a}$$

$$\frac{\partial^2 u}{\partial x^2} + \frac{\partial^2 u}{\partial y^2} = 0 \tag{6.17b}$$

上兩式為標準的橢圓型 PDE，然而其卻可由(6.15) 式和(6.16) 式求

得，即令$\frac{\partial T}{\partial t} = 0$。因此拉卜拉斯方程式又可從穩態的熱方程式(穩態

即表示$\frac{\partial T}{\partial t} = 0$) 推導而得。

　　一般符合$\nabla^2 u = 0$ 的函數 u 稱為調諧(harmonic) 函數，而含有

$\nabla^2 u = 0$ 的邊界值問題有比較知名的兩種：

⑴ 狄仁雷 (Dirichlet) 問題

　　在環繞區間 R 的片斷平滑(piecewise smooth) 表面 Σ 上，邊界條
件為

$$u(x,y,z) = f(x,y,z)$$

⑵ 紐曼 (Neumann) 問題

在環繞區間 R 的片斷平滑表面 Σ 上，邊界條件爲

$$\frac{\partial u}{\partial \eta} = f(x,y,z), \quad \eta \text{ 爲任一} (x,y,z) \text{ 中之變數}$$

所謂的片斷平滑是指某曲線 $C(x)$ 是連續的，但$\frac{dC(x)}{dx}$ 卻片斷連續，如圖 6.4 所示。

對不同的坐標系統，$\nabla^2 u$ 的型式是大不相同的，譬如

⑴ 圓柱坐標系統

$$\nabla^2 u(r,\theta,z) = \frac{1}{r}\frac{\partial}{\partial r}\left(r\frac{\partial u}{\partial r}\right) + \frac{1}{r^2}\frac{\partial^2 u}{\partial \theta^2} + \frac{\partial^2 u}{\partial z^2} \tag{6.18}$$

⑵ 球坐標系統

$$\nabla^2 u(\rho,\theta,\phi) = \frac{1}{\rho^2}\frac{\partial^2}{\partial \rho^2}(\rho u) + \frac{1}{\rho^2\sin^2\phi}\frac{\partial^2 u}{\partial \theta^2}$$
$$+ \frac{1}{\rho^2\sin^2\phi}\frac{\partial}{\partial \phi}\left(\sin\phi\frac{\partial u}{\partial \phi}\right) \tag{6.19}$$

圖 6.4 (a)$C(x)$ 是連續的，但稱為片斷平滑。

(b)$C'(x)$ 是片斷連續的。

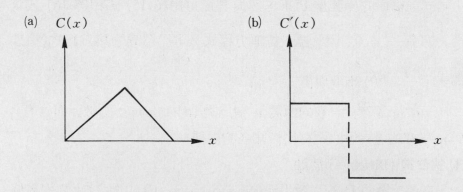

　　至於帕松方程式和拉卜拉斯方程式最大的差別只在等號的右邊不爲零，即

$$\nabla^2 u = f \qquad (f \neq 0) \tag{6.20}$$

$f \neq 0$ 是指在平面 $C(x, y, z)$ 所包括的空間 R 中有正負不相等的電荷分佈。

解題範例

【範例 1】

直接用常微分方程式的解法找出$\dfrac{\partial u}{\partial x} = y^2$ 的可能答案。

【解】

直接積分之,

$$u(x,y) = \int y^2 \, dx + f(y) = xy^2 + f(y)$$

【範例 2】

求邊界值問題的任一答案

$$\frac{\partial u}{\partial x} - \frac{\partial u}{\partial y} = 0, \ \ u(0,1) = 1$$

【解】

令 $\dfrac{\partial u}{\partial x} = \dfrac{\partial u}{\partial y} = a$, 則

$$\frac{\partial u}{\partial x} = a$$

得到

$$u(x,y) = ax + f(y)$$

$$\frac{\partial u}{\partial y} = \frac{df(y)}{dy} = a$$

得到

$$f(y) = ay$$

結論 $u(x,y)$ 為

$$u(x,y) = a(x + y)$$

代入條件 $u(0,1) = 1$，得到

$\qquad a = 1$

故

$\qquad u(x,y) = x + y$

【範例 3】

證明 $u(x,y) = e^{-y}\sin x$ 是拉卜拉斯方程式之解。

【證】

$$\frac{\partial u}{\partial x} = e^{-y}\cos x \,, \, \frac{\partial^2 u}{\partial x^2} = -e^{-y}\sin x$$

$$\frac{\partial u}{\partial y} = -e^{-y}\sin x \,, \, \frac{\partial^2 u}{\partial y^2} = e^{-y}\sin x$$

故得證符合拉卜拉斯方程式爲

$$\frac{\partial^2 u}{\partial x^2} + \frac{\partial^2 u}{\partial y^2} = -e^{-y}\sin x + e^{-y}\sin x = 0$$

習 題

問題 1. ~ 5., 直接用常微分方程式的解法求 PDE 的可能任一答案。

1. $\dfrac{\partial u}{\partial x} = 0$ 　　　　2. $\dfrac{\partial u}{\partial y} = 0$

3. $\dfrac{\partial^2 u}{\partial x^2} = 0$ 　　　　4. $\dfrac{\partial u}{\partial x} + \dfrac{\partial u}{\partial y} = 0$

5. $\dfrac{\partial u}{\partial x} = x\,y\,u$

問題 6. ~ 9., 找出下列偏微分方程式的任一答案。

6. $\dfrac{\partial^2 u}{\partial x \partial y} = 2,\ \ u(0,1) = 0$

7. $\dfrac{\partial^2 u}{\partial x^2} = 0,\ \ u(1,2) = 1$

8. $2\dfrac{\partial u}{\partial x} + 3\dfrac{\partial u}{\partial y} = 0,\ \ u(1,4) = 5$

9. $y\dfrac{\partial u}{\partial y} = 1,\ \ u(1,2) = 4$

10. ~ 21. 題，找出下列函數屬於那一型偏微分方程式的解答。

10. $u(x,y) = \cos(ax)\cosh(ay)$ 　　　11. $u(x,y) = e^{-ay}\sin(ax)$

12. $u(x,y) = 2xy$ 　　　13. $u(x,y) = x^3 + 3xy^2$

14. $u(x,y) = \sin(x)\sinh(y)$ 　　　15. $u(x,y) = \cos(4y)\sin(x)$

16. $u(x,y) = e^{-y}\cos(x)$ 　　　17. $u(x,y) = e^{-y}\sin(2x)$

18. $u(x,y) = \sin(2\omega t)\sin(\omega x)$ 　　　19. $u(x,y) = e^{-\omega^2 t^2}\sin(\omega x)$

20. $u(x,y) = \tan^{-1}\left(\dfrac{y}{x}\right)$ 　　　21. $u(x,y) = e^x \sin(y)$

6.2　一維波方程式的分離變數法

要解開偏微分方程式的其中一種方法是分離變數法(separation of variables)，有時候亦稱爲傅立葉級數法(Fourier series method) 或傅立葉法(Fourier method)。以波方程式爲例，面對的邊界值問題如下：

$$\frac{\partial^2 y}{\partial t^2} = a^2 \frac{\partial^2 y}{\partial x^2} \qquad (0 < x < L,\ t > 0) \qquad (6.21)$$

$$y(0,t) = y(L,t) = 0 \qquad (t > 0)$$

$$y(x,0) = f(x)，初値位置$$

$$\frac{\partial y}{\partial t}(x,0) = 0，初値速度$$

由於 $y(x,t)$ 是兩個變數 x 和 t 的函數，傅立葉級數法首先假設 $y(x, t)$ 可以分解成兩個變數分離的函數，即 $X(x)$ 和 $T(t)$，而且 $y(x,t)$ 和 $X(x)$、$T(t)$ 的關係爲

$$y(x,t) = X(x)T(t) \qquad (6.22)$$

將上述分離變數的關係代入偏微分方程式中，得到

$$XT'' = a^2 X''T$$

或

$$\frac{X''}{X} = \frac{T''}{a^2 T} \qquad (6.23)$$

由於分離變數的結果，可以將原來的偏微分方程式化成等號兩端各自擁有不同變數的函數比值。而這函數比值不可能隨著 x 或 t 而有所改變，因此這比值必需爲一常數，爲符合 5.6 節提及的史登－劉必烈原理，假設比值爲 $-\lambda$，則(6.23) 式變爲

$$\frac{X''}{T} = \frac{T''}{a^2 T} = -\lambda \qquad (6.24)$$

或

$$X'' + \lambda X = 0 \tag{6.25a}$$

$$T'' + a^2 \lambda T = 0 \tag{6.25b}$$

如此一來就可把一個擁有兩變數的偏微分方程式化爲兩個常微分方程式。接下去就是分離邊界條件和初值條件：

$$y(0,t) = X(0)T(t) = 0$$

$$y(L,t) = X(L)T(t) = 0$$

$$y(x,0) = X(x)T(0) = f(x)$$

$$\frac{\partial y}{\partial t}(x,0) = X(x)T'(0) = 0$$

結果分離出

$$X(0) = 0$$

$$X(L) = 0$$

$$T'(0) = 0$$

而 $y(x,0) = f(x)$ 則無法分離，因爲 $T(0) = \dfrac{f(x)}{X(x)}$，造成 $T(t)$ 的初值條件中有 x 的變數。通常有一個條件分離不出來是沒關係，可用做後來求普通答案的係數之用，但若有兩個以上分離不出來，一般稱爲分離失敗，需要用其他方法做預先處理後才可成功的將變數分離。

這麼一來，由分離出的常微分方程式和條件們，可以得到兩個問題爲

$$X'' + \lambda X = 0 \tag{6.26}$$

$$X(0) = 0$$

$$X(L) = 0$$

和

$$T'' + \lambda a^2 T = 0 \tag{6.27}$$

$$T'(0) = 0$$

其中對 x 的問題(即(6.26)式)很明顯的是史登－劉必烈問題而且已在

5.6節的範例4解答了。一般先解史登－劉必烈問題，因爲其對特徵值
有比較嚴謹的定義，(6.26) 式之特徵值解爲 $\lambda = k^2 > 0$，

$$X'' + k^2 X = 0$$

$$X(x) = c\cos kx + d\sin kx$$

代入邊界條件

$$X(0) = c = 0$$

$$X(L) = d\sin(kL) = 0$$

$$kL = n\pi$$

$$k = \frac{n\pi}{L}$$

得到特徵值 $\lambda_n = k^2 = \dfrac{n^2\pi^2}{L^2}, n \geq 1$ 和特徵函數爲

$$X_n(x) = d_n\sin\left(\frac{n\pi x}{L}\right)$$

將上面解得的特徵值 λ_n 代入(6.27) 式中，

$$T'' + k^2 a^2 T = 0, \ k > 0$$

其解爲

$$T(t) = \alpha\cos(kat) + \beta\sin(kat)$$

代入條件 $T'(0) = 0$，

$$T'(0) = \beta = 0$$

得到解答

$$T_n(t) = \alpha_n\cos\left(\frac{n\pi a}{L} t\right)$$

所以對任一特徵值 λ_n 而言，有其唯一的特徵函數解爲

$$y_n(x,t) = X_n(t)T_n(t)$$

$$= A_n\sin\left(\frac{n\pi x}{L}\right)\cos\left(\frac{n\pi at}{L}\right), \ n \geq 1 \qquad (6.28)$$

其中 $A_n = \alpha_n d_n$。而面對這麼多的特徵函數，則普通答案 $y(x,t)$ 是
由這些函數組成爲

$$y(x,t) = \sum_{n=1}^{\infty} A_n \sin\left(\frac{n\pi x}{L}\right)\cos\left(\frac{n\pi a t}{L}\right) \qquad (6.29)$$

記得我們尚有一條件尚未利用，正好可拿到這裡來解係數 A_n 之值。

將(6.29)式的 $y(x,t)$ 代入初值位置 $y(x,0) = f(x)$，得到

$$y(x,0) = f(x) = \sum_{n=1}^{\infty} A_n \sin\left(\frac{n\pi x}{L}\right)$$

根據史登 − 劉必烈定理的垂直特性，係數 A_n 爲

$$A_n = \frac{\displaystyle\int_0^L f(x)\sin\left(\frac{n\pi x}{L}\right)dx}{\displaystyle\int_0^L \sin^2\left(\frac{n\pi x}{L}\right)dx}, \ \ n \geq 1$$

$$= \frac{2}{L}\int_0^L f(x)\sin\left(\frac{n\pi x}{L}\right)dx \qquad (6.30)$$

$$\boxed{\text{解題範例}}$$

【範例 1】

以 (6.21) 式的一維波方程式為例，如果 $f(x)$ 的定義為

$$f(x) = \begin{cases} x, & 0 \le x < \dfrac{L}{2} \\[2mm] L - x, & \dfrac{L}{2} \le x \le L \end{cases}$$

求係數 A_n 及普通答案 $y(x,t)$。

【解】

$$A_n = \frac{2}{L}\int_0^{\frac{L}{2}} x\sin\left(\frac{n\pi x}{L}\right)dx + \frac{2}{L}\int_0^{\frac{L}{2}}(L - x)\sin\left(\frac{n\pi x}{L}\right)dx$$

$$= \frac{4L}{n^2\pi^2}\sin\left(\frac{n\pi}{2}\right)$$

$$= \begin{cases} 0, & n \text{ 是偶數} \\[2mm] (-1)^{m+1}\dfrac{4L}{(2m-1)^2\pi^2}, & n = 2m - 1, \ m \ge 1 \end{cases}$$

因此，

$$y(x,t) = \frac{4L}{\pi^2}\sum_{m=1}^{\infty}\frac{(-1)^{m+1}}{(2m-1)^2}\sin\left(\frac{(2m-1)\pi x}{L}\right)\cos\left(\frac{(2m-1)\pi at}{L}\right)$$

【範例 2】

以波的型式，說明時間在 $t = 0,\ \dfrac{L}{6a},\ \dfrac{L}{3a},\ \dfrac{L}{2a},\ \dfrac{3L}{4a},\ \dfrac{L}{a}$ 的波形。

【解】

已知

$$y(x,0) = f(x) = \sum_{n=1}^{\infty} A_n\sin\left(\frac{n\pi x}{L}\right)$$

$$y(x,t) = \sum_{n=1}^{\infty} A_n \sin\left(\frac{n\pi x}{L}\right)\cos\left(\frac{n\pi at}{L}\right)$$

利用三角函數的公式：$\sin(a)\cos(b) = \frac{1}{2}[\sin(a+b) + \sin(a-b)]$，則 $y(x,t)$ 成爲

$$y(x,t) = \frac{1}{2}\left\{ \sum_{n=1}^{\infty} A_n \sin\left[\frac{n\pi}{L}(x+at)\right] \right.$$

$$\left. + \sum_{n=1}^{\infty} A_n \sin\left[\frac{n\pi}{L}(x-at)\right] \right\}$$

$$= \frac{1}{2}[f(x+at) + f(x-at)]$$

基本上，$f(x)$ 中的 x 是定義在區間$[0,L]$，但 $f(x \pm at)$ 中的 $x \pm at$ 是定義在 $\pm \infty$ 之間(即整個實數空間)，因此必須重新定義一新函數 $F(x)$ 在整個實數空間。由於正弦函數是屬於週期性奇函數且週期爲 $2L$，故 $F(x)$ 定義爲

$$F(x) = \begin{cases} f(x), & 0 < x < L \\ -f(-x), & -L < x < 0 \end{cases}$$

且

$$F(x) = F(x+2L)$$

那麼 $y(x,t)$ 重新對等於

$$y(x,t) = \frac{1}{2}[F(x+at) + F(x-at)], \quad x \in [0,L]$$

$$(6.31)$$

以上 $F(x \pm at)$ 的定義空間在 $\pm \infty$，但 $y(x,t)$ 只獲得 $x \in [0,L]$ 之間的曲線而已。$F(x+at)$ 可以說是向左前進的波，而 $F(x-at)$ 是向右前進的波；兩波合成在 $x \in [0,L]$ 之間的值爲 $y(x,t)$ 之解。$F(x)$ 的波形請見圖 6.5；而在 $t = \frac{L}{3a}$ 時，$F(x+at)$ 及 $F(x-at)$ 之和的一半則見於圖 6.6。圖 6.6 中兩波之和的一半在 $x \in [0,L]$ 區

間之值就是 $y(x,t)$ 在 $t = \dfrac{L}{3a}$ 時間的波形。圖 6.7 是 $y(x,t)$ 在各 t 時間的波形。由於 $y(x,t)$ 可以由兩隨時間移動的波形求得，因此稱此方程式爲波方程式。

圖 6.5 $F(x)$ 的波形

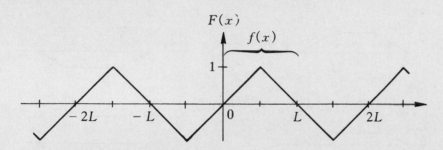

圖 6.6 在 $t = \dfrac{L}{3a}$ 時，(a)兩波進行的情形，(b)$y(x,t)$ 在 $x \in [0,L]$ 的波形。

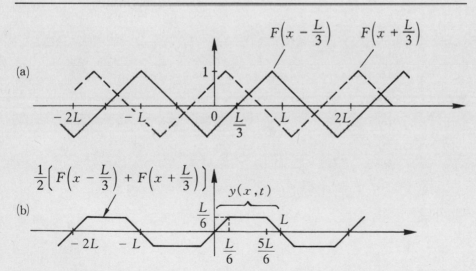

圖 6.7　$y(x,t)$ 在各時間的波形

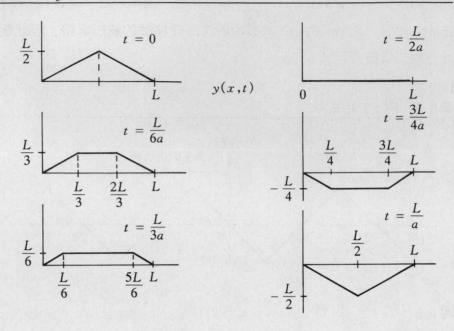

$$\boxed{\text{習　題}}$$

1. ～ 6. 題，以(6.21) 式的波方程式爲例，假設 $L = \pi$，$a^2 = 1$，零初值速度，求各初值位置下，$y(x,t)$ 的解。

1. $f(x) = 0.01\sin(x)$　　　　　2. $f(x) = \sin 4x$

3. $f(x) = 2(\sin x - \sin 2x)$

4.

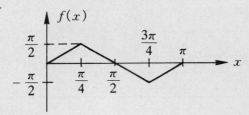

5. $\dfrac{\pi}{8}(\pi x - x^2)$　　　　　6. $c\left[\left(\dfrac{1}{2}\pi\right)^4 - \left(x - \dfrac{1}{2}\pi\right)^4\right]$

7. ～ 12. 題，解邊界值問題。

7. $\dfrac{\partial^2 y}{\partial t^2} = a^2 \dfrac{\partial^2 y}{\partial x^2}$　　　$(0 < x < 2,\ t > 0)$

$y(0,t) = y(2,t) = 0$

$y(x,0) = 0$

$\dfrac{\partial y}{\partial t}(x,0) = x$

8. $\dfrac{\partial^2 y}{\partial t^2} = 4\dfrac{\partial^2 y}{\partial x^2}$　　　$(0 < x < 4,\ t > 0)$

$y(0,t) = y(4,t) = 0$

$y(x,0) = \sin(\pi x)$

$\dfrac{\partial y}{\partial t}(x,0) = 0$

9. $\dfrac{\partial^2 y}{\partial t^2} = 9\dfrac{\partial^2 y}{\partial x^2}$ 　　$(0 < x < 3,\ t > 0)$

$y(0,t) = y(3,t) = 0$

$y(x,0) = 0$

$\dfrac{\partial y}{\partial t}(x,0) = x$

10. $\dfrac{\partial^2 y}{\partial t^2} = 4\dfrac{\partial^2 y}{\partial x^2}$ 　　$(0 < x < 2\pi,\ t > 0)$

$y(0,t) = y(2\pi,t) = 0$

$y(x,0) = \begin{cases} \dfrac{1}{2}x,\ 0 < x \le \pi \\[2mm] \pi - \dfrac{1}{2}x,\ \pi < x < 2\pi \end{cases}$

$\dfrac{\partial y}{\partial t}(x,0) = 0$

11. $\dfrac{\partial^2 y}{\partial t^2} = 16\dfrac{\partial^2 y}{\partial x^2}$ 　　$(0 < x < 5,\ t > 0)$

$y(0,t) = y(5,t) = 0$

$y(x,0) = 0$

$\dfrac{\partial y}{\partial t}(x,0) = \begin{cases} x,\ 0 < x \le \dfrac{5}{2} \\[2mm] 5 - x,\ \dfrac{5}{2} < x < 5 \end{cases}$

12. $\dfrac{\partial^2 y}{\partial t^2} = 4\dfrac{\partial^2 y}{\partial t^2}$ 　　$(0 < x < 5,\ t > 0)$

$y(0,t) = y(5,t) = 0$

$y(x,0) = 2x(x - 5)$

$\dfrac{\partial y}{\partial t}(x,0) = 0$

6.3　熱方程式的傅立葉級數法

標準的熱方程式(見(6.15)式)所衍生的邊界值問題如下:

$$\frac{\partial u}{\partial t} = a^2 \frac{\partial^2 u}{\partial x^2} \qquad (0 < x < L,\ t > 0) \tag{6.32}$$

$$u(x,0) = f(x)$$

(a) 兩端保持零溫度, 即

$$u(0,t) = u(L,t) = 0$$

(b) 兩端完全熱絕緣, 即

$$\frac{\partial u}{\partial x}(0,t) = \frac{\partial u}{\partial x}(L,t) = 0$$

(c) 一端保持零溫度, 另一端則對環境零溫度自由的進行熱交換, 即

$$u(0,t) = 0,\ \frac{\partial u}{\partial x}(L,t) = \varepsilon[0 - u(L,t)] = -\varepsilon u(L,t)$$

上述(a)、(b)、(c)是三種不同的邊界條件, 以下我們將針對這三種不同的條件解答熱方程式。

運用傅立葉級數法, 令 $u(x,t) = X(x)T(t)$, 代入(6.32)式,

$$XT' = a^2 X''T$$

或

$$\frac{T'}{a^2 T} = \frac{X''}{X} = -\lambda$$

得到兩常微分方程式:

$$X'' + \lambda X = 0$$

$$T' + \lambda a^2 T = 0$$

我們已知 $u(x,0) = f(x)$ 無法作變數分離, 現在對三種條件進行變數分離:

(a) $u(0,t) = X(0)T(t) = 0$

$u(L,t) = X(L)T(t) = 0$

獲得

$$X(0) = X(L) = 0$$

(b) $\dfrac{\partial u}{\partial x}(0,t) = X'(0)T(t) = 0$

$\dfrac{\partial u}{\partial x}(L,t) = X'(L)T(t) = 0$

獲得

$$X'(0) = X'(L) = 0$$

(c) $u(0,t) = X(0)T(t) = 0$

$\dfrac{\partial u}{\partial x}(L,t) = X'(L)T(t) = -\varepsilon u(L,t) = -\varepsilon X(L)T(t)$

獲得

$$X(0) = 0$$

$$[X'(L) + \varepsilon X(L)]T(t) = 0$$

或

$$X'(L) + \varepsilon X(L) = 0$$

綜觀上述三種分離出來的邊界條件，皆使得 $X'' + \lambda X = 0$ 成為史登－劉必烈問題，因此先解答 $X(x)$ 如下：

對三種情況已知 $\lambda < 0$ 是沒有特徵函數解，所以只對 $\lambda = k^2 \geq 0$ 之解為

(i) 當 $\lambda = k^2 > 0$，$X(x) = c\cos(kx) + d\sin(kx)$

$$T(t) = \alpha e^{-k^2 a^2 t}$$

(ii) 當 $\lambda = 0$，$X(x) = cx + d$

$$T(t) = \alpha$$

(1) 兩端保持零溫度

(a) 當 $\lambda = k^2 > 0$，

$$X(0) = c = 0$$

$$X(L) = d\sin(kL) = 0$$

$$k = \frac{n\pi}{L}$$

得到特徵值 $\lambda = k^2 = \dfrac{n^2\pi^2}{L^2},\ n \geq 1$

特徵函數 $X_n(x) = d_n\sin\left(\dfrac{n\pi x}{L}\right)$

(b) 當 $\lambda = 0$,

$$X(0) = d = 0$$

$$X(L) = cL = 0$$

或

$$c = 0$$

故無特徵函數。

結論之特徵值為 $\lambda = k^2 = \dfrac{n^2\pi^2}{L^2}, n \geq 1$

特徵函數為 $X_n = d_n\sin\left(\dfrac{n\pi x}{L}\right)$

$$T_n(t) = \alpha_n e^{-n^2\pi^2 a^2 t/L^2}$$

對任一特徵值 λ_n, 有答案 $u_n(x,t)$ 為

$$u_n(x,t) = A_n\sin(\frac{n\pi x}{L})e^{-n^2\pi^2 a^2 t/L^2}, n \geq 1$$

普通答案 $u(x,t)$ 為

$$u(x,t) = \sum_{n=1}^{\infty} A_n\sin\left(\frac{n\pi x}{L}\right)e^{-n^2\pi^2 a^2 t/L^2}$$

再運用初值條件去求係數 A_n,

$$u(x,0) = f(x) = \sum_{n=1}^{\infty} A_n\sin\left(\frac{n\pi x}{L}\right),$$

$$A_n = \frac{2}{L}\int_0^L f(x)\sin\left(\frac{n\pi x}{L}\right)dx$$

(2) 兩端完全熱絕緣

(a) 當 $\lambda = 0$,

$$X'(0) = c = 0$$
$$X'(L) = 0$$

$\lambda = 0$ 是特徵值，其特徵函數是 $X(x) = d$

(b) 當 $\lambda = k^2 > 0$,

$$X'(0) = d = 0$$
$$X'(L) = ck\sin(kL) = 0$$

得到特徵值 $\lambda = k^2 = \left(\dfrac{n\pi}{L}\right)^2,\ n \geq 1$

特徵函數 $X_n = c_n\cos\left(\dfrac{n\pi x}{L}\right)$

結論之特徵值是 $\lambda = k^2 = \left(\dfrac{n\pi}{L}\right)^2,\ n \geq 0$

特徵函數是 $X_n = c_n\cos\left(\dfrac{n\pi x}{L}\right),\ \ \diamond\ c_0 = d$

$$T_n(t) = \alpha_n e^{-n^2\pi^2 a^2 t/L^2}$$

對任一特徵值 λ_n，有答案 $u_n(x,t)$ 為

$$u_n(x,t) = A_n\cos\left(\frac{n\pi x}{L}\right)e^{-n^2\pi^2 a^2 t/L^2},\ n \geq 0$$

普通答案 $u(x,t)$ 為

$$u(x,t) = \sum_{n=0}^{\infty} A_n\cos\left(\frac{n\pi x}{L}\right)e^{-n^2\pi^2 a^2 t/L^2}$$

再運用初值條件去求係數 A_n,

$$u(x,0) = f(x) = \sum_{n=0}^{\infty} A_n\cos\left(\frac{n\pi x}{L}\right)$$

$$A_n = \frac{\displaystyle\int_0^L f(x)\cos\left(\frac{n\pi x}{L}\right)dx}{\displaystyle\int_0^L \cos^2\left(\frac{n\pi x}{L}\right)dx},\ n \geq 0$$

⑶ 一端保持零溫度，另一端則對環境零溫度進行熱交換

(a) 當 $\lambda = 0$，

$$X(0) = d = 0$$
$$X'(L) + \varepsilon X(L) = c + \varepsilon cL = c(1 + \varepsilon L) = 0$$

因為 $\varepsilon \geq 0$，故 $(1 + \varepsilon L) > 0$，使得 $c = 0$，所以 $\lambda = 0$ 無特徵函數。

(b) 當 $\lambda = k^2 > 0$，

$$X(0) = c = 0$$

因此，

$$X(x) = d\sin(kx)$$
$$X'(L) + \varepsilon X(L) = dk\cos(kL) + \varepsilon d\sin(kL) = 0$$
$$d[k\cos(kL) + \varepsilon \sin(kL)] = 0$$

或

$$\tan(kL) = -\frac{k}{\varepsilon}$$

令 $kL = z$，$k = \dfrac{z}{L} > 0$，得到方程式

$$\tan(z) = -\frac{z}{\varepsilon L} = f(z), \ z > 0$$

把 $\tan(z)$ 和 $f(z) = -\dfrac{z}{\varepsilon L}$ 畫在圖 6.8，兩線的交叉點即

$\tan(z) = f(z)$ 之解：$z_1, z_2, \cdots, z_n, \cdots$（有無窮多解）。

得到特徵值 $\lambda = k^2 = \left(\dfrac{z_n}{L}\right)^2 > 0$，$n \geq 1$

$$\text{特徵函數} X_n = d_n\sin\left(\frac{z_n x}{L}\right)$$
$$T_n = \alpha_n e^{-a^2 z_n^2 t/L^2}$$

對任一特徵值 $\lambda_n = \left(\dfrac{z_n}{L}\right)^2$，有答案 $u_n(x, t)$ 為

$$u_n(x, t) = A_n\sin\left(\frac{z_n x}{L}\right)e^{-a^2 z_n^2 t/L^2}$$

再運用初值條件和史登－劉必烈理論的垂直特性，可以求得係數 A_n，

$$u(x,0) = f(x) = \sum_{n=1}^{\infty} A_n \sin\left(\frac{z_n x}{L}\right)$$

其中對 $\sin\left(\dfrac{z_n x}{L}\right)$ 的加權函數 $p(x) = 1$，所以係數 A_n，

$$A_n = \frac{\displaystyle\int_0^L f(x)\sin\left(\frac{z_n x}{L}\right) dx}{\displaystyle\int_0^L \sin^2\left(\frac{z_n x}{L}\right) dx}$$

圖 6.8　$\tan(z) = -\dfrac{z}{\varepsilon L}$ 之解

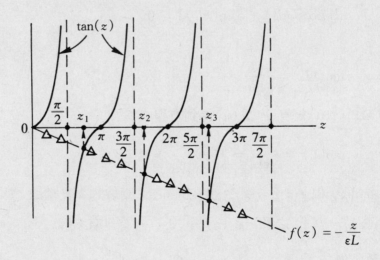

$$f(z) = -\frac{z}{\varepsilon L}$$

$$\boxed{\large \text{解題範例}}$$

【範例 1】

對兩端保持零溫度而言，若初值溫度分佈 $f(x)$，

$$f(x) = 10\sin\left(\frac{3\pi x}{L}\right)$$

求普通答案。

【解】

對 $f(x) = 10\sin\left(\frac{3\pi x}{L}\right)$ 而言，只有 $n = 3$ 的係數 $A_n \neq 0$，故

$$A_3 = 10, \; \lambda_3 = \left(\frac{3\pi}{L}\right)^2$$

$$u(x,t) = 10\sin\left(\frac{3\pi x}{L}\right)e^{-3^2\pi^2 a^2 t/L^2}$$

【範例 2】

對兩端保持零溫度而言，若初值溫度分佈 $f(x)$，

$$f(x) = \begin{cases} x, \; 0 < x < \dfrac{L}{2} \\[2mm] L - x, \; \dfrac{L}{2} < x < L \end{cases}$$

求普通答案。

【解】

已知

$$A_n = \frac{2}{L}\int_0^L f(x)\sin\left(\frac{n\pi x}{L}\right)dx, \; n \geq 1$$

$$= \frac{2}{L}\int_0^{\frac{L}{2}} x\sin\left(\frac{n\pi x}{L}\right)dx + \frac{2}{L}\int_{\frac{L}{2}}^L (L - x)\sin\left(\frac{n\pi x}{L}\right)dx$$

得到

$$A_{2m} = 0$$

$$A_{2m-1} = (-1)^{m+1} \frac{4L}{(2m-1)^2\pi^2}, \quad m \geq 1$$

$$u(x,t) = \frac{4L}{\pi^2} \sum_{m=1}^{\infty} \frac{(-1)^{m+1}}{(2m-1)^2} \sin\left(\frac{(2m-1)\pi x}{L}\right)$$
$$e^{-(2m-1)^2\pi^2a^2t/L^2}$$

因此 $u(x,t)$ 慢慢變爲 0 ℃。

【範例 3】

對兩端完全絕緣而言，若初值溫度分佈 $f(x)$ 和上題一樣爲

$$f(x) = \begin{cases} x, \ 0 < x < \dfrac{L}{2} \\ L - x, \ \dfrac{L}{2} < x < L \end{cases}$$

求普通答案。

【解】

已知

$$A_0 = \frac{1}{L} \int_0^L f(x)dx = \frac{1}{L}\left[\int_0^{\frac{L}{2}} x \, dx + \int_{\frac{L}{2}}^L (L-x) \, dx\right]$$

$$= \frac{1}{L}\left[\frac{1}{2}\left(\frac{L}{2}\right)^2 + \left(Lx - \frac{1}{2}x^2\right)\Big|_{\frac{L}{2}}^L\right]$$

$$= \frac{L}{4}$$

$$A_n = \frac{2}{L} \int_0^L f(x)\cos\left(\frac{n\pi x}{L}\right) dx$$

$$= \frac{2}{L}\left[\int_0^{\frac{L}{2}} x\cos\left(\frac{n\pi x}{L}\right) dx + \int_{\frac{L}{2}}^L (L-x)\cos\left(\frac{n\pi x}{L}\right) dx\right]$$

$$= \frac{2L}{n^2\pi^2}\left(2\cos\frac{n\pi}{2} - \cos n\pi - 1\right)$$

$$u(x,t) = \frac{L}{4} - \frac{8L}{\pi^2}\left[\frac{1}{2^2}\cos\left(\frac{2\pi x}{L}\right)e^{-\left(\frac{2a\pi}{L}\right)^2 t}\right.$$

$$\left. + \frac{1}{6^2}\cos\left(\frac{6\pi x}{L}\right)e^{-\left(\frac{6a\pi}{L}\right)^2 t} + \cdots\right]$$

由於兩端保持熱絕緣，熱能保持在物體內，最後整條金屬保持一樣的

溫度，即 $u(x,\infty) = \dfrac{L}{4}$ ℃。

$$\boxed{習\quad 題}$$

1. ～ 5. 題，解邊界值問題。

1. $\dfrac{\partial u}{\partial t} = a^2 \dfrac{\partial^2 u}{\partial x^2}$　　$(0 < x < L,\ t > 0)$

　$u(0,t) = u(L,t) = 0$

　$u(x,0) = \dfrac{1}{8}x(L - x)$

2. $\dfrac{\partial u}{\partial t} = \dfrac{\partial^2 u}{\partial x^2}$　　$(0 < x < L,\ t > 0)$

　$u(0,t) = u(L,t) = 0$

　$u(x,0) = x^2(L - x)$

3. $\dfrac{\partial u}{\partial t} = 4 \dfrac{\partial^2 u}{\partial x^2}$　　$(0 < x < L,\ t > 0)$

　$u(0,t) = u(L,t) = 0$

　$u(x,0) = L\left[1 - \cos\left(\dfrac{2\pi x}{L}\right)\right]$

4. $\dfrac{\partial u}{\partial t} = 4 \dfrac{\partial^2 u}{\partial x^2}$　　$(0 < x < \pi,\ t > 0)$

　$\dfrac{\partial u}{\partial t}(0,t) = \dfrac{\partial u}{\partial x}(\pi,t) = 0$

　$u(x,0) = 2\sin x$

5. $\dfrac{\partial u}{\partial t} = 9 \dfrac{\partial^2 u}{\partial x^2}$　　$(0 < x < 2\pi,\ t > 0)$

　$\dfrac{\partial u}{\partial x}(0,t) = \dfrac{\partial u}{\partial x}(2\pi,t) = 0$

　$u(x,0) = x(2\pi - x)$

6. ～ 10. 題，對兩端保持零溫度的金屬條，其特性為 $L = 10$ cm，$A =$

1 cm^2, $\rho = 10.6$ g/cm^3, $k = 1.04$ cal/(cm $\cdot$ sec $\cdot$ ℃)，比熱 $c = 0.056$ cal/(g $\cdot$ ℃)。求下列各初值溫度分佈之解。

6. $f(x) = \sin(0.4\pi x)$

7. $f(x) = 2\sin(0.1\pi x)$

8. $f(x) = 2x$ 當 $0 < x < 5$, $f(x) = 0$, $5 < x < 10$

9. $f(x) = 5 - |x - 5|$

10. $f(x) = 0.1x(10 - x)$

11. $\sim$ 15. 題，對兩端完全熱絕緣之金屬條，其特性爲 $L = \pi$ cm, $a = 1$，求下列各初值溫度分佈之解。

11. $f(x) = 2$

12. $f(x) = 2x$

13. $f(x) = \cos 2x$

14. $f(x) = \begin{cases} x, & 0 < x < \frac{1}{2}\pi \\ \pi - x, & \frac{1}{2}\pi < x < \pi \end{cases}$

15. $f(x) = \begin{cases} 2x, & 0 < x < \frac{1}{2}\pi \\ 0, & \frac{1}{2}\pi < x < \pi \end{cases}$

6.4　拉卜拉斯方程式的分離變數法

在 6.1 節，從電磁常識和穩態的熱方程式中可以得到拉卜拉斯方程式為

$$\nabla^2 u = 0$$

現在針對不同的坐標系統來解答問題。

1. 直角坐標系統

$$\nabla^2 u = \frac{\partial^2 u}{\partial x^2} + \frac{\partial^2 u}{\partial y^2} = 0 \qquad (0 < x < a ,\ 0 < y < b)$$

$$(6.33)$$

$$u(x,0) = u(x,b) = 0$$
$$u(0,y) = 0$$
$$u(a,y) = T,\ \text{任一常數}$$

上述是屬狄仁雷(Dirichlet)問題，邊界值分佈如圖 6.9 所示。

圖 6.9　矩形邊界條件的分佈

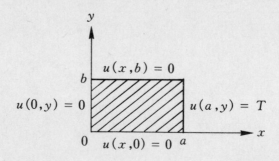

　　運用分離變數法，令 $u(x,y) = X(x)Y(y)$ 代入方程式中，

$$X''Y + XY'' = 0$$

或

$$\frac{Y''}{Y} = -\frac{X''}{X} = -\lambda \qquad\qquad (6.34)$$

得到兩常微分方程式，

$$Y'' + \lambda Y = 0$$

$$X'' - \lambda X = 0$$

分離邊界條件

$$u(x,0) = X(x)Y(0) = 0$$

$$u(x,b) = X(x)Y(b) = 0$$

$$u(0,y) = X(0)Y(y) = 0$$

得到

$$Y(0) = 0$$

$$Y(b) = 0$$

$$X(0) = 0$$

基本上，由 $Y(0) = Y(b) = 0$ 可知 $Y'' + \lambda Y = 0$ 是屬史登－劉必烈問題，所以(6.34)式的安排最主要是讓 $Y'' + \lambda Y = 0$ 中的加權函數 $p(x) = 1 > 0$，以符合史登－劉必烈理論。

　　$Y'' + \lambda Y = 0$ 和 $Y(0) = Y(b) = 0$ 之解在前面章節已證過，其解為

$$特徵值\ \lambda_n = \left(\frac{n\pi}{b}\right)^2,\ n \geq 1$$

$$特徵函數\ Y_n = a_n \sin\left(\frac{n\pi y}{b}\right)$$

將 λ_n 代入 $X'' - \lambda_n X = 0$，得到特徵函數解，

$$X_n = ce^{n\pi x/b} + de^{-n\pi x/b}$$

已知邊界條件，

$$X(0) = c + d = 0$$

或

$$d = -c$$

得到特徵函數是

$$X_n = 2c_n\sinh\left(\frac{n\pi x}{b}\right)$$

對任一特徵值 λ_n，有特徵函數 $u_n(x,y)$，

$$u_n(x,y) = A_n\sinh\left(\frac{n\pi x}{b}\right)\sin\left(\frac{n\pi y}{b}\right),\ \ n \geq 1$$

普通答案 $u(x,y)$，

$$u(x,y) = \sum_{n=1}^{\infty} A_n\sinh\left(\frac{n\pi x}{b}\right)\sin\left(\frac{n\pi y}{b}\right)$$

再代入尚未用到的邊界條件

$$u(a,y) = \sum_{n=1}^{\infty} A_n\sinh\left(\frac{n\pi a}{b}\right)\sin\left(\frac{n\pi y}{b}\right) = T$$

將整個 $A_n\sinh\left(\frac{n\pi a}{b}\right)$ 看作 $\sin\left(\frac{n\pi y}{b}\right)$ 的係數，則

$$A_n\sinh\left(\frac{n\pi a}{b}\right) = \frac{2}{b}\int_0^b T\sin\left(\frac{n\pi y}{b}\right)dy = \left(\frac{-2}{b}\frac{bT}{n\pi}\cos\left(\frac{n\pi y}{b}\right)\right)\Big|_0^b$$

$$= \frac{2T}{n\pi}[1 - (-1)^n]$$

或

$$A_{2m} = 0$$

$$A_{2m-1} = \frac{4}{(2m-1)\pi\sinh\left(\frac{(2m-1)\pi a}{b}\right)},\ \ m \geq 1$$

2. 極坐標(或圓柱坐標) 系統

$$\nabla^2 u = \frac{\partial^2 u}{\partial r^2} + \frac{1}{r}\frac{\partial u}{\partial r} + \frac{1}{r^2}\frac{\partial^2 u}{\partial \theta^2}$$
$$= 0 \qquad (0 < r < R, -\pi < \theta < \pi) \qquad (6.35)$$
$$u(R,\theta) = h(\theta)$$

對極坐標系統而言，由於 $-\pi$ 相當於 π，故當然隱含下述週期特性的關係式：

$$u(r, -\pi) = u(r,\pi)$$

$$\frac{\partial u}{\partial \theta}(r, -\pi) = \frac{\partial u}{\partial \theta}(r,\pi)$$

上述是屬狄仁雷和紐曼的混合問題，其面對的是一圓盤形狀的溫度或電位分佈如圖 6.10 所示。

圖 6.10　圓盤邊界條件的分佈

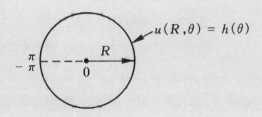

運用分離變數法，令 $u(r,\theta) = H(r)G(\theta)$ 代入方程式中，

$$H''G + \frac{1}{r}H'G + \frac{1}{r^2}HG'' = 0$$

或

$$-\frac{r^2 H'' + rH'}{H} = \frac{G''}{G} = -\lambda$$

得到兩常微分方程式：

$$G'' + \lambda G = 0$$

$$r^2 H'' + rH' - \lambda H = 0$$

分離邊界條件,

$$u(r, -\pi) = H(r)G(-\pi) = H(r)G(\pi) = u(r,\pi)$$

$$\frac{\partial u}{\partial \theta}(r, -\pi) = H(r)G'(-\pi) = H(r)G'(\pi) = \frac{\partial u}{\partial \theta}(r,\pi)$$

得到

$$G(-\pi) = G(\pi)$$

$$G'(-\pi) = G'(\pi)$$

因此,得知 $G'' + \lambda G = 0$ 是屬週期型的史登－劉必烈問題。其解已在第五章證過,其特徵值 $\lambda_n = n^2 \geq 0$,特徵函數 G_n 為

$$G_n(\theta) = c_n\cos(n\theta) + d_n\sin(n\theta)$$

將 $\lambda_n = n^2 \geq 0$ 代入另一常微分方程式,得到

$$r^2 H'' + rH' - n^2 H = 0$$

這是科熙－尤拉方程式(見2.4節),其解為

$$H(r) = \begin{cases} Ar^n + Br^{-n}, & n \geq 1 \\ A, & n = 0 \end{cases}$$

當 $r \to 0$ 時,$H(r)$ 必須收斂,故 $B = 0$,獲得特徵函數 $H_n(r)$,

$$H_n(r) = A_n r^n, \ n \geq 0$$

結果對任一特徵值 $\lambda_n = n^2 \geq 0$,對應一特徵函數 $u_n(r,\theta)$,

$$u_n(r,\theta) = r^n[a_n\cos(n\theta) + b_n\sin(n\theta)]$$

普通答案 $u(r,\theta)$ 為

$$u(r,\theta) = a_0 + \sum_{n=1}^{\infty} r^n[a_n\cos(n\theta) + b_n\sin(n\theta)]$$

再運用初值條件,

$$u(R,\theta) = h(\theta) = a_0 + \sum_{n=1}^{\infty} R^n[a_n\cos(n\theta) + b_n\sin(n\theta)]$$

得到,

$$a_0 = \frac{1}{2\pi} \int_{-\pi}^{\pi} h(\theta)\, d\theta$$

$$a_n = \frac{1}{R^n \pi} \int_{-\pi}^{\pi} h(\theta)\cos(n\theta)\, d\theta$$

$$b_n = \frac{1}{R^n \pi} \int_{-\pi}^{\pi} h(\theta)\sin(n\theta)\, d\theta$$

3. 球形坐標系統

$$\nabla^2 u = \frac{\partial}{\partial r}\left(r^2 \frac{\partial u}{\partial r}\right) + \frac{1}{\sin\phi}\frac{\partial}{\partial \phi}\left(\sin\phi \frac{\partial u}{\partial \phi}\right)$$
$$= 0 \qquad (r > 0,\ 0 < \phi < \pi) \tag{6.36}$$
$$u(R,\phi) = f(\phi)$$
$$\lim_{r \to \infty} u(r,\phi) = 0 : \text{對導體外部電位而言}$$

上述是描述一半徑爲 R 的球形導體之電位分佈情形,導體內並無電荷源。導體表面的電位分佈與 θ 無關,因此從(6.36)式,試求導體內外的電位分佈。

運用分離變數法,令 $u(r,\phi) = G(r)H(\phi)$ 代入方程式中,

$$\frac{1}{G}(r^2 G')' = -\frac{1}{H\sin\phi}(\sin\phi H')' = \lambda$$

獲得兩常微分方程式,

$$(r^2 G')' - \lambda G = 0$$

$$(\sin\phi H')' + \lambda \sin\phi H = 0$$

令 $\cos\phi = \omega$,則 $\sin^2\phi = 1 - \omega^2$ 且

$$\frac{d}{d\phi} = \frac{d}{d\omega}\frac{d\omega}{d\phi} = -\sin\phi \frac{d}{d\omega}$$

整理之,得到

$$\frac{d}{d\omega}\left[(1 - \omega^2)\frac{dH}{d\omega}\right] + \lambda H = 0 \tag{6.37}$$

$$r^2 G'' + 2r\, G' - \lambda G = 0 \tag{6.38}$$

上述(6.37)式很明顯地是樂見德方程式，其特徵值 $\lambda = n(n+1)$, $n \geq 0$，而對應的特徵函數是樂見德函數 $P_n(\omega) = P_n(\cos\phi)$, $n \geq 0$。將特徵值代入科煦－尤拉方程式(6.38)，得到

$$r^2 G'' + 2rG' - n(n+1)G = 0$$

其解 $G(r) = r^\alpha$ 代入上述，

$$[\alpha(\alpha-1) + 2\alpha - n(n+1)]r^\alpha = 0$$

得到根值 $\alpha = n$ 或 $\alpha = -(n+1)$。為使函數值收斂，在導體內部的解答是 $G_n(r) = r^n$；而導體外部的解答是 $G_n^*(r) = r^{-(n+1)}$。結果對任一特徵值 $\lambda = n(n+1) \geq 0$，有對應函數 $u_n(r,\phi)$，

$$u_n(r,\phi) = A_n r^n P_n(\cos\phi): \text{導體內部}$$

$$u_n^*(r,\phi) = A_n r^{-(n+1)} P_n(\cos\phi): \text{導體外部}$$

而普通答案則為

$$u(r,\phi) = \sum_{n=0}^\infty A_n r^n P_n(\cos\phi): \text{導體內部}$$

$$u^*(r,\phi) = \sum_{n=0}^\infty A_n^* r^{-(n+1)} P_n(\cos\phi): \text{導體外部}$$

再運用邊界條件 $u(R,\phi) = f(\phi)$ 和樂見德多項式的垂直特性，得到係數

$$A_n R^n = \frac{2n+1}{2} \int_{-1}^1 f(\omega)P_n(\omega)d\omega$$
$$= \frac{2n+1}{2} \int_\pi^0 f(\phi)P_n(\cos\phi)(-\sin\phi\,d\phi)$$
$$= \frac{2n+1}{2} \int_0^\pi f(\phi)P_n(\cos\phi)\sin\phi\,d\phi$$

或

$$A_n = \frac{2n+1}{2R^n} \int_0^\pi f(\phi)P_n(\cos\phi)\sin\phi\,d\phi \qquad (6.39)$$

同理可證

$$A_n^* = \frac{2n+1}{2} R^{n+1} \int_0^\pi f(\phi)P_n(\cos\phi)\sin\phi\,d\phi \qquad (6.40)$$

解題範例

【範例 1】

對圖 6.10 的圓盤邊界溫度 $h(\theta)$ 設定為

$$h(\theta) = 5 + \frac{1}{2}\pi^2\theta - \frac{1}{2}\theta^3, \ -\pi \le \theta \le \pi$$

且圓盤半徑 $R = 2$ 公分，求普通答案中的係數。

【解】

$$a_0 = \frac{1}{2\pi}\int_{-\pi}^{\pi} h(\theta)\ d\theta = \frac{1}{2\pi}\int_{-\pi}^{\pi}\left(5 + \frac{1}{2}\pi^2\theta - \frac{1}{2}\theta^3\right)\ d\theta = 5$$

$$a_n = \frac{1}{2^n\pi}\int_{-\pi}^{\pi} h(\theta)\cos(n\theta)\ d\theta = 0$$

$$b_n = \frac{1}{2^n\pi}\int_{-\pi}^{\pi} h(\theta)\sin(n\theta)\ d\theta = \frac{6(-1)^{n+1}}{n^3 2^n}$$

獲得普通答案

$$u(r,\theta) = 5 + 6\sum_{n=1}^{\infty}\left(\frac{r}{2}\right)^n \frac{(-1)^{n+1}}{n^3}\sin(n\theta)$$

圖 6.11　球形電容器

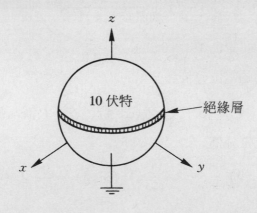

【範例 2】

一球形電容器如圖 6.11 所示，上半球接上 10 伏特，下半球接地，上下半球之間用絕緣體隔離之。若球半徑是 1 公分，求導體內外部的電位分佈。

【解】

已知導體內外部的係數 A_n 和 A_n^* 在 $R = 1$ 時，兩者相等，只要求一個就好。由題目可知，在球體表面的電位分佈 $f(\phi)$ 為

$$f(\phi) = \begin{cases} 10, \ 0 \leq \phi < \dfrac{\pi}{2} \\ 0, \ \dfrac{\pi}{2} < \phi \leq \pi \end{cases}$$

係數 A_n 為

$$
\begin{aligned}
A_n &= \frac{2n+1}{2} \int_0^\pi f(\phi) P_n(\cos\phi)\sin\phi \, d\phi \\
&= \frac{2n+1}{2} \int_0^{\pi/2} 10 P_n(\cos\phi)\sin\phi \, d\phi \\
&= 5(2n+1) \int_0^{\pi/2} P_n(\omega) d\omega
\end{aligned}
$$

代入 5.6 節的 (5.128) 式，

$$
\begin{aligned}
A_n &= 5(2n+1) \sum_{k=0}^{[n/2]} (-1)^k \frac{(2n-2k)!}{2^n k!(n-k)!(n-2m)!} \int_0^1 \omega^{(n-2k)} d\omega \\
&= \frac{5(2n+1)}{2^n} \sum_{k=0}^{[n/2]} (-1)^k \frac{(2n-2k)!}{k!(n-k)!(n-2m+1)!}
\end{aligned}
$$

$A_0 = 5, \ A_1 = \dfrac{15}{2}, \ A_2 = 0, \ A_3 = -\dfrac{35}{8}$

得到導體內部的電位分佈，

$$u(r,\phi) = 5 + \frac{15}{2} r P_1(\cos\phi) - \frac{35}{8} r^3 P_3(\cos\phi) + \cdots$$

導體外部的電位分佈，

$$u(r,\phi) = 5r^{-1} + \frac{15}{2r} P_1(\cos\phi) - \frac{35}{8r^3} P_3(\cos\phi) + \cdots$$

習　題

1.～ 3.題，針對矩形金屬板的穩態溫度分佈情形，其範圍為 $0 \le x \le a$，$0 \le y \le b$，就下列邊界條件，求其解。

1. $u(x,0) = u(x,b) = 0$

   $u(0,y) = T$

   $u(a,y) = 0$

2. $u(0,y) = u(a,y) = 0$

   $u(x,0) = 0$

   $u(x,b) = T$

3. $u(0,y) = u(a,y) = 0$

   $u(x,0) = T$

   $u(x,b) = 0$

4.～ 7.題，針對圓形或扇形的金屬板的溫度分佈，求下列邊界條件 $h(\theta)$ 和金屬板形狀之解。

4. $0 \le r \le 1$，$-\pi \le \theta \le \pi$，$h(\theta) = 2\cos^2(\theta)$

5. $0 \le r \le 1$，$-\pi \le \theta \le \pi$，$h(\theta) = 2\sin^3(\theta)$

6. $0 \le r \le 1$，$-\pi \le \theta \le \pi$，$h(\theta) = T$

7. $0 \le r \le k$，$0 \le \theta \le \alpha$

   $u(r,0) = u(r,\alpha) = 0$

   $u(k,\theta) = T$

8.～ 12.題，對一半徑為1公分的球形導體內並無電荷源，求下列邊界電位 $h(\theta)$ 條件之下的導體內外部的電位分佈。

8. $f(\phi) = 2$

9. $f(\phi) = 3\cos(2\phi)$

10. $f(\phi) = 5\cos^3(\phi)$

11. $f(\phi) = \cos(3\phi) + 3\cos(\phi)$

12. $f(\phi) = 5\cos^3(\phi) - \dfrac{3}{2}\cos^2(\phi) - \dfrac{5}{2}\cos(\phi) - \dfrac{1}{2}$

13. 一個內心中空的球體，球體的半徑是 R_1 公分，而中空部份的半徑是 R_2 公分，即實體部份在 $R_1 \leq r \leq R_2$。在 $r = R_1$ 的內部表面保持 T 溫度，而 $r = R_2$ 的外部表面保持零溫度，求穩態溫度的分佈 $u(r,\phi)$，$R_1 \leq r \leq R_2$，$0 \leq \phi \leq \pi$。

6.5　分離變數法失敗的前處理

　　一般工程問題所衍生的偏微分方程式，通常無法直接用分離變數法來分離各變數，以下將介紹一些前處理的技巧，使得傅立葉級數法可以成功地將變數分離之。

1. 初值條件有兩個以上不可分離變數

$$\frac{\partial^2 u}{\partial t^2} = a^2 \frac{\partial^2 u}{\partial x^2} \qquad (0 < x < L,\ t > 0) \qquad (6.41)$$

$$u(0,t) = u(L,t) = 0 \qquad\qquad (6.41a)$$

$$u(x,0) = f(x),\ 初值位置 \qquad\qquad (6.41b)$$

$$\frac{\partial u}{\partial t}(x,0) = g(x),\ 初值速度 \qquad\qquad (6.41c)$$

　　上述問題當 $f(x) \neq 0$ 且 $g(x) \neq 0$ 時，造成兩個方程式無法分離變數，而在前面章節提過，只允許一個方程式無法分離變數，才能解答邊界值問題，所以前處理是必須的。然而恰好這兩方程式發生在同一時地(即 $t = 0$，x 任意)，因此可用重疊原理來解決此問題如下：

　　令 $u_1(x,t)$ 和 $u_2(x,t)$ 分別為下列問題之解：

$$\frac{\partial^2 u_1}{\partial t^2} = a^2 \frac{\partial^2 u_1}{\partial x^2} \qquad (0 < x < L,\ t > 0) \qquad (6.42)$$

$$u_1(0,t) = u_1(L,t) = 0 \qquad\qquad (6.42a)$$

$$u_1(x,0) = f(x) \qquad\qquad (6.42b)$$

$$\frac{\partial u_1}{\partial t}(x,0) = 0 \qquad\qquad (6.42c)$$

$$\frac{\partial^2 u_2}{\partial t^2} = a^2 \frac{\partial^2 u_2}{\partial x^2} \qquad (0 < x < L,\ t > 0) \qquad (6.43)$$

$$u_2(0,t) = u_2(L,t) = 0 \qquad\qquad (6.43\text{a})$$

$$u_2(x,0) = 0 \qquad\qquad (6.43\text{b})$$

$$\frac{\partial u_2}{\partial t}(x,0) = g(x) \qquad\qquad (6.43\text{c})$$

那麼原方程式之解 $u(x,t) = u_1(x,t) + u_2(x,t)$。

【證明】

將(6.42) 式加上(6.43) 式，得到(6.41) 式如下：

$$\frac{\partial^2(u_1 + u_2)}{\partial t^2} = a^2\frac{\partial^2(u_1 + u_2)}{\partial x^2}$$

或

$$\frac{\partial^2 u}{\partial t^2} = a^2\frac{\partial^2 u}{\partial x^2} \qquad (\text{令 } u = u_1 + u_2)$$

同理可以得證

$$(6.42\text{a}) + (6.43\text{a}) = (6.41\text{a})$$

$$(6.42\text{b}) + (6.43\text{b}) = (6.41\text{b})$$

$$(6.42\text{c}) + (6.43\text{c}) = (6.41\text{c})$$

2. 任一邊界條件無法分離變數

$$\frac{\partial u}{\partial t} = a^2\frac{\partial^2 u}{\partial x^2} \qquad\qquad (6.44)$$

$$u(0,t) = T_1$$

$$u(L,t) = T_2$$

$$u(x,0) = f(x)$$

很明顯地，發生在不同地點(即 $x = 0$ 和 $x = L$) 的兩方程式無法進行變數分離。由於是起因於不同地點，因此作前處理時，就要找出一地點函數 $\phi(x)$，令 $u(x,t) = U(x,t) + \phi(x)$，代入原方程式中，

$$\frac{\partial}{\partial t}[U(x,t) + \phi(x)] = a^2\frac{\partial^2}{\partial x^2}[U(x,t) + \phi(x)]$$

或

$$\frac{\partial U}{\partial t} = a^2 \frac{\partial^2 U}{\partial x^2} + a^2 \phi''$$

$$u(0,t) = U(0,t) + \phi(0) = T_1$$

$$u(L,t) = U(L,t) + \phi(L) = T_2$$

$$u(x,0) = U(x,0) + \phi(x) = f(x)$$

對前處理函數 $\phi(x)$, 命令其為

$$\phi''(x) = 0 \tag{6.45}$$

$$\phi(0) = T_1$$

$$\phi(L) = T_2$$

則得到新的且可進行變數分離的邊界值問題為

$$\frac{\partial U}{\partial t} = a^2 \frac{\partial^2 U}{\partial x^2} \tag{6.46}$$

$$U(0,t) = U(L,t) = 0$$

$$U(x,0) = f(x) - \phi(x)$$

而上述未知函數 $\phi(x)$ 可由(6.45) 式求得為

$$\phi(x) = ax + b$$

$$\phi(0) = b = T_1$$

$$\phi(L) = aL + T_1 = T_2$$

得到

$$\phi(x) = \frac{1}{L}(T_2 - T_1)x + T_1$$

6.3 節已證知(6.46) 式的答案為

$$U(x,t) = \sum_{n=1}^{\infty} A_n \sin\left(\frac{n\pi x}{L}\right) e^{-\left(\frac{n\pi a}{L}\right)^2 t}$$

$$A_n = \frac{2}{L} \int_0^L [f(x) - \phi(x)] \sin\left(\frac{n\pi x}{L}\right) dx, \ n \geq 1$$

結論之 $u(x,t)$ 為

$$u(x,t) = U(x,t) + \phi(x)$$

$$= \sum_{n=1}^{\infty} A_n \sin\left(\frac{n\pi x}{L}\right) e^{-\left(\frac{n\pi a}{L}\right)^2 t} + \frac{1}{L}(T_2 - T_1)x + T_1$$

事實上，當 $t \to \infty$，則 $U(x,t) \to 0$，造成 $u(x,t) \to \phi(x)$，所以我們可以把 $U(x,t)$ 當作暫態答案，而 $\phi(x)$ 為穩態答案。

3. 偏微分方程式無法分離變數

$$\frac{\partial^2 u}{\partial t^2} = \frac{\partial^2 u}{\partial x^2} + Ax \tag{6.47}$$

$$u(0,t) = u(L,t) = 0$$

$$u(x,0) = \frac{\partial u}{\partial t}(x,0) = 0$$

上述的偏微分方程式是無法進行變數分離的，原因是有地點函數 Ax，因此找另一地點函數 $\phi(x)$ 進行前處理，即令

$$u(x,t) = U(x,t) + \phi(x)$$

代入原方程式，

$$\frac{\partial^2}{\partial t^2}[U(x,t) + \phi(x)] = \frac{\partial^2}{\partial x^2}[U(x,t) + \phi(x)] + Ax$$

或

$$\frac{\partial^2 U}{\partial t^2} = \frac{\partial^2 U}{\partial x^2} + \phi''(x) + Ax$$

$$u(0,t) = U(0,t) + \phi(0) = 0$$

$$u(L,t) = U(L,t) + \phi(L) = 0$$

$$u(x,0) = U(x,0) + \phi(x) = 0$$

$$\frac{\partial u}{\partial t}(x,0) = \frac{\partial U}{\partial t}(x,0) = 0$$

令

$$\phi''(x) + Ax = 0 \tag{6.48}$$

$$\phi(0) = \phi(L) = 0$$

則得到邊界值問題為

$$\frac{\partial^2 U}{\partial t^2} = \frac{\partial^2 U}{\partial x^2}$$ (6.49)

$$U(0,t) = U(L,t) = 0$$

$$U(x,0) = -\phi(x)$$

$$\frac{\partial U}{\partial t}(x,0) = 0$$

而 $\phi(x)$ 由(6.48) 式得證

$$\phi(x) = -\frac{1}{6}Ax^3 + ax + b$$

$$\phi(0) = b = 0$$

$$\phi(L) = -\frac{1}{6}AL^3 + aL = 0$$

$$\phi(x) = \frac{A}{6}x(L^2 - x^2)$$

而(6.49) 式根據 6.2 節已知其解為

$$U(x,t) = \sum_{n=1}^{\infty} A_n \sin\left(\frac{n\pi x}{L}\right)\cos\left(\frac{n\pi t}{L}\right)$$

$$A_n = \frac{2}{L}\int_0^L [-\phi(x)]\sin\left(\frac{n\pi x}{L}\right)dx = (-1)^n \frac{2AL^3}{n^3\pi^3}$$

原方程式(6.47) 之解為

$$u(x,t) = U(x,t) + \phi(x)$$

$$= \frac{2AL^3}{\pi^3}\sum_{n=1}^{\infty}\frac{(-1)^n}{n^3}\sin\left(\frac{n\pi x}{L}\right)\cos\left(\frac{n\pi t}{L}\right)$$

$$+ \frac{A}{6}x(L^2 - x^2)$$

解題範例

【範例 1】

將不可分離變數的偏微分方程式

$$\frac{\partial u}{\partial t} = a^2 \left(\frac{\partial^2 u}{\partial x^2} + A \frac{\partial u}{\partial x} + Bu \right)$$

轉換成可分離變數的偏微分方程式

$$\frac{\partial U}{\partial t} = a^2 \frac{\partial^2 U}{\partial x^2}$$

【解】

令 $u(x,t) = e^{\alpha x + \beta t} U(x,t)$ 代入方程式,

$$\frac{\partial}{\partial t}[e^{\alpha x + \beta t} U(x,t)] = a^2 \left\{ \frac{\partial^2}{\partial x^2}[e^{\alpha x + \beta t} U(x,t)] + \right.$$

$$\left. A \frac{\partial}{\partial x}[e^{\alpha x + \beta t} U(x,t)] + Be^{\alpha x + \beta t} U(x,t) \right\}$$

$$e^{\alpha x + \beta t} \left(\beta U + \frac{\partial U}{\partial t} \right) = a^2 e^{\alpha x + \beta t} \left(\frac{\partial^2 U}{\partial x^2} + 2\alpha \frac{\partial U}{\partial x} + \alpha^2 U \right) + a^2 A$$

$$e^{\alpha x + \beta t} \left(\alpha U + \frac{\partial U}{\partial x} \right) + a^2 B e^{\alpha x + \beta t} U(x,t)$$

除以 $e^{\alpha x + \beta t}$, 整理之, 得到

$$\frac{\partial U}{\partial t} = a^2 \left(\frac{\partial^2 U}{\partial x^2} + (2\alpha + A) \frac{\partial U}{\partial x} + (\alpha^2 + A\alpha + B - \beta)U \right)$$

令 $2\alpha + A = 0$, $\alpha^2 + A\alpha + B - \beta = 0$, 則得證

$$\frac{\partial U}{\partial t} = a^2 \frac{\partial^2 U}{\partial x^2}$$

得到

$$\alpha = -\frac{A}{2}, \ \beta = B - \frac{A^2}{4}$$

【範例 2】

將下列問題

$$\frac{\partial u}{\partial t} = a^2 \frac{\partial u}{\partial x^2} + Au + Bx \qquad (0 < x < L, \ t > 0)$$

$$u(0,t) = u(L,t) = 0$$

$$u(x,0) = 0$$

轉換成可以做變數分離的邊界值問題。

【解】

令 $u(x,t) = e^{At}U(x,t) + \phi(x)$，代入原方程式

$$\frac{\partial}{\partial t}[e^{At}U(x,t) + \phi(x)] = a^2 \frac{\partial}{\partial x^2}[e^{At}U(x,t) + \phi(x)] +$$

$$A[e^{At}U(x,t) + \phi(x)] + Bx$$

$$e^{At}\left[AU + \frac{\partial U}{\partial t}\right] = a^2 e^{At}\frac{\partial^2 U}{\partial x^2} + a^2\phi'' + Ae^{At}U + A\phi(x) + Bx$$

得到

$$\frac{\partial U}{\partial t} = a^2 \frac{\partial^2 U}{\partial x^2} + e^{-At}(a^2\phi'' + A\phi(x) + Bx)$$

令 $a^2\phi'' + A\phi(x) + Bx = 0$，則得證

$$\frac{\partial U}{\partial t} = a^2 \frac{\partial^2 U}{\partial x^2}$$

再進行邊界條件和初值條件的轉換：

$$u(0,t) = e^{At}U(0,t) + \phi(0) = 0$$

$$u(L,t) = e^{At}U(L,t) + \phi(L) = 0$$

$$u(x,0) = U(x,0) + \phi(x) = 0$$

令 $\phi(0) = \phi(L) = 0$，得到可分離變數的邊界條件爲

$$U(0,t) = U(L,t) = 0$$

及初值條件

$$U(x,0) = -\phi(x)$$

習　題

運用前處理技巧，解答下列邊界值問題。

1. $\dfrac{\partial^2 u}{\partial t^2} = 3\dfrac{\partial^2 u}{\partial x^2} + 2x \qquad (0 < x < 2,\ t > 0)$

   $u(0,t) = u(2,t) = 0$

   $u(x,0) = \dfrac{\partial u}{\partial t}(x,0) = 0$

2. $\dfrac{\partial^2 u}{\partial t^2} = 9\dfrac{\partial^2 u}{\partial x^2} + x^2 \qquad (0 < x < 4,\ t > 0)$

   $u(0,t) = u(4,t) = 0$

   $u(x,0) = \dfrac{\partial u}{\partial t}(x,0) = 0$

3. $\dfrac{\partial^2 u}{\partial t^2} = \dfrac{\partial^2 u}{\partial x^2} - \cos(x) \qquad (0 < x < 2\pi,\ t > 0)$

   $u(0,t) = u(2\pi,t) = 0$

   $u(x,0) = \dfrac{\partial u}{\partial t}(x,0) = 0$

4. $\dfrac{\partial^2 u}{\partial t^2} = a^2\dfrac{\partial^2 u}{\partial x^2} - A\dfrac{\partial u}{\partial t}$

   $u(0,t) = u(L,t) = 0$

   $u(x,0) = f(x)$

   $\dfrac{\partial u}{\partial t}(x,0) = 0$

   其中 $-A\dfrac{\partial u}{\partial t}$ 相當於阻尼力。

5. $\dfrac{\partial u}{\partial t} = k\left[\dfrac{\partial^2 u}{\partial x^2} - \dfrac{a}{M}\dfrac{\partial u}{\partial x}\right] \qquad (0 < x < M,\ t > 0)$

   $u(0,t) = u(M,t) = 0$

$$u(x,0) = \frac{M}{ak}[1 - e^{-a(1-x/M)}]$$

6. $\nabla^2 u = 0 \qquad (0 < x < a, \ 0 < y < b)$

$u(0,y) = T_1, \ u(a,y) = T_2$

$u(x,0) = u(x,b) = 0$

7. $\dfrac{\partial^2 u}{\partial t^2} = 9\dfrac{\partial^2 u}{\partial x^2} + 4x \qquad (0 < x < 1, \ t > 0)$

$u(0,t) = u(1,t) = 0$

$u(x,0) = 0, \ \dfrac{\partial u}{\partial t}(x,0) = 1$

8. $\dfrac{\partial^2 u}{\partial t^2} = 4\dfrac{\partial^2 u}{\partial x^2} \qquad (0 < x < 9, \ t > 0)$

$u(0,t) = 0, \ u(9,t) = 1$

$u(x,0) = 0, \ \dfrac{\partial u}{\partial t}(x,0) = x$

9. $\dfrac{\partial u}{\partial t} = 9\dfrac{\partial^2 u}{\partial x^2} \qquad (0 < x < 5, \ t > 0)$

$u(0,t) = 0, \ u(5,t) = 3$

$u(x,0) = 0$

10. $\dfrac{\partial u}{\partial t} = \dfrac{\partial^2 u}{\partial x^2} \qquad (0 < x < 9, \ t > 0)$

$u(0,t) = T_1, \ u(9,t) = T_2$

$u(x,0) = x^2$

11. $\dfrac{\partial u}{\partial t} = 4\dfrac{\partial^2 u}{\partial x^2} - ku$

$u(0,t) = u(9,t) = 0$

$u(x,0) = 0$

12. $\dfrac{\partial u}{\partial t} = 9\dfrac{\partial^2 u}{\partial x^2} \qquad (0 < x < M, \ t > 0)$

$u(0,t) = T, \ u(M,t) = 0$

$u(x,0) = 0$

6.6 二維的邊界值問題

工程問題常常會遇到二次維以上的案例，由前面章節已知一次維的問題可用分離變數法與傅立葉級數解答之。下面將介紹兩種二次維的問題，用分離變數法和 4.10 節的雙重傅立葉級數解答之。

1. 矩形彈簧片的波動

矩形彈簧片之邊界值問題如下所述及圖 6.12 所示：

$$\frac{\partial^2 z}{\partial t^2} = a^2 \nabla^2 z = a^2 \left(\frac{\partial^2 z}{\partial x^2} + \frac{\partial^2 z}{\partial y^2} \right)$$
$$(0 < x < L,\ 0 < y < K,\ t > 0) \tag{6.50}$$
$$z(x,0,t) = z(x,K,t) = 0: \text{邊界固定}$$
$$z(0,y,t) = z(L,y,t) = 0: \text{邊界固定}$$
$$z(x,y,0) = f(x,y): \text{初值位置}$$
$$\frac{\partial z}{\partial t}(x,y,0) = 0: \text{初值速度}$$

圖 6.12 矩形彈簧片的波動

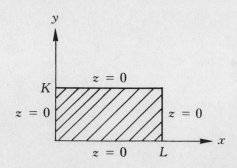

運用分離變數法，令 $z(x,y,t) = X(x)Y(y)T(t)$ 代入方程式，

$$XYT'' = a^2[X''YT + XY''T]$$

除以 a^2XYT，

$$\frac{T''}{a^2T} - \frac{Y''}{Y} = \frac{X''}{X} = -\lambda \tag{6.51}$$

得到兩關係式，

$$\frac{T''}{a^2T} - \frac{Y''}{Y} = -\lambda$$

$$X'' + \lambda X = 0$$

再令

$$\frac{T''}{a^2T} + \lambda = \frac{Y''}{Y} = -\mu \tag{6.52}$$

得到三關係式為

$$X'' + \lambda X = 0 \tag{6.53a}$$

$$Y'' + \lambda Y = 0 \tag{6.53b}$$

$$T'' + (\lambda + \mu)a^2T = 0 \tag{6.53c}$$

現在處理邊界條件和初值條件

$$z(x,0,t) = X(x)Y(0)T(t) = 0$$

$$z(x,K,t) = X(x)Y(K)T(t) = 0$$

$$z(0,y,t) = X(0)Y(y)T(t) = 0$$

$$z(L,y,t) = X(L)Y(y)T(t) = 0$$

$$\frac{\partial z}{\partial t}(x,y,0) = X(x)Y(y)T'(0) = 0$$

獲得

$$X(0) = X(L) = 0 \tag{6.54a}$$

$$Y(0) = Y(K) = 0 \tag{6.54b}$$

$$T'(0) = 0 \tag{6.54c}$$

(6.53a) 和 (6.54a) 及 (6.53b) 和 (6.54b) 兩問題正好是史登－劉必

烈問題，而且在前面章節已證過，其答案爲

$$\lambda_n = \left(\frac{n\pi}{L}\right)^2, \ \mu_m = \left(\frac{m\pi}{K}\right)^2, \ n 、 m \geq 1$$

對應的特徵函數爲

$$X_n = A_n \sin\left(\frac{n\pi x}{L}\right)$$

$$Y_m(y) = B_m \sin\left(\frac{m\pi y}{K}\right)$$

將特徵值 λ_n 和 μ_m 代入(6.53c) 式，

$$T'' + \left[\left(\frac{n\pi}{L}\right)^2 + \left(\frac{m\pi}{K}\right)^2\right]a^2 T = 0$$

其解答爲

$$T(t) = c\cos(a\alpha_{nm}t) + d\sin(a\alpha_{nm}t)$$

$$\alpha_{nm} = \sqrt{\left(\frac{n\pi}{L}\right)^2 + \left(\frac{m\pi}{K}\right)^2}$$

代入初值條件(6.54c) 式，

$$T'(0) = d = 0$$

得到

$$T_{nm} = C_{nm}\cos(a\alpha_{nm}t)$$

結果對任意特徵值 λ_n 和 μ_m，有特徵解答爲

$$z_{nm}(x,y,t) = X_n(x)Y_m(y)T_{nm}(t)$$

$$= Q_{nm}\sin\left(\frac{n\pi x}{L}\right)\sin\left(\frac{m\pi y}{K}\right)\cos(a\alpha_{nm}t)$$

而普通答案 $z(x,y,t)$ 則由這些無限多的特徵解答組合而成爲

$$z(x,y,t) = \sum_{n=1}^{\infty}\sum_{m=1}^{\infty} Q_{nm}\sin\left(\frac{n\pi x}{L}\right)\sin\left(\frac{m\pi y}{K}\right)\cos(a\alpha_{nm}t)$$

再代入初值條件來求係數 Q_{nm}，

$$z(x,y,0) = f(x,y)$$

$$= \sum_{n=1}^{\infty} \sum_{m=1}^{\infty} Q_{nm} \sin\left(\frac{n\pi x}{L}\right) \sin\left(\frac{m\pi y}{K}\right) \qquad (6.55)$$

很明顯地，上式爲一雙重傅立葉正弦函數，從 4.10 節可知

$$Q_{nm} = \frac{4}{LK} \int_0^K \int_0^L f(x,y) \sin\left(\frac{n\pi x}{L}\right) \sin\left(\frac{m\pi y}{K}\right) \, dx \, dy$$

2. 圓形彈簧片的波動

　　本問題最常看到的是鼓皮振動空氣，造成鼓聲的現象。其邊界值問題見圖 6.13 及方程式如下：

$$\frac{\partial^2 z}{\partial t^2} = a^2 \nabla^2 z = a^2\left(\frac{\partial^2 z}{\partial r^2} + \frac{1}{r}\frac{\partial z}{\partial r} + \frac{1}{r^2}\frac{\partial^2 z}{\partial \theta^2}\right)$$

$$(0 \leq r \leq R, \ -\pi \leq \theta \leq \pi, \ t > 0) \qquad (6.56)$$

$$z(R,\theta,t) = 0 : \text{邊界固定如鼓}$$

$$z(r,\theta,0) = f(r,\theta) : \text{初值位置}$$

$$\frac{\partial z}{\partial t}(r,\theta,0) = 0 : \text{初值速度}$$

隱含性的週期特性：

$$z(r,-\pi,t) = z(r,\pi,t)$$

$$\frac{\partial z}{\partial \theta}(r,-\pi,t) = \frac{\partial z}{\partial \theta}(r,\pi,t)$$

圖 6.13　圓形彈簧片的波動

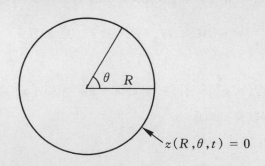

運用分離變數法，令 $z(r,\theta,t) = H(r)G(\theta)T(t)$ 代入方程式中，

$$HGT'' = a^2\left[H''GT + \frac{1}{r}H'GT + \frac{1}{r^2}HG''T\right]$$

除以 $a^2 HGT$，

$$\frac{T''}{a^2 T} = \frac{H''}{H} + \frac{1}{r}\frac{H'}{H} + \frac{1}{r^2}\frac{G''}{G} = -\lambda \tag{6.57}$$

得到兩關係式，

$$T'' + \lambda a^2 T = 0$$

$$r^2\frac{H''}{H} + r\frac{H'}{H} + \lambda r^2 = -\frac{G''}{G} = -\mu \tag{6.58}$$

獲得三常微分方程式為

$$G'' + \mu G = 0 \tag{6.59a}$$

$$r^2 H'' + rH' + (\lambda r^2 - \mu)H = 0 \tag{6.59b}$$

$$T'' + \lambda a^2 T = 0 \tag{6.59c}$$

再分離邊界條件，

$$z(r,-\pi,t) = H(r)G(-\pi)T(t) = H(r)G(\pi)T(t)$$
$$= z(r,\pi,t)$$

$$\frac{\partial z}{\partial \theta}(r,-\pi,t) = H(r)G'(-\pi)T(t) = H(r)G'(\pi)T(t)$$
$$= \frac{\partial z}{\partial \theta}(r,\pi,t)$$

$$z(R,\theta,t) = H(R)G(\theta)T(t) = 0$$

$$\frac{\partial z}{\partial t}(r,\theta,0) = H(r)G(\theta)T'(0) = 0$$

得到

$$G(-\pi) = G(\pi); \ G'(-\pi) = G'(\pi) \tag{6.60a}$$

$$H(R) = 0 \tag{6.60b}$$

$$T'(0) = 0 \tag{6.60c}$$

很明顯地，(6.59a) 式和(6.60a) 式是屬週期型史登－劉必烈問題，而
(6.59b) 式和(6.60b) 式是屬奇異型史登－劉必烈問題。我們在前面已
提過，必須先解答定義嚴謹的史登－劉必烈問題，再解答其他問題，
才不會浪費時間。

　　(6.59a) 和(6.60a) 的問題已在前面章節證過，其解爲

$$G_n(\theta) = \alpha_n \cos(n\theta) + \beta_n \sin(n\theta)$$

$$\mu_n = n^2, \ n \geq 0$$

將 $\mu = n^2, \ n \geq 0$ 代入(6.59a) 式，得到

$$r^2 H'' + rH' + (\lambda r^2 - n^2)H = 0$$

$$H(R) = 0$$

$H(r)$ 在 $r = 0$ 之處收斂

(1) $\lambda = 0$,

$$r^2 H'' + rH' - n^2 H = 0$$

是科煦－尤拉方程式，其解爲

$$H = r^\alpha$$

代入方程式，得到特性方程式，

$$\alpha(\alpha - 1) + \alpha - n^2 = 0$$

$$\alpha^2 - n^2 = 0$$

$$\alpha = \pm n$$

所以其解爲

$$H = cr^n \quad 或 \quad H = dr^{-n}$$

由於在 $r = 0$ 處，$H(r)$ 必須收斂，故 $d = 0$ 且 $H(r) = cr^n$，再代
入 $H(R) = 0$，得到 $c = 0$，結果 $\lambda = 0$ 非特徵值。

(2) $\lambda < 0$,

$$r^2 H'' + rH' - (|\lambda| r^2 + n^2)H = 0$$

其爲修正型貝索方程式(見 5.4 節)，解答爲

$$H(r) = cI_n(\sqrt{|\lambda|}r) + dK_n(\sqrt{|\lambda|}r)$$

已知 $\lim_{r \to 0} K_n(\sqrt{|\lambda|}r) \to \infty$，因此 $d = 0$ 且 $H(r) = cI_n(\sqrt{|\lambda|}r)$，再代入邊界條件

$$H(R) = cI_n(\sqrt{|\lambda|}R) = 0$$

已知 $I_n(\sqrt{|\lambda|}R)$ 不可能爲零，只有讓 $c = 0$，因此 $\lambda < 0$ 亦不是特徵值。

(3) $\lambda > 0$，

$$r^2 H'' + rH' + (\lambda r^2 - n^2)H = 0$$

其爲貝索方程式 (見 5.4 節)，解答爲

$$H(r) = cJ_n(\sqrt{\lambda}r) + dY_n(\sqrt{\lambda}r)$$

已知 $\lim_{r \to 0} Y_n(\sqrt{\lambda}r) \to \infty$，因此 $d = 0$ 且 $H(r) = cJ_n(\sqrt{\lambda}r)$，再代入邊界條件，

$$H(R) = cJ_n(\sqrt{\lambda}R) = 0, \ n \geq 0$$

設 z_{nk} 是 $J_n(\sqrt{\lambda}R) = 0$ 的第 k 個根，則

$$\sqrt{\lambda}R = z_{nk}, \ k \geq 1$$

$$\lambda_{nk} = \frac{z_{nk}^2}{R^2}, \ n \geq 0, \ k \geq 1$$

得到特徵值 λ_{nk} 及其對應之特徵函數

$$H_{nk} = c_{nk}J_n(\sqrt{\lambda_{nk}}\ r)$$

將 λ_{nk} 代入 (6.59c) 式，

$$T'' + \lambda_{nk}a^2 T = 0$$

其解爲

$$T(t) = d\cos(a\sqrt{\lambda_{nk}}\ t) + e\sin(a\sqrt{\lambda_{nk}}\ t)$$

代入條件 $T'(0) = 0$，得到 $e = 0$，故

$$T_{nk} = d_{nk}\cos(a\sqrt{\lambda_{nk}}\ t)$$

結論對特徵值 $\mu_n = n^2$, $\lambda_{nk} = \left(\dfrac{z_{nk}}{R}\right)^2$, $n \geq 0$, $k \geq 1$, 有對應的特徵
函數為

$$z_{nk}(r,\theta,t) = [A_{nk}\cos(n\theta) + B_{nk}\sin(n\theta)]$$

$$J_n(\sqrt{\lambda_{nk}}\ r)\cos(a\ \sqrt{\lambda_{nk}}\ t)$$

普通答案解是

$$z(r,\theta,t) = \sum_{n=0}^{\infty}\sum_{k=1}^{\infty} [A_{nk}\cos(n\theta) + B_{nk}\sin(n\theta)]$$

$$J_n(\sqrt{\lambda_{nk}}\ t)\cos(a\ \sqrt{\lambda_{nk}}\ t)$$

再代入最後一個條件以求係數 A_{nk} 和 B_{nk}。

$$z(r,\theta,0) = f(r,\theta)$$

$$= \sum_{n=0}^{\infty}\sum_{k=1}^{\infty} [A_{nk}\cos(n\theta) + B_{nk}\sin(n\theta)]J_n(\sqrt{\lambda_{nk}}\ r)$$

運用史登－劉必烈理論的垂直特性及下列積分值

$$\int_{-\pi}^{\pi}\cos^2(n\theta)\ d\theta = \begin{cases} \pi, & n \geq 1 \\ 2\pi, & n = 0 \end{cases}$$

$$\int_{-\pi}^{\pi}\sin^2(n\theta)\ d\theta = \begin{cases} \pi, & n \geq 1 \\ 0, & n = 0 \end{cases}$$

$$\int_{0}^{R} rJ_n^2(\sqrt{\lambda_{nk}}\ r)\ dr = \frac{1}{2}R\ J_{n+1}^2(\sqrt{\lambda_{nk}}\ R)$$

得到係數

$$A_{0k} = \frac{1}{\pi R^2 J_1^2(\sqrt{\lambda_{0k}}R)}\int_{0}^{R}\int_{-\pi}^{\pi} r\ J_0(\sqrt{\lambda_{0k}}\ r)f(r,\theta)\ d\theta\ dr,$$

$$k \geq 1$$

$$B_{0k} = 0$$

對 $n \geq 1$, $k \geq 1$

$$A_{nk} = \frac{2}{\pi R^2 J_{n+1}^2(\sqrt{\lambda_{nk}}\ R)}\int_{0}^{R}\int_{-\pi}^{\pi} rJ_n(\sqrt{\lambda_{nk}}\ r)\cos(n\theta)f(r,\theta)\ d\theta\ dr$$

$$B_{nk} = \frac{2}{\pi R^2 J_{n+1}^2(\sqrt{\lambda_{nk}}\ R)}\int_{0}^{R}\int_{-\pi}^{\pi} rJ_n(\sqrt{\lambda_{nk}}\ r)\sin(n\theta)f(r,\theta)\ d\theta\ dr$$

解題範例

【範例 1】

對矩形彈簧片而言, 若 $K = 2$ cm, $L = 4$ cm, 材料密度 $\rho = 2$ g/cm^2, 初值張力是 32 dyne/cm, 初值速度為零, 初值位置為

$$f(x, y) = (4x - x^2)(2y - y^2) \text{ cm}$$

求矩形彈簧片的波動。

【解】

$$a = \sqrt{\frac{h}{\rho}} = \sqrt{\frac{32}{2}} = 4 \text{ cm/sec}$$

$$Q_{nm} = \frac{4}{4 \cdot 2} \int_0^4 \int_0^2 (4x - x^2)(2y - y^2) \sin\left(\frac{n\pi x}{4}\right) \sin\left(\frac{m\pi y}{2}\right) \, dx \, dy$$

$$= \frac{1}{2} \int_0^4 (4x - x^2) \sin\left(\frac{n\pi x}{4}\right) \, dx \cdot \int_0^2 (2y - y^2) \sin\left(\frac{m\pi y}{2}\right) \, dy$$

$$= \frac{1}{2} \cdot \frac{128}{n^3 \pi^3} [1 - (-1)^n] \cdot \frac{16}{m^3 \pi^3} [1 - (-1)^m]$$

$$= \frac{1024}{n^3 m^3 \pi^6} [1 - (-1)^n][1 - (-1)^m]$$

注意, $n =$ 偶數或 $m =$ 偶數時, $Q_{nm} = 0$

$$z(x, y, t) = \sum_{n=1}^{\infty} \sum_{m=1}^{\infty} \frac{1024}{n^3 m^3 \pi^6} [1 - (-1)^n]$$

$$[1 - (-1)^m] \sin\left(\frac{n\pi x}{4}\right) \sin\left(\frac{m\pi y}{2}\right) \cos(4\alpha_{nm} t)$$

$$\alpha_{nm} = \sqrt{\left(\frac{n\pi}{4}\right)^2 + \left(\frac{m\pi}{2}\right)^2}$$

【範例 2】

對圓形皮鼓而言，若圓之半徑是 1 cm，密度 2 g/cm^2，初值張力 8 dyne/cm，初值速度是零，初值位置 $f(r,\theta)$ 是

$$f(r,\theta) = 1 - r^2 \ \text{(cm)}$$

求皮鼓的波動。

【解】

$$a = \sqrt{\frac{h}{\rho}} = \sqrt{\frac{8}{2}} = 2 \ \text{cm/sec}$$

由於 $f(r,\theta) = 1 - r^2$ 只與距離 r 有關，和角度 θ 無關，造成 $A_{nk} = 0$ 且 $B_{nk} = 0$，當 n、$k \geq 1$ 時。故只剩下 A_{0k}，

$$A_{0k} = \frac{1}{\pi \, J_1^2(\sqrt{\lambda_{0k}})} \int_0^R \int_{-\pi}^{\pi} r(1 - r^2) J_0(\sqrt{\lambda_{0k}} \, r) \ d\theta \ dr$$

$$= \frac{2}{J_1^2(\sqrt{\lambda_{0k}})} \int_0^1 r(1 - r^2) J_0(\sqrt{\lambda_{0k}} \, r) \ dr$$

$$= \frac{4 J_2(\sqrt{\lambda_{0k}})}{\lambda_{0k} J_1^2(\sqrt{\lambda_{0k}})} = \frac{8}{\sqrt{\lambda_{0k}^3} \, J_1(\sqrt{\lambda_{0k}})}$$

因為

$$J_2(\sqrt{\lambda_{0k}}) = \frac{2}{\sqrt{\lambda_{0k}}} J_1(\sqrt{\lambda_{0k}}) - J_0(\sqrt{\lambda_{0k}})$$

$$= \frac{2}{\sqrt{\lambda_{0k}}} J_1(\sqrt{\lambda_{0k}}) \qquad [J_0(\sqrt{\lambda_{0k}}) = 0]$$

得到解答為

$$z(r,\theta,t) = \sum_{k=1}^{\infty} \frac{2}{\sqrt{\lambda_{0k}}} J_1(\sqrt{\lambda_{0k}}) \cos(n\theta) J_n(\sqrt{\lambda_{0k}} \, r) \cos(2\sqrt{\lambda_{0k}} \, t)$$

習 題

1. ～ 5. 題，解答邊界值問題。

1. $\dfrac{\partial^2 u}{\partial x^2} + \dfrac{\partial^2 u}{\partial y^2} + \dfrac{\partial^2 u}{\partial z^2} = 0$ $(0 < x < 1,\ 0 < y < 1,\ 0 < z < 1)$

$u(0,y,z) = u(1,y,z) = 0$

$u(x,0,z) = u(x,1,z) = 0$

$u(x,y,0) = 0$

$u(x,y,1) = \dfrac{1}{4}xy$

2. $\dfrac{\partial^2 u}{\partial t^2} = \dfrac{\partial^2 u}{\partial x^2} + \dfrac{\partial^2 u}{\partial y^2}$ $(0 < x < 2\pi,\ 0 < y < 2\pi,\ t > 0)$

$u(0,y,t) = u(2\pi,y,t) = 0$

$u(x,0,t) = u(x,2\pi,t) = 0$

$u(x,y,0) = \dfrac{1}{2}x^2 \sin(y)$

$\dfrac{\partial u}{\partial t}(x,y,0) = 0$

3. $\dfrac{\partial^2 u}{\partial t^2} = 4\left(\dfrac{\partial^2 u}{\partial x^2} + \dfrac{\partial^2 u}{\partial y^2}\right)$ $(0 < x < 2\pi,\ 0 < y < 2\pi,\ t > 0)$

$u(0,y,t) = u(2\pi,y,t) = 0$

$u(x,0,t) = u(x,2\pi,t) = 0$

$u(x,y,0) = 0$

$\dfrac{\partial u}{\partial t}(x,y,0) = \dfrac{1}{4}$

4. $\dfrac{\partial^2 u}{\partial x^2} + \dfrac{\partial^2 u}{\partial y^2} + \dfrac{\partial^2 u}{\partial z^2} = 0$ $(0 < x < 1,\ 0 < y < 2\pi,\ 0 < z < \pi)$

$u(0,y,z) = u(1,y,z) = 0$

$u(x,0,z) = 0, \ u(x,2\pi,z) = 2$

$u(x,y,0) = 0, \ u(x,y,\pi) = 1$

5. $\dfrac{\partial^2 u}{\partial x^2} + \dfrac{\partial^2 u}{\partial y^2} + \dfrac{\partial^2 u}{\partial z^2} = 0 \qquad (0 < x < 1, \ 0 < y < 1, \ 0 < z < 2)$

$u(0,y,z) = u(1,y,z) = 0$

$u(x,0,z) = u(x,1,z) = 0$

$u(x,y,0) = 0, \ u(x,y,2) = \dfrac{1}{4}xy^2$

6. ～ 10. 題，矩形彈簧片的波動如(6.50)式，其中 $a = K = L = 1$，四邊界固定，初值速度是零，求下列初值位置的普通答案。

6. $f(x,y) = \dfrac{1}{4}xy$ 　　　　　　7. $f(x,y) = \dfrac{1}{4}(x+1)(y+1)$

8. $f(x,y) = xy(1-x^2)(1-y^2)$ 　　9. $f(x,y) = \sin(\pi x)\sin(2\pi y)$

10. $f(x,y) = 2\sin(3\pi x)\sin(4\pi y)$

11. ～ 12. 題，圓形彈簧片的波動如(6.56)式，若邊界固定且半徑 $R = 2$，求下列條件的普通答案。

11. $z(r,\theta,0) = 0$

$\dfrac{\partial z}{\partial t}(r,\theta,0) = g(r,\theta)$

12. $z(r,\theta,0) = \left(2 - \dfrac{1}{2}r^2\right)\sin^2\theta$

$\dfrac{\partial z}{\partial t}(r,\theta,0) = 0$

只求中心點 $r = 0$ 的振動波形。

6.7　邊界無限的熱和波方程式

　　當飛機在空中飛行，面對的是漫無邊際的空氣；潛水艇面對的又是大海洋；一片樹葉掉進大河或大湖中；一隻飛鳥停在長電線的中央。上述種種問題的共同點是物體所作用的環境遠大於本身的體積，雖然物質世界是有限的，但環境與物體相對的結果，大到可視爲無限的邊界來模擬之。

1. 無限長線之波方程式

　　這可模擬一隻飛鳥停在電線中央所產生的波動。對鳥腳的尺寸而言，電線確實可以視爲無限長。其邊界值問題(雖然本題無邊界)描述如下：

$$\frac{\partial^2 y}{\partial t^2} = a^2 \frac{\partial^2 y}{\partial x^2} \qquad (-\infty < x < \infty,\ t > 0) \qquad (6.61)$$

$$y(x,0) = f(x),\ 初值位置$$

$$\frac{\partial y}{\partial t}(x,0) = g(x),\ 初值速度$$

再加上在無窮邊界處，$y(x,t)$ 要收斂的眞實世界之定義，即

$$\lim_{x \to \pm\infty} y(x,t)\ 收斂$$

$$\lim_{t \to \infty} y(x,t)\ 收斂$$

運用分離變數法，令 $y(x,t) = X(x)T(t)$ 代入方程式中，同時用重疊原理，先求出當 $f(x) = 0$ 時的答案，則得到兩常微分方程式如前面推導爲

$$X'' + \lambda X = 0$$

$$T'' + \lambda a^2 T = 0$$

初值條件 $y(x,0) = 0$ 可以分離出條件爲

$$y(x,0) = X(x)T(0) = 0$$

或

$$T(0) = 0$$

和

$$\lim_{x \to \pm\infty} y(x,t) = X(x)T(t) \text{ 收斂相當於} \lim_{x \to \pm\infty} X(x) \text{ 收斂}$$

$$\lim_{t \to \infty} y(x,t) = X(x)T(t) \text{ 收斂相當於} \lim_{t \to \infty} T(t) \text{ 收斂}$$

這裡先從 $X(x)$ 解起，但亦可從 $T(t)$ 解起(因爲條件一樣多)。

(1) $\lambda = 0$, $X(x) = cx + d$

　$\lim_{x \to \pm\infty} X(x)$ 收斂，導致 $c = 0$，得到

$$X(x) = d$$

　所以 $\lambda = 0$ 是特徵值，特徵函數是 $X(x) = d$，d 爲任意常數。

(2) $\lambda = -k^2 < 0$, $X(x) = ce^{kx} + de^{-kx}$

　$\lim_{x \to \infty} X(x)$ 收斂，令 $c = 0$;

　$\lim_{x \to -\infty} X(x)$ 收斂，令 $d = 0$。

　故 $\lambda < 0$ 不是特徵值。

(3) $\lambda = k^2 > 0$, $X(x) = \alpha\cos(kx) + \beta\sin(kx)$

　顯然 $X(x)$ 是收斂的函數在 $x = \pm\infty$ 處，所以 $\lambda > 0$ 是特徵值。

　結果對 $X(x)$ 而言，$\lambda = k^2 \geq 0$ 是特徵值，對應的特徵函數整理爲

$$X(x) = \alpha_k\cos(kx) + \beta_k\sin(kx), \text{ 令 } \alpha_0 = d$$

　再將特徵值代入 $T(t)$ 的方程式中。

(4) $\lambda = 0$, $T(t) = ct + d$

　$T(0) = d = 0$; $\lim_{t \to \infty} T(t) = ct$ 收斂，令 $c = 0$。

　故 $\lambda = 0$ 不爲特徵值。

(5)$\lambda = k^2 > 0$，$T(t) = c\cos(kat) + d\sin(kat)$

$T(0) = c = 0$，$T_k(t) = d_k\sin(kat)$ 本來就收斂。

結論，特徵值 $\lambda = k^2 > 0$，特徵函數 $y_k(x,t)$ 爲

$$y_k(x,t) = [A_k\cos(kx) + B_k\sin(kx)]\sin(kat)$$

至於無限邊界的普通答案和有限邊界的不同，因爲有限邊界的特徵值是離散的(discrete)，故用加法運算元 $\sum\limits_{k=1}^{\infty}$ 將各特徵函數加起來即可。但無限邊界的特徵值卻是連續性的(如本例的 $\lambda > 0$)，因此不可用離散的加法運算元，取而代之的是積分運算元 $\int_0^{\infty}\cdots dk$，這相同於傅立葉級數走向傅立葉積分的原理。所以普通答案爲

$$y(x,t) = \int_0^{\infty} y_k(x,t)\ dk$$

$$= \int_0^{\infty}[A_k\cos(kx) + B_k\sin(kx)]\sin(kat)\ dk \quad (6.62)$$

再代入初值速度的條件

$$\frac{\partial y}{\partial t}(x,0) = \int_0^{\infty}[A_k\cos(kx) + B_k\sin(kx)](ka)\cos(kat)\ dk$$

$$= \int_0^{\infty}[A_k\cos(kx) + B_k\sin(kx)]ka\ dk$$

$$= \int_0^{\infty}[kaA_k\cos(kx) + kaB_k\sin(kx)]dk = g(x)$$

根據傅立葉積分的定義(見 4.7 節的定義 4.5)，上式必須重新安排爲

$$g(x) = \frac{1}{\pi}\int_0^{\infty}[\pi kaA_k\cos(kx) + \pi kaB_k\sin(kx)]\ dk$$

再把 πkaA_k 和 πkaB_k 分別當作 $\cos(kx)$ 和 $\sin(kx)$ 的係數，則得到

$$\pi kaA_k = \int_{-\infty}^{\infty} g(x)\cos(kx)\ dx$$

$$\pi kaB_k = \int_{-\infty}^{\infty} g(x)\sin(kx)\ dx$$

或

$$A_k = \frac{1}{\pi ka} \int_{-\infty}^{\infty} g(x)\cos(kx)\ dx\ ,\ k > 0 \qquad (6.62a)$$

$$B_k = \frac{1}{\pi ka} \int_{-\infty}^{\infty} g(x)\sin(kx)\ dx\ ,\ k > 0 \qquad (6.62b)$$

2. 半無限長線之波方程式

本題可以模擬吊車之電纜線、吊橋之振盪效應(譬如在吊橋的一端踏一下，看看振動傳遞的情形)，或毛蟲在柳條上爬動，柳條振動的情形等等。其問題描述如下：

$$\frac{\partial^2 y}{\partial t^2} = a^2 \frac{\partial^2 y}{\partial x^2} \qquad (0 < x < \infty,\ t > 0) \qquad (6.63)$$

$$y(0,t) = 0;\ y(\infty,t) \text{ 收斂}$$

$$y(x,0) = f(x)$$

$$\frac{\partial y}{\partial t}(x,0) = 0$$

運用分離變數法，令 $y(x,t) = X(x)T(t)$ 代入方程式，如前所述，得到兩常微分方程式

$$X'' + \lambda X = 0$$

$$T'' + \lambda a^2 T = 0$$

再分離各條件

$$y(0,t) = X(0)T(t) = 0$$

$$y(\infty,t) = X(\infty)T(t) \text{ 收斂}$$

$$\frac{\partial y}{\partial t}(x,0) = X(x)T'(0) = 0$$

$$y(x,\infty) = X(x)T(\infty) \text{ 收斂}$$

得到

$$X(0) = 0;\ X(\infty) \text{ 收斂}$$

$$T'(0) = 0;\ T(\infty) \text{ 收斂}$$

先解 $X(x)$,

(1)$\lambda = 0$, $X(x) = cx + d$

　　$X(0) = d = 0$, $X(\infty)$ 收斂, 令 $c = 0$, $\lambda = 0$ 不是特徵值。

(2)$\lambda = -k^2 < 0$, $X(x) = ce^{-kx} + de^{kx}$

　　$X(\infty)$ 收斂, 令 $d = 0$; $X(0) = c = 0$。$\lambda < 0$ 不是特徵值。

(3)$\lambda = k^2 > 0$, $X(x) = c\cos(kx) + d\sin(kx)$

　　$X(0) = c = 0$, $X_k(x) = d_k\sin(kx)$ 收斂, $\lambda > 0$ 是特徵值。

(4)$\lambda = k^2 > 0$ 代入 $T'' + \lambda a^2 T = 0$, 得到

$$T(t) = \alpha\cos(kat) + \beta\sin(kat)$$

$$T'(0) = \beta = 0$$

$$T_k(t) = \alpha_k\cos(kat)$$

結果對任一特徵值 $\lambda = k^2 > 0$, 其對應特徵函數為

$$y_k(x,t) = X_k(x)T_k(t) = A_k\sin(kx)\cos(kat)$$

普通答案 $y(x,t)$ 為

$$y(x,t) = \int_0^\infty y_k(x,t)\ dk = \int_0^\infty A_k\sin(kx)\cos(kat)\ dk$$

$$(6.64)$$

再代入初值條件

$$y(x,0) = f(x) = \int_0^\infty A_k\sin(kx)\ dk$$

根據 4.7 節之傅立葉正弦積分的定義 4.6, 上述重新安排為

$$f(x) = \frac{1}{\pi}\int_0^\infty (\pi A_k)\sin(kx)\ dk$$

則得到

$$\pi A_k = 2\int_0^\infty f(x)\sin(kx)\ dx$$

或

$$A_k = \frac{2}{\pi}\int_0^\infty f(x)\sin(kx)\ dx \qquad (6.65)$$

3. 半無限長條之熱方程式

本題可模擬鐵條撥弄火團時，熱在鐵條傳遞的情形；或煉鋼爐中，溫度感測電路的遙測電線受高溫傳遞的種種問題描述如下：

$$\frac{\partial u}{\partial t} = a^2 \frac{\partial^2 u}{\partial x^2} \qquad (x > 0, \ t > 0) \tag{6.66}$$

$$u(0,t) = 0$$

$$u(x,0) = f(x)$$

運用分離變數法，令 $u(x,t) = X(x)T(t)$ 代入方程式，得到兩常微分方程式：

$$X'' + \lambda X = 0$$

$$T' + \lambda a^2 T = 0$$

再代入邊界條件

$$u(0,t) = X(0)T(t) = 0$$

得到

$$X(0) = 0$$

和

$$X(\infty) \text{、} T(\infty) \text{ 收斂}$$

先解答 $X(x)$，

(1) $\lambda = 0$，$X(x) = cx + d$

　$X(0) = d = 0$，$X(\infty)$ 收斂令 $c = 0$，$\lambda = 0$ 不是特徵值。

(2) $\lambda = -k^2 < 0$，$X(x) = ce^{-kx} + de^{kx}$

　$X(\infty)$ 收斂令 $d = 0$，$X(0) = c = 0$，$\lambda < 0$ 不是特徵值。

(3) $\lambda = k^2 > 0$，$X(x) = c\cos(kx) + d\sin(kx)$

　$X(0) = c = 0$，$X_k = d_k\sin(kx)$，$\lambda > 0$ 是特徵值。

(4) $\lambda = k^2 > 0$ 再代入 $T' + k^2a^2T = 0$，得到

$$T(t) = \alpha e^{-k^2 a^2 t} + \beta\, e^{k^2 a^2 t}$$

$T(\infty)$ 收斂令 $\beta = 0$

$$T_k(t) = \alpha_k e^{-k^2 a^2 t}$$

結果對任一特徵值 $\lambda = k^2 > 0$，有對應的特徵函數

$$u_k(x,t) = A_k \sin(kx) e^{-k^2 a^2 t},\ k > 0$$

普通答案則爲

$$u(x,t) = \int_0^\infty A_k \sin(kx) e^{-k^2 a^2 t}\, dk \tag{6.67}$$

代入初值位置

$$u(x,0) = \int_0^\infty A_k \sin(kx)\ dk = f(x)$$

根據傅立葉正弦積分定義，重新安排爲

$$f(x) = \frac{1}{\pi} \int_0^\infty \pi A_k \sin(kx)\ dk$$

則得到

$$\pi A_k = 2\int_0^\infty f(x) \sin(kx)\ dx$$

或

$$A_k = \frac{2}{\pi} \int_0^\infty f(x) \sin(kx)\ dx \tag{6.68}$$

解題範例

【範例 1】

對無限長線之波方程式，若初值位置為零，而初值速度 $g(x) = \frac{1}{2}e^{-|x|}$，求普通答案。

【解】

$$A_k = \frac{1}{\pi ka}\int_{-\infty}^{\infty}\frac{1}{2}e^{-|x|}\cos(kx)\ dx$$

$$= \frac{1}{\pi ka}\int_{0}^{\infty}e^{-x}\cos(kx)\ dx$$

$$= \frac{1}{\pi ka(1+k^2)}$$

$$B_k = \frac{1}{\pi ka}\int_{-\infty}^{\infty}\frac{1}{2}e^{-|x|}\sin(kx)\ dx = 0$$

這是因為 $e^{-|x|}$ 是偶函數，而 $\sin(kx)$ 是奇函數，所以 $e^{-|x|}\times\sin(kx)$ 是奇函數，讓上述積分值為零。

$$y(x,t) = \frac{1}{a\pi}\int_{0}^{\infty}\frac{1}{k(1+k^2)}\cos(kx)\sin(kat)\ dk$$

【範例 2】

對半無限長線之波方程式，啟始點固定，初值速度為零，而初值位置 $f(x)$ 定義為

$$f(x) = \begin{cases} x,\ 0\le x < 1 \\ 1,\ 1\le x < 4 \\ 5-x,\ 4\le x < 5 \\ 0,\ x\ge 5 \end{cases}$$

求普通答案。

【解】

$$A_k = \frac{2}{\pi} \int_0^\infty f(x)\sin(kx) \ dx$$

$$= \frac{2}{\pi} \left[\int_0^1 x\sin(kx) \ dx + \int_1^4 \sin(kx) \ dx \right.$$

$$\left. + \int_4^5 (5-x)\sin(kx) \ dx \right]$$

$$= \frac{2}{\pi k^2}[\sin(k) + \sin(4k) - \sin(5k)]$$

$$y(x,t) = \frac{2}{\pi} \int_0^\infty \frac{1}{k^2}[\sin(k) + \sin(4k)$$

$$- \sin(5k)]\sin(kx)\cos(kat) \ dk$$

注意：$\int x\sin(kx) \ dx = \frac{1}{k^2} \sin(kx) - \frac{x}{k} \cos(kx)$

【範例 3】

對半無限長條之熱方程式，若啓始點的溫度爲零，初值溫度分佈 $f(x)$ 定義爲

$$f(x) = \begin{cases} 2-x, \ 0 \leq x < 2 \\ 0, \ x \geq 2 \end{cases}$$

求普通答案。

【解】

$$A_k = \frac{2}{\pi} \int_0^\infty f(x)\sin(kx) \ dx$$

$$= \frac{2}{\pi} \int_0^2 (2-x)\sin(kx) \ dx$$

$$= \frac{2}{\pi} \left\{ 2\int_0^2 \sin(kx) \ dx - \int_0^2 x\sin(kx) \ dx \right\}$$

$$= \frac{2}{\pi} \left(\frac{-2}{k} \cos(kx) \Big|_0^2 + \frac{x}{k} \cos(kx) \Big|_0^2 - \frac{1}{k^2} \sin(kx) \Big|_0^2 \right)$$

$$= \frac{2}{\pi} \left[\frac{2}{k} (1 - \cos(2k)) + \frac{2}{k} \cos(2k) - \frac{1}{k^2} \sin(2k) \right]$$

$$= \frac{2}{\pi k} \left[2 - \frac{1}{k} \cos(2k) \right]$$

$$u(x,t) = \frac{2}{\pi} \int_0^\infty \frac{1}{k} \left[2 - \frac{1}{k} \cos(2k) \right] \sin(kx) e^{-k^2 a^2 t} \, dk$$

習 題

1. ～ 4. 題，根據下列波方程式所給的初值位置和初值速度，求其解答。

$$\frac{\partial^2 y}{\partial t^2} = 4 \frac{\partial^2 y}{\partial x^2} \qquad (0 < x < \infty,\ t > 0)$$

$$y(0,t) = 0$$

$$y(x,0) = f(x),\ 初值位置$$

$$\frac{\partial y}{\partial t}(x,0) = g(x),\ 初值速度$$

1. $f(x) = \begin{cases} \dfrac{\pi}{2}x(1-x),\ 0 \le x \le 1 \\ 0,\ x > 0 \end{cases}$; $g(x) = 0$

2. $f(x) = \dfrac{1}{2}e^{-|x|}$, $g(x) = 0$

3. $f(x) = \begin{cases} \dfrac{\pi}{2}\sin(x),\ 0 \le x \le \pi \\ 0,\ x > \pi \end{cases}$; $g(x) = 0$

4. $f(x) = 0$; $g(x) = \begin{cases} \dfrac{1}{2}x,\ 0 \le x \le 1 \\ 0,\ x > 1 \end{cases}$

5. ～ 6. 題，同 1. ～ 4. 題的波方程式，但 x 的範圍擴大從 $-\infty$ 到 ∞，根據所給的初值位置和初值速度，求其解答。

5. $f(x) = \begin{cases} \dfrac{\pi}{2}(1+x),\ -1 \le x < 0 \\ \dfrac{\pi}{2}(1-x),\ 0 \le x \le 1 \\ 0,\ |x| > 1 \end{cases}$; $g(x) = 0$

6. $f(x) = 0;$ $g(x) = \begin{cases} \dfrac{\pi}{2}, & -2 \le x \le 2 \\ 0, & |x| > 2 \end{cases}$

7. ～ 10. 題，解邊界值問題。

7. $\dfrac{\partial u}{\partial t} = 4 \dfrac{\partial^2 u}{\partial x^2}$ $(-\infty < x < \infty,\ t > 0)$

$$u(x,0) = \begin{cases} -1, & -1 \le x < 0 \\ \dfrac{1}{2}x, & 0 \le x \le 1 \\ 0, & |x| > 1 \end{cases}$$

8. $\dfrac{\partial u}{\partial t} = 16 \dfrac{\partial^2 u}{\partial x^2}$ $(0 < x < \infty,\ t > 0)$

$u(0,t) = 0$

$u(x,0) = \dfrac{\pi}{2} e^{-x} \sin(x)$

9. $\dfrac{\partial^2 u}{\partial x^2} + \dfrac{\partial^2 u}{\partial y^2} = 0$ $(-\infty < x < \infty)$

$$u(x,0) = \begin{cases} -\dfrac{\pi}{2}, & -4 \le x < 0 \\ 0, & 0 \le x \le 4 \\ \dfrac{\pi}{2} e^{-2|x|}, & |x| > 4 \end{cases}$$

10. $\dfrac{\partial^2 u}{\partial x^2} + \dfrac{\partial^2 u}{\partial y^2} = 0$ $(x > 0,\ y < 0)$

$u(x,0) = 0$

$$u(0,y) = \begin{cases} 0, & -5 \le y < 0 \\ \dfrac{\pi}{2}, & -7 \le y < -5 \\ 0, & y < -7 \end{cases}$$

6.8 邊界值問題的傅立葉和拉卜拉斯轉換

在前面章節，我們一直應用分離變數法，先把偏微分方程式分離成幾個常微分方程式，再去解答常微分方程式。至於解答常微分方程式的技巧已從第一章說明到第五章。在前面章節中，為了刻意突顯分離變數法解決偏微分的技巧，所以儘量讓方程式簡單化，而一直沒有完全用到前面各章的常微分解題技巧，譬如拉卜拉斯轉換、傅立葉轉換等等。

那麼現在要提出一個問題，如果偏微分方程式本身就可直接應用拉卜拉斯轉換或傅立葉轉換的話，是否還要先使用分離變數法呢?這個答案是否定的。分離變數法的目的是要消除偏微分的特性(就是微分方程式中的函數不能有兩個以上的變數)；但是，各項轉換則做得更徹底，其不反對函數中有兩個以上的變數，卻直接去掉微分而化成幾何方程式。假設對擁有兩個變數的偏微分方程式而言，它只要經過兩次的轉換就可化成幾何方程式了，雖然轉換後的函數仍然擁有兩個變數，然後再針對幾何方程式的解答進行查表式的反轉換即可，因此根本不需要分離變數法。這個解套偏微分方程式的流程可從圖6.14而一目了然。

從圖6.14中，對二階的偏微分方程式，只要進行一次去微分性的轉換，就自動降為常微分了，在此若能直接解就解答之，若需要轉換則再轉換之亦可。那麼對三階的偏微分則至少要經過兩次轉換後才能降為常微分方程式。至於邊界條件們則會在轉換時併入方程式中，所以邊界條件是選擇適當轉換的重要憑藉，下面會仔細說明此點。

從第三章和第四章得知，我們介紹過的轉換有六種，分別是拉卜

拉斯轉換和五種傅立葉轉換，請見表 6.1。從表中可用變數 x 的範圍
分成三類：

(1) **有限邊界**，即 $x \in [0, L]$

　　能適用的轉換有兩種：有限傅立葉正弦和有限傅立葉餘弦轉換，
但兩轉換所要的初值條件不同。

圖 6.14　偏微分方程式直接轉換的解答過程

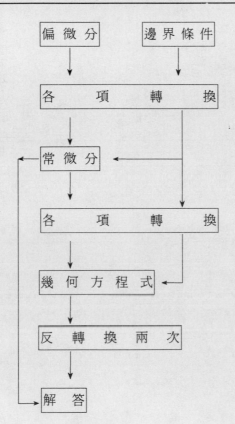

表 6.1　六種轉換的特性應用表

	轉　換	反轉換	運算公式
1. 有限傅立葉餘弦	$F_c(n) = C_n\{f(x)\}$ $= \int_0^L f(x)\cos\left(\frac{n\pi x}{L}\right)dx$	$f(x) = \frac{1}{L}F_c(0)$ $+ \frac{2}{L}\sum_{n=1}^\infty F_c(n)\cos\left(\frac{n\pi x}{L}\right)$	$C_n\{f''(x)\} = -(n\omega_0)^2 F_c(n)$ $- f'(0) + (-1)^n f'(L)$
2. 有限傅立葉正弦	$F_s(n) = S_n\{f(x)\}$ $= \int_0^L f(x)\sin\left(\frac{n\pi x}{L}\right)dx$	$f(x) = \frac{2}{L}\sum_{n=1}^\infty F_s(n)\sin\left(\frac{n\pi x}{L}\right)$	$S_n\{f''(x)\} = -(n\omega_0)^2 F_s(n)$ $+ n\omega_0[f(0) - (-1)^n f(L)]$
3. 拉卜拉斯	$F(s) = \mathcal{L}\{f(x)\}$ $= \int_0^\infty f(x)e^{-sx}dx$	$f(x) = \mathcal{L}^{-1}\{F(s)\}$ (查表)	$\mathcal{L}\{f'(x)\} = sF(s) - f(0)$ $\mathcal{L}\{f''(x)\} = s^2 F(s) - sf(0)$ $- f'(0)$
4. 傅立葉餘弦	$F_c(\omega) = \mathcal{F}_c\{f(x)\}$ $= \int_0^\infty f(x)\cos(\omega x)dx$	$f(x) = \frac{2}{\pi}\int_0^\infty F_c(\omega)\cos(\omega x)d\omega$	$\mathcal{F}_c\{f''(x)\} = -\omega^2 F_c(\omega)$ $- f'(0)$
5. 傅立葉正弦	$F_s(\omega) = \mathcal{F}_s\{f(x)\}$ $= \int_0^\infty f(x)\sin(\omega x)dx$	$f(x) = \frac{2}{\pi}\int_0^\infty F_s(\omega)\sin(\omega x)\ d\omega$	$\mathcal{F}_s\{f''(x)\} = -\omega^2 F_s(\omega)$ $+ \omega f(0)$
6. 傅立葉	$F(\omega) = \mathcal{F}\{f(x)\}$ $= \int_{-\infty}^\infty f(x)e^{-i\omega x}dx$	$f(x) = \frac{1}{2\pi}\int_{-\infty}^\infty F(\omega)e^{i\omega x}d\omega$	$\mathcal{F}\{f'(x)\} = i\omega F(\omega)$ $\mathcal{F}\{f''(x)\} = -\omega^2 F(\omega)$

⑵ **半邊無限**，即 $x \in [0, \infty)$

　　能適用的轉換有三種：傅立葉正弦、傅立葉餘弦、拉卜拉斯轉換。至於要選用那一種轉換，則看題目所給的邊界條件(即 $x = 0$ 處)來作決定。譬如拉卜拉斯的 $\mathcal{L}\{f''(x)\}$ 需要 $f(0)$ 和 $f'(0)$，而傅立葉餘弦的 $\mathcal{F}_c\{f''\}$ 只要 $f'(0)$，但傅立葉正弦的 $\mathcal{F}_s\{f''\}$ 卻要 $f(0)$。同時要注意，傅立葉正弦和餘弦無法對奇階微分作轉換，因為傅立葉正弦的奇階微分轉換變成了傅立葉餘弦函數了，反之亦然。

⑶ **雙邊無限**，即 $x \in (-\infty, \infty)$

　　適用的轉換只有傅立葉轉換。

　　下面舉例說明各種轉換如何去解邊界值問題。

1. 雙邊無限的波方程式

$$\frac{\partial^2 u}{\partial t^2} = 4 \frac{\partial^2 u}{\partial x^2} \qquad (-\infty < x < \infty, \ t > 0)$$

$$u(x, 0) = 2e^{-5|x|}$$

$$\frac{\partial u}{\partial t}(x, 0) = 0$$

【解】

對 t 取拉卜拉斯轉換(標示為$\underset{t}{\mathcal{L}}$)，

$$\underset{t}{\mathcal{L}}\left\{\frac{\partial^2 u}{\partial t^2}\right\} = 4 \underset{t}{\mathcal{L}}\left\{\frac{\partial^2 u}{\partial x^2}\right\}$$

$$s^2 U(x, s) - su(x, 0) - \frac{\partial u}{\partial t}(x, 0) = 4 \frac{\partial^2}{\partial x^2} \underset{t}{\mathcal{L}}\{u\}$$

得到

$$s^2 U(x, s) - 2se^{-5|x|} = 4 \frac{d^2}{dx^2} U(x, s)$$

再對 x 取傅立葉轉換(標示為$\underset{x}{\mathcal{F}}$)，

$$s^2 \underset{x}{\mathscr{F}} \{U(x,s)\} - 2s \underset{x}{\mathscr{F}} \{e^{-5|x|}\} = 4 \underset{x}{\mathscr{F}} \left\{ \frac{d^2}{dx^2} U(x,s) \right\}$$

$$s^2 U(\omega,s) - 2s \cdot \frac{10}{25 + \omega^2} = -4\omega^2 U(\omega,s)$$

$$U(\omega,s)[s^2 + 4\omega^2] = \frac{20 \cdot s}{25 + \omega^2}$$

$$U(\omega,s) = \frac{s}{s^2 + 4\omega^2} \cdot \frac{20}{25 + \omega^2}$$

得到上述的幾何解答之後，再取反轉換。首先對 t 取反拉卜拉斯轉換，即 $\underset{t}{\mathscr{L}^{-1}}$，

$$U(\omega,t) = \frac{20}{25 + \omega} \cos(2\omega t)$$

再對 x 取反傅立葉轉換

$$u(x,t) = \mathscr{F}^{-1} \left\{ \frac{20}{25 + \omega^2} \right\} * \mathscr{F}^{-1} \{\cos(2\omega t)\}$$

$$= 2 \cdot e^{-5|x|} * \frac{1}{2} [\delta(x + 2t) + \delta(x - 2t)]$$

$$= e^{-5|x+2t|} + e^{-5|x-2t|}$$

$$= \frac{1}{2} [u(x + 2t,0) + u(x - 2t,0)]$$

2. 雙邊無限之熱方程式

$$\frac{\partial u}{\partial t} = \frac{\partial^2 u}{\partial x^2} \qquad (-\infty < x < \infty, \ t > 0)$$

$$u(x,0) = f(x)$$

【解】

先取 $\underset{t}{\mathscr{L}}$，

$$\underset{t}{\mathscr{L}} \left\{ \frac{\partial u}{\partial t} \right\} = \underset{t}{\mathscr{L}} \left\{ \frac{\partial^2 u}{\partial x^2} \right\}$$

$$U(x,s) - u(x,0) = \frac{\partial^2}{\partial x^2} \mathcal{L}_t\{u(x,t)\}$$

$$U(x,s) - f(x) = \frac{d^2}{dx^2} U(x,s)$$

再取 $\mathcal{F}_x$,

$$U(\omega,s) - F(\omega) = -\omega^2 U(\omega,s)$$

整理得到

$$U(\omega,s) = \frac{F(\omega)}{s + \omega^2}$$

取 $\mathcal{L}_t^{-1}$,

$$U(\omega,t) = F(\omega)e^{-\omega^2 t}$$

再取 $\mathcal{F}_x^{-1}$,

$$u(x,t) = f(x) * \mathcal{F}_x^{-1}\{e^{-\omega^2 t}\} = f(x) * \frac{1}{2\sqrt{\pi t}} e^{-x^2/4t}$$

$$= \frac{1}{2\sqrt{\pi t}} \int_{-\infty}^{\infty} f(x-k) e^{-k^2/4t} \, dk$$

3. 單邊無限之熱方程式

$$\frac{\partial u}{\partial t} = 4 \frac{\partial^2 u}{\partial x^2} \qquad (x > 0, \ t > 0)$$

$$u(x,0) = 2$$

$$u(0,t) = \begin{cases} 4, & 0 < t \le t_0 \\ 0, & t > t_0 \end{cases}$$

【解】

首先取 $\mathcal{L}_t$, 則

$$sU(x,s) - u(x,0) = 4 \frac{d^2 U(x,s)}{dx^2}$$

或

$$\frac{d^2 U(x,s)}{dx^2} - \frac{s}{4} U(x,s) = -\frac{1}{2}$$

由這裡，可直接解之或運用傅立葉正弦轉換解答之。但上述方程式若用傅立葉正弦轉換，則有 $\mathscr{F}_s \left\{ -\frac{1}{2} \right\} = \int_0^\infty \left(-\frac{1}{2} \right) \sin(\omega x) dx$ 的成份，是屬於發散且不適當的積分，因爲常數項並沒有傅立葉正弦轉換。所以本題至此只能直接解之，其答案由第二章得知爲

$$U(x,s) = A e^{\sqrt{s}x/2} + B e^{-\sqrt{s}x/2} + \frac{2}{s}$$

根據在 $x \to \infty$ 處收斂，A 必需是零，則

$$U(x,s) = B e^{-\sqrt{s}x/2} + \frac{2}{s}$$

再把邊界條件 $u(0,t) = 4[H(t) - H(t - t_0)]$ 作拉卜拉斯轉換（$H(t)$ 是單位步階函數）

$$\mathscr{L}_t \{ u(0,t) \} = U(0,s) = \frac{4}{s}(1 - e^{-t_0 s})$$

在圖 6.14 中，已提到方程式和條件要一起轉換才可相互運用之。對本題而言，$u(x,0)$ 在做 $\mathscr{L}_t$ 時已被吸到方程式中了；而 $u(0,t)$ 則未被吸走，那麼要通過第二層轉換或直接解之，都必須做相同的 $\mathscr{L}_t$ 轉換，轉換後才能成爲轉換方程式的邊界條件。把 $U(0,s)$ 代入解答 $U(x,s)$ 以求得未知數 B 爲

$$B + \frac{2}{s} = \frac{4}{s}(1 - e^{-t_0 s})$$

$$B = \frac{2}{s} - \frac{4}{s} e^{-t_0 s}$$

結果得到答案

$$U(x,s) = \left(\frac{2}{s} - \frac{4}{s} e^{-t_0 s} \right) e^{-\sqrt{s}x/2} + \frac{2}{s}$$

查表（見附錄一的第 (49) 式）取 $\mathscr{L}_t^{-1}$ 以還原 $u(x,t)$，

$$u(x,t) = \begin{cases} 2\mathrm{erf}\left[\dfrac{x}{4\sqrt{t}}\right] + 4\mathrm{erfc}\left[\dfrac{x}{4\sqrt{t}}\right], \; 0 < t \leq t_0, \; x > 0 \\[3mm] 2\mathrm{erf}\left[\dfrac{x}{4\sqrt{t}}\right] + 4\mathrm{erfc}\left[\dfrac{x}{4\sqrt{t}}\right] - 4\mathrm{erfc}\left[\dfrac{x}{4\sqrt{t-t_0}}\right], \; t > t_0, \; x > 0 \end{cases}$$

誤差函數 $\mathrm{erf}(x) = \dfrac{2}{\sqrt{\pi}}\displaystyle\int_0^x e^{-k^2}dk$

互補誤差函數 $\mathrm{erfc}(x) = 1 - \mathrm{erf}(x) = \dfrac{1}{\sqrt{\pi}}\displaystyle\int_x^\infty e^{-k^2}dk$

4. 帕松(Poisson's) 方程式

$$\frac{\partial^2 u}{\partial x^2} + \frac{\partial^2 u}{\partial y^2} = -p \qquad (0 < x < \pi, \; y > 0)$$

$$u(0,y) = 0$$

$$u(\pi,y) = 1$$

$$u(x,0) = 0$$

　　對 $y > 0$ 而言，只有 $u(x,0)$ 的條件，故只能用傅立葉正弦轉換，但又碰到常數項 $-p$，故不能用之。

　　對 $0 < x < \pi$ 而言，其邊界條件選擇了有限傅立葉正弦轉換，可直接運用之。

　　取 $\underset{x}{S_n}$，則得到

$$-n^2 U_s(n,y) + nu(0,y) - n(-1)^n u(\pi,y) + \frac{d^2}{dy^2}U_s(n,y)$$

$$= -\int_0^\pi p\sin(nx)dx$$

注意

$$\omega_0 = \frac{\pi}{L} = \frac{\pi}{\pi} = 1$$

$$\underset{x}{S_n}\{u(x,0)\} = \underset{x}{S_n}\{0\}$$

且

$$-\int_0^\pi p\sin(nx)\,dx = \frac{p}{n}\cos(nx)\,\bigg|_0^\pi = \frac{p}{n}[\cos(n\pi)-1]$$

$$= \frac{p}{n}[(-1)^n-1]$$

整理得到，

$$\frac{d^2U_s(n,y)}{dy^2} - n^2U_s(n,y) = n(-1)^n + \frac{p}{n}[(-1)^n-1]$$

和

$$U_s(n,0) = 0$$

直接解答，得到

$$U_s(n,y) = A\,e^{ny} + B\,e^{-ny} + \frac{-1}{n^2}\left\{n(-1)^n + \frac{p}{n}[(-1)^n-1]\right\}$$

在 $y \to \infty$ 處收斂，令 $A=0$，再代入邊界條件 $U_s(n,0)=0$，得到

$$B = \frac{(-1)^n}{n} + \frac{p}{n^3}[(-1)^n-1]$$

且

$$U_s(n,y) = B\,e^{-ny} - B = B(e^{-ny}-1)$$

再取 $\underset{x}{S_n^{-1}}$，還原成 $u(x,y)$ 爲

$$u(x,y) = \frac{2}{\pi}\sum_{n=1}^\infty B(e^{-ny}-1)\sin(nx)$$

$$B = \frac{(-1)^n}{n} + \frac{p}{n^3}[(-1)^n-1]$$

┌─────────┐
│ 習　　題 │
└─────────┘

選擇適當的轉換，求下列各題的解答。

1. $\nabla^2 u = 0 \qquad (-\infty < x < \infty,\ y > 0)$

$$u(x,0) = \frac{1}{4 + x^2}$$

2. $x\dfrac{\partial u}{\partial x} + \dfrac{\partial u}{\partial t} = xt \qquad (x > 0,\ t > 0)$

$u(x,0) = 0$

$u(0,t) = 0$

3. $\nabla^2 u = 0 \qquad (0 < x < \pi,\ y > 0)$

$u(0,y) = u(\pi,y) = 0$

$u(x,0) = 2\sin(x)$

4. $\nabla^2 u = 0 \qquad (0 < x < \pi,\ y > 0)$

$u(0,y) = 0$

$u(\pi,y) = 1$

$u(x,0) = 1 - \dfrac{x}{\pi}$

5. $\dfrac{\partial u}{\partial t} = \nabla^2 u \qquad (0 < x < \pi,\ y > 0,\ t > 0)$

$u(x,y,0) = 0$

$\dfrac{\partial u}{\partial x}(0,y,t) = -5$

$\dfrac{\partial u}{\partial x}(\pi,y,t) = 0$

$u(x,0,t) = 0$

6. $\nabla^2 u = 0 \qquad (0 < x < \pi,\ 0 < y < 2)$

$$u(0,y) = 0$$

$$u(\pi,y) = 2\pi$$

$$\frac{\partial u}{\partial y}(x,0) = u(x,2) = 0$$

7. $\nabla^2 u = 0 \qquad (x > 0,\ 0 < y < 1)$

$$u(0,y) = y^2(1-y)$$

$$u(x,0) = 0$$

$$u(x,1) = 0$$

8. $\dfrac{\partial u}{\partial t} = \dfrac{\partial^2 u}{\partial x^2} - u \qquad (x > 0,\ t > 0)$

$$\frac{\partial u}{\partial x}(0,t) = J_0(2t)$$

$$u(x,0) = 0$$

9. $\dfrac{\partial u}{\partial t} - \dfrac{\partial^2 u}{\partial x^2} + tu = 0 \qquad (t > 0,\ x > 0)$

$$u(x,0) = \frac{\pi}{2} x\, e^{-2x}$$

$$\frac{\partial u}{\partial t}(0,t) = 0$$

10. $\nabla^2 u = 0 \qquad (-\infty < x < \infty,\ 0 < y < 1)$

$$\frac{\partial u}{\partial y}(x,0) = 0$$

$$u(x,1) = e^{-2x^2}$$

附錄

六種轉換表

一、拉卜拉斯轉換

1. 公式：

(1) 線性：

$$\mathscr{L}\{af(x) + bg(x)\} = a\mathscr{L}\{f(x)\} + b\mathscr{L}\{g(x)\}$$
$$= aF(s) + bG(s)$$

(2) 時域的微積分：

$$\mathscr{L}\{f'\} = sF(s) - f(0)$$
$$\mathscr{L}\{f''\} = s^2F(s) - sf(0) - f'(0)$$
$$\mathscr{L}\{f^{(n)}\} = s^nF(s) - s^{n-1}f(0) - \cdots - f^{(n-1)}(0)$$
$$\mathscr{L}\left\{\int_0^x f(\tau)\,d\tau\right\} = \frac{1}{s}F(s)$$

(3) 頻域移位(s-shifting)：

$$\mathscr{L}\{e^{ax}f(x)\} = F(s - a)$$

(4) 時域移位(x-shifting)：

$$\mathscr{L}\{f(x - a)u(x - a)\} = e^{-as}F(s)$$

(5) 頻域的微積分：

$$\mathscr{L}\{xf(x)\} = -F'(s)$$
$$\mathscr{L}\{x^nf(x)\} = (-1)^n\frac{dF(s)}{ds}$$
$$\mathscr{L}\left\{\frac{f(x)}{x}\right\} = \int_s^\infty F(\tau)\,d\tau$$

(6) 迴旋(Convolution)：

$$f * g(x) = \int_0^x f(\tau)g(x - \tau)d\tau$$

$$\mathscr{L}\{f * g\} = F(s)G(s)$$

(7) 週期為 L 的函數轉換：

$$f(x) = f(x + L)$$

$$\mathscr{L}\{f\} = F(s) = \frac{1}{1 - e^{-Ls}} \int_0^L e^{-sx} f(x)\,dx$$

(8) 部份分數法的係數求法：

$$H(s) = \frac{P(s)}{Q(s)}$$

(a) 若 $Q(s)$ 有 $(s - a)$ 的根，則

$$H(s) = \frac{q(a)}{s - a} + W(s) \text{ 且 } q(s) = \frac{P(s)}{Q'(s)}$$

(b) 若 $Q(s)$ 有 $(s - a)^k$ 的根，則

$$H(s) = \frac{q^{(k-1)}(a)}{s - a} + \frac{q^{(k-2)}(a)}{(s - a)^2} + \cdots + \frac{q(a)}{(s - a)^k} + W(s)$$

$$q(s) = \frac{P(s)(s - a)^k}{Q(s)}$$

(c) 若 $Q(s)$ 有 $(s - a)^2 + b^2$ 的因素，

$$H(s) = \frac{\alpha(a - bi)}{s - a + bi} + \frac{\beta(a + bi)}{s - a - bi} + W(s)$$

$$\alpha(s) = \frac{P(s)}{Q(s)} \cdot (s - a + bi)$$

$$\beta(s) = \frac{P(s)}{Q(s)} \cdot (s - a - bi)$$

(9) 刻度的伸縮：

$$f\left(\frac{x}{a}\right) = aF(as)$$

2. 轉換對應表：

	$f(x)$	$F(s)$
(1)	1	$\dfrac{1}{s}$
(2)	x	$\dfrac{1}{s^2}$
(3)	x^n	$\dfrac{n!}{s^{n+1}}$
(4)	$x^{-\frac{1}{2}}$	$\sqrt{\pi}\,s^{-\frac{1}{2}}$
(5)	$x^{\frac{1}{2}}$	$\dfrac{\sqrt{\pi}}{2}s^{-\frac{3}{2}}$
(6)	$x^a \quad (a > -1)$	$\Gamma(a+1)s^{-(a+1)}$
(7)	e^{ax}	$\dfrac{1}{s-a}$
(8)	xe^{ax}	$\dfrac{1}{(s-a)^2}$
(9)	$x^n e^{ax}$	$\dfrac{n!}{(s-a)^{n+1}} \ (n=1,2,3,\cdots)$
(10)	$x^k e^{ax}$	$\dfrac{\Gamma(k+1)}{(s-a)^{k+1}},\ k>0$
(11)	$\dfrac{1}{a-b}(e^{ax}-e^{bx}),\ a \neq b$	$\dfrac{1}{(s-a)(s-b)}$
(12)	$\dfrac{1}{a-b}(ae^{ax}-be^{bx}),\ a \neq b$	$\dfrac{s}{(s-a)(s-b)}$
(13)	$\sin(ax)$	$\dfrac{a}{s^2+a^2}$

(14)　$\cos(ax)$　　　　　　$\dfrac{s}{s^2 + a^2}$

(15)　$\sinh(ax)$　　　　　　$\dfrac{a}{s^2 - a^2}$

(16)　$\cosh(ax)$　　　　　　$\dfrac{s}{s^2 - a^2}$

---

(17)　$1 - \cos(ax)$　　　　　$\dfrac{a^2}{s(s^2 + a^2)}$

(18)　$ax - \sin(ax)$　　　　$\dfrac{a^3}{s^2(s^2 + a^2)^2}$

(19)　$x\sin(ax)$　　　　　　$\dfrac{2as}{(s^2 + a^2)^2}$

(20)　$x\cos(ax)$　　　　　　$\dfrac{s^2 - a^2}{(s^2 + a^2)^2}$

(21)　$\sin(ax) - ax\cos(ax)$　　$\dfrac{2a^3}{(s^2 + a^2)^2}$

(22)　$\sin(ax) + ax\cos(ax)$　　$\dfrac{2as^2}{(s^2 + a^2)^2}$

(23)　$\dfrac{\cos(ax) - \cos(bx)}{b^2 - a^2}$　　$\dfrac{s}{(s^2 + a^2)(s^2 + b^2)}$

(24)　$e^{ax}\sin(bx)$　　　　$\dfrac{b}{(s - a)^2 + b^2}$

(25)　$e^{ax}\cos(bx)$　　　　$\dfrac{s - a}{(s - a)^2 + b^2}$

---

(26)　$\sin(ax)\cosh(ax) - \cos(ax)\sinh(ax)$　　$\dfrac{4a^3}{s^4 + 4a^4}$

(27)　$\sin(ax)\sinh(ax)$　　　$\dfrac{2a^2 s}{s^4 + 4a^4}$

(28)　$\sinh(ax) - \sin(ax)$　　$\dfrac{2a^3}{s^4 - a^4}$

(29)　$\cosh(ax) - \cos(ax)$　　$\dfrac{2a^2 s}{s^4 - a^4}$

(30)　$\dfrac{1}{x}\sin(ax)$　　　　　　　　　$\tan^{-1}\left(\dfrac{a}{s}\right)$

(31)　$\displaystyle\int_0^x \dfrac{1}{t}\sin(t)\,dt$　　　　　　　$\dfrac{1}{s}\cot^{-1}(s)$

(32)　$\dfrac{2}{x}[1-\cos(ax)]$　　　　　　$\ln\left[1+\left(\dfrac{a}{s}\right)^2\right]$

(33)　$\dfrac{2}{x}[1-\cosh(ax)]$　　　　　$\ln\left[1-\left(\dfrac{a}{s}\right)^2\right]$

(34)　$\dfrac{1}{x}(e^{bx}-e^{ax})$　　　　　　$\ln\left(\dfrac{s-a}{s-b}\right)$

(35)　$\dfrac{1}{\pi x}\sin(2a\sqrt{x})$　　　　　　$\mathrm{erf}\left(\dfrac{a}{\sqrt{s}}\right)$

(36)　$\dfrac{1}{\sqrt{x}}\cos(2\sqrt{ax})$　　　　　$\sqrt{\dfrac{\pi}{s}}\,e^{-as}$

(37)　$\dfrac{1}{\sqrt{a\pi}}\sinh(2\sqrt{ax})$　　　　$s^{-\frac{3}{2}}e^{as}$

(38)　$\dfrac{1}{\sqrt{\pi x}}\,e^{ax}(1+2ax)$　　　　$\dfrac{s}{(s-a)^{\frac{3}{2}}}$

(39)　$\dfrac{1}{\sqrt{\pi x}}e^{-a^2/4x}$　　　　　　$\dfrac{1}{\sqrt{s}}\,e^{-a\sqrt{s}}$

(40)　$\dfrac{a}{2\sqrt{\pi x^3}}\,e^{-a^2/4x}$　　　　　$e^{-a\sqrt{s}}$

(41)　$\dfrac{1}{\sqrt{\pi(x+a)}}$　　　　　　　$\dfrac{1}{\sqrt{s}}\,e^{as}\mathrm{erfc}(\sqrt{as})$

(42)　$J_0(ax)$　　　　　　　　　　$\dfrac{1}{\sqrt{s^2+a^2}}$

(43)　$a^n J_n(ax)$　　　　　　　　$\dfrac{(\sqrt{s^2+a^2}-s)^n}{\sqrt{s^2+a^2}}$

(44)　$J_0(2\sqrt{ax})$　　　　　　　$\dfrac{1}{s}\,e^{-a/s}$

(45)　$\sqrt{\pi}\left(\dfrac{t}{2a}\right)^{k-\frac{1}{2}}I_{k-\frac{1}{2}}(ax)$　　　$\dfrac{\Gamma(k)}{(s^2-a^2)^k},\ \ k>0$

(46) $\dfrac{1}{\sqrt{\pi x}} - ae^{a^2 x}\text{erfc}(a\sqrt{x})$ $\dfrac{1}{\sqrt{s} + a}$

(47) $\dfrac{1}{\sqrt{\pi x}} + ae^{a^2 x}\text{erf}(a\sqrt{x})$ $\dfrac{\sqrt{s}}{s - a^2}$

(48) $e^{a^2 x}\text{erf}(a\sqrt{x})$ $\dfrac{a}{\sqrt{s}(s - a^2)}$

(49) $\text{erfc}\left(\dfrac{a}{2\sqrt{x}}\right)$ $\dfrac{1}{s}e^{-a\sqrt{s}}$

(50) $-\ln x - \gamma$ ($\gamma \approx 0.5772$，尤拉常數) $\dfrac{1}{s}\ln s$

---

(51) $e^{bx/a}f\left(\dfrac{x}{a}\right)$ $aF(as - b)$

(52) $\delta(x)$ 1

(53) $\delta(x - a)$ e^{-as}

(54) $u(x - a)$ $\dfrac{1}{s}e^{-as}$

---

(55) 三角波，$f(x) = \begin{cases} \dfrac{x}{a}, & 0 \le x < a \\ 2 - \dfrac{x}{a}, & a \le x < 2a \end{cases}$ $\dfrac{1}{as^2}\tanh\left(\dfrac{as}{2}\right)$

     $f(x) = f(x + 2a)$

(56) 方波，$f(x) = \begin{cases} 1, & 0 \le x < a \\ -1, & a \le x < 2a \end{cases}$ $\dfrac{1}{s}\tanh\left(\dfrac{as}{2}\right)$

     $f(x) = f(x + 2a)$

(57) 鋸齒波，$f(x) = \dfrac{x}{a}$

     $f(x) = f(x + a)$ $\dfrac{1}{as^2} - \dfrac{e^{-as}}{s(1 - e^{-as})}$

誤差函數 $\text{erf}(x) = \dfrac{2}{\sqrt{\pi}}\displaystyle\int_0^x e^{-\tau^2}d\tau$，$\text{erfc}(x) = 1 - \text{erf}(x)$

二、有限傅立葉正弦轉換

	$f(x)$	$F_s(n) = S_n\{f(x)\}$
(1)	1	$\dfrac{1}{n}[1 - (-1)^n]$
(2)	$\dfrac{x}{\pi}$	$\dfrac{1}{n}(-1)^{n+1}$
(3)	$1 - \dfrac{x}{\pi}$	$\dfrac{1}{n}$
(4)	x^2	$\dfrac{\pi^2}{n}(-1)^{n+1} - \dfrac{2}{n^3}[1 - (-1)^n]$
(5)	$\dfrac{1}{2}x(\pi - x)$	$\dfrac{1}{n^3}[1 - (-1)^n]$
(6)	x^3	$\pi(-1)^n\left(\dfrac{6}{n^3} - \dfrac{\pi^2}{n}\right)$
(7)	$\dfrac{1}{6}x(\pi^2 - x^2)$	$\dfrac{1}{n^3}(-1)^{n+1}$
(8)	$\dfrac{x}{n}(\pi - x)(2\pi - x)$	$\dfrac{6}{n^3}$
(9)	$f(\pi - x)$	$(-1)^n F_s(n)$
(10)	e^{ax}	$\dfrac{n}{n^2 + a^2}[1 - (-1)^n e^{an}]$
(11)	$\cosh(kx)$	$\dfrac{n}{n^2 + k^2}[1 - (-1)^n \cosh(k\pi)]$

(12) $\dfrac{\sinh[k(\pi - x)]}{\sinh(k\pi)}$　　　　$\dfrac{n}{n^2 + k^2},\ k \neq 0$

(13) $\dfrac{\sin[k(\pi - x)]}{\sin(k\pi)}$　　　　$\dfrac{n}{n^2 - k^2},\ k \neq$ 整數

(14) $\sin(kx),\ k = 1,\ 2,\ 3, \cdots$　　　　$\begin{cases} 0, & n \neq k \\ \dfrac{\pi}{2}, & n = k \end{cases}$

(15) $\cos(ax),\ a \neq$ 整數　　　　$-\dfrac{n}{n^2 - a^2}[1 - (-1)^n \cos(a\pi)]$

(16) $\cos(kx),\ k = 1, 2, 3, \cdots$　　　　$\begin{cases} \dfrac{n}{n^2 - a^2}[1 - (-1)^{n+k}], & n \neq k \\ \dfrac{\pi}{2}, & n = k \end{cases}$

(17) $\dfrac{2}{\pi}\tan^{-1}\left[\dfrac{2a\sin(x)}{1 - a^2}\right]\ \ (|a| < 1)$　　　　$\dfrac{a^n}{n}[1 - (-1)^n]$

(18) $\dfrac{2}{\pi}\dfrac{k\ \sin(x)}{1 + k^2 - 2k\ \cos(x)}$　　　　$k^n,\ |k| < 1$

(19) $\dfrac{2}{\pi}\tan^{-1}\left[\dfrac{k\ \sin(x)}{1 - k\ \cos(x)}\right]$　　　　$\dfrac{1}{n}k^n,\ |k| < 1$ 且 $n \neq 0$

(20) $\dfrac{1}{\pi}\dfrac{\sin(x)}{\cosh(a) - \cos(x)}$　　　　$e^{-an},\ a > 0$

(21) $\dfrac{1}{\pi}\tan^{-1}\left[\dfrac{\sin(x)}{e^a - \cos(x)}\right]$　　　　$\dfrac{1}{n}e^{-an}, a > 0$

三、有限傅立葉餘弦轉換

$f(x)$	$F_c(n) = C_n\{f(x)\}$
(1)　1	$\begin{cases} \pi, & n = 0 \\ 0, & n = 1,2,3,\cdots \end{cases}$
(2)　$\begin{cases} a, & 0 \le x < k \\ -a, & k \le x < \pi \end{cases}$	$\begin{cases} a(2k - \pi), & n = 0 \\ \dfrac{2a}{n}\sin(nk), & n = 1,2,3,\cdots \end{cases}$
(3)　x	$\begin{cases} \dfrac{\pi^2}{2}, & n = 0 \\ \dfrac{-1}{n^2}[1 - (-1)^n], & n = 1,2,3,\cdots \end{cases}$
(4)　x^2	$\begin{cases} \dfrac{\pi^3}{3}, & n = 0 \\ \dfrac{2\pi}{n}(-1)^n, & n = 1,2,3,\cdots \end{cases}$
(5)　x^3	$\begin{cases} \dfrac{\pi^2}{4}, & n = 0 \\ \dfrac{3\pi^2}{n^2}(-1)^n + \dfrac{6}{n^4}[1 - (-1)^n], & n = 1,2,3,\cdots \end{cases}$
(6)　e^{ax}	$\dfrac{a}{n^2 + a^2}[e^{a\pi}(-1)^n - 1]$
(7)　$f(\pi - x)$	$(-1)^n F_c(n)$
(8)　$\sin(ax),\ a \ne$ 整數	$\dfrac{a}{n^2 - a^2}[\cos(a\pi)(-1)^n - 1]$
(9)　$\sin(kx),\ k = 1,2,\cdots$	$\begin{cases} 0, & n = k \\ \dfrac{k}{n^2 - k^2}[(-1)^{n+k} - 1], & n \ne k \end{cases}$

(10) $\cos(kx),\ k = 1,2,3,\cdots$ $\begin{cases} \dfrac{\pi}{2},\ n = k \\ 0,\ n \neq k \end{cases}$

(11) $\dfrac{1 - a^2}{1 + a^2 - 2a\cos(x)}$ $k^n\pi\ (\,|\,k\,|\,< 1)$

(12) $\ln[1 + a^2 - 2a\cos(x)]$ $\dfrac{-\pi}{n}k^n(\,|\,k\,|\,< 1)$

(13) $\dfrac{\cosh[a(\pi - x)]}{a\sinh(a\pi)}$ $\dfrac{1}{n^2 + a^2}\ (a \neq 0)$

(14) $\dfrac{\sinh(a)}{\cosh(a) - \cos(x)}$ $\pi e^{-na}(a > 0)$

(15) $a - \ln[2\cosh(a) - 2\cos(x)]$ $\dfrac{\pi}{n}e^{-na}(a > 0)$

四、傅立葉正弦轉換

	$f(x)$	$F_s(\omega) = \mathscr{F}_s\{f(x)\}$
(1)	$\begin{cases}1, & 0 \le x \le a \\ 0, & x > a\end{cases}$	$\dfrac{1 - \cos(a\omega)}{\omega}$
(2)	$\dfrac{1}{x}$	$\begin{cases}\dfrac{\pi}{2}, & \omega > 0 \\ -\dfrac{\pi}{2}, & \omega < 0\end{cases}$
(3)	$\dfrac{1}{\sqrt{x}}$	$\sqrt{\dfrac{\pi}{2\omega}}$
(4)	$\dfrac{1}{\sqrt{x^3}}$	$\sqrt{2\pi\omega}$
(5)	$x^{a-1}, \ 0 < a < 1$	$\Gamma(a)\sin\left(\dfrac{a\pi}{2}\right)\omega^{-a}$
(6)	$\dfrac{x}{x^2 + a^2}, \ a > 0$	$\dfrac{\pi}{2} e^{-a\omega}$
(7)	$\dfrac{x}{(x^2 + a^2)^2}, \ a > 0$	$2^{-\frac{3}{2}}a^{-1}\omega e^{-a\omega}$
(8)	$\dfrac{1}{x(x^2 + a^2)}, \ a > 0$	$\dfrac{\pi}{2}a^{-2}(1 - e^{-a\omega})$
(9)	$\dfrac{x}{x^4 + 4}$	$\dfrac{\pi}{4}e^{-\omega}\sin(\omega)$
(10)	$e^{-ax}, \ a > 0$	$\dfrac{\omega}{\omega^2 + a^2}$

(11) xe^{-ax}, $a > 0$ $\dfrac{2a\omega}{(\omega^2 + a^2)^2}$

(12) $x^n e^{-ax}$, $a > 0$ $\dfrac{n!}{(\omega^2 + a^2)^{n+1}}\mathrm{Im}(a + i\omega)^{n+1}$,   Im: 虛數項

(13) $x^{-1} e^{-ax}$, $a > 0$ $\tan^{-1}\left(\dfrac{\omega}{a}\right)$

(14) $xe^{-a^2 x^2}$, $a > 0$ $\dfrac{\sqrt{\pi}}{4} a^{-3} \omega e^{-\omega^2/4a^2}$

(15) $e^{-x/\sqrt{2}}\sin\left(\dfrac{x}{\sqrt{2}}\right)$ $\dfrac{\omega}{1 + \omega^4}$

(16) $\begin{cases} \sin(x), \; 0 \le x \le a \\ 0, \; x > a \end{cases}$ $\dfrac{1}{2}\left[\dfrac{\sin[a(1 - \omega)]}{1 - \omega} - \dfrac{\sin[a(1 + \omega)]}{1 + \omega}\right]$

(17) $\dfrac{1}{x}\cos(ax)$, $a > 0$ $u(\omega - a)$

(18) $\tan^{-1}\left(\dfrac{a}{x}\right)$, $a > 0$ $\dfrac{\pi}{2\omega}(1 - e^{-a\omega})$

(19) $\mathrm{erfc}\left(\dfrac{x}{2\sqrt{a}}\right)$ $\dfrac{1}{\omega}(1 - e^{-a\omega^2})$

五、傅立葉餘弦轉換

	$f(x)$	$F_c(\omega) = \mathscr{F}_c\{f(x)\}$
(1)	$\begin{cases} 1,\ 0 \le x \le a \\ 0,\ x > a \end{cases}$	$\dfrac{\sin(a\omega)}{\omega}$
(2)	$x^{a-1},\ 0 < a < 1$	$\Gamma(a)\omega^{-a}\cos\!\left(\dfrac{a\pi}{2}\right)$
(3)	$\dfrac{1}{x^2 + a^2},\ a > 0$	$\dfrac{\pi}{2a}e^{-a\omega}$
(4)	$\dfrac{1}{(x^2 + a^2)^2},\ a > 0$	$\dfrac{\pi}{4}a^{-3}e^{-a\omega}(1 + a\omega)$
(5)	$x^{-\frac{1}{2}}$	$\sqrt{\dfrac{\pi}{2\omega}}$
(6)	$e^{-ax},\ a > 0$	$\dfrac{a}{\omega^2 + a^2}$
(7)	$xe^{-ax},\ a > 0$	$\dfrac{a^2 - \omega^2}{(a^2 + \omega^2)^2}$
(8)	$x^n e^{-ax},\ a > 0$	$\dfrac{n!}{(\omega^2 + a^2)^{n+1}}\,\mathrm{Re}(a + i\omega)^{n+1},\ \mathrm{Re}:\ 實數項$
(9)	$e^{-a^2 x^2},\ a > 0$	$\dfrac{\sqrt{\pi}}{2}a^{-1}\omega\,e^{-\omega^2/4a^2}$
(10)	$\dfrac{1}{2}(1 + x)e^{-x}$	$(1 + \omega^2)^{-2}$
(11)	$\begin{cases} \cos(x),\ 0 \le x \le a \\ 0,\ x > a \end{cases}$	$\dfrac{1}{2}\!\left(\dfrac{\sin[a(1 - \omega)]}{1 - \omega} + \dfrac{\sin[a(1 + \omega)]}{1 + \omega}\right)$

(12)　$\cos(ax^2)$, $a > 0$ 　　　　　　$\sqrt{\dfrac{\pi}{4a}}\cos\left(\dfrac{\omega^2}{4a} - \dfrac{\pi}{4}\right)$

(13)　$\sin(ax^2)$, $a > 0$ 　　　　　　$\sqrt{\dfrac{\pi}{4a}}\cos\left(\dfrac{\omega^2}{4a} + \dfrac{\pi}{4}\right)$

(14)　$\dfrac{1}{x}\sin(ax)$, $a > 0$ 　　　　$u(a - \omega)$

(15)　$\dfrac{2}{x}\,e^{-x}\sin(x)$ 　　　　　$\tan^{-1}\left(\dfrac{2}{\omega^2}\right)$

(16)　$e^{-x/\sqrt{2}}\sin\left(\dfrac{\pi}{4} + \dfrac{x}{\sqrt{2}}\right)$ 　　$\dfrac{1}{1 + \omega^2}$

(17)　$e^{-x/\sqrt{2}}\cos\left(\dfrac{\pi}{4} + \dfrac{x}{\sqrt{2}}\right)$ 　　$\dfrac{\omega^2}{1 + \omega^4}$

---

(18)　$J_0(ax)$, $a > 0$ 　　　　　$\dfrac{u(a - \omega)}{\sqrt{a^2 - \omega^2}}$

六、傅立葉轉換

1. 公式:

(1) 線性:

$$\mathscr{F}\{a\,f(x) + bg(x)\} = aF(\omega) + bG(\omega)$$

$$\mathscr{F}^{-1}\{aF(\omega) + bG(\omega)\} = af(t) + bg(t)$$

(2) 時域的微積分:

  (a) 若 $f(x)$ 連續

$$\mathscr{F}\{f'(x)\} = (i\omega)F(\omega)$$

$$\mathscr{F}\{f''(x)\} = (i\omega)^2 F(\omega)$$

$$\mathscr{F}\{f^{(n)}(x)\} = (i\omega)^n F(\omega)$$

  (b) 若 $f(x)$ 片斷連續

$$\mathscr{F}\{f'(x)\} = i\omega - \sum_{k=1}^{M} J_k\, e^{-i\omega x_k}$$

$$J_k = f(x_k^+) - f(x_k^-): \text{斷處距離}$$

$$x_k: \text{斷點處}$$

  (c) 若 $F(0) = 0$,

$$\mathscr{F}\left\{\int_{-\infty}^{x} f(\tau)d\tau\right\} = \frac{1}{i\omega}F(\omega)$$

(3) 頻域的微積分

$$\mathscr{F}\{xf(x)\} = iF'(\omega)$$

$$\mathscr{F}\{x^2 f(x)\} = (i)^2 F'(\omega)$$

$$\mathscr{F}\{x^n f(x)\} = (i)^n F'(\omega)$$

(4) 頻域移位(ω-shifting):

$$\mathcal{F}\{e^{i\omega_0 x}f(x)\} = F(\omega - \omega_0)$$

(5) 時域移位(x-shifting):

$$\mathcal{F}\{f(x - x_0)\} = e^{-i\omega x_0}F(\omega)$$

(6) 刻度伸縮:

$$\mathcal{F}\{f(ax)\} = \frac{1}{|a|}F\left(\frac{\omega}{a}\right)$$

(7) 時間倒反:

$$\mathcal{F}\{f(-x)\} = F(-\omega)$$

(8) 對稱: 若 $\mathcal{F}\{f(x)\} = F(\omega)$, 則

$$\mathcal{F}\{F(x)\} = 2\pi f(-\omega)$$

(9) 調變:

$$\mathcal{F}\{f(x)\cos(\omega_0 x)\} = \frac{1}{2}[F(\omega + \omega_0) + F(\omega - \omega_0)]$$

$$\mathcal{F}\{f(x)\sin(\omega_0 x)\} = \frac{i}{2}[F(\omega + \omega_0) - F(\omega - \omega_0)]$$

(10) 迴旋定理:

$$\mathcal{F}\{f * g(x)\} = F(\omega)G(\omega)$$

2. 轉換對應表

	$f(x)$	$F(\omega)$

(1)　$\delta(x)$　　　　　　　　　　　1

(2)　1　　　　　　　　　　　　　$2\pi\delta(\omega)$

(3)　$\begin{cases} 1, & -a \le x \le a \\ 0, & |x| > a \end{cases}$　　$\dfrac{2\sin(a\omega)}{\omega}$

(4)　$\begin{cases} 1, & a \le x \le b \\ 0, & 其他 \end{cases}$　　$\dfrac{e^{-ia\omega} - e^{-ib\omega}}{2i\omega}$

(5)　$\dfrac{1}{x}$　　　　　　　$\begin{cases} i, & \omega > 0 \\ 0, & \omega = 0 \\ -i, & \omega < 0 \end{cases}$

(6)　$\dfrac{1}{x^2 + a^2},\ a > 0$　　$\dfrac{\pi}{a} e^{-a|\omega|}$

(7)　$\dfrac{x}{x^2 + a^2},\ a > 0$　　$-\dfrac{i\pi}{2a} \omega e^{-a|\omega|}$

(8)　$\begin{cases} x, & 0 < x \le b \\ 2x - a, & b \le x < 2b \\ 0, & 其他 \end{cases}$　　$\dfrac{-1 + 2e^{ib\omega} - e^{-i2b\omega}}{\omega^2}$

---

(9)　$e^{-a|x|},\ a > 0$　　$\dfrac{2a}{a^2 + \omega^2}$

(10)　$xe^{-a|x|},\ a > 0$　　$\dfrac{4ai}{(a^2 + \omega^2)^2}$

(11)　$|x|e^{-a|x|},\ a > 0$　　$\dfrac{2(a^2 - \omega^2)}{(a^2 + \omega^2)^2}$

(12) $\begin{cases} e^{-ax}, & x \geq 0, \ a > 0 \\ 0, & x < 0 \end{cases}$ $\dfrac{1}{a + i\omega}$

(13) $\begin{cases} e^{ax}, & b \leq x \leq c \\ 0, & \text{其他} \end{cases}$ $\dfrac{e^{c(a-i\omega)} - e^{b(a-i\omega)}}{a - i\omega}$

(14) $\begin{cases} e^{iax}, & -b \leq x \leq b \\ 0, & \text{其他} \end{cases}$ $\dfrac{2\sin[b(\omega - a)]}{\omega - a}$

(15) $\begin{cases} e^{iax}, & b \leq x \leq c \\ 0, & \text{其他} \end{cases}$ $\dfrac{e^{ib(a-\omega)} - e^{ic(a-\omega)}}{i(\omega - a)}$

(16) $e^{-a^2 x^2}, \ a > 0$ $\dfrac{\sqrt{\pi}}{a} e^{-\omega^2/4a^2}$

(17) $\delta(x - x_0)$ $e^{-i\omega x_0}$

(18) $e^{i\omega_0 x}$ $2\pi\delta(\omega - \omega_0)$

(19) $\cos(\omega_0 x)$ $\pi[\delta(\omega + \omega_0) + \delta(\omega - \omega_0)]$

(20) $\sin(\omega_0 x)$ $\pi[\delta(\omega + \omega_0) - \delta(\omega - \omega_0)]$

(21) $\dfrac{1}{x}\sin(ax), \ a > 0$ $\begin{cases} \pi, & |\omega| \leq a \\ 0, & |\omega| > a \end{cases}$

三民科學技術叢書（一）

書　　　　　　名	著作人	任　　　　職
統　　　　計　　　　學	王士華	成　功　大　學
微　　　　積　　　　分	何典恭	淡　水　學　院
圖　　　　　　　　學	梁炳光	成　功　大　學
物　　　　　　　　理	陳龍英	交　通　大　學
普　　通　　化　　學	王澄霞　陳朝棟　洪志明	師範大學　臺灣師大　師範大學
普　　通　　化　　學	王澄霞　魏明通	師　範　大　學
普　通　化　學　實　驗	魏明通	師　範　大　學
有　機　化　學　（上）、（下）	王澄霞　陳朝棟　洪志明	師範大學　臺灣師大　師範大學
有　　機　　化　　學	王澄霞　魏明通	師　範　大　學
有　機　化　學　實　驗	王澄霞　魏明通	師　範　大　學
分　　析　　化　　學	林洪志	成　功　大　學
分　　析　　化　　學	鄭華生	清　華　大　學
環　　工　　化　　學	黃汝賢　紀長國　吳春生　何俊杰　尤伯卿	成功大學　仁山藥專　大崑高工　高雄縣環保局
物　　理　　化　　學	卓靜哲　施良垣　黃守仁　蘇世剛　何瑞文	成　功　大　學
物　　理　　化　　學	杜逸虹	臺　灣　大　學
物　　理　　化　　學	李敏達	臺　灣　大　學
物　理　化　學　實　驗	李敏達	臺　灣　大　學
化　學　工　業　概　論	王振華	成　功　大　學
化　工　熱　力　學	鄧禮堂	大　同　工　學　院
化　工　熱　力　學	黃定加	成　功　大　學
化　　工　　材　　料	陳陵援	成　功　大　學
化　　工　　材　　料	朱宗正	成　功　大　學
化　　工　　計　　算	陳志勇	成　功　大　學
實　驗　設　計　與　分　析	周澤川	成　功　大　學
聚　合　體　學　（高分子化學）	杜逸虹	臺　灣　大　學
塑　　膠　　配　　料	李繼強	臺　北　技　術　學　院
塑　　膠　　概　　論	李繼強	臺　北　技　術　學　院
機　械　概　論　（化工機械）	謝爾昌	成　功　大　學
工　　業　　分　　析	吳振成	成　功　大　學
儀　　器　　分　　析	陳陵援	成　功　大　學
工　　業　　儀　　器	周澤川　徐展麒	成　功　大　學

大學專校教材，各種考試用書。

三民科學技術叢書（二）

書　　　　　　　　　　名	著作人	任　　　　　職
工　業　儀　錶	周澤川	成　功　大　學
反　應　工　程	徐念文	臺　灣　大　學
定　量　分　析	陳壽南	成　功　大　學
定　性　分　析	陳壽南	成　功　大　學
食　品　加　工	蘇茀第	前臺灣大學教授
質　能　結　算	呂銘坤	成　功　大　學
單　元　程　序	李敏達	臺　灣　大　學
單　元　操　作	陳振揚	臺北技術學院
單　元　操　作　題　解	陳振揚	臺北技術學院
單元操作（一）、（二）、（三）	葉和明	淡　江　大　學
單　元　操　作　演　習	葉和明	淡　江　大　學
程　序　控　制	周澤川	成　功　大　學
自　動　程　序　控　制	周澤川	成　功　大　學
半　導　體　元　件　物　理	李嗣涔 管傑雄 孫台平	臺　灣　大　學
電　　　子　　　學	黃世杰	高　雄　工　學　院
電　　　子　　　學	李浩	
電　　　子　　　學	余家聲	逢　甲　大　學
電　　　子　　　學	鄧知晞 李清庭	成　功　大　學 中　原　大　學
電　　　子　　　學	傅勝利 陳光福	高　雄　工　學　院 成　功　大　學
電　　　子　　　學	王永和	成　功　大　學
電　子　實　習	陳龍英	交　通　大　學
電　子　電　路	高正治	中　山　大　學
電　子　電　路　（一）	陳龍英	交　通　大　學
電　子　材　料	吳朗	成　功　大　學
電　子　製　圖	蔡健藏	臺北技術學院
組　合　邏　輯	姚靜波	成　功　大　學
序　向　邏　輯	姚靜波	成　功　大　學
數　位　邏　輯	鄭國順	成　功　大　學
邏　輯　設　計　實　習	朱惠勇 康峻源	成　功　大　學 省立新化高工
音　響　器　材	黃貴周	聲　寶　公　司
音　響　工　程	黃貴周	聲　寶　公　司
通　訊　系　統	楊明興	成　功　大　學
印　刷　電　路　製　作	張奇昌	中山科學研究院
電　子　計　算　機　概　論	歐文雄	臺北技術學院
電　子　計　算　機	黃本源	成　功　大　學

大學專校教材，各種考試用書。

三民科學技術叢書 (三)

書　　　　　　　　名	著 作 人	任　　　　　　　職
計 算 機 概 論	朱惠勇 黃煌嘉	成 功 大 學 臺北市立南港高工
微 算 機 應 用	王 明 習	成 功 大 學
電 子 計 算 機 程 式	陳澤生 吳建臺	成 功 大 學
計 算 機 程 式	余 政 光	中 央 大 學
計 算 機 程 式	陳 敬	成 功 大 學
電 工 學	劉 濱 達	成 功 大 學
電 工 學	毛 齊 武	成 功 大 學
電 機 學	詹 益 樹	清 華 大 學
電 機 機 械 (上)、(下)	黃 慶 連	成 功 大 學
電 機 機 械	林 料 總	成 功 大 學
電 機 機 械 實 習	高 文 進	華 夏 工 專
電 機 機 械 實 習	林 偉 成	成 功 大 學
電 磁 學	周 達 如	成 功 大 學
電 磁 學	黃 廣 志	中 山 大 學
電 磁 波	沈 在 崧	成 功 大 學
電 波 工 程	黃 廣 志	中 山 大 學
電 工 原 理	毛 齊 武	成 功 大 學
電 工 製 圖	蔡 健 藏	臺 北 技 術 學 院
電 工 數 學	高 正 治	中 山 大 學
電 工 數 學	王 永 和	成 功 大 學
電 工 材 料	周 達 如	成 功 大 學
電 工 儀 錶	陳 聖	華 夏 工 專
電 工 儀 表	毛 齊 武	成 功 大 學
儀 表 學	周 達 如	成 功 大 學
輸 配 電 學	王 載	成 功 大 學
基 本 電 學	黃 世 杰	高 雄 工 學 院
基 本 電 學	毛 齊 武	成 功 大 學
電 路 學 (上)、(下)	王 醴	成 功 大 學
電 路 學	鄭 國 順	成 功 大 學
電 路 學	夏 少 非	成 功 大 學
電 路 學	蔡 有 龍	成 功 大 學
電 廠 設 備	夏 少 非	成 功 大 學
電 器 保 護 與 安 全	蔡 健 藏	臺 北 技 術 學 院
網 路 分 析	李祖添 杭學鳴	交 通 大 學

大學專校教材，各種考試用書。

三民科學技術叢書（四）

書　　　　　　　　名	著 作 人	任　　　　　職
自　動　控　制	孫 育 義	成 功 大 學
自　動　控　制	李 祖 添	交 通 大 學
自　動　控　制	楊 維 楨	臺 灣 大 學
自　動　控　制	李 嘉 猷	成 功 大 學
工　業　電　子	陳 文 良	清 華 大 學
工 業 電 子 實 習	高 正 治	中 山 大 學
工　程　材　料	林 立	中 正 理 工 學 院
材 料 科 學（工 程 材 料）	王 櫻 茂	成 功 大 學
工　程　機　械	蔡 攀 鰲	成 功 大 學
工　程　地　質	蔡 攀 鰲	成 功 大 學
工　程　數　學	羅 錦 興	成 功 大 學
工　程　數　學	孫 育 義 高 正 治	成 功 大 學 中 山 大 學
工　程　數　學	吳 朗	成 功 大 學
工　程　數　學	蘇 炎 坤	成 功 大 學
熱　　力　　學	林 大 惠 侯 順 雄	成 功 大 學
熱 力 學 概 論	蔡 旭 容	臺 北 技 術 學 院
熱　工　學	馬 承 九	成 功 大 學
熱　處　理	張 天 津	臺 北 技 術 學 院
熱　機　學	蔡 旭 容	臺 北 技 術 學 院
氣 壓 控 制 與 實 習	陳 憲 治	成 功 大 學
汽　車　原　理	邱 澄 彬	成 功 大 學
機 械 工 作 法	馬 承 九	成 功 大 學
機 械 加 工 法	張 天 津	臺 北 技 術 學 院
機 械 工 程 實 驗	蔡 旭 容	臺 北 技 術 學 院
機　動　學	朱 越 生	前 成 功 大 學 教 授
機　械　材　料	陳 明 豐	工 業 技 術 學 院
機　械　設　計	林 文 晃	明 志 工 專
鑽 模 與 夾 具	于 敦 德	臺 北 技 術 學 院
鑽 模 與 夾 具	張 天 津	臺 北 技 術 學 院
工　具　機	馬 承 九	成 功 大 學
內　燃　機	王 仰 舒	樹 德 工 專
精 密 量 具 及 機 件 檢 驗	王 仰 舒	樹 德 工 專
鑄　造　學	唱 際 寬	成 功 大 學
鑄 造 用 模 型 製 作 法	于 敦 德	臺 北 技 術 學 院
塑 性 加 工 學	林 文 樹	工 業 技 術 研 究 院

大學專校教材，各種考試用書。

三民科學技術叢書（五）

書　　　　　　　　　　　名	著作人	任　　　　　　　　職
塑　　性　　加　　工　　學	李榮顯	成　　功　　大　　學
鋼　　　鐵　　　材　　　料	董基良	成　　功　　大　　學
焊　　　　　接　　　　　學	董基良	成　　功　　大　　學
電　　銲　　工　　作　　法	徐慶昌	中區職訓中心
氧乙炔銲接與切割工作法及實習	徐慶昌	中區職訓中心
原　　　動　　　力　　　廠	李超北	臺北技術學院
流　　　體　　　機　　　械	王石安	海　　洋　　學　　院
流體機械（含流體力學）	蔡旭容	臺北技術學院
流　　　體　　　機　　　械	蔡旭容	臺北技術學院
靜　　　　力　　　　學	陳　健	成　　功　　大　　學
流　　　體　　　力　　　學	王叔厚	前成功大學教授
流　　體　　力　　學　　概　　論	蔡旭容	臺北技術學院
應　　　用　　　力　　　學	陳元方	成　　功　　大　　學
應　　　用　　　力　　　學	徐迺良	成　　功　　大　　學
應　　　用　　　力　　　學	朱有功	臺北技術學院
應　用　力　學　習　題　解　答	朱有功	臺北技術學院
材　　　料　　　力　　　學	王叔厚 陳　健	成　　功　　大　　學
材　　　料　　　力　　　學	陳　健	成　　功　　大　　學
材　　　料　　　力　　　學	蔡旭容	臺北技術學院
基　　　礎　　　工　　　程	黃景川	成　　功　　大　　學
基　　礎　　工　　程　　學	金永斌	成　　功　　大　　學
土　木　工　程　概　論	常正之	成　　功　　大　　學
土　　　木　　　製　　　圖	顏榮記	成　　功　　大　　學
土　　木　　施　　工　　法	顏榮記	成　　功　　大　　學
土　　　木　　　材　　　料	黃忠信	成　　功　　大　　學
土　　　木　　　材　　　料	黃榮吾	成　　功　　大　　學
土　　木　　材　　料　　試　　驗	蔡攀鰲	成　　功　　大　　學
土　　　壤　　　力　　　學	黃景川	成　　功　　大　　學
土　　壤　　力　　學　　實　　驗	蔡攀鰲	成　　功　　大　　學
土　　　壤　　　試　　　驗	莊長賢	成　　功　　大　　學
混　　　　凝　　　　土	王櫻茂	成　　功　　大　　學
混　　凝　　土　　施　　工	常正之	成　　功　　大　　學
瀝　　青　　混　　凝　　土	蔡攀鰲	成　　功　　大　　學
鋼　　筋　　混　　凝　　土	蘇懇憲	成　　功　　大　　學
混　凝　土　橋　設　計	彭耀南 徐永豐	交　通　大　學 高　雄　工　專

大學專校教材，各種考試用書。

三民科學技術叢書（六）

書　　　　　　　名	著　作　人	任　　　　　　職
房　屋　結　構　設　計	彭　耀　南 徐　永　豐	交　通　大　學 高　雄　工　專
建　　築　　物　　理	江　哲　銘	成　功　大　學
鋼　結　構　設　計	彭　耀　南	交　通　大　學
結　　　構　　　學	左　利　時	逢　甲　大　學
結　　　構　　　學	徐　德　修	成　功　大　學
結　　構　　設　　計	劉　新　民	前成功大學教授
水　　利　　工　　程	姜　承　吾	前成功大學教授
給　　水　　工　　程	高　肇　藩	成　功　大　學
水　文　學　精　要	鄒　日　誠	榮　民　工　程　處
水　　質　　分　　析	江　漢　全	宜　蘭　農　專
空　氣　污　染　學	吳　義　林	成　功　大　學
固　體　廢　棄　物　處　理	張　乃　斌	成　功　大　學
施　　工　　管　　理	顏　榮　記	成　功　大　學
契　約　與　規　範	張　永　康	審　　計　　部
計　畫　管　制　實　習	張　益　三	成　功　大　學
工　　廠　　管　　理	劉　漢　容	成　功　大　學
工　　廠　　管　　理	魏　天　柱	臺　北　技　術　學　院
工　　業　　管　　理	廖　桂　華	成　功　大　學
危　害　分　析　與　風　險　評　估	黃　清　賢	嘉　南　藥　專
工　業　安　全　（　工　程　）	黃　清　賢	嘉　南　藥　專
工　業　安　全　與　管　理	黃　清　賢	嘉　南　藥　專
工　廠　佈　置　與　物　料　運　輸	陳　美　仁	成　功　大　學
工　廠　佈　置　與　物　料　搬　運	林　政　榮	東　海　大　學
生　產　計　劃　與　管　制	郭　照　坤	成　功　大　學
生　　產　　實　　務	劉　漢　容	成　功　大　學
甘　蔗　營　養	夏　雨　人	新　埔　工　專

大學專校教材，各種考試用書。